冶金工业出版社

普通高等教育"十四五"规划教材

工业炉课程设计计算与实例

Course Design Calculation and Examples of Industrial Furnaces

主　编　陈元元　许学成

副主编　秦凤华　董　斌　易正明

北　京

冶金工业出版社

2025

内 容 提 要

本书结合工程实际，详细论述了工业炉设计的主要步骤、典型的工业炉设计计算方法，突出应用性与实用性，特别重视学生综合知识的运用与解决复杂工程问题能力的培养。全书共分10章，内容包括概论、工业炉总体方案设计、工业炉工艺设计与计算、工业炉部件设计与选用、工业炉制图要点、工业炉安全与环保、工业炉工程概预算初步，以及具体的工业炉设计实例。

本书可作为高等院校能源与动力工程专业课程设计、毕业设计的教学用书，也可供从事热能工程、环境保护、资源利用等工作的技术人员参考。

图书在版编目(CIP)数据

工业炉课程设计计算与实例/陈元元，许学成主编. —北京：冶金工业出版社，2022.10（2025.2重印）

普通高等教育“十四五”规划教材

ISBN 978-7-5024-9301-1

Ⅰ.①工… Ⅱ.①陈… ②许… Ⅲ.①工业炉—课程设计—高等学校—教材 Ⅳ.①TK175

中国版本图书馆CIP数据核字（2022）第190519号

工业炉课程设计计算与实例

出版发行	冶金工业出版社	**电　　话**	(010)64027926
地　　址	北京市东城区嵩祝院北巷39号	**邮　　编**	100009
网　　址	www.mip1953.com	**电子信箱**	service@mip1953.com

责任编辑　杨　敏　美术编辑　彭子赫　版式设计　郑小利

责任校对　郑　娟　责任印制　李玉山　窦　唯

北京虎彩文化传播有限公司印刷

2022年10月第1版，2025年2月第2次印刷

787mm×1092mm　1/16；17印张；408千字；259页

定价 49.00 元

投稿电话　(010)64027932　投稿信箱　tougao@cnmip.com.cn

营销中心电话　(010)64044283

冶金工业出版社天猫旗舰店　yjgycbs.tmall.com

（本书如有印装质量问题，本社营销中心负责退换）

前　言

本书是根据能源与动力工程专业的教学大纲，在学生系统学习了“传热学”“流体力学”“燃料与燃烧”“耐火材料”“金属学与热处理”“材料力学”“工业炉窑热工及构造”等专业基础课和专业课的基础上，为使学生们能够综合运用这些理论，顺利进行工业炉设计、独立分析和解决工业炉的一般工程技术问题而编写的。

工业炉课程设计作为重要的实践教学环节，学生需要在有限的时间里完成工业炉相关的热工计算，建立初步的工程设计观，了解工程设计的规范，并运用计算机辅助软件进行设计图纸的绘制。因此，在这个实践教学环节中，有一本贯穿工程思维的完善的指导书是非常必要的。

国内外关于工业炉的设计多以工具书为主，这些工具书内容涵盖面很广，对于各种炉型和热工计算的介绍较宽泛，针对性不强，针对某一炉型的计算过程亦不系统，学生翻阅起来往往感觉无从下手。本教材在编写过程中，认真研究了国内外同类教材的长处和不足，以锻炼学生解决复杂工程问题能力为导向，遵照循序渐进的原则，通过“理解设计任务书→展开详细热工计算→合理进行设备选型→使用绘图工具绘制炉型图”这一思路来组织本书的结构，并在这一过程中引入工程概预算、行业标准、设计规范、制造与施工、安全与环保等内容，使学生建立起工业炉项目运作的总体观，加深对工业炉系统的全面了解。

全书共分 10 章，第 1 章为工业炉课程设计概论，简要介绍了工业炉课程设计的目的及内容；第 2 章介绍了工业炉总体方案设计所需要思考的问题；第 3 章叙述了工业炉设计中热工计算的具体内容与计算方法；第 4 章介绍了工业炉部件设计与选用；第 5 章阐述了工业炉制图要点；第 6 章论述了与工业炉有关的安全与环保注意事项；第 7 章介绍了工业炉工程概预算的内容；第 8 章~第 10 章介绍了具体的工业炉设计实例。

本书的编写与出版获得武汉科技大学教材建设项目资助。在编写过程中得到了大连理工大学李本文教授的大力支持，以及东北大学与武汉科技大学能源与动力工程专业全体老师的热情帮助，在此一并谨致谢意！

由于编者水平有限，书中难免存在疏漏和不妥之处，敬请读者批评斧正。

作　者
2022 年 5 月

目 录

1 概论 …… 1

1.1 工业炉设计概述 …… 1

1.2 工业炉课程设计的目的 …… 3

1.3 工业炉课程设计的主要内容 …… 3

2 工业炉总体方案设计 …… 4

2.1 设计任务书 …… 4

2.2 总体方案设计 …… 4

2.2.1 炉型的确定 …… 4

2.2.2 燃料的选择 …… 6

2.2.3 燃烧装置的选择 …… 6

2.2.4 换热装置的选择 …… 8

2.2.5 供风与排烟系统 …… 8

2.2.6 冷却系统的确定 …… 10

2.2.7 工业炉机械化与自动控制 …… 10

3 工业炉工艺设计与计算 …… 12

3.1 工艺设计计算的一般步骤 …… 12

3.2 燃料燃烧计算 …… 12

3.2.1 燃料燃烧计算中的已知条件 …… 13

3.2.2 燃料成分的换算 …… 13

3.2.3 气体燃料混合配比及其成分计算 …… 14

3.2.4 燃料低发热量的计算 …… 14

3.2.5 空气消耗量、燃烧产物生成量及其成分的计算 …… 15

3.2.6 燃料燃烧产物密度的计算 …… 16

3.2.7 燃料理论燃烧温度的计算 …… 17

3.2.8 燃料燃烧理论空气需要量和燃烧产物生成量经验计算 …… 18

3.3 炉膛热交换计算 …… 18

3.3.1 恒温炉膛对炉料辐射传热量的计算 …… 18

3.3.2 恒温炉膛内导来辐射系数的计算 …… 20

3.3.3 恒温炉膛砌体内表面温度的计算 …… 29

3.3.4 周期式炉膛对炉料辐射传热量的计算 …… 29

3.4　金属加热计算……………………………………………………………… 30
3.4.1　金属加热基本概念…………………………………………………… 30
3.4.2　金属热物理性质……………………………………………………… 31
3.4.3　计算法确定金属加热与冷却时间…………………………………… 36
3.4.4　经验法确定金属的加热时间………………………………………… 48
3.5　炉子热平衡与燃料消耗量计算…………………………………………… 49
3.5.1　连续加热炉炉膛热平衡……………………………………………… 50
3.5.2　炉子区段热平衡……………………………………………………… 56

4　工业炉部件设计与选用……………………………………………………… 58

4.1　炉体砌筑材料和尺寸的设计……………………………………………… 58
4.1.1　定型耐火制品………………………………………………………… 58
4.1.2　不定形耐火制品……………………………………………………… 60
4.1.3　耐火泥及泥浆………………………………………………………… 60
4.1.4　纤维耐火制品………………………………………………………… 60
4.1.5　耐火材料的选用……………………………………………………… 61
4.1.6　炉子砌体设计一般规定……………………………………………… 62
4.1.7　炉子砌体设计………………………………………………………… 62
4.1.8　炉子砌体膨胀缝的留设……………………………………………… 70
4.2　钢结构设计………………………………………………………………… 73
4.2.1　概述…………………………………………………………………… 73
4.2.2　炉子钢结构设计……………………………………………………… 74
4.2.3　拱顶炉子的钢结构计算……………………………………………… 77
4.3　燃烧器与加热装置的设计………………………………………………… 80
4.3.1　煤气燃烧装置………………………………………………………… 80
4.3.2　烧嘴砖………………………………………………………………… 86
4.3.3　燃料燃烧装置的选用………………………………………………… 88
4.4　预热装置的设计…………………………………………………………… 89
4.4.1　概述…………………………………………………………………… 89
4.4.2　换热器设计与计算…………………………………………………… 89
4.5　空/燃气管道和烟道的设计………………………………………………… 101
4.5.1　气体流动计算………………………………………………………… 101
4.5.2　炉前管道系统设计…………………………………………………… 119
4.5.3　排烟系统设计………………………………………………………… 122
4.6　炉底水梁的设计…………………………………………………………… 125
4.6.1　推钢式连续加热炉炉底水梁的结构………………………………… 125
4.6.2　步进梁式连续加热炉炉底水梁的结构……………………………… 135
4.6.3　炉底水梁强度计算…………………………………………………… 138

5　工业炉制图要点 …… 147
5.1　图面及图形 …… 147
5.1.1　图纸的幅面和格式 …… 147
5.1.2　比例 …… 149
5.1.3　字体 …… 150
5.1.4　图线 …… 150
5.1.5　视图、剖视图和剖面 …… 150
5.1.6　尺寸标注 …… 151
5.1.7　砌筑 …… 151
5.2　图纸名称和编排 …… 151
5.2.1　图纸名称 …… 151
5.2.2　图纸的编排 …… 152
5.3　图面繁简程度和比例尺的选用 …… 153
5.3.1　布置图 …… 153
5.3.2　炉体图 …… 153
6　工业炉安全与环保 …… 154
6.1　工业炉安全 …… 154
6.1.1　安全事故现象及其原因 …… 154
6.1.2　预防措施 …… 155
6.2　工业炉环保 …… 156
6.2.1　烟尘及其防治 …… 156
6.2.2　有害气体及其防治 …… 157
6.2.3　废水及其处理 …… 158
6.2.4　固体废物及其处理 …… 158
6.2.5　噪声及其控制 …… 159
7　工业炉工程概预算初步 …… 160
7.1　工程概预算的作用 …… 160
7.1.1　设计概算的作用 …… 160
7.1.2　施工图预算的作用 …… 161
7.2　工程量涵盖的内容 …… 161
7.3　工程预算书的编制 …… 162
8　推钢式连续加热炉设计实例 …… 163
8.1　设计任务书 …… 163
8.2　注意事项 …… 163
8.2.1　段数的选择 …… 163

8.2.2　单面加热或双面加热的选择 …… 164
8.2.3　料坯在炉内摆放排数的选择 …… 164
8.2.4　出料方式的选择 …… 165
8.2.5　炉膛基本尺寸的确定 …… 165
8.2.6　其他炉体结构的确定 …… 166
8.3　推钢式二段连续加热炉热工计算 …… 167
8.3.1　燃料燃烧计算 …… 167
8.3.2　炉膛热交换计算 …… 169
8.3.3　金属加热计算 …… 171
8.3.4　炉子主要尺寸确定 …… 177
8.3.5　炉膛热平衡与燃料消耗量计算 …… 180
8.3.6　煤气烧嘴的选用 …… 185
8.3.7　空气换热器设计计算 …… 186
8.3.8　空气管路阻力损失计算及鼓风机选择 …… 193
8.3.9　煤气管路阻力损失计算 …… 197
8.3.10　烟道阻力损失及烟囱计算（引风机选择） …… 197
8.4　推钢式三段连续加热炉热工计算 …… 201
8.4.1　炉膛热交换计算 …… 201
8.4.2　炉内金属加热计算 …… 203
8.5　附图 …… 208

9　步进式连续加热炉设计实例 …… 210

9.1　设计任务书 …… 210
9.2　注意事项 …… 210
9.3　步进梁式加热炉热工计算 …… 213
9.3.1　燃料燃烧计算 …… 213
9.3.2　炉膛热交换计算 …… 213
9.3.3　金属加热计算 …… 215
9.3.4　炉子主要尺寸确定 …… 218
9.3.5　炉膛热平衡与燃料消耗量计算 …… 220
9.3.6　煤气烧嘴的选用 …… 224
9.3.7　空气换热器设计计算 …… 225
9.3.8　空气管路阻力损失计算及鼓风机选择 …… 225
9.3.9　煤气管路阻力损失计算 …… 225
9.3.10　烟道阻力损失及烟囱计算 …… 225
9.4　附图 …… 225

10　台车式火焰热处理炉设计实例 …… 227

10.1　设计任务书 …… 227

10.2　注意事项…… 227
10.3　台车式热处理炉热工计算…… 229
10.3.1　燃料燃烧计算…… 229
10.3.2　加热期炉膛热交换计算…… 229
10.3.3　金属加热计算…… 236
10.3.4　冷却期炉膛热交换计算…… 241
10.3.5　金属冷却计算…… 244
10.3.6　加热周期炉膛热平衡与燃料消耗量计算…… 246
10.3.7　保温期间热平衡…… 254
10.3.8　炉子性能和计算数据表…… 256
10.3.9　煤气烧嘴及炉子部件的选用…… 256
10.3.10　空气换热器设计计算…… 257
10.3.11　空气管路阻力损失计算及鼓风机选择…… 257
10.3.12　煤气管路阻力损失计算…… 257
10.3.13　烟道阻力损失及烟囱计算…… 257
10.4　附图…… 257
参考文献…… 259

1 概　论

1.1 工业炉设计概述

在工业生产中，利用燃料燃烧产生的热量或电能转化成的热量对工件或物料进行加热的设备叫做工业炉。工业炉有三个特点：(1) 有围壁与周围环境隔离开来；(2) 从某种能源获得热量以保持一定高的温度；(3) 按某种工艺要求将热量传递给在其内进行加热处理的工件或物料。

工业炉是工业加热的关键设备，广泛应用于国民经济的各行各业。工业炉种类繁多，按照供热方式可将工业炉分为三类：(1) 燃料炉，也可称为火焰炉，是用各种燃料的燃烧热量对工件或物料进行加热的炉子，如推钢式加热炉、步进式加热炉、回转窑等。(2) 电炉，是将电能转化为热量对工件或物料进行加热的炉子，如电阻炉、感应炉、电弧炉等。(3) 自热炉，是靠炉料自身产生的热量维持正常工作的炉子，如氧气转炉。

在工业炉中，燃料炉是各行各业应用最为广泛的炉型，可用于物料或工件的焙烧、干燥、熔化、熔炼、加热和热处理等生产环节，我国燃料炉的能耗约占工业炉窑总能耗的92%。本书所要着重研究的炉型就是燃料炉，也就是火焰炉。

工业炉设计是以热工理论为指导，参考现有炉型，利用设计经验，对要制造的工业炉设备进行计算，确定结构，绘出图纸的过程。工业炉的设计需要一定的实践经验，有较多的经验确定部分。但优秀的工业炉设计，不是现有工业炉的抄袭，而是把现有工业炉变得更完善的创造。对已定型的有成熟经验的工业炉，有时设计时不进行理论计算，而是凭经验数据直接确定加热时间，从而确定出工业炉的基本尺寸。采用经验法的设计简单易算，也排除了理论计算时因各种参数选取不当而造成的误差，稳妥可靠。当涉及新炉型或采取特殊的温热制度时，设计人员可参考的经验不足，此时须采用理论计算法。理论计算能把工业炉的热交换条件和物料加热时间联系起来，反映出工业炉的热工特点。在计算机及大数据技术快速发展的今天，工业炉理论计算结合数值模拟能够越来越准确地反映工业炉构造与炉内热工过程的关联。作为设计人员，应在广泛采纳国内外先进设计经验的基础上，从理论知识入手，不断对工业炉进行优化设计并持续改进。

一座新的工业炉的性能好坏，将直接影响其生产质量和能源消耗，而原始设计合理与否将起决定性的作用。试想一座设计不合理的工业炉，势必显得先天不足，即使以后经操作调整，也难以达到理想的境界。而一座设计合理的工业炉，加上操作人员的精心管理则如虎添翼，定能创造出良好的技术经济指标。作为设计者，设计出技术先进、结构合理完善的工业炉，这是首要的任务。

无论是什么设计，对设计项目及工艺的仔细研究，对相关设备及环境的调查是必不可少的。只有在充分调查研究的基础上，才有可能进行优良的设计。在完成了调研之后，正规的设计一般由工艺设计、初步设计和详细设计等基本环节组成。

(1) 工艺设计。根据工艺的要求、国家的技术经济政策和工厂的具体情况，从所掌握的理论知识和实践经验出发，通过广泛的调查研究，查阅国内外资料，归纳总结后，选择炉型、热源、装出料方式和主要辅助装置的形式，并确定工业炉在车间的布置情况。工艺设计不需要做仔细计算，只是一个初步选择，但在很大程度上又决定了工业炉的结构及其生产全貌。为了使设计方案最优，往往要做出几个设计方案，在综合考虑工业炉的技术经济指标和生产规模的基础上，确定工业炉应采用的机械化和自动化程度，分析对比后，选择最佳方案。

所谓最佳方案指的是投资少、产出率高、能耗低、机械化和自动化程度高、操作方便、不污染环境的方案。同时，做了几个初步方案往往不可能有一个在各个方面都同时达到最佳的技术经济指标。此时在作方案论证时，应该综合考虑，权衡利弊。分析主次后，再选一种在各个方面相对较好的方案。

在整个方案的确定过程中，需要大量的理论论证和丰富的实践经验，作多方面的考虑。必须指出的是，一个车间中工业炉方案确定得好坏，会影响到整个工厂的生产、能源供应情况，甚至是区供电情况、环保情况。所以，有必要做一个全面仔细的考虑。事实上，往往要花去大量的时间，作反复论证之后才能确定下来。

(2) 初步设计。工艺方案确定后，即可进行初步设计。它在工艺设计的基础上进行全面的热工计算、力学计算、炉体总图及其他重要系统图的绘制、建炉费用的计算等。热工计算指的是燃烧计算或电功率计算、传热计算、气体力学计算及管（烟）道计算等。力学计算指的是炉用构件及其运动部件的机械强度计算及运动计算，如梁、柱、杆的尺寸确定、液压缸或电动所需的推力计算。炉体总图及其他重要系统图将技术设计的结果以图纸的方式展示出来。先绘制出草图，通过对设计作仔细分析、改进，做出相应的调整后，才能绘出白图。

由于初步设计不是最后付以施工的设计，因此设计本身还要在详细设计中作出调整。费用计算也不是最后准确的建炉费用，但这种建炉费用与最终的建炉费用大体相等。

整个初步设计阶段以热工专业设计计算为主，但设计人员必须考虑其他设备或系统的设计条件及限定因素，需要与其他专业人员进行磋商。比如，与机械专业人员磋商工业炉机械的设计，与自控专业人员磋商自动化系统的设计，与环保专业人员磋商环保设备的设计，等等。

工业炉的初步设计是建筑工业炉的基本技术经济资料和依据。

(3) 详细设计。初步设计之后便可进行详细设计（也称为施工图设计）。详细设计是各专业人员全方位合作，以初步设计为基础，把初步设计的总图按专业拆成系统图、零件图的设计阶段。如由土建专业人员负责工业炉的土建工程设计，由机械专业人员负责工业炉的机械设计或其他工业炉大型部件设计，由工业自动化专业人员负责工业炉的自动控制设计、机电自动化设计，由动力专业人员负责余热锅炉设计，由环保专业人员负责除尘设备的设计，等等。

在审定初步设计总图正确无误后，由各专业人员进行施工设计。为了能让其他专业人员进行施工设计，热工专业人员在技术设计定稿后，应向机械专业人员提供炉底机械最大水平行程、升降距离、炉底总重量、总体尺寸限制等数据资料。

在这个阶段，各专业人员间会相互接触进行磋商，找出一个各方面都较容易做到的参数或条件。同时，由于在初步设计中设备结构细节没能仔细表现，因此在详细设计中不仅要仔细表现数量，要将总图拆成可供指导加工的零件图，当零件图和总图发生矛盾时，必须对某一方做出调整或两方面各调整一部分。

在详细设计图完成之后，经审核无误，再进行编制材料概预算、工程量计算并制定施工进度等计划，从而完成施工前的全面准备工作。

以后的工作是进行零部件加工、制作、订货和总装，虽然和设计计算没有直接关系，但设计人员是必须负责的。例如，施工服务就是指设计人员在现场为施工做各种咨询工作，一旦出现问题不能在施工中解决，那么，必须对施工图作局部调整改动。

1.2　工业炉课程设计的目的

工业炉课程设计是继工业炉理论教学后对学生进行实践能力训练的课程。在工业炉理论学习中，学生了解了炉子结构与热工操作参数、炉子热工过程参数、炉子生产指标三类变量以及它们之间的关系，认识到炉子结构的设计对于炉子的生产指标具有重要的影响。在课程设计阶段，要求学生利用理论知识，对一座工业炉进行理论计算，通过计算确定出炉子的基本结构参数，并对炉用燃烧装置、耐火材料、风机等进行基本的选型。

围绕“优质、高产、低消耗、少污染”的基本目标，通过工业炉课程设计着重训练学生的工程思维和工程能力。在设计过程中，学生需要利用传热学、流体力学、燃料与燃烧等理论基础知识，通过查阅工业炉相关的国家标准、行业标准来确定炉子基本构造；同时，在设计过程中，建立环保、工程经济、专业协调工作的意识。

1.3　工业炉课程设计的主要内容

工业炉课程设计在高校教学环节中教学时长一般设定为两周左右。在两周时间内，课程设计的深度要求是能够对工业炉设计复杂度（包含工艺设计、初步设计及详细设计三个阶段）进行适当简化，同时不失整体设计的系统性。确保学生能在有限的时间内，得到较完整的工程设计能力的训练。因此，课程设计的内容主要体现了设计的主要环节，设计内容主要包含以下几点：

（1）根据工艺要求，选择炉子类型；

（2）根据热工计算，确定炉子尺寸；

（3）对炉用燃烧装置、预热装置、风机等进行合理的设计与选型；

（4）编制计算书，并以 AutoCAD 为绘图工具，绘制炉体图。

2 工业炉总体方案设计

2.1 设计任务书

设计任务书是设计工作的依据，其给出了设计的原则、要求与指标。

设计的原则一般有以下几条：

(1) 设计必须符合国家有关技术政策，炉子的技术性能应能满足生产工艺要求；

(2) 要运用不断发展的热工理论指导炉子的设计工作，引进并吸收国外工业炉先进技术，不断提高炉子的技术性能和机械化自动化程度；

(3) 设计新的炉型时，要选用新材料、新装置以改进炉子结构，对炉子构件不断革新，以提高炉子整体性能。

(4) 设计炉子时，对于材料选用、设备选型、构件尺寸等应尽可能做到全长或全车间通用，以便于维修和备件；

(5) 要采取合理保护环境和防止烟尘、噪声污染的治理措施。

设计任务书的要求与指标必须明确、具体，一般包括以下内容：

(1) 炉子的用途及工艺要求；

(2) 原材料品种、形状与规格；

(3) 产品规格、数量与质量指标；

(4) 炉子的年产量或小时产量；

(5) 炉子的热源、供水、供电、供气情况；

(6) 污染物排放要求；

(7) 能耗指标要求；

(8) 其他资料，如车间的具体设备布置，车间标高、自动化要求等。

根据任务书，可以初步确定炉型、燃料、燃烧装置、换热装置、供风及排烟系统、冷却系统等总体方案。

2.2 总体方案设计

2.2.1 炉型的确定

炉型的选择应综合考虑工业炉的类型、物料在炉内的受热和放置情况以及装出料方式等因素。炉型的选择将直接关系到整个车间设计及生产线的安排，完成同样的物料加热过程，可供选择的炉型往往有好几种。选择的炉型是否能满足工艺要求并从整个厂的一次投资和长期运行费用上做到最佳，这是需要考虑的最主要的问题，应作多方案的论证。无疑，熟悉各种工业炉的特性对选择合适的炉型是至关重要的。

2.2.1.1 工业炉特性

连续生产且产量较大的轧钢车间，对形状规则的料坯通常以在连续式加热炉中加热为宜。其他则可用炉型结构简单、使用灵便、产量不大的室状加热炉进行加热。

对特殊形状的坯料，须在特定形式的工业炉中完成加热过程。例如，圆坯由于无法推送可采用斜底炉或环形炉；扁坯可用步进炉；薄板坯的加热，可用链带式炉或辊底式等机械化炉底炉；薄板垛的退火可用罩式退火炉；尺寸较大的钢锭在均热炉内加热，而尺寸特大的钢锭加热用车底炉较为合适。

连续式加热炉中，合金钢或高碳钢的加热在500~600℃以前要缓慢加热，以免由于温度应力而产生裂纹，为此必须在工业炉结构上采取相应措施，防止预热段炉温过高，如设置中间烟道或砌筑中间隔热墙，减少烧嘴能力，以防止预热段炉温过高。

2.2.1.2 加热炉内坯料受热面的确定

对室状加热炉，料坯断面小于300mm时，采用一面加热；大于500mm时，可用三面或四面加热。

在连续式加热炉内，当坯料断面小于80mm时，可采用一面加热；大于100mm时，则采用两面加热。此外，坯料长度小于1m时，不宜采用两面加热，因为料坯太短，架空料坯用冷却水管所占下加热面面积的比例很大，故下面加热的作用并不显著；相反，由于冷却水管的设置，却带来一系列的缺点。

对于一些特殊形状料坯的受热面问题，由所选定的特殊炉型来决定。如大钢锭在均热炉中直立放置，接近于四面加热的情况，薄板坯在辊底式炉中就可以两面加热。

为了提高产量、缩短加热时间，应尽量避免坯料成捆的叠成操进行加热，最好是物料一个个地连续加热。

2.2.1.3 料坯在加热炉内的放置方式

对于连续加热炉，应根据加热炉产量大小决定采用几排放料方式，在确定放料方式时应注意炉体的长和宽，使之保持比例适当，以保证炉型及热制度合理。例如由于轧机产量增加，要求的加热炉产量较大。原采用单排放料，此时可以考虑改为双排放料。如果双排加热炉仍不能满足产量要求时，一般情况下，需增加一座加热炉，但是也有采用多排（三排或四排）加热的，多排放料在操作上有很多不便，一般较少采用。

对于室状加热炉，料坯在炉内的放置应根据料坯的形状和尺寸确定。大钢锭可以放在架子上进行四面加热（见图2-1），小钢坯则可以直接放在炉底上加热（见图2-2）。如欲使钢坯加热更快，或加热炉系连续装料出料，为了操作的方便，钢坯之间可保持适当距离（见图2-3）放置，接近于四面加热的情况。

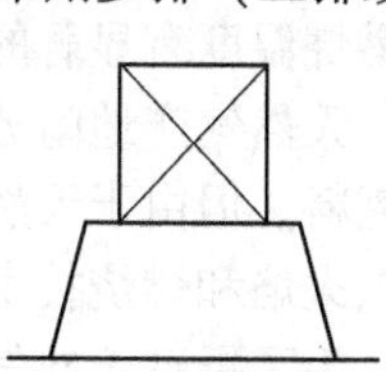

图2-1 坯料四面加热

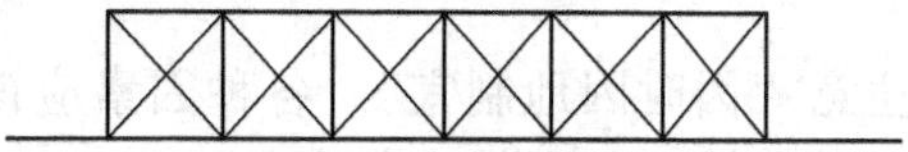

图2-2 坯料靠紧放置

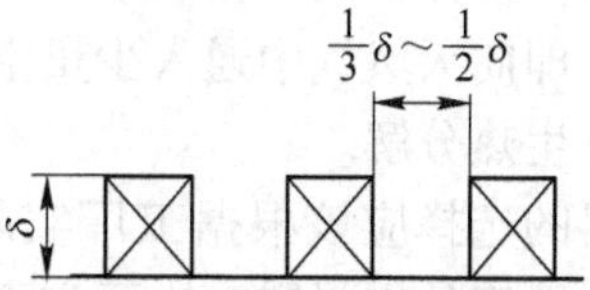

图2-3 坯料保持一定距离放置

2.2.1.4 装、出坯料的方法

对于连续加热炉，坯料都是从炉尾装入的，而坯料的出炉则采用侧出料和端出料两种

方式。从加热炉热工方面考虑，侧出料较有利，特别是合金钢的加热，最好采用侧出料方式；但侧出料方式对加热炉在车间内的布置影响较大，并且需用专门的出料装置。端出料在车间内的布置上有它的优越性。

对于室状加热炉，应首先考虑坯料是成批装炉出炉，还是连续一个个地边出炉边装炉。确定这一问题时，应首先考虑坯料的尺寸。大料坯的加热需采取两期或三期的加热制度，只能成批地装炉出炉，采用随时间而变更向炉内供热的办法实现所要求的热制度加热较小坯料时，两种方法均可应用，此时应综合考虑车间工艺操作情况。如坯料尺寸不大、车间加热炉数目不多，并且要求热坯料连续供应进行轧制或锻造，此时则采用连续装、出炉方式。

对于热处理用室状加热炉，工艺要求需进行特定的加热、保温、冷却等过程，以采用成批装出料方式为宜。

另外，在确定坯料的装炉出炉方式中，还应综合考虑装料、出料装置在车间内的放置位置以及原料和产品在车间内的运输系统是否方便等问题。

2.2.2 燃料的选择

工业炉用燃料主要有三种，分别是固体燃料、液体燃料和气体燃料。在各种燃料中，气体燃料的燃烧过程最容易控制，也最容易实现自动调节，因此其在加热炉中的应用较广泛，并有日益发展之趋势。对于某些工艺要求比较严格的加热炉和热处理炉（尤其是低温热处理炉），为了便于控制炉温和炉气的化学成分，以保证产品的表面质量，除了电能之外，气体燃料是最理想的燃料。

按照需要可用配合的办法得到任何发热量的煤气；可在炉外完成空气、煤气的混合，借以强化燃烧；理论上煤气预热温度不受限制，气体燃料可以进行高温预热，可以用低热值燃料来获得较高的燃烧温度并有利于节约燃料，降低燃耗。

工业炉窑所用的气体燃料主要是高炉煤气、焦炉煤气、发生炉煤气和天然气等。对于一些钢铁联合企业，为了平衡燃料，多采用混合煤气。较为合理的是采用高炉焦炉混合煤气。冶金炉上所用的混合煤气发热量以不大于 $9200kJ/m^3$ 为宜。因为发热量再增高也不会使燃烧温度有显著的升高，燃烧效果变化不大。

天然气产地附近的生产厂应优先考虑选用天然气作为加热炉燃料。天然气是一种高热值燃料。但由于天然气中 CH_4 含量大、燃烧速度较慢，以及天然气密度小，所以在燃烧时组织火焰和燃烧技术上必须采用相应的措施，以保证充分发挥天然气的作用。

为了提高天然气火焰的黑度，可以向天然气喷射重油或焦油等液体燃料，也可以设法使天然气中的碳氢化合物发生分解，靠分解出来的游离碳来提高火焰的黑度，叫作火焰的自动增碳。具体方法有：(1) 将天然气预热，使 CH_4 等碳氢化合物发生分解；(2) 部分燃烧法，即向天然气中通入少量空气，使部分天然气燃烧，利用这一部分燃烧热来使其余天然气发生热分解。

燃料的选择应该根据工厂实际条件，注意“因时因地制宜”。各种因素应该综合考虑，最后选定的燃料需在主要方面满足要求，做到经济、技术上的合理。

2.2.3 燃烧装置的选择

燃料燃烧装置的基本作用是组织燃料在炉内的燃烧过程，达到完全燃烧，并形成良好的气体力学条件，从而保证料坯在炉内的良好加热。

燃料的燃烧方式及燃烧装置的形式，一方面取决于燃料种类、性质及工艺要求，另一方面又在很大程度上决定着炉型结构。燃烧装置是任何以燃料燃烧为热源的工业炉必不可少的装置。选择燃烧方法以及相应地选用燃烧装置时，主要考虑的影响因素有燃料种类、燃料发热量、工业炉的热工制度、工业炉构造和热负荷、空气煤气预热温度及其压力条件等。当燃烧方法和燃烧装置一经确定以后，就可选定能使燃料达到完全燃烧所需的空气消耗系数。燃烧装置不仅要在燃烧能力方面满足工业炉的需要，而且要在燃烧特性方面满足工业炉的要求。一般体现在以下几方面：

（1）在工业炉所需要的热负荷条件下，以尽可能小的空气消耗系数保证燃料的完全燃烧（对于工艺要求不完全燃烧的除外）；

（2）能根据炉温制度的变化要求，在规定的供热能力变化范围内，保证稳定的燃烧过程；

（3）按照炉型和加热工艺的要求，保证火焰有一定的外形尺寸以及必要的气体力学条件；

（4）注意改善劳动条件，保证安全生产，便于操作和管理。

气体燃料的燃烧方法依照煤气和空气混合方式的不同，可分为三种，即无焰燃烧、有焰燃烧和半焰燃烧。

如果煤气和空气在燃烧装置中不预先进行混合，而是分别将它们送进燃烧室中，并在燃烧室中边混合边燃烧，这时火焰较长，并有鲜明的轮廓，称为有焰燃烧。有焰燃烧属于扩散燃烧。

如果煤气和空气事先在燃烧装置中混合均匀，则燃烧速度主要取决于着火和燃烧反应速度，没有明显的火焰轮廓，称为无焰燃烧。无焰燃烧属于动力燃烧。

如果在燃烧之前只有部分空气与煤气混合，则称为半无焰燃烧。无焰燃烧与有焰燃烧的对比见表 2-1。

表 2-1　无焰燃烧与有焰燃烧的对比

无 焰 燃 烧	有 焰 燃 烧
煤气和空气的混合完善，燃烧较完全，燃料的利用效率高，燃料消耗与无焰燃烧相反耗量较少	与无焰燃烧相反
达到完全燃烧所需的空气过剩系数小，理论燃烧温度较高	与无焰燃烧相反
空气、煤气预热温度受到限制，不能太高，否则有回火现象，甚至有发生爆炸的危险，一般规定空气和煤气经预热混合后的温度不得超过 400℃	预热温度不受限制
无焰烧嘴的燃烧能力弱（单位时间内所能燃烧的煤气量少），在同样燃料消耗量的条件下，采用无焰烧嘴时所需要的烧嘴数量较有焰燃烧时多，因此当燃料消耗量较大时，在烧嘴的合理布置上发生一定的困难	有焰烧嘴相对的燃烧能力较强，故烧嘴数量较少，便于安放

2.2.4 换热装置的选择

在排烟口和烟囱之间的烟道上设置的换热装置主要用来预热空气和煤气。其目的有两点：(1) 在使用发热量较低的燃料时有利于燃烧，有利于提高炉温，主要保证用能设备所需的热工性能；(2) 在使用发热量较高的燃料时，则以节能降耗为主。利用工业炉排出的高温烟气预热空气、煤气，对于改善燃烧过程、节约燃料、提高燃烧效率具有重要意义。

根据工作原理，空气、煤气换热装置可分为换热式和回热式（又称为蓄热式）两类。换热式按所使用材质的不同，又可分为金属换热器和陶瓷换热器。一般来说，在达到同样的预热效果时，换热式更为方便，并且换热式的预热温度是恒定的，而回热式的预热温度是周期性变化的。

熟悉各种换热器的特点，对选用合适的换热器是必要的。一些换热器的大致特性见表2-2。

表 2-2 换热器特性表

换热器种类	气密性	传热系数 /W·(m²·℃)$^{-1}$	结构	预热气体
金属管状换热器	好	17~24	简单	空气、煤气
金属片状、针状换热器	一般	24~47（单侧） 58~140（双侧）	紧凑、易积灰	空气
金属套管换热器	一般	17~30	较复杂	空气、净煤气
金属整体换热器	好	17~30	简单	空气、煤气
辐射换热器	好	30~59	简单、紧凑	空气、煤气
热管换热器	好	1~58	简单	空气、煤气
陶瓷换热器	差	3~12	庞大	空气

2.2.5 供风与排烟系统

加热炉上供燃烧用的一般都选用离心式风机。在不影响车间基本设施和生产运行的前提下，风机的安装力求使管道最短，局部阻力最小。

离心式风机属于定压风机，离心式风机在不同工况下的风压变化不大，随着管道系统阻力的增大而出风量减小。其风量的调节，可采用在吸风口或供风管道上安装阀门来实现。在吸风口处装设调节阀门，消耗的总功率小于供风管道上装设阀门的功率。

在选择风机时，风机的风量和风压必须与工业炉的工作要求和管网特性相适应，选择过小，不能满足工业炉的要求；选择过大，将造成电能的浪费，而且应尽量使风机在最高效率范围内工作以节省电能。为此，必须根据输气量进行管网阻力的计算，使风机工作处于最佳工作范围内。

对于经过预热的空气和煤气，其管道内部要衬以隔热层或在外面包上绝热材料，或两种方法同时采用，视预热温度而定，以保护管壁和加强保温。

工业炉的排烟有自然排烟和机械排烟。前者是指烟囱排烟、直接排放和依靠自然抽力的排烟罩等，后者是指排烟机排烟和引射排烟等。

燃烧所产生的废气经烟道从烟囱排出，排烟方式有下排烟、上排烟和侧排烟等。为使炉内气流合理分布，下排烟能保证遵守分流定则。但对于地下水位较高的地区，为防止地下水进入烟道，应有良好的防水措施，烟道底部最低点应尽可能在地下水位线以上。地下水平烟道的顶部与地平面的距离以300~1000mm为宜。

烟道线路的布置也应遵守距离最短、局部阻力最小的原则。

烟道应装设闸板，以调节炉膛压力。闸板一般用灰口铁铸件或钢铸件制成。当废气温度高于600~700℃时，必须采用水冷闸板、砖砌闸板或耐热钢闸板。同时必须保持闸板的严密性，否则会使闸板失去调节作用。

烟囱有砖烟囱、钢筋混凝土烟囱和金属烟囱三种。小烟囱常用砖烟囱，45m高以上的烟囱一般采用钢筋混凝土烟囱，这是因为随着烟囱高度的增加，钢筋混凝土烟囱的造价比砖烟囱有明显降低。烟囱必须设有独立的基础，不能与烟道基础相连，以免烟囱下沉时烟道基础断裂。烟囱底部应设有人孔，以备烘烤烟囱、清理灰渣和修理内衬时使用。金属烟囱一般用5~10mm厚钢板卷焊而成，金属烟囱的建设速度快、造价低，当排烟温度高时需要在内部设置耐火材料。

烟囱高度可采用流体力学知识进行计算，自然排烟时，烟囱高度须在克服排烟阻力的基础上，留有15%~30%的富裕抽力，以保证烟囱的正常工作。

当受布置的限制或烟气量较小、烟气温度较低时，有些工业炉采用穿出厂房屋面或侧墙的金属烟囱排烟。排烟温度高于500℃时，需要衬以耐火砖。

当工业炉排烟系统阻力较大不便于自然排烟或有其他特殊需要时，可以采用机械排烟方式，它分为直接式机械排烟和间接式机械排烟两种。

直接式机械排烟采用排烟机，一般排烟机使用温度为200℃，最高不得超过250℃。排送温度超过250℃的烟气时，可将烟气预先掺冷或用其他办法降温后再进入排烟机。

间接式机械排烟采用喷射器，通常喷射用的喷射介质为蒸汽、压缩空气或鼓风机送风。采用喷射器排烟可以不受烟气温度和烟气含尘量的限制，但动力消耗要比排烟机增加。

自然排烟与机械排烟的特点比较见表2-3。

表2-3 自然排烟与机械排烟的比较

排烟方式	烟囱自然排烟	排烟机排烟	喷射排烟
产生抽力大小	不可能很大	大	较大
对烟气温度要求	要求较高的温度	通过排烟机的烟气温度一般不超过200℃	不受烟气温度限制
产生抽力快慢	点火后必须有一段时间烘热烟道和烟囱，然后逐渐形成抽力，因此不便于快速升温	排烟机启动后就能达到额定的抽力，便于间断操作的工业炉的快速升温	同排烟机排烟
基建投资费用	高	低	低
生产费用	不消耗动力	消耗动力	消耗动力比排烟机多
维修工作	基本上不需维修	要定期维修	维修工作不多
占地面积	大	较小	小

有时，对于一些灰尘含量比较大的工业炉，为了防止环境污染，在烟气出炉后、排入大气之前，还设有除尘装置。

2.2.6 冷却系统的确定

工业炉的冷却系统主要是为了冷却在高温环境中的炉子金属构件，保证其在高温下能够正常工作。工业炉中需冷却的金属构件主要有：炉门、烟道闸板、炉底轨道、排烟风机等。

冷却系统的冷却方式分为水冷却和汽化冷却两种。

水冷却设备简单，维护方便，但其耗水量大，冷却构件出水温度视水质而定（水质的主要指标是水的硬度），一般不高于40~55℃，以防止结垢和汽化腐蚀。由于冷却出水温度较低，低温水携带的热量不好进行回收利用。

汽化冷却是近些年在加热炉上应用较广泛的冷却方式，主要包括冷却元件、循环管路系统及其附件、汽包、循环泵、供水系统、测量和控制仪表等装置。汽化冷却是水在冷却构件内被加热到沸点，以汽水混合物的形式进入到汽包，在汽包中使蒸汽和水分离。分离出来的水可重新回到冷却系统中循环使用，蒸汽可用于发电、雾化等生产环节。汽化冷却对冷却水水质的要求较高，水的消耗量仅为水冷却的1/25~1/30，冷却造成的热损失可降到10%以下。

汽化冷却要求使用软化水，在重要的冷却元件上应使用经过除氧以后的软水。汽化冷却系统应按规定进行排污，使汽包水的含盐量和碱度符合要求。一般情况下，汽化冷却系统对给水和炉水的水质要求见表2-4。

表2-4 给水和炉水的水质要求

给水水质				炉水水质	
总硬度 /mg·L^{-1}	含氧量 /mg·L^{-1}	含油量 /mg·L^{-1}	pH值	碱度 /mg·L^{-1}	含盐量 /mg·L^{-1}
<0.1	<0.1	<5	7~8.5	<14	<5000

2.2.7 工业炉机械化与自动控制

根据全厂及车间生产的装备、技术水平以及加热炉生产和结构的状况，规划炉子的机械设备和自动化程度。炉子的机械设备主要应考虑以下几个方面。

（1）炉子的装料、出料以及原料和成品在车间内的运输。例如是否采用吊车和专门的运输，装料、出料是否各有专门的机械装置并应考虑各机械装置的布置。

（2）炉子的清渣、修补工作。应选定所用机械装置的类型及摆放位置。

（3）各种炉门、盖的启闭。轻便、不大的炉门、盖的启闭可借助于简单机械、手动操作，而高温炉的大型炉门、盖等应采用汽动、电动等专门的启动装置。

为了正确地掌握炉子的热过程、维护炉子设备、延长使用寿命、改善操作人员的劳动条件，现代化的炉子上都应安装一整套的热工测量和自动调节装置。炉子常用的测量参数有：

（1）温度（炉膛、预热的空气和煤气、废气等）；

(2) 压力（炉膛、烟道等）；

(3) 流量（空气、煤气等）；

(4) 烟气成分分析；

(5) 其他，如冷却水温度、压力以及消耗量等。

一般地说，自动调节系统的功能包括：

(1) 炉温的自动调节（向炉内供热）；

(2) 燃烧的自动调节（空气和煤气的配比）；

(3) 炉膛压力的自动调节；

(4) 蓄热器的自动换向；

(5) 其他，如均热炉的炉盖自动开闭，自动停止煤气、空气的供应等。

根据车间和全厂生产规模综合考虑炉子应当测量哪些参数，用什么测量仪器，哪些参数采用自动调节，采取哪些调节系统，并说明所选用的测量和自动调节系统所带来的经济效果。从生产技术、设备维护及改善劳动条件等方面看，炉子的机械化、自动化程度愈高愈好，但与此同时必须相应地考虑经济及“因地制宜”等因素。

3 工业炉工艺设计与计算

3.1 工艺设计计算的一般步骤

工业炉的炉型各异，但工业炉的个性并没有严重影响到设计的基本方法，各种工业炉无论其形式如何变化，其设计的基本方法是类似的。

典型的工业炉设计计算的一般步骤如图 3-1 所示。

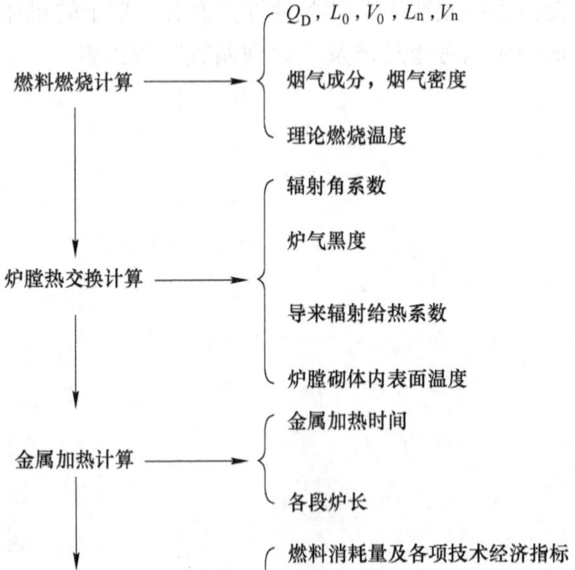

图 3-1　工业炉设计计算的一般步骤

3.2 燃料燃烧计算

燃料燃烧计算的内容及目的有以下几点：

(1) 计算单位燃料进行完全燃烧的空气需要量（L_n）。其目的在于合理、有效地控制燃烧过程，达到最佳燃烧状态；同时也是正确地选用或设计燃烧装置、供风系统及检测、控制系统的重要依据。

(2) 计算单位燃料完全燃烧的燃烧产物（烟气）生成量（V_n）、燃烧产物成分（%）及其密度（$\rho_{烟}$）。燃料燃烧产物生成量及其密度是设计烟道、烟囱或选用排烟机等不可缺少的依据，而燃烧产物成分是计算炉气黑度所必需的数据。

(3) 计算燃料理论燃烧温度（$t_{理}$）。$t_{理}$是估算实际炉温能否达到工艺要求的重要依据，同时也是选择燃料种类及燃烧方法的参考。

(4) 计算燃料低发热量（$Q_{低}$）。根据$Q_{低}$，在已知炉子设计生产率下总的热量消耗时，即可求出炉子总燃料消耗量（B）。同时$Q_{低}$也是计算$t_{理}$的重要依据。

下面主要以气体燃料为例，介绍其计算步骤与计算方法。

3.2.1 燃料燃烧计算中的已知条件

燃料燃烧计算前必需的基础资料如下：

(1) 燃料种类及其成分；

(2) 空气消耗系数；

(3) 燃料及助燃空气的预热温度。

3.2.2 燃料成分的换算

气体燃料成分是以各组成成分的体积分数表示的。共有两种表示方法，干成分（干）和湿成分（湿）。通常所提供的气体燃料成分一般为干成分。而气体燃料在实际燃烧时均含有水分，所以气体燃料进行燃烧计算时，必须将其干成分换算成相应的湿成分。

由干成分换算为湿成分的换算系数 k_c 的计算公式为：

$$k_c = \frac{100}{100 + 0.124 g_{H_2O}^{干}} \tag{3-1}$$

式中 $0.124 g_{H_2O}^{干}$——每 $100m^3$ 干气体燃料吸收水蒸气的体积量，m^3；

$g_{H_2O}^{干}$——每 $1m^3$ 干气体燃料吸收水蒸气的质量（标态），g/m^3。在计算时，$g_{H_2O}^{干}$ 可近似认为等于每 $1m^3$ 干气体在对应温度下完全饱和时的绝对湿度，其数值见表 3-1。

表 3-1 干气体在不同温度下完全饱和时的绝对湿度

温度/℃	0	2	4	6	8	10	12	14	16	18	20	22	24	26
绝对湿度（干气体，标态）/$g \cdot m^{-3}$	4.8	5.6	6.6	7.5	8.6	9.8	11.3	12.9	14.7	16.7	18.9	21.5	24.4	27.6
温度/℃	28	30	32	34	36	38	40	42	44	46	48	50	52	54
绝对湿度（干气体，标态）/$g \cdot m^{-3}$	31.1	35.1	39.6	44.5	50.1	56.3	63.1	70.8	79.3	89.9	99.5	111.4	125	139
温度/℃	56	58	60	62	64	66	68	70	75	80	85	90	95	
绝对湿度（干气体，标态）/$g \cdot m^{-3}$	156	175	196	222	249	281	318	361	499	716	1092	1871	4381	

那么，气体燃料由干成分换算为湿成分的换算式为：

$$\left.\begin{aligned}&\varphi(CO_2^{湿}) = k_c \cdot \varphi(CO_2^{干})\\&\varphi(CO^{湿}) = k_c \cdot \varphi(CO^{干})\\&\vdots\\&\varphi(H_2O^{湿}) = k_c \cdot 0.124g_{H_2O}^{干}\end{aligned}\right\} \quad (3\text{-}2)$$

总计 = 100%

3.2.3 气体燃料混合配比及其成分计算

3.2.3.1 已知条件

(1) 工艺要求的混合后气体燃料的低发热量（$Q_{低}^{混}$）；

(2) 被混合的两种气体燃料各自的组成成分（%）；

(3) 被混合的两种气体燃料各自的低发热量（$Q_{低}^1$、$Q_{低}^2$）。

3.2.3.2 计算步骤及方法

(1) 成分换算。如前所述，提供的气体燃料成分一般以干成分表示，所以首先要把两种气体燃料的干成分换算成相应的湿成分。

(2) 低发热量 $Q_{低}^1$、$Q_{低}^2$ 的计算。若两种气体燃料各自的低发热量 $Q_{低}^1$、$Q_{低}^2$ 未给出，则要根据两种气体燃料各自的湿成分，按式（3-6）分别计算出 $Q_{低}^1$、$Q_{低}^2$。

(3) 配比计算。设第一种（也可设第二种）气体燃料在混合气体燃料中的配比系数为 x^1，则：

$$Q_{低}^{混} = x^1 Q_{低}^1 + (1 - x^1) Q_{低}^2 \quad (3\text{-}3)$$

那么：

$$x^1 = \frac{Q_{低}^{混} - Q_{低}^2}{Q_{低}^1 - Q_{低}^2} \quad (3\text{-}4)$$

所以：混合气体燃料的组成成分（湿）为：

$$\left.\begin{aligned}&CO_2^{混湿} = x^1 CO_2^1 + (1 - x^1) CO_2^2\\&CO^{混湿} = x^1 CO^1 + (1 - x^1) CO^2\\&\vdots\end{aligned}\right\} \quad (3\text{-}5)$$

总计 = 100%

3.2.4 燃料低发热量的计算

气体燃料的低发热量（标态）计算公式如下：

$$Q_{低} = 126.4\varphi(CO^{湿}) + 107.6\varphi(H_2^{湿}) + 357.1\varphi(CH_4^{湿}) + 590.6\varphi(C_2H_4^{湿}) + \cdots \quad (kJ/m^3) \quad (3\text{-}6)$$

式中 $\varphi(CO^{湿})$，$\varphi(H_2^{湿})$ ……——气体燃料中各成分的体积分数，%；

126.4，107.6……——各成分的发热值（标态），kJ/m^3。

注：如湿气体燃料中尚含有式（3-6）未包括的其他可燃成分，可参照表 3-2 中相应数据进行补充计算。

表 3-2 几种单一可燃气体与燃烧特性

气体名称	分子式	相对分子质量	密度（标态）/kg·m^{-3}	完全燃烧需要量（标态）/m^3·m^{-3}			燃烧生成气组成及湿、干气量（标态）/m^3·m^{-3}					理论燃烧温度/℃	着火温度（在空气中）/℃	CO_2最大含量/%	发热量（标态）/MJ·m^{-3}	
				O_2	N_2	空气	CO_2	H_2O	N_2	湿气量	干气量				Q_x	Q_d
一氧化碳	CO	28.01	1.250	0.5	1.88	2.38	1.0		1.88		2.88	2370	610	34.7	12.64	12.64
氢	H_2	2.02	0.090	0.5	1.88	2.38		1.0	1.88	2.88	1.88	2230	530		12.77	10.76
甲烷	CH_4	16.04	0.716	2.0	7.52	9.52	1.0	2.0	7.52	10.52	8.52	2030	645	11.8	39.77	35.71
乙烷	C_2H_6	30.07	1.342	3.5	13.16	16.66	2.0	3.0	13.16	18.16	15.16	2097	530	13.2	69.99	63.75
丙烷	C_3H_8	44.09	1.968	5.0	18.8	23.80	3.0	4.0	18.8	25.80	21.80	2110	510	13.8	99.12	91.25
丁烷	C_4H_{10}	58.12	2.595	6.5	24.44	30.94	4.0	5.0	24.44	33.44	28.44	2118	490	14.0	128.47	118.65
戊烷	C_5H_{12}	72.15	3.221	8.0	30.08	38.08	5.0	6.0	30.08	41.08	35.08	2119	510	14.2	157.87	146.09
乙烯	C_2H_4	28.05	1.252	3.0	11.28	14.28	2.0	2.0	11.28	15.28	13.28	2284	540	15.0	63.00	59.06
丙烯	C_3H_6	42.08	1.879	4.5	16.92	21.42	3.0	3.0	16.92	22.92	19.92	2224	455	15.0	91.84	86.02
丁烯	C_4H_8	57.10	2.549	6.0	22.56	28.56	4.0	4.0	22.56	30.56	26.56	2203	445	15.0	121.39	113.52
戊烯	C_5H_{10}	70.13	3.131	7.5	28.2	35.70	6.0	5.0	28.2	38.2	33.2	2189		15.0	150.70	140.90
硫化氢	H_2S	34.08	1.521	1.6	5.64	7.14	SO_2=1.0	1.0	5.64	7.64	6.64	1900		15.1	25.70	23.69

注：1. 气体密度为计算值。
2. 理论燃烧温度未考虑空气中水分的影响。

3.2.5 空气消耗量、燃烧产物生成量及其成分的计算

3.2.5.1 助燃空气消耗量

（1）理论空气需要量（标态）计算公式如下：

$$L_0 = \frac{0.5\varphi(H_2^{湿})_{\%} + 0.5\varphi(CO^{湿})_{\%} + 2\varphi(CH_4^{湿})_{\%} + 1.5\varphi(H_2S^{湿})_{\%} - \varphi(O_2^{湿})_{\%}}{21} (m^3/m^3) \tag{3-7}$$

式中　$\varphi(H_2^{湿})_{\%}$，$\varphi(CO^{湿})_{\%}$ ……——每 100m^3（标态）湿气体燃料中各成分的体积含量（标态），m^3。

注：如湿气体燃料中含有公式（3-7）中未包括的其他可燃成分，参照表 3-2 中相应数据进行补充计算。

（2）实际空气需要量（标态）的计算：

$$L_n = nL_0 \quad (m^3/m^3) \tag{3-8}$$

式中　n——空气消耗系数，按表 3-3 取值。

表 3-3 燃料完全燃烧时的空气消耗系数（n）经验取值

燃料种类	燃烧方式	n
煤	人工加煤	1.30~1.50
	机械加煤	1.20~1.40
煤粉	人工调节	1.15~1.25
重油	人工调节	1.15~1.25
	自动调节	1.10~1.20
气体燃料	人工调节	1.10~1.20
	自动调节	1.05~1.15
	喷射式调节	1.03~1.10

（3）实际湿空气需要量（标态）的计算：

$$L_{n湿} = (1 + 0.00124 g_{H_2O}^{干}) L_n \quad (m^3/m^3) \tag{3-9}$$

3.2.5.2 燃料燃烧产物生成量

（1）燃烧产物中单一成分生成量（标态）的计算：

$$\left.\begin{aligned}
V_{CO_2'} &= 0.01[\varphi(CO^{湿})_{\%} + \varphi(CO_2^{湿})_{\%} + \varphi(CH_4^{湿})_{\%} + 2\varphi(C_2H_4^{湿})_{\%} + \cdots] \\
V_{SO_2'} &= 0.01\varphi(H_2S^{湿})_{\%} \\
V_{O_2'} &= 0.21(n-1)L_0 \\
V_{N_2'} &= (N_2 + 79L_n) \times 0.01 \\
V_{H_2O'} &= [\varphi(H_2^{湿})_{\%} + \varphi(H_2S^{湿})_{\%} + 2\varphi(CH_4^{湿})_{\%} + \cdots + \varphi(H_2O^{湿})_{\%} + \\
&\quad 0.00124 g_{H_2O}^{干} \cdot L_n] \times 0.01
\end{aligned}\right\} m^3/m^3 \tag{3-10}$$

式中，$\varphi(CO^{湿})_{\%}$、$\varphi(CO_2{}^{湿})_{\%}$、$\varphi(H_2{}^{湿})_{\%}$、$\varphi(CH_4{}^{湿})_{\%}$、$\varphi(H_2S^{湿})_{\%}$ 为每 $100m^3$（标态）湿气体燃料中各成分的体积含量。

（2）燃烧产物总生成量（标态）的计算：

$$V_n = V_{CO_2'} + V_{SO_2'} + V_{O_2'} + V_{N_2'} + V_{H_2O'} \quad (m^3/m^3) \tag{3-11}$$

3.2.5.3 燃料燃烧产物体积分数

燃料燃烧产物体积分数的计算公式为：

$$\begin{aligned}
\varphi(CO_2') &= \frac{V_{CO_2'}}{V_n} \times 100\% \\
\varphi(H_2O') &= \frac{V_{H_2O'}}{V_n} \times 100\% \\
&\vdots \\
总计 &= 100\%
\end{aligned} \tag{3-12}$$

3.2.6 燃料燃烧产物密度的计算

已知燃料燃烧产物成分，则其密度（标态）为：

$$\rho_{烟}=\frac{44\varphi(CO_2')+18\varphi(H_2O')+28\varphi(N_2')+32\varphi(O_2')+64\varphi(SO_2')}{22.4\times100}\quad(kg/m^3)\tag{3-13}$$

式中，$\varphi(CO_2')$、$\varphi(H_2O')$、$\varphi(N_2')$、$\varphi(O_2')$、$\varphi(SO_2')$ 为每 $100m^3$（标态）燃烧产物中各成分的体积分数，按式（3-12）的计算值。

3.2.7 燃料理论燃烧温度的计算

燃料理论燃烧温度是评价燃烧过程质量的一个重要指标，也是估计能否达到工艺要求炉温值的一个依据。理论燃烧温度是指燃料在绝热条件下完全燃烧（空气消耗系数为 1），燃烧的全部热量减去燃料热分解引起的热损失后，燃烧产物能达到的最高温度。

$$t_{理}=\frac{Q_{低}+Q_{空}+Q_{燃}-Q_{分}}{V_n c_{产}}=\frac{Q_{低}+L_n c_{空}t_{空}+c_{燃}t_{燃}-Q_{分}}{V_n c_{产}}\quad(℃)\tag{3-14}$$

式中 $Q_{低}$——燃料低发热量（标态），$kJ/m^3(kg)$；

$t_{空}$，$t_{燃}$——助燃空气和燃料的预热温度，℃；

$c_{空}$，$c_{产}$——助燃空气和燃烧产物在 $0\sim t_{空}$℃ 温度下的平均比热容（标态），见表 3-4，$kJ/(m^3\cdot℃)$；

$c_{燃}$——燃料在预热温度下的平均比热容（标态），见表 3-5，$kJ/(m^3(kg)\cdot℃)$；

L_n——实际空气消耗量（标态），$m^3/m^3(kg)$；

V_n——燃烧产物总生成量（标态），$m^3/m^3(kg)$；

$Q_{分}$——分解热（标态）（$t_{理}\leqslant2000$℃ 时，可忽略），kJ/m^3。

根据燃料理论燃烧温度，可按 $t_{炉}=\eta t_{理}$ 估算实际达到的炉温。η 为炉温系数，一般波动于 0.70~0.80 之间，取决于炉子结构、炉子生产率及炉子热负荷等。连续加热炉炉温系数一般可取 0.70~0.75，室式加热炉炉温系数一般可取 0.75~0.80。

表 3-4 燃烧产物和空气的平均比热容

温度 /℃	燃烧产物的比热容(标态) $c_{烟}/kJ\cdot(m^3\cdot℃)^{-1}$		空气的比热容（标态） $c_{空}/kJ\cdot(m^3\cdot℃)^{-1}$
	天然气、焦炉煤气、液体燃料、烟煤、无烟煤	发生炉煤气、高炉煤气、泥煤、褐煤	
0~200	1.379	1.421	1.296
200~400	1.421	1.463	1.296
400~700	1.463	1.505	1.338
700~1000	1.505	1.547	1.379
1000~1200	1.547	1.588	1.421
1200~1500	1.588	1.630	1.463
1500~1800	1.630	1.672	1.463
1800~2100	1.672	1.714	1.505

表 3-5 工业常用燃料的平均比热容

温度 /℃	比热容（标态） $c_{燃}/kJ\cdot(kg(m^3)\cdot℃)^{-1}$					
	固体燃料	液体燃料（重油）	发生炉煤气	焦炉煤气	高炉煤气	水煤气
0	1.363	1.742	1.363	1.363	1.388	1.384

续表 3-5

温度/℃	比热容（标态）$c_{燃}$/kJ·(kg(m^3)·℃)$^{-1}$					
	固体燃料	液体燃料（重油）	发生炉煤气	焦炉煤气	高炉煤气	水煤气
200	1.409	2.244	1.409	1.392	1.430	1.425
400	1.450	2.747	1.459	1.425	1.476	1.467
600	1.492		1.492	1.463	1.517	1.505
800	1.517		1.526	1.496	1.559	1.547
1000	1.559		1.559	1.534	1.597	1.588
1200	1.593		1.593	1.563	1.630	1.622

3.2.8 燃料燃烧理论空气需要量和燃烧产物生成量经验计算

根据燃料种类，按表 3-6 中的相应公式计算 L_0 和 V_n。

表 3-6 燃料燃烧经验计算公式

燃料种类	L_0	V_n
煤	$2.42\times10^{-4}Q_{低}+0.5$	$2.13\times10^{-4}Q_{低}+1.65+(n-1)L_0$
液体燃料	$2.11\times10^{-4}Q_{低}+2.0$	$2.85\times10^{-4}Q_{低}+(n-1)L_0$
煤气（$Q_{低}<12500$kJ/m^3（标态））	$2.09\times10^{-4}Q_{低}$	$1.73\times10^{-4}Q_{低}+1.0+(n-1)L_0$
煤气（$Q_{低}>12500$kJ/m^3（标态））	$2.61\times10^{-4}Q_{低}-0.25$	$2.73\times10^{-4}Q_{低}+0.25+(n-1)L_0$
高焦混合煤气	$2.45\times10^{-4}Q_{低}-0.2$	$2.26\times10^{-4}Q_{低}+0.77+(n-1)L_0$
天然煤气（$Q_{低}<34400$kJ/m^3（标态））	$2.65\times10^{-4}Q_{低}+0.02$	$10+(n-1)L_0$
天然煤气（$Q_{低}>34400$kJ/m^3（标态））	$2.65\times10^{-4}Q_{低}+0.02$	$1.85\times10^{-4}Q_{低}+3.85+(n-1)L_0$

3.3 炉膛热交换计算

炉膛热交换计算的主要目的是确定炉气经炉壁到金属的总的导来辐射系数值，为金属加热计算提供必要的数据。

炉膛内金属的加热过程是以辐射传热为主，还是以对流传热为主，主要取决于炉气温度和炉气流动速度。一般炉温在 800℃以上，炉气呈自然流动，其传热方式是以辐射传热为主，对流传热占比不大；若炉气呈强制流动，那么对流传热量就不能忽视（一般大于10%）。炉温在 700℃以下，且炉气为强制流动，那么传热方式则以对流传热为主，辐射传热为辅。

火焰炉用于加热炉料的炉温一般高于 800℃，且炉气通常为自然流动，所以炉膛热交换以辐射传热为主。

本节以辐射传热方式进行炉膛热交换计算。

3.3.1 恒温炉膛对炉料辐射传热量的计算

炉膛热交换过程是相当复杂的，参与热交换过程的物质主要是高温的炉气、炉壁和待加热金属，三者之间互相进行辐射换热，同时炉气还以对流换热的方式向炉壁和金属传热，此外炉壁又通过传导损失一部分热量。火焰炉炉膛内不仅同时存在辐射、对流和传导三种热交换方式，而且由于加热工艺、炉型结构及热工操作等原因，炉内各处的温度、炉气流速和炉压等都是不均匀的，目前还不能对火焰炉炉膛热交换进行全面的定量分析和精确计算。工程上应用的计算式都是根据火焰炉实际工况进行假设简化后的理想情况下得出的公式。这些假设条件是：

(1) 炉膛看作是一个封闭体系；

(2) 炉气充满炉膛，且其温度和黑度处处相等，炉气的黑度与其吸收率相等；

(3) 炉料布满炉底，其表面不能“自见”，且其温度和黑度均匀；

(4) 炉墙及炉顶内表面温度与黑度均匀，炉墙及炉顶内表面不吸收辐射热，即投射到该表面的辐射全部返回炉膛，此时炉气以对流传热方式传给炉壁的热流在数值上等于炉壁向外的散热。

3.3.1.1 按炉气温度 T_g 计算传给炉料的热量

炉膛内辐射热交换计算可按下式进行：

$$Q_{表} = C_{gKM}\left[\left(\frac{T_g}{100}\right)^4 - \left(\frac{T_M}{100}\right)^4\right]F_M \quad (\mathrm{W}) \tag{3-15a}$$

或

$$q_{表} = C_{gKM}\left[\left(\frac{T_g}{100}\right)^4 - \left(\frac{T_M}{100}\right)^4\right] \quad (\mathrm{W/m^2}) \tag{3-15b}$$

式中 C_{gKM}——按炉气温度计算的导来辐射系数，$\mathrm{W/(m^2 \cdot K^4)}$；

T_g——炉气温度，K；

T_M——炉料表面温度，K；

F_M——炉料受热面积，$\mathrm{m^2}$。

3.3.1.2 按炉壁内表温度 T_K 计算传给炉料的热量

按炉壁内表面温度 T_K 计算传给炉料的热量为：

$$Q_{表} = C_{KM}\left[\left(\frac{T_K}{100}\right)^4 - \left(\frac{T_M}{100}\right)^4\right]F_M \quad (\mathrm{W}) \tag{3-16a}$$

或

$$q_{表} = C_{KM}\left[\left(\frac{T_K}{100}\right)^4 - \left(\frac{T_M}{100}\right)^4\right] \quad (\mathrm{W/m^2}) \tag{3-16b}$$

式中 C_{KM}——按炉壁内表温度计算的导来辐射系数，$\mathrm{W/(m^2 \cdot K^4)}$；

T_K——炉壁内表温度，K。

3.3.1.3 按炉温 T_L 计算传给炉料的热量

火焰炉实际生产中，一般是用安装在炉内某一位置的热电偶测量温度，热电偶所反映的温度既不是炉气温度，也不是炉壁内表温度，而是介于炉气、炉壁和炉料之间的综合温度，通常把这种测量温度称为“炉温”。但是在同一炉况中，热电偶的安装位置、插入深度不同，所测出的温度有一定的差值，所以按炉温 T_L 计算传给炉料的热量是近似值。

$$Q_{表} = C_{LM}\left[\left(\frac{T_L}{100}\right)^4 - \left(\frac{T_M}{100}\right)^4\right]F_M \quad (\mathrm{W}) \tag{3-17a}$$

或 $$q_{表} = C_{LM}\left[\left(\frac{T_L}{100}\right)^4 - \left(\frac{T_M}{100}\right)^4\right] \quad (W/m^2) \tag{3-17b}$$

式中 C_{LM}——按炉温计算的导来辐射系数，$W/(m^2 \cdot K^4)$；

T_L——炉温，K。

上述三种计算方法，按炉气温度 T_g 计算传给炉料的热量是火焰炉炉膛热交换计算中常用的计算方法。下面主要介绍按炉气温度 T_g 计算导来辐射系数 C 的过程。

3.3.2 恒温炉膛内导来辐射系数的计算

3.3.2.1 炉料在炉底上无间隙摆放情况下导来辐射系数的计算

炉料在炉底上无间隙摆放如图 3-2（a）所示，推钢式连续加热炉炉料在炉底上的摆放是这种情况的典型例子。

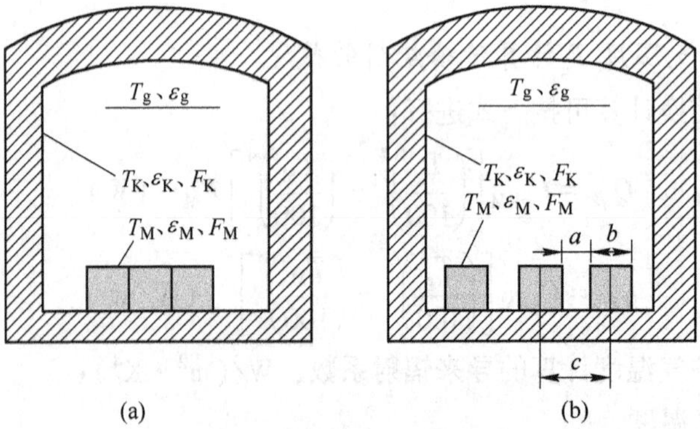

图 3-2 炉膛热交换计算简图

按炉气温度 T_g 计算导来辐射系数 C 的计算式如下：

$$C_{gKM} = \frac{5.67\varepsilon_g\varepsilon_M[1+\varphi_{KM}(1-\varepsilon_g)]}{\varepsilon_g+\varphi_{KM}(1-\varepsilon_g)[\varepsilon_M+\varepsilon_g(1-\varepsilon_M)]} \quad (W/(m^2 \cdot K^4)) \tag{3-18}$$

式中 ε_g——炉气的黑度；

ε_M——炉料的黑度；

φ_{KM}——炉壁对炉料的辐射角系数。

3.3.2.2 炉料在炉底上有间隙摆放情况下导来辐射系数的计算

炉料在炉底上有间隙摆放如图 3-2（b）所示，步进式连续加热炉炉料在炉底上的摆放是这种情况的典型例子。

按炉气温度 T_g 计算的导来辐射系数 C_{gKM} 的计算式如下：

$$C_{gKM} = \frac{5.67\varepsilon_g\varepsilon_M}{\varepsilon_g+\varphi_{KM}\varepsilon_M(1-\varepsilon_g)} \quad (W/(m^2 \cdot K^4)) \tag{3-19}$$

式（3-19）中符号代表的意义同式（3-18）。

由式（3-18）和式（3-19）可见，不管物料在炉底上何种摆放方式，影响导来辐射系数 C 数值大小的主要因素是 ε_g、ε_M 和 φ_{KM}。样其中 ε_M 代表炉料的辐射能力和吸收能力，其值大小决定于炉料的性质和表面状况等。对于一定性质的炉料而言，ε_M 可近似地认为是常数，如钢铁可取 $\varepsilon_M = 0.75 \sim 0.8$。不同性质和表面状况的材料的 ε_M，可查表 3-7。

表 3-7 常用材料的黑度

材料名称	温度/℃	黑度 ε_M
[金属]		
表面磨光的铝	300~600	0.04~0.057
表面磨光的铁	400~1000	0.14~0.38
氧化铁	500~1200	0.85~0.95
氧化铁	100	075~0.80
液体铸铁	1300	0.28
氧化铜	800~1100	0.54~0.66
液体铜	1200	0.15
钢	300	0.64
精密磨光的金	600	0.035
磨光的纯银	600	0.032
精密磨光的电解铜	80~115	0.018~0.023
[其他材料]		
石棉纸	400	0.95
耐火砖	800~1000	0.8~0.9
烟灰	250	0.95

当 ε_M 一定时，则 $C = f(\varepsilon_g, \varphi_{KM})$，故导来辐射系数 C 值的计算，主要是计算确定 ε_g 和 φ_{KM}。火焰炉炉型结构和尺寸、燃料种类和燃烧方法、热工操作等各不相同，所以 ε_g 和 φ_{KM} 必须针对某一特定炉子进行计算。

下面以常用几种炉型为例，介绍 ε_g 和 φ_{KM} 的计算方法和步骤。

A 炉内炉气黑度 ε_g 的计算

气体黑度是指实际气体的辐射能力与同温度下黑体气体辐射能力之比值。气体中具有辐射能力的成分是 CO_2、H_2O（汽）和 SO_2 等三原子气体。炉气中的三原子气体主要是 CO_2 和 H_2O（汽），所以，炉气黑度 ε_g 是 CO_2 气体黑度 ε_{CO_2} 与 H_2O（汽）黑度 ε_{H_2O} 之和，即：

$$\varepsilon_g = \varepsilon_{CO_2} + \varepsilon_{H_2O} \tag{3-20}$$

影响 ε_{CO_2} 和 ε_{H_2O} 大小的因素有三方面：（1）CO_2 和 H_2O（汽）在炉气中的分压 p_{CO_2}（大气压[1]）和 p_{H_2O}（大气压）；（2）平均射线行程 S_L（m），它取决于炉膛形状和尺寸；（3）炉气温度 T_g(K)。其定量函数关系可按下式计算（或查图）：

$$\varepsilon_{CO_2} = 0.71 \times (p_{CO_2} \cdot S_L)^{\frac{1}{3}} \cdot \left(\frac{T_g}{100}\right)^{-0.5} \tag{3-21}$$

$$\varepsilon_{H_2O} = 7.1 \times p_{H_2O}^{0.8} \cdot S_L^{0.6} \cdot \left(\frac{T_g}{100}\right)^{-1} \tag{3-22}$$

[1] 1 大气压 = 101325Pa。

注：

(1) 连续加热炉各炉段中的炉气温度和炉膛几何尺寸不同，故各炉段炉气黑度 ε_g 应分别计算；

(2) 炉气温度 T_g，对现有炉子按实测炉气温度计算，对新设计炉子按炉气温度设定值或计算值计算；

(3) 炉气中 p_{CO_2} 和 p_{H_2O} 按炉气中 CO_2 和 H_2O（汽）体积分数计算，如 CO_2 气体在炉气中的体积分数为14%，其 $p_{CO_2}=0.14$ 大气压；

(4) 炉气平均射线行程 S_L 决定于炉气容积（炉膛）大小，可按聂夫斯基的近似公式计算：

$$S_L = \eta \frac{4V}{F} \quad (\text{m}) \tag{3-23}$$

式中 V——充满炉气的炉膛体积，m^3；

F——包围炉气的炉膛内表面积，m^2；

η——气体辐射有效系数，一般取 $\eta=0.85\sim0.9$。

下面介绍式（3-23）中 V、F 的计算。

a 连续加热炉

(1) 平顶：

$$V_{预} = H_{预上}BL_{预} \tag{3-24a}$$

$$V_{加} = H_{加上}BL_{加} \tag{3-24b}$$

$$V_{均} = H_{均上}BL_{均} \tag{3-24c}$$

$$F_{预} = (2H_{预上} + B)L_{预} \tag{3-25a}$$

$$F_{加} = (2H_{加上} + B)L_{加} \tag{3-25b}$$

$$F_{均} = (2H_{均上} + B)L_{均} \tag{3-25c}$$

(2) 60°拱顶：

$$V_{预} = (H_{预上}B - 0.0434B^2)L_{预} \tag{3-26a}$$

$$V_{加} = (H_{加上}B - 0.0434B^2)L_{加} \tag{3-26b}$$

$$V_{均} = (H_{均上}B - 0.0434B^2)L_{均} \tag{3-26c}$$

$$F_{预} = (2H_{预上} + 1.78B)L_{预} \tag{3-27a}$$

$$F_{加} = (2H_{加上} + 1.78B)L_{加} \tag{3-27b}$$

$$F_{均} = (2H_{均上} + 1.78B)L_{均} \tag{3-27c}$$

b 室式加热炉

$$V = BHL \tag{3-28}$$

$$F = 2[(B + L)H + BL] \tag{3-29}$$

几种一定形状气体的平均射线行程见表3-8。

表3-8 气体辐射的平均射线行程

气体形状	平均射线行程/m
直径为 D 的球体	$0.60D$
边长为 A 的正方体	$0.60A$

续表 3-8

气 体 形 状	平均射线行程/m
直径为 D 的长形圆柱体	$0.90D$
直径等于高（$D=H$）的圆柱体（向侧面壁的辐射）	$0.60D$
直径等于高（$D=H$）的圆柱体（向底边的中心辐射）	$0.77D$
在两平行面之间厚度为 S 的气层	$1.80S$

应该指出的是，上述关于炉气黑度的计算只适用于“暗焰”，即炉膛内清澈可见，好像炉内无火焰一样。一般采用无焰燃烧的炉子，其炉气均为“暗焰”。当焦炉煤气、天然气等煤气采用有焰燃烧的炉子和燃油、燃煤的炉子，炉气中含有“碳粒子”，包括燃煤时带入炉气中的碳粒子；燃烧碳氢化合物燃料时，热解产生的碳粒子。这些固体小颗粒，具有很强的辐射能力。含有碳粒子的火焰称为“辉焰”。辉焰炉气黑度要大于暗焰炉气黑度。关于辉焰中碳粒子的数量、分布规律等目前尚不能进行实际计算，所以辉焰炉气黑度只能用实验方法测定。表 3-9 为辉焰黑度实验测定值。

表 3-9　辉焰黑度的实验测定值

平均有效射线行程/m	燃煤炉气黑度 ε_g	燃液体燃料炉气黑度 ε_g	燃未经清洗的发生煤气炉气黑度 ε_g
1.0	0.30	0.30	0.25
1.5	0.35	0.40	0.30

B　炉壁对炉料辐射角系数 φ_{KM} 的计算

（1）如图 3-2（a）情况，炉壁是自见面，$\varphi_{KK} \neq 0$；而炉料自身是非自见面，$\varphi_{MM} = 0$，则：

$$\varphi_{KM} = \frac{F_M}{F_K} \tag{3-30}$$

式中　F_M——炉料受热面积，m^2；

F_K——炉壁内表对物料辐射面积，m^2。

（2）如图 3-2（b）情况，炉壁和炉料都是自见面，$\varphi_{KK} \neq 0$，$\varphi_{MM} \neq 0$，则：

$$\varphi_{KM} = \frac{F_M}{F_K + F_M} \tag{3-31}$$

由式（3-30）、（3-31）可见，计算 φ_{KM}，主要是计算确定 F_M 和 F_K。

下面介绍几种典型炉型的 φ_{KM} 计算过程。

a　推钢式连续加热炉炉壁对炉料辐射角度系数 φ_{KM} 的计算

推钢式连续加热炉炉底物料摆放方式属于图 3-2（a）情况，所以辐射角度系数 φ_{KM} 可按式（3-30）计算。

说明：

①推钢式连续加热炉预热段、加热段和均热段等各炉段的炉膛高度一般不等，故各炉段辐射角度系数 φ_{KM} 应分别进行计算。

②同一炉段，不管上、下炉膛（双面加热）高度是否相等（一般 $H_下>H_上$），可以只

计算上部炉膛的角度系数，而下部炉膛的角度系数可近似认为与上部炉膛角度系数相等，即：$\varphi_{KM下} \approx \varphi_{KM上}$。

③上部炉膛高度，不管是平顶还是拱顶（一般为60°），工程上通常标注炉膛中心线处的高度，如图3-3中标注的$H_{加上}$和$H_{预上}$。计算炉壁内表面积F_K时，均用该标注的尺寸计算，可以不考虑各炉段曲节高度变化。

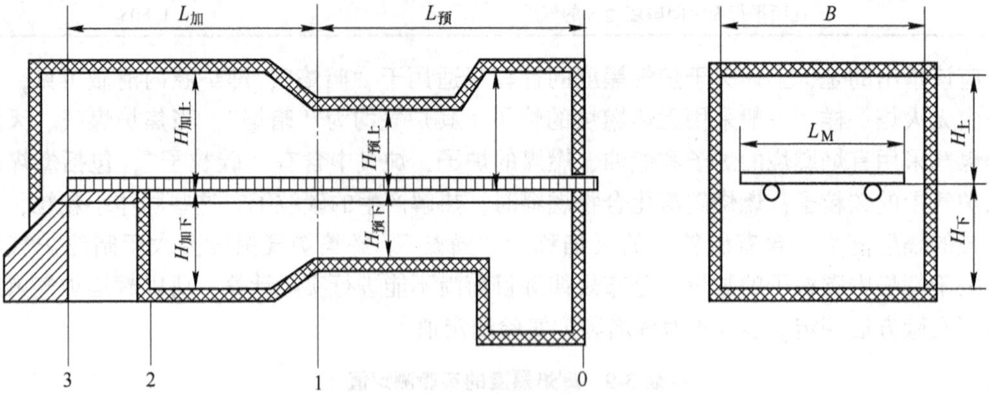

图3-3　二段式连续加热炉结构简图

④炉内摆放的炉料其端头受热面积远小于上表面积，那么炉料端头受热面积可不计，故只计算摆放炉料的上表面积作为炉料受热面积F_M。

⑤炉膛端墙（进料端和出料端）内表面积远小于炉顶和两侧墙内表面积，炉膛端墙内表面积可不计算。另外，炉底上炉料端头之间和炉料端头与侧墙之间的间隙（设计时的a值）处炉底面积也不计算，故只计算炉顶和两侧墙内表面积作为炉壁热辐射面积F_K。

（1）各炉段炉料受热面积F_M的计算：

$$F_{M预} = nL_M L_{预} \quad (m^2) \tag{3-32a}$$

$$F_{M加} = nL_M L_{加} \quad (m^2) \tag{3-32b}$$

$$F_{M均} = nL_M L_{均} \quad (m^2) \tag{3-32c}$$

式中　n——炉料摆放排数；

L_M——炉料平均长度，m；

$L_{预}$，$L_{加}$，$L_{均}$——预热段、加热段、均热段长度，m。

（2）各炉段炉壁（炉顶和两侧墙）内表辐射面积F_K的计算：

平顶：

$$F_{K预} = (2H_{预上} + B)L_{预} \quad (m^2) \tag{3-33a}$$

$$F_{K加} = (2H_{加上} + B)L_{加} \quad (m^2) \tag{3-33b}$$

$$F_{K均} = (2H_{均上} + B)L_{均} \quad (m^2) \tag{3-33c}$$

60°拱顶：

$$F_{K预} = (2H_{预上} + 0.78B)L_{预} \quad (m^2) \tag{3-34a}$$

$$F_{K加} = (2H_{加上} + 0.78B)L_{加} \quad (m^2) \tag{3-34b}$$

$$F_{K均} = (2H_{均上} + 0.78B)L_{均} \quad (m^2) \tag{3-34c}$$

式中　$H_{预上}$，$H_{加上}$，$H_{均上}$——预热段、加热段、均热段上炉膛高度，m；

B——炉膛内宽，m。

(3) 各炉段炉壁对炉料辐射角度系数 φ_{KM} 的计算：

1) 平顶：

$$\varphi_{KM预} = \frac{F_{M预}}{F_{K预}} = \frac{nL_M}{2H_{预上} + B} \tag{3-35a}$$

$$\varphi_{KM加} = \frac{F_{M加}}{F_{K加}} = \frac{nL_M}{2H_{加上} + B} \tag{3-35b}$$

$$\varphi_{KM均} = \frac{F_{M均}}{F_{K均}} = \frac{nL_M}{2H_{均上} + B} \tag{3-35c}$$

2) 60°拱顶：

$$\varphi_{KM预} = \frac{F_{M预}}{F_{K预}} = \frac{nL_M}{2H_{预上} + 0.78B} \tag{3-36a}$$

$$\varphi_{KM加} = \frac{F_{M加}}{F_{K加}} = \frac{nL_M}{2H_{加上} + 0.78B} \tag{3-36b}$$

$$\varphi_{KM均} = \frac{F_{M均}}{F_{K均}} = \frac{nL_M}{2H_{均上} + 0.78B} \tag{3-36c}$$

注：$H_{预上}$、$H_{加上}$、$H_{均上}$具体尺寸，在设计炉子时按经验选取，见表 3-10 和表 3-11。

表 3-10　二段式连续加热炉各段上炉膛高度经验值　(mm)

炉型结构	$H_{加上}$	$H_{预上}$	备注
燃气中型加热炉	1500~1600	800~1000	下炉膛高度比相应的上炉膛高度高 150~200mm
燃油中型加热炉	1300~1400	750~900	
燃油小型加热炉	1200~1300	700~800	

表 3-11　三段式连续加热炉各段上炉膛高度经验值　(mm)

炉型结构	$H_{均上}$	端供热 $H_{加上}$	侧供热 $H_{加上}$	$H_{预上}$	备注
燃气大型加热炉	1400~1500	2500~3000	1500~1700	1000~1200	下炉膛高度比相应的上炉膛高度高 150~300mm
燃气中型加热炉	1250~1400	2200~2500	1400~1600	1000~1100	
燃油中型加热炉	1100~1300	2000~2200	1200~1400	900~1100	
燃油小型加热炉	1000~1200	1500~1800	1200~1300	800~900	

b　步进式连续加热炉炉壁对炉料辐射角度系数 φ_{KM} 的计算

步进式连续加热炉分为步进底式（上单面加热）连续加热炉和步进梁式（上下双面加热）连续加热炉两种炉型结构。被加热炉料的形状有板坯、方坯、圆柱坯等。不同的炉型结构、不同的炉料断面形状，角度系数 φ_{KM} 也不同。

说明：

①被加热的炉料为板坯时，由于板坯之间的间隙远小于板坯宽度，那么炉壁对板坯侧面的辐射传热量相对板坯表面可忽略不计。这种情况，步进底式或步进梁式连续加热炉炉壁对炉料的辐射角度系数 φ_{KM} 均可按推钢式连续加热炉的辐射角度系数的计算。

②步进式连续加热炉各炉段的划分同推钢式连续加热炉。

③各炉段辐射角度系数 φ_{KM} 计算简化条件可参见推钢式连续加热炉说明中的①、②、③、④项。

(1) 步进底式连续加热炉炉壁对炉料辐射角度系数 φ_{KM} 的计算。

1) 被加热炉料为方坯。炉料在步进底式连续加热炉中加热，由于每块方坯两侧均有间隙（见图 3-2 (b)），共有 3 个受热面，所以各炉段炉料受热面 F_M 的计算为：

$$F_{M预} = \frac{3b}{c} n L_M L_预 \quad (m^2) \tag{3-37a}$$

$$F_{M加} = \frac{3b}{c} n L_M L_加 \quad (m^2) \tag{3-37b}$$

$$F_{M均} = \frac{3b}{c} n L_M L_均 \quad (m^2) \tag{3-37c}$$

式中 b——方坯横断面边长，m；

c——相邻方坯中心距（$c=a+b$），m。

各炉段炉壁内表辐射面积 F_K 包括炉顶、两侧墙和未被炉料遮住的炉底面积。

平顶：

$$F_{K预} = \left[2(H_{预上} + B) - \frac{nbL_M}{c}\right] L_预 \quad (m^2) \tag{3-38a}$$

$$F_{K加} = \left[2(H_{加上} + B) - \frac{nbL_M}{c}\right] L_加 \quad (m^2) \tag{3-38b}$$

$$F_{K均} = \left[2(H_{均上} + B) - \frac{nbL_M}{c}\right] L_均 \quad (m^2) \tag{3-38c}$$

60°拱顶：

$$F_{K预} = \left(2H_{预上} + 1.78B - \frac{nbL_M}{c}\right) L_预 \quad (m^2) \tag{3-39a}$$

$$F_{K加} = \left(2H_{加上} + 1.78B - \frac{nbL_M}{c}\right) L_加 \quad (m^2) \tag{3-39b}$$

$$F_{K均} = \left(2H_{均上} + 1.78B - \frac{nbL_M}{c}\right) L_均 \quad (m^2) \tag{3-39c}$$

把式 (3-37)~式 (3-39) 分别对应代入式 (3-31)，可得各炉段炉壁对炉料辐射角度系数 φ_{KM}。

平顶：

$$\varphi_{KM预} = \frac{3nbL_M}{2c(H_{预上} + B) + 2nbL_M} \tag{3-40a}$$

$$\varphi_{KM加} = \frac{3nbL_M}{2c(H_{加上} + B) + 2nbL_M} \tag{3-40b}$$

$$\varphi_{KM均} = \frac{3nbL_M}{2c(H_{均上} + B) + 2nbL_M} \tag{3-40c}$$

60°拱顶：

$$\varphi_{KM预} = \frac{3nbL_M}{2c(H_{预上} + 1.78B) + 2nbL_M} \tag{3-41a}$$

$$\varphi_{KM加} = \frac{3nbL_M}{2c(H_{加上} + 1.78B) + 2nbL_M} \tag{3-41b}$$

$$\varphi_{KM均} = \frac{3nbL_M}{2c(H_{均上} + 1.78B) + 2nbL_M} \tag{3-41c}$$

2）被加热炉料为圆柱坯。圆柱坯在步进底式连续加热炉内加热时，炉料与炉底的接触只为线接触，不遮蔽炉底对炉料的辐射传热。所以炉壁内表面辐射面积 F_K 为各炉段炉围内表面积；炉料受热面积 F_M 可按圆柱体侧表面积计算（若圆柱体直径较小，而长度较长可忽略炉料端头表面积，否则不可忽略）。则各炉段炉壁对炉料辐射角度系数 φ_{KM} 计算式如下：

平顶：

$$\varphi_{KM预} = \frac{D\pi nL_M}{2c(H_{预上} + B) + D\pi nL_M} \tag{3-42a}$$

$$\varphi_{KM加} = \frac{D\pi nL_M}{2c(H_{加上} + B) + D\pi nL_M} \tag{3-42b}$$

$$\varphi_{KM均} = \frac{D\pi nL_M}{2c(H_{均上} + B) + D\pi nL_M} \tag{3-42c}$$

60°拱顶：

$$\varphi_{KM预} = \frac{D\pi nL_M}{c(2H_{预上} + 1.78B) + D\pi nL_M} \tag{3-43a}$$

$$\varphi_{KM加} = \frac{D\pi nL_M}{c(2H_{加上} + 1.78B) + D\pi nL_M} \tag{3-43b}$$

$$\varphi_{KM均} = \frac{D\pi nL_M}{c(2H_{均上} + 1.78B) + D\pi nL_M} \tag{3-43c}$$

式中 D——圆柱坯直径，m。

（2）步进梁式连续加热炉炉壁对炉料辐射角度系数 φ_{KM} 的计算。步进梁式连续加热炉炉壁内表辐射面积 F_K 的计算同推钢式连续加热炉；炉料受热面积 F_M 为炉料（方坯、圆柱坯）侧表面积的一半。根据步进底式连续加热炉辐射角度系数的计算方法，可得步进梁式连续加热炉炉壁对炉料辐射角度系数 φ_{KM} 的计算式。

1）被加热炉料为方坯：

平顶：

$$\varphi_{KM预} = \frac{2bnL_M}{c(2H_{预上} + B) + 2bnL_M} \tag{3-44a}$$

$$\varphi_{KM加} = \frac{2bnL_M}{c(2H_{加上} + B) + 2bnL_M} \tag{3-44b}$$

$$\varphi_{KM均} = \frac{2bnL_M}{c(2H_{均上} + B) + 2bnL_M} \tag{3-44c}$$

60°拱顶：

$$\varphi_{KM预} = \frac{2bnL_M}{c(2H_{预上} + 0.78B) + 2bnL_M} \tag{3-45a}$$

$$\varphi_{KM加}=\frac{2bnL_M}{c(2H_{加上}+0.78B)+2bnL_M} \quad (3\text{-}45b)$$

$$\varphi_{KM均}=\frac{2bnL_M}{c(2H_{均上}+0.78B)+2bnL_M} \quad (3\text{-}45c)$$

2）被加热炉料为圆柱坯：

平顶：

$$\varphi_{KM预}=\frac{D\pi nL_M}{2c(2H_{预上}+B)+D\pi nL_M} \quad (3\text{-}46a)$$

$$\varphi_{KM加}=\frac{D\pi nL_M}{2c(2H_{加上}+B)+D\pi nL_M} \quad (3\text{-}46b)$$

$$\varphi_{KM均}=\frac{D\pi nL_M}{2c(2H_{均上}+B)+D\pi nL_M} \quad (3\text{-}46c)$$

60°拱顶：

$$\varphi_{KM预}=\frac{D\pi nL_M}{2c(2H_{预上}+0.78B)+D\pi nL_M} \quad (3\text{-}47a)$$

$$\varphi_{KM加}=\frac{D\pi nL_M}{2c(2H_{加上}+0.78B)+D\pi nL_M} \quad (3\text{-}47b)$$

$$\varphi_{KM均}=\frac{D\pi nL_M}{2c(2H_{均上}+0.78B)+D\pi nL_M} \quad (3\text{-}47c)$$

（3）室式加热炉炉壁对炉料辐射角度系数 φ_{KM} 的计算。室式加热炉的特点是炉膛空间一般不大，炉底面积较小；加热的炉料规格尺寸不一，形状各种各样；炉料在炉底上的摆放呈随机性，炉料之间的间隙大小不定。所以炉壁对炉料辐射角度系数 φ_{KM} 的计算不可能采用统一的计算式。另外，室式加热炉炉顶也有平顶与拱顶两种结构，为了简化计算，均以平顶结构计算。

根据实际生产情况，归纳起来有下列几种情况。

1）炉料薄而大（如板坯），虽然炉料摆放有间隙，但其侧面的所受辐射热相对其表面而言，可忽略不计；或者炉料厚而小（如方坯），但在炉底上呈紧密摆放（炉料之间的间隙很小）。这种情况，φ_{KM} 的计算式可用下式：

$$\varphi_{KM}=\frac{F_M}{F_{墙}+F_{顶}}=\frac{\eta BL}{2(B+L)H+BL} \quad (3\text{-}48)$$

式中 B——炉膛宽度，m；

L——炉膛长度，m；

H——炉膛高度，设计炉子时一般可取 0.8~1.3m，m；

η——炉底利用率，%。

2）炉料尺寸较大（如锻压大型轴用钢坯），单排摆放，且摆放间隙较大（便于机械出料），φ_{KM} 可采用下式计算。

方坯：

$$\varphi_{KM}=\frac{3bmL_M}{2[(B+L)H+BL]+2bmL_M} \quad (3\text{-}49)$$

圆柱坯：
$$\varphi_{KM}=\frac{D\pi mL_M}{2[(B+L)H+BL]+D\pi mL_M} \tag{3-50}$$

式中 b——方坯横断面边长，m；

L_M——方坯长度，m；

m——炉料装入根数。

D——圆柱坯直径，m；

π——圆周率。

3.3.3 恒温炉膛砌体内表面温度的计算

炉膛砌体内表面温度在热工计算和热工操作中是一个重要参数，也是选用砌炉耐火材料的依据。

（1）当 $\varphi_{MM}=0$，$\varphi_{KK}\neq 0$，$\varphi_{KM}=F_M/F_K$，例如，推钢式连续加热炉等炉内加热。

$$t_k=\sqrt[4]{T_M^4+\cfrac{1}{1+\cfrac{\varphi_{KM}\varepsilon_M(1-\varepsilon_g)}{\varepsilon_g[1+\varphi_{KM}(1-\varepsilon_K)(1-\varepsilon_M)]}}(T_g^4-T_M^4)}-273\ (℃) \tag{3-51}$$

（2）当 $\varphi_{MM}\neq 0$，$\varphi_{KK}\neq 0$，$\varphi_{KM}=F_M/(F_K+F_M)$，例如，步进式连续加热炉、室式加热炉等炉内加热。

$$t_k=\sqrt[4]{T_M^4+\frac{\varepsilon_g}{\varepsilon_g+\varphi_{KM}\varepsilon_M(1-\varepsilon_g)}(T_g^4-T_M^4)}-273\quad(℃) \tag{3-52}$$

3.3.4 周期式炉膛对炉料辐射传热量的计算

周期式炉膛指的是炉膛温度随时间周期性变化，如周期式热处理炉的炉膛温度。

周期式炉膛内辐射换热的最大特点是炉子砌体不能当作绝热体，它在炉子加热和冷却过程中总是吸热或放热的。在出炉或冷金属装炉时炉子砌体变冷，因此在加热初期需要大量的热，随后砌体逐渐热透，其温度才接近于绝热体温度。一般情况下，炉内燃烧产物和砌体向金属辐射的单位热量（W/m^2）可以按下式确定：

$$q_{表}=\sigma C'\left[\left(\frac{T_g}{100}\right)^4-\left(\frac{T_M}{100}\right)^4\right]+\sigma C''\left[\left(\frac{T_K}{100}\right)^4-\left(\frac{T_M}{100}\right)^4\right]\quad(W/m^2) \tag{3-53}$$

式中 σ——绝对黑体辐射系数，$5.67W/(m^2\cdot K^4)$；

T_g——燃烧产物热力学温度，K；

T_M——被加热金属的热力学温度，K；

T_K——砌体的热力学温度，K。

式中的 C' 和 C'' 分别为：

$$C'=\frac{\varepsilon_g\varepsilon_M[1+(1-\varepsilon_g)(1-\varepsilon_K)\varphi_{KM}]}{1-(1-\varepsilon_g)(1-\varepsilon_K)(1-\varphi_{KM})-(1-\varepsilon_g)^2(1-\varepsilon_M)(1-\varepsilon_K)\varphi_{KM}} \tag{3-54}$$

$$C''=\frac{\varepsilon_g\varepsilon_K(1-\varepsilon_g)}{1-(1-\varepsilon_g)(1-\varepsilon_K)(1-\varphi_{KM})-(1-\varepsilon_g)^2(1-\varepsilon_M)(1-\varepsilon_K)\varphi_{KM}} \tag{3-55}$$

式中 φ_{KM}——砌体对金属的辐射角系数，可由式（3-48）~式（3-50）计算得出。

3.4 金属加热计算

金属加热计算是火焰炉热工计算的核心，其主要目的是确定金属在炉内的加热时间，这个时间是指金属从入炉开始加热到工艺要求的温度出炉时所经过的总时间。金属加热时间受钢种、尺寸、形状以及其在炉内的摆放、炉型结构、燃料种类以及温热制度等一系列因素的影响。

金属加热时间可以采用比较简单的经验法确定，也可以采用较复杂的理论计算法确定。通常都是这两种方法并用，最后选定一个比较合理的结果。

3.4.1 金属加热基本概念

3.4.1.1 *薄材与厚材*

由传热学理论可知，加热金属时，金属可分为薄材和厚材两种情况进行处理。薄材加热时，可以不考虑金属断面温差，金属的表面温度可以认为是断面平均温度；厚材加热时，必须考虑其断面温差，金属的表面温度、中心温度和平均温度须分别计算。在加热炉中金属的加热大部分属于厚材。

被加热金属属于薄材还是厚材，可由毕渥准数来判定。

$$Bi = \alpha S/\lambda \tag{3-56}$$

式中 α——给热系数，$W/(m^2 \cdot K)$；

S——金属的计算厚度（透热深度），平板双面加热时为料厚的1/2，圆柱体料为半径，m；

λ——金属的导热系数，$W/(m \cdot K)$。

一般判定：$Bi \leqslant 0.25$ 为薄材，$Bi \geqslant 0.5$ 为厚材，$0.25<Bi<0.5$ 为过渡范围，严格说应属于厚材，但因这时的加热时间和薄材的加热时间区别不大，计算时可以当成是薄材。薄材与厚材没有一定的界限，如一定钢种、厚度的钢坯（λ、S 一定）在800~900℃的恒温炉内加热属于薄材；而在1200~1300℃的炉温中加热时，可能属于厚材。因为 α 增加，Bi 数变大。

当金属在以辐射传热为主的高温炉内进行加热时，可采用斯塔尔克准数来区分被加热金属属于薄材还是厚材。

$$Sk = \frac{C}{100}\left(\frac{T_g}{100}\right)^3 \cdot \frac{S}{\lambda} \tag{3-57}$$

式中 C——综合辐射系数，$W/(m^2 \cdot K^4)$；

T_g——炉温，K；

S——金属的计算厚度，m；

λ——金属的导热系数，$W/(m \cdot K)$。

一般判定：当 $Sk \leqslant 0.1 \sim 0.15$ 时为“薄材”；$Sk>0.15$ 为“厚材”。

如果同时存在辐射和对流两种传热方式，则“薄材”与“厚材”的判定方法如下：

$\dfrac{Sk}{0.15}+\dfrac{Bi}{0.5}<1.0$，认为物料为“薄材”；

$Bi \geqslant 0.5$； $Sk > 0.15$ 且 $\frac{Sk}{0.15} + \frac{Bi}{0.5} > 1.0$ 时，认为物料为“厚材”。

3.4.1.2 金属加热边界条件

边界条件是指金属边界（表面）上加热过程所特有的条件。边界条件有很多种，在加热炉中的金属加热经常遇到的基本边界条件有以下三类。

第一类边界条件：给出金属表面温度随时间（τ）变化的关系，即 $t_{表}=f(\tau)$。常遇到的情况是：(1) 物料表面温度为常数，即 $t_{表}=f(\tau)=$ 常数，如金属在盐浴炉中加热。(2) 金属表面温度呈直线变化，即 $t_{表}=f(\tau)=t_0+c\tau$，如金属热处理炉中的金属升温期的加热。

第二类边界条件：给出通过金属表面的热流密度（W/m^2）随时间变化的关系，即 $q_{表}=f(\tau)$。常遇到的情况是：(1) 金属表面的热流密度（W/m^2）为常数，即：$q_{表}=f(\tau)=$ 常数。(2) 当金属在变热流情况下加热时，如果已知热流随时间变化的规律，则可计算出热流的平均值，然后按平均热流 $q_{表均}$ 算加热时间，这种计算方法在金属加热计算中广泛应用。

第三类边界条件：给出金属周围介质温度随时间（τ）变化的关系，即：$t_g=f(\tau)$。常遇到的情况是：(1) 金属周围介质温度（炉温）为常数，即 $t_g=$ 常数。(2) 当炉温随时间或炉长方向变化时，可按时间或炉长方向划分若干区段，视每一区段内的平均炉温为常数。

在加热炉中金属的实际加热制度常常是上述各基本边界条件的组合。例如，三段连续加热炉中的加热制度为：在预热段内的加热，是在热流逐渐增加所对应的炉温也逐渐增大的条件下进行的；在加热段内的加热，是在炉温不变的条件下进行的；在均热段内的加热，是金属表面温度不变或炉气温度不变的条件下进行的。

3.4.2 金属热物理性质

在进行金属加热计算时，首先必须正确确定金属的热物性参数，主要有：导热系数 λ、比热容 c_p、密度 ρ、导温系数 $a(=\lambda/(\rho \cdot c_p))$，分别见表 3-12～表 3-19。

表 3-12 碳素钢的导热系数 λ （W/(m·K)）

温度/℃	Q235A（A3）	08F	08	20	40	T8	T12
0	53.7	65.1	59.5	51.9	51.9	49.8	45.2
50	52.3	62.8	58.6	51.5	51.5	49.4	45.2
100	51.2	60.2	57.7	51.1	50.6	48.1	44.8
150	50.0	57.7	55.2	49.9	49.8	46.9	42.4
200	48.8	55.6	53.5	48.5	48.1	45.1	42.7
250	47.7	53.0	51.5	46.5	46.9	43.0	41.1
300	45.4	50.9	49.4	44.4	45.6	41.4	40.2
350	44.2	48.5	47.7	43.6	44.3	40.2	38.5
400	42.9	46.5	44.8	42.7	41.9	38.1	37.2
450	40.7	43.5	42.3	41.1	40.0	36.4	36.1

续表 3-12

温度/℃	Q235A（A3）	08F	08	20	40	T8	T12
500	39.3	41.1	40.2	39.3	38.1	35.2	34.7
550	37.2	39.4	38.1	37.7	36.1	34.0	33.5
600	35.7	37.4	36.1	35.6	33.6	32.7	32.0
650	33.7	36.1	34.0	34.0	32.0	31.4	30.0
700	32.0	34.0	31.9	31.9	30.0	30.1	28.3
750	29.7	31.9	29.8	28.5	27.0	26.9	27.0
800	28.1	30.1	28.5	25.9	24.8	24.3	23.7
850	27.4	27.7	27.2	25.9	24.8	24.3	23.7
900	26.9	27.2	26.7	26.4	25.7	25.7	24.8
950	26.6	27.2	27.2	27.2	26.1	26.5	25.7
1000	27.0	27.7	27.7	27.7	26.9	26.9	26.1
1050	27.4	28.0	28.0	28.0	27.2	27.7	26.9
1100	28.1	28.5	28.5	28.5	28.0	28.6	27.2
1150	28.5	29.3	29.3	29.3	28.7	29.4	28.0
1200	29.2	29.8	29.8	29.8	29.5	30.2	28.6

注：1W/(m·K)=3.6kJ/(m·h·℃)=0.8598kcal/(m·h·℃)。

表 3-13　合金钢的导热系数 λ　　(W/(m·K))

钢种	温度/℃											
	20	100	200	300	400	500	600	700	800	900	1000	1100	1200
15Mo		45.4	43.6	42.4	40.7	37.2	34.9	32.6	31.4	30.2			
12CrMoV		44.2	41.3	40.7	39.0	36.1	33.7		29.1	28.5			
30Cr	47.7	46.5	44.4	42.3	38.5	35.6	31.9	28.8	26.1	26.7	28.0	28.8	
30CrNi3	35.2	36.1	37.0	37.0	36.5	35.2	33.5	29.3	26.1	26.4	27.7	28.8	
30Mn2	46.3	46.5	44.8	43.7	40.2	37.2	34.4	31.4	29.8	26.7	27.2	28.6	
50Si2Mn	26.7	28.5	30.2	31.1	31.1	31.1	30.2	28.0	25.1	25.6	26.4	27.7	
1Cr13	26.7	27.7	27.7	28.0	27.7	27.2	26.4	25.5	25.1	26.7	27.7	28.8	30.5
3Cr13	25.1	26.4	27.7	27.7	27.7	27.2	26.7	25.6	25.1	26.7	27.7	28.8	30.1
1Cr18Ni9Ti	15.9	16.3	17.2	18.4	20.1	21.7	23.8	25.6	26.7	26.7	28.0	28.8	29.7
Cr25Ni20Si2		14.7				21.6	23.5	25.1	27.0	28.8			
Cr22Ni4N	铸态	11.3	12.8	14.7	15.9	18.1	19.9	21.6	23.4	25.2			
	轧材	12.6	13.6	15.7	17.3	18.8	20.1	21.7	23.0	26.1			
Mn13	12.0 *	14.7	16.3	18.0	19.3	20.5	21.7	22.6	23.5	24.3	25.6	26.7	28.0
W18Cr4V	24.3 *	25.9	27.2	28.0	28.5	28.0	27.2	26.7	25.9	26.7	27.7	28.5	29.3
Ni28	12.6 *	14.7	16.4	17.6	18.8	20.5	27.2	23.5	25.1	26.4	27.6	28.4	29.8

注：1W/(m·K)=3.6kJ/(m·h·℃)=0.8598kcal/(m·h·℃)。

表 3-14 碳素钢的平均比热容 c_p（从 50℃到 t℃） （kJ/(kg·℃)）

温度/℃	纯铁	08F	08	20	40	T8	T12
100	0.4689	0.4857	0.4857	0.4857	0.4773	0.4857	0.4857
150	0.4773	0.4940	0.4940	0.4940	0.4940	0.5024	0.5024
200	0.4899	0.5024	0.5024	0.5024	0.5024	0.5150	0.5150
250	0.4982	0.5108	0.5108	0.5108	0.5108	0.5234	0.5234
300	0.5108	0.5192	0.5192	0.5192	0.5192	0.5317	0.5317
350	0.5192	0.5275	0.5275	0.5275	0.5272	0.5401	0.5401
400	0.5275	0.5359	0.5401	0.5401	0.5401	0.5485	0.5443
450	0.5359	0.5485	0.5485	0.5485	0.5485	0.5568	0.5568
500	0.5527	0.5610	0.5610	0.5610	0.5568	0.5694	0.5694
550	0.5610	0.5736	0.5778	0.5736	0.5694	0.5820	0.5778
600	0.5778	0.5903	0.5903	0.5903	0.5862	0.5945	0.5862
650	0.5945	0.6113	0.6071	0.6071	0.5987	0.6029	0.5568
700	0.6155	0.6280	0.6280	0.6280	0.6196	0.6196	0.6155
750	0.6406	0.6448	0.6615	0.6699	0.7034	0.7243	0.7201
800	0.6573	0.6783	0.6824	0.7034	0.7159	0.7159	0.7159
850	0.6657	0.6824	0.6950	0.7034	0.7076	0.7118	0.7118
900	0.6657	0.6950	0.7034	0.7034	0.7034	0.7076	0.7076
950	0.6824	0.6908	0.6992	0.6992	0.6992	0.7034	0.7034
1000	0.6783	0.6908	0.6950	0.6950	0.6950	0.6992	0.6992
1050	0.6699	0.6908	0.6950	0.6908	0.8908	0.6950	0.6950
1100	0.6657	0.6908	0.6950	0.6908	0.6866	0.6950	0.6950
1150	0.6657	0.6866	0.6908	0.6908	0.6866	0.6908	0.6908
1200	0.6657	0.6866	0.6908	0.6866	0.6824	0.6908	0.6908
1250	0.6615	0.6866	0.6908	0.6866	0.6824	0.6908	0.6908
1300	0.6615	0.6992	0.6866	0.6866	0.6824	0.6908	0.6866

表 3-15 合金钢的平均比热容 c_p（从 50℃到 t℃） （kJ/(kg·℃)）

钢种	温度/℃												
	100	200	300	400	500	600	700	800	900	1000	1100	1200	1300
30Cr	0.4940	0.5066	0.5234	0.5359	0.5652	0.5862	0.6238	0.7034	0.6866	0.6783	0.6741	0.6699	0.6699
30CrNi3	0.4940	0.5066	0.5234	0.5359	0.5652	0.5987	0.6699	0.6950	0.6866	0.6783	0.6741	0.6741	0.6699
30Mn2	0.4773	0.4940	0.5108	0.5275	0.5485	0.5820	0.6155	0.6866	0.6699	0.6615	0.6531	0.6531	0.5694
50Si2Mn	0.5024	0.5108	0.5275	0.5443	0.5652	0.5945	0.6280	0.6950	0.6866	0.6783	0.6783	0.6783	0.6783
1Cr13	0.4689	0.4982	0.5150	0.5359	0.5652	0.5987	0.6364	0.6573	0.6657	0.6657	0.6657	0.6615	0.6615
3Cr13	0.4689	0.4982	0.5108	0.5317	0.5610	0.5945	0.6406	0.6741	0.6908	0.6824	0.6824	0.6783	0.6783
30Ni3	0.4857	0.5024	0.5192	0.5359	0.5568	0.5862	0.6866	0.6992	0.6908	0.6866	0.6783	0.6783	0.6783
Mn13	0.5192	0.5401	0.5610	0.5736	0.5820	0.6029	0.6113	0.6155	0.6196	0.6238	0.6322	0.6364	0.6406

续表 3-15

钢种	温度/℃												
	100	200	300	400	500	600	700	800	900	1000	1100	1200	1300
W18Cr4V	0.4103	0.4229	0.4396	0.4564	0.4731	0.4940	0.5150	0.5401	0.5610	0.5652	0.5694	0.5736	0.5736
1Cr18Ni9Ti	0.5108	0.5234	0.5317	0.5401	0.5527	0.5694	0.5778	0.5862	0.5945	0.5987	0.6029	0.6071	0.6155
Ni28	0.5024	0.5108	0.5234	0.5275	0.5359	0.5443	0.5485	0.5568	0.5610	0.5610	0.5652	0.5694	0.5778
灰铸铁	0.5443	0.5736	0.6029	0.6322	0.6615	0.9211	0.9211	0.9211	0.9211	0.7536	0.7536	0.7536	

表 3-16 碳素钢的密度 ρ (kg/m^3)

温度/℃	08F	08	20	40	T8	T12
0	7876	7861	7863	7858	7855	7834
15	7871	7856	7859	7854	7851	7830
50	7861	7847	7849	7845	7842	7822
100	7846	7832	7834	7832	7829	7809
150	7830	7846	7819	7817	7815	7796
200	7814	7800	7803	7801	7800	7781
250	7798	7783	7787	7784	7784	7765
300	7781	7765	7770	7766	7767	7749
350	7763	7748	7753	7748	7749	7731
400	7745	7730	7736	7730	7731	7713
450	7727	7711	7718	7711	7713	7694
500	7708	7692	7699	7692	7694	7675
550	7688	7673	7679	7672	7675	7655
600	7668	7653	7659	7652	7655	7634
650	7648	7632	7635	7628	7632	7613
700	7628	7613	7617	7613	7612	7592
750	7610	7594	7620	7624	7604	7581
800	7598	7582	7624	7635	7594	7565
850	7601	7589	7616	7617	7565	7528
900	7602	7594	7600	7590	7533	7489
950	7580	7572	7574	7564	7509	7463
1000	7550	7543	7548	7538	7485	7438
1050	7523	7515	7522	7512	7460	7413
1100	7495	7488	7496	7485	7436	7388

表 3-17 合金钢的密度 ρ (kg/m^3)

钢种	温度/℃											
	0	100	200	300	400	500	600	700	800	900	1000	1100
15Mo	7850	7789	7758	7725	7690	7654	7615					
30Cr	7847	7818	7787	7753	7718	7681	7643	7603	7619	7579	7525	
30CrNi3	7852	7852	7793	7762	7728	7692	7655	7626	7647	7594	7542	
Cr6Mo	7750		7763	7792	7700	7667	7635	7605				

续表 3-17

钢种	温度/℃											
	0	100	200	300	400	500	600	700	800	900	1000	1100
30Mn2	7854	7826	7794	7760	7723	7685	7646	7605	7626	7590	7532	
50Si2Mn	7729	7703	7672	7639	7605	7570	7533	7495	7477	7442	7392	
Cr13	7724	7700	7663	7644	7612	7583	7553	7526	7485			
3Cr13	7652	7630	7602	7573	7544	7512	7483	7450	7422			
Cr17	7720					7590	7570	7540	7500	7524	7436	7397
Cr28	7650					7520	7490	7460	7430			
1Cr18Ni9	7900	7860	7820	7780	7730							
1Cr18Ni9Ti	7900	7860	7820	7780	7740	7690	7650	7600	7560	7510		
ZGCr25Ni20Si2	7720	7680					7480		7440	7390	7310	
Mn13	7877	7834	7785	7730	7672	7632	7595	7538	7464	7378	7330	7263
W18Cr4V	8696	8667	8635	8602	8569	8534	8498	8462	8425	8430	8372	8313
Ni28	8170	8130	8090	8050	8000	7950	7900	7860	7810	7760	7710	7650
Cr20Ni14Si2	7800	7760					7550	7510	7470	7420	7380	
Cr23Ni13	7820	7790					7580		7480			

表 3-18 碳素钢的导温系数 *a* (m^2/h)

温度/℃	08F	08	20	40	T8	T12
50~100	0.059	0.055	0.049	0.048	0.046	0.043
100~150	0.053	0.052	0.046	0.046	0.042	0.040
150~200	0.050	0.048	0.044	0.044	0.040	0.038
200~250	0.047	0.045	0.041	0.041	0.037	0.036
250~300	0.044	0.042	0.038	0.039	0.035	0.034
300~350	0.040	0.040	0.036	0.037	0.032	0.032
350~400	0.037	0.036	0.033	0.034	0.030	0.029
400~450	0.034	0.033	0.031	0.031	0.028	0.028
450~500	0.030	0.029	0.028	0.028	0.025	0.026
500~550	0.027	0.026	0.026	0.025	0.023	0.024
550~600	0.024	0.023	0.023	0.023	0.022	0.022
600~650	0.022	0.021	0.021	0.021	0.021	0.020
650~700	0.019	0.018	0.018	0.019	0.019	0.017
700~750	0.014	0.013	0.010	0.009	0.007	0.006
750~800	0.017	0.014	0.014	0.020	0.020	0.019
800~850	0.017	0.015	0.017	0.018	0.019	0.019
850~900	0.015	0.016	0.019	0.019	0.019	0.019
900~950	0.019	0.019	0.019	0.019	0.019	0.019
950~1000	0.019	0.020	0.020	0.020	0.020	0.020
1000~1050	0.020	0.020	0.021	0.020	0.020	0.020
1050~1150	0.020	0.021	0.021	0.021	0.021	0.021

表 3-19 合金钢的导温系数 a (m^2/h)

温度/℃	30Cr	30Ni3	30CrNi3	30Mn2	50Si2Mn	Mn13	W18Cr4V
50~100	0.0440	0.0366	0.0330	0.0443	0.0259	0.0126	0.0259
100~150	0.0425	0.0345	0.0328	0.0429	0.0266	0.0130	0.0256
150~200	0.0396	0.0338	0.0324	0.0410	0.0266	0.0130	0.0259
200~250	0.0378	0.0334	0.0317	0.0389	0.0266	0.0134	0.0252
250~300	0.0360	0.0331	0.0302	0.0371	0.0263	0.0137	0.0252
300~350	0.0335	0.0306	0.0295	0.0356	0.0252	0.0140	0.0245
350~400	0.0310	0.0292	0.0284	0.0324	0.0245	0.0148	0.0238
400~450	0.0284	0.0270	0.0266	0.0295	0.0234	0.0148	0.0240
450~500	0.0259	0.0248	0.0241	0.0274	0.0219	0.0155	0.0216
500~550	0.0234	0.0223	0.0227	0.0249	0.0209	0.0144	0.0202
550~600	0.0209	0.0201	0.0209	0.0223	0.0198	0.0144	0.0195
600~650	0.0187	0.0183	0.0190	0.0208	0.0180	0.0162	0.0188
650~700	0.0165	0.0080	0.0110	0.0180	0.0165	0.0166	0.0180
700~750	0.0090	0.0121	0.0115	0.0097	0.0162	0.0169	0.0159
750~800	0.0137	0.0198	0.0220	0.0162	0.0090	0.0173	0.0155
800~850	0.0198	0.0181	0.0194	0.0201	0.0191	0.0173	0.0162
850~900	0.0200	0.0190	0.0200	0.0212	0.0194	0.0177	0.0155
900~950	0.0209	0.0191	0.0205	0.0214	0.0198	0.0180	0.0198
950~1000	0.0212	0.0192	0.0205	0.0216	0.0200	0.0184	0.0198
1000~1050	0.0216	0.0209	0.0209	0.0219	0.0200	0.0187	0.0198
1050~1150	0.0200	0.0212	0.0212	0.0219	0.0205	0.0191	0.0198

3.4.3 计算法确定金属加热与冷却时间

厚材加热和冷却只按对流定律进行计算。

薄材的加热和冷却可分别按对流定律，辐射定律或辐射对流综合进行计算。

（1）当按对流定律计算时，辐射和对流总给热系数按下式计算：

$$\alpha_{\Sigma} = \alpha_{对流} + \alpha_{辐射} \quad (\mathrm{W/(m^2 \cdot K)}) \tag{3-58}$$

式中 $\alpha_{对流}$——对流给热系数，W/(m² · K)；

$\alpha_{辐射}$——辐射给热系数，W/(m² · K)，按下式折算：

$$\alpha_{辐射} = C \cdot \frac{\left(\dfrac{t_g + 273}{100}\right)^4 - \left(\dfrac{t_M + 273}{100}\right)^4}{t_g - t_M}$$

式中 C——综合辐射系数，W/(m² · K⁴)；

t_g——炉气温度，℃；

t_M——金属温度，℃。

（2）当按辐射定律计算时，考虑对流的折算辐射系数按下式确定：

$$C_{\Sigma} = C + C_k \quad (\mathrm{W/(m^2 \cdot K^4)}) \tag{3-59}$$

式中 C_k——折算对流辐射给热系数，W/(m² · K⁴)，按下式折算：

$$C_k = \frac{\alpha_{对流}(t_g - t_M)}{\left(\frac{t_g + 273}{100}\right)^4 - \left(\frac{t_M + 273}{100}\right)^4}$$

3.4.3.1 厚材加热与冷却

A 金属在其表面温度不变条件下的加热（第一类边界条件）

金属在盐浴炉中的加热或已经加热了的金属在循环液体中的淬火等过程都可认为是这种边界条件下的加热。

（1）开始加热（或冷却）时金属各点温度均匀一致，表面温度骤然升高的加热或骤然降低的冷却，热传导微分方程的解为：

$$\frac{t_{表} - t_{中}}{t_{表} - t_{均}} = \phi\left(\frac{a\tau}{S^2}\right) \tag{3-60}$$

式中 $t_{均}$——开始加热（或冷却）时金属断面的平均温度，℃；

$t_{表}$，$t_{中}$——经时间 τ 后金属的表面和中心温度，℃。

函数值 $\phi\left(\frac{a\tau}{S^2}\right)$ 见表 3-20。

表 3-20 $t_{表}$=常数时的 $\phi\left(\frac{a\tau}{S^2}\right)$ 函数值

$\frac{a\tau}{S^2}$	$\phi\left(\frac{a\tau}{S^2}\right)$					
	平板	方柱体	圆柱体（无限长）	立方体	圆柱体	球体
0.1	0.91	0.85	0.8	0.80	0.75	0.59
0.2	0.78	0.58	0.17	0.47	0.35	0.27
0.3	0.52	0.35	0.28	0.22	0.16	0.12
0.4	0.47	0.22	0.17	0.10	0.08	0.06
0.5	0.36	0.12	0.10	0.047	0.035	0.027
0.6	0.28	0.077	0.059	0.022	0.017	0.013
0.7	0.22	0.045	0.035	0.010		
0.8	0.16	0.027	0.020			
0.9	0.12	0.016	0.012			
1.0	0.096	0.010				
1.1	0.076					
1.2	0.059					

（2）在加热炉中，通常的情况是开始加热时，金属断面温度分布呈抛物线分布（对称双面加热所得），然后在表面温度保持不变条件下加热（也是对称双面加热）。例如推钢式三段连续加热炉，金属（板坯和方坯）在加热段对称双面加热后，进入均热段再进行对称双面加热（均热）。热传导微分方程的解为：

$$\Delta = \frac{\Delta t_{终}}{\Delta t_{始}} = \phi\left(\frac{a\tau}{S^2}\right) \tag{3-61}$$

式中　Δ——金属断面温度均匀度；

$\Delta t_{始}$——金属均热开始时的表面与中心温度差，℃；

$\Delta t_{终}$——金属均热终了时的表面与中心温度差，℃。

函数值 $\phi\left(\frac{a\tau}{S^2}\right)$ 见表 3-21。

表 3-21　不同温度均匀度时的 $\phi\left(\frac{a\tau}{S^2}\right)$ 函数值

Δ	圆柱体	方柱体（b/S）				平板
		1.0	1.2	1.5	2.0	
	$\phi\left(\frac{a\tau}{S^2}\right)$					
0.05	0.50	0.68	0.80	0.93	1.06	1.26
0.10	0.41	0.54	0.64	0.73	0.84	0.94
0.15	0.34	0.45	0.53	0.61	0.67	0.80
0.20	0.30	0.39	0.46	0.54	0.61	0.68
0.25	0.27	0.34	0.40	0.49	0.55	0.58
0.30	0.24	0.31	0.37	0.43	0.49	0.52
0.35	0.21	0.28	0.32	0.38	0.43	0.48
0.40	0.20	0.26	0.29	0.35	0.39	0.42
0.45	0.17	0.23	0.26	0.31	0.35	0.35
0.50	0.14	0.26	0.24	0.29	0.31	0.33
0.55	0.12	0.19	0.22	0.25	0.28	0.30
0.60	0.10	0.16	0.20	0.23	0.26	0.28

注：b 及 S 为加热方柱体的断面边长。

加热时间：

$$\tau = \phi\left(\frac{a\tau}{S^2}\right)\frac{S^2}{a} \quad (\mathrm{h}) \tag{3-62}$$

式中　S——透热深度，m；

a——导温系数，m^2/h。

B　金属在恒热流密度条件下的加热（第二类边界条件）

a　金属在热流密度不变条件下的加热

（1）金属加热时间计算式：

$$\tau = \frac{S\rho\Delta i}{k_1 q_{表}} \quad (\mathrm{h}) \tag{3-63}$$

式中　S——透热深度，m；

ρ——金属密度，kg/m^3；

Δi——金属在加热过程中的热焓增量，kJ/kg；

k_1——金属形状系数，平板 $k_1=1$，圆柱 $k_1=2$，球体 $k_1=3$；

$q_{表}$——通过金属表面热流密度，$kJ/(m^2 \cdot h)$。

(2) 金属加热终了时表面与中心的温度差计算式：

$$\Delta t_{终} = \frac{q_{表} S}{2\lambda} \quad (℃) \tag{3-64}$$

式中 λ——金属导热系数，W/(m·℃)。

(3) 金属加热终了时中心温度、平均温度计算式：

$$\left.\begin{aligned} t_{中} &= t_{表终} - \Delta t_{终} \\ t_{均} &= t_{表终} - 0.7\Delta t_{终} \end{aligned}\right\} \tag{3-65}$$

在 $q_{表} = f(t) =$ 常数的加热过程中，金属的平均温度从加热开始总是沿着一条直线升高，直到加热终了。但是在加热开始时，主要是加热表层，中心部分的温度落后于表层温度的变化。在加热开始阶段 τ'之后，金属中心温度才与表面温度平行上升，进入正规加热阶段。在此刻之前的加热阶段称为初始加热阶段，初始加热阶段的时间、表面和中心温度取决于金属的形状、材质和入炉温度、断面温差等。

对于平板：

$$\left.\begin{aligned} t'_{表} &= t_{始均} + 1.27\Delta t' \\ t'_{中} &= t_{始均} + 0.27\Delta t' \\ \tau' &= 0.3\frac{S^2}{a} \end{aligned}\right\} \tag{3-66}$$

对于圆柱体：

$$\left.\begin{aligned} t'_{表} &= t_{始均} + 1.5\Delta t' \\ t'_{中} &= t_{始均} + 0.5\Delta t' \\ \tau' &= 0.25\frac{R^2}{a} \end{aligned}\right\} \tag{3-67}$$

对于球体：

$$\left.\begin{aligned} t'_{表} &= t_{始均} + 1.6\Delta t' \\ t'_{中} &= t_{始均} + 0.6\Delta t' \\ \tau' &= 0.2\frac{R^2}{a} \end{aligned}\right\} \tag{3-68}$$

式中 $t_{始均}$——金属加热开始时的平均温度,℃；
$\Delta t'$——金属在初始加热阶段终了时的断面温差,℃；
S——透热深度，m；
R——圆柱体或球体半径，m；
a——导温系数，m^2/h。

炉气温度可按下式计算：

$$t_g = 100 \times \sqrt[4]{\frac{q_{表}}{C_{gkM}} + \left(\frac{T_{表}}{100}\right)^4} - 273 \quad (℃) \tag{3-69}$$

b 金属在变热流条件下加热

如果已知热流随时间或区域变化的规律，则可根据其热流变化的规律计算出热流的平均值，然后按平均热流计算出时间，即：

$$\tau=\frac{S\rho\Delta i}{k_1 q_{均}}\quad (\mathrm{h}) \tag{3-70}$$

式中 $q_{均}$——某段时间或某区域通过金属表面的平均热流，kJ/(m² · h)。

这种按平均热流（$q_{均}$）计算加热时间的方法被广泛用于加热炉中金属加热计算。计算时必须首先根据炉子温热制度的特点，确定平均热流的求算方法。一般有如下几种：

（1）算术平均值：
$$q_{均}=(q_1+q_2)/2 \tag{3-71}$$

（2）几何平均值：
$$q_{均}=\sqrt{q_1\cdot q_2} \tag{3-72}$$

（3）对数平均值：
$$q_{均}=(q_1-q_2)/\ln(q_1/q_2) \tag{3-73}$$

式中 q_1、q_2——每区域（或每段）的始端与末端（或加热开始与终了）的热流，kJ/(m² · h)。

在连续加热炉中平均热流 $q_{均}$ 的计算，通常预热段采用几何平均值、加热段采用对数平均值。

C 炉气温度不变条件下的加热（第三类边界条件）

在这种情况下加热，热传导微分方程式的解为：

$$\frac{t_g-t_{表}}{t_g-t_{均}}=\phi_{表}\left(\frac{a\tau}{S^2},\frac{\alpha S}{\lambda}\right) \tag{3-74}$$

$$\frac{t_g-t_{中}}{t_g-t_{均}}=\phi_{中}\left(\frac{a\tau}{S^2},\frac{\alpha S}{\lambda}\right) \tag{3-75}$$

式中 t_g——炉气温度,℃；
$t_{表}$——加热终了时金属表面温度,℃；
$t_{中}$——加热终了时金属中心温度,℃；
$t_{均}$——加热开始时金属断面平均温度,℃。

若被加热金属加热开始时断面温度呈抛物线分布，则金属断面平均温度可按下式求得：

$$\begin{aligned}&\text{平板：}\quad t_{均}=t_{表}-0.7\Delta t_{始}\\&\text{圆柱：}\quad t_{均}=t_{表}-0.6\Delta t_{始}\end{aligned} \tag{3-76}$$

也可采用抛物线的理想平均值法求算：

$$\left.\begin{aligned}&\text{平板：}\quad t_{均}=t_{表}-\frac{2}{3}\Delta t_{始}=t_{中}+\frac{1}{3}\Delta t_{始}\\&\text{圆柱：}\quad t_{均}=t_{表}-\frac{1}{2}\Delta t_{始}=t_{中}+\frac{1}{2}\Delta t_{始}\end{aligned}\right\} \tag{3-77}$$

式中 $t_{表}$——加热开始时金属表面温度,℃；
$\Delta t_{始}$——加热开始时金属表面和中心温差,℃。

加热终了时金属断面也呈抛物线分布（双面对称加热），其中心温度和断面平均温度可用式（3-66）计算。

注：式（3-74）、式（3-75）中的函数 $\varphi_{表}$ 和 $\varphi_{中}$，平板查参考文献［1］中的图 3-34 和图 3-35，圆柱体查参考文献［1］中的图 3-36 和图 3-37。

这种情况不仅适用于恒温炉中的金属加热，也可近似地适用于非恒温炉中金属的加热。若金属不是在恒温炉中加热，可根据加热时间或加热温度将加热过程分成若干阶段或根据位置分成若干区域，而近似地认为在该段或该区域内 t_g = 常数。其段数或区域分得越多则计算越准确，因此这种方法在金属加热计算中获得了广泛的应用。即使在恒温炉中加热，为了计算准确，也可把金属加热温度划分若干温度段进行计算。

值得注意的是：加热过程中各物理参数（如给热系数 α、导热系数 λ、比热容 c_p、密度 ρ 等）都随加热温度而变化，甚至变化很大。因此，为了计算精确起见，在计算中，这些物理参数应用该阶段中的平均值，也可根据该阶段中的金属平均温度来确定。

D　连续加热炉内金属从双面加热过渡到实底床上的加热

在连续加热炉内当金属由双面加热进入实底上（实底认为无热损失）继续进行单面加热（均热）时，金属加热的边界条件发生了变化。为此，金属加热计算对于双面加热和实底床上单面加热必须分开计算。

a　二段连续加热炉的实底床上金属的加热计算

金属的这种加热过程，就是二段连续加热炉实底床处炉温 $t_{g床}$ 与加热段炉温 $t_{g加}$ 相同条件下，金属由双面加热进入单面加热。对于三段连续加热炉的均热段炉温 $t_{g均}$ 与加热段炉温 $t_{g加}$ 相同时金属由加热段双面加热进入均热床上单面加热也可按此方法计算。

在实底床上金属加热边界条件下，热传导微分方程的解为：

$$\frac{t_g - t_{表床终}}{t_g - t_{表床始}} = \phi\left(\frac{a\tau}{S^2}, \frac{\alpha S}{\lambda}\right) \tag{3-78}$$

式中 $t_{表床终}$——实底床上加热终了（出炉）时的金属表面温度，℃；

$t_{表床始}$——双面加热终了进入实底床时的金属表面温度，℃。

函数值 $\phi\left(\frac{a\tau}{S^2}, \frac{\alpha S}{\lambda}\right)$ 可查表 3-22。在加热计算时，可根据已知的金属在加热段实底床上的加热时间来确定，金属从双面加热过渡到实底床上时的表面温度可由式（3-79）求得，即：

$$t_{表床始} = t_g - \frac{t_g - t_{表床终}}{\phi\left(\frac{a\tau}{S^2}, \frac{\alpha S}{\lambda}\right)} \tag{3-79}$$

表 3-22　二段连续加热炉实底床上金属加热计算表

$\frac{\alpha S}{\lambda}$	$a\tau/S^2$											
	0.0	0.2	0.4	0.6	0.8	1.0	1.2	1.4	1.6	1.8	2.0	3.0	4.0
	$\phi\left(\frac{a\tau}{S^2}, \frac{\alpha S}{\lambda}\right)$												
0.50	1.00	0.92	0.86	0.80	0.76	0.72	0.68	0.66	0.64	0.62	0.60	0.49	0.40
0.75	1.00	0.88	0.79	0.72	0.67	0.62	0.58	0.55	0.53	0.50	0.48	0.37	0.30
1.00	1.00	0.84	0.74	0.67	0.62	0.57	0.53	0.50	0.47	0.44	0.42	0.32	0.24
1.50	1.00	0.78	0.66	0.58	0.53	0.49	0.45	0.42	0.40	0.37	0.35	0.25	0.17
2.00	1.00	0.72	0.60	0.52	0.47	0.42	0.39	0.36	0.33	0.31	0.29	0.20	0.12

实底床钢坯表面热流可按下式计算：

$$q_{表} = \frac{2\lambda \Delta t_{终}}{2S} \quad (\mathrm{kJ/(m^2 \cdot h)}) \tag{3-80}$$

式中 λ——钢坯在实底床加热终了时平均温度下的导热系数，kJ/(m·h·℃)；

$\Delta t_{终}$——钢坯在实底床加热终了时的断面温差（工艺要求值），℃；

$2S$——透热深度，钢坯在实底床为单面加热，透热深度为钢坯厚度，m。

钢坯在实底床上的加热时间可按下式计算：

$$\tau = \frac{L \cdot 2S \cdot l \cdot \rho \cdot n}{P} \quad (\mathrm{h}) \tag{3-81}$$

式中 L——实底床长度，m；

l——钢坯长度，m；

ρ——钢坯密度，kg/m³；

n——推料排数；

P——炉子生产率，kg/h。

给热系数按下式计算：

$$\alpha = \frac{q_{表}}{t_{g加} - t_{表床终}} \quad (\mathrm{kJ/(m^2 \cdot h \cdot ℃)}) \tag{3-82}$$

b　三段连续加热炉均热床上金属的加热计算

在三段连续加热炉内金属从双面加热的加热段进入单面加热的均热床上（均热床认为没有热损失，也不考虑炉底水管的影响）继续加热时，加热时间、金属温度的计算一般有以下三种情况：

（1）均热床处的炉温 $t_{g均}$ 和加热段炉温 $t_{g加}$ 相同（两段加热制度），即 $t_{g均} = t_{g加}$，金属加热计算可按二段连续加热炉实底床上的金属加热计算。

（2）金属在加热段 $t_{g加}$ = 常数条件下，上下双面加热后接着进入均热床 $t_{g均}$ = 常数，且 $t_{g均} < t_{g加}$ 及钢坯上表面温度保持不变条件下进行均热。

在这种情况下，热传导微分方程的解为：

$$\frac{\Delta t_{均终}}{\Delta t_{加终}} = \phi\left(\frac{a\tau}{S^2}, \frac{x}{S}\right) \tag{3-83}$$

式中 $\Delta t_{均终}$——金属均热终了时断面最大温差，℃；

$\Delta t_{加终}$——金属由加热段向均热段过渡时断面最大温差，℃。

金属在均热终了时，上下表面的温差 $\Delta t_{上下}$ 为出炉时工艺要求的断面最大温差 $\Delta t_{终}$，即：当 $x=0$ 时，$\Delta t_{均终} = \Delta t_{上下} = \Delta t_{终}$，则式（3-83）变为：

$$\frac{\Delta t_{均终}}{\Delta t_{加终}} = f\left(\frac{a\tau_{均}}{S^2}\right) \tag{3-84}$$

在加热计算时，根据轧钢工艺所要求的温度均匀度（$\Delta t_{均终}/\Delta t_{加终}$），查表 3-23 即可求算出金属需要的均热时间。

$$\tau_{均} = \frac{a\tau_{均}}{S^2} \times \frac{S^2}{a}$$

表 3-23　三段连续加热炉均热段金属加热计算表（$t_{g均}<t_{g加}$）

$\Delta t_{均终}/\Delta t_{加终}$	0.10	0.15	0.20	0.25	0.30	0.35	0.40	0.45	0.50	0.55	0.60
$a\tau_{均}/S^2$	3.50	2.97	2.49	2.05	1.70	1.42	1.15	0.92	0.74	0.60	0.50

（3）金属在加热段 $t_{g加}$ = 常数条件下，上下双面加热后接着进入均热床 $t_{g均}$ = 常数、且 $t_{g均}<t_{g加}$ 条件下进行上单面加热。

在这种边界条件下加热，热传导微分方程的解为：

$$\frac{t_{g均}-t_{表均终}}{t_{g均}-t_{表加终}}=\phi_1+\phi_2\frac{t_{g加}-t_{表加终}}{t_{g均}-t_{表加终}} \tag{3-85}$$

式中　$t_{表均终}$——金属均热终了出炉时的表面温度,℃;

$t_{表加终}$——金属由加热段过渡到均热段时的表面温度,℃。

函数值 ϕ_1，ϕ_2 见表 3-24。在加热计算时，可根据金属在均热床上的加热时间，确定金属从加热段过渡到均热床的表面温度，即：

$$t_{表加终}=\frac{\phi_2 t_{g加}+\phi_1 t_{g均}-(t_{g均}-t_{表均终})}{\phi_1+\phi_2} \tag{3-86}$$

表 3-24　三段连续加热炉均热段金属加热计算表（$t_{g加}>t_{g均}$）

$\frac{a\tau_{均}}{S^2}$	$\alpha S/\lambda$									
	0.50	0.75	1.00	1.50	2.00	0.50	0.75	1.00	1.50	2.00
	ϕ_1					ϕ_2				
0.2	0.795	0.715	0.635	0.535	0.460	0.120	0.145	0.170	0.210	0.235
0.4	0.745	0.650	0.565	0.460	0.385	0.117	0.140	0.163	0.199	0.222
0.6	0.695	0.600	0.505	0.405	0.330	0.113	0.135	0.156	0.190	0.210
0.8	0.655	0.560	0.465	0.355	0.280	0.110	0.130	0.150	0.178	0.196
1.0	0.625	0.530	0.435	0.325	0.255	0.107	0.125	0.143	0.168	0.184
1.2	0.585	0.490	0.395	0.295	0.230	0.103	0.120	0.137	0.157	0.171
1.4	0.565	0.465	0.365	0.265	0.205	0.100	0.115	0.130	0.147	0.158
1.6	0.545	0.445	0.345	0.250	0.195	0.097	0.110	0.123	0.136	0.146
1.8	0.525	0.420	0.325	0.235	0.180	0.093	0.105	0.117	0.126	0.133
2.0	0.500	0.400	0.300	0.230	0.170	0.090	0.100	0.110	0.115	0.120
2.5	0.475	0.375	0.270	0.200	0.150	0.080	0.088	0.096	0.100	0.105
3.0	0.430	0.340	0.240	0.165	0.120	0.070	0.076	0.083	0.086	0.090
3.5	0.395	0.300	0.200	0.135	0.090	0.060	0.064	0.069	0.072	0.075
4.0	0.350	0.255	0.165	0.100	0.065	0.050	0.052	0.055	0.057	0.060

3.4.3.2　薄材加热与冷却

A　按对流定律计算

在这种情况下，把辐射和对流热交换看作是辐射和对流总给热系数下的热交换，薄材的加热和冷却时间按下式计算：

$$\tau=\frac{S\cdot\rho\cdot c_p\cdot\beta}{k_1\alpha}\lg\frac{t_g-t_{表始}}{t_g-t_{表终}}\quad(\mathrm{h}) \tag{3-87}$$

式中 $t_{表始}$，$t_{表终}$——金属加热开始与终了时的表面温度,℃；

t_g——炉气温度,℃；

S——金属的透热深度，m；

ρ——金属的密度，见表 3-16 和表 3-17，kg/m^3；

c_p——金属的平均比热容，见表 3-14 和表 3-15，kJ/(kg·℃)；

α——综合给热系数，$kJ/(m^2 \cdot h \cdot ℃)$；

k_1——金属的形状系数，平板 $k_1=1$，圆柱 $k_1=2$，球体 $k_1=3$；

β——加热时间修正系数。

（1）当 $Bi<0.25$ 或 $Sk<0.1$ 时，$\beta=1$。

（2）当 $0.25\leqslant Bi\leqslant 0.4$ 或 $0.1\leqslant Sk\leqslant 0.15$ 时：

平板：
$$\beta = 1 + \frac{\alpha S}{3\lambda}$$

圆柱体：
$$\beta = 1 + \frac{\alpha S}{4\lambda}$$

球体：
$$\beta = 1 + \frac{\alpha S}{5\lambda}$$

B 按辐射定律

在这种情况下，辐射和对流换热可看作是在一定导出辐射系数下的辐射热交换，在周围介质温度恒定的情况下，薄材加热和冷却时间可按下式计算：

$$\tau = \frac{S\rho c_p}{3.6k_1 C_\Sigma}(\xi_{始} - \xi_{终}) \quad (h) \tag{3-88}$$

式中 C_Σ——考虑了对流热交换作用的导出辐射系数，$W/(m^2 \cdot K^4)$；

$\xi_{始}$，$\xi_{终}$——开始和终了的温度因数，K^{-3}。

金属在加热终了温度因数取决于周围介质温度和金属温度，可按图 3-4 和图 3-5 确定。金属冷却时温度因数则取决于金属温度，当周围介质温度为 20℃ 或 100℃ 时按图 3-6 确定。

C 按辐射和对流定律综合计算

确定薄材的加热和冷却时间时，也可按辐射和对流热交换综合进行计算。

$$\tau = \frac{S \cdot \rho \cdot c_p}{k_1 \cdot C_{gkM}} \times \frac{100}{\left(\frac{T_{g均}}{100}\right)^3} \times \left[\Phi_K\left(\frac{T_{表终}}{T_{g终}}\right) - \Phi_H\left(\frac{T_{表始}}{T_{g始}}\right)\right] \quad (h) \tag{3-89}$$

式中 C_{gkM}——导来辐射系数，$kJ/(m^2 \cdot h \cdot k^4)$；

Φ_K，Φ_H——开始和终了时的温度因数值，可查图 3-7 获得。

对于恒温炉内加热或冷却的薄材，温度因数值可按下式计算：

$$\phi\left(\frac{T_{表}}{T_g}\right) = \frac{1}{4}\ln\frac{1+\frac{T_{表}}{T_g}}{1-\frac{T_{表}}{T_g}} + \frac{1}{2}\arctan\frac{T_{表}}{T_g}$$

函数 $\phi\left(\frac{T_{表}}{T_g}\right)$ 计算值见表 3-25。

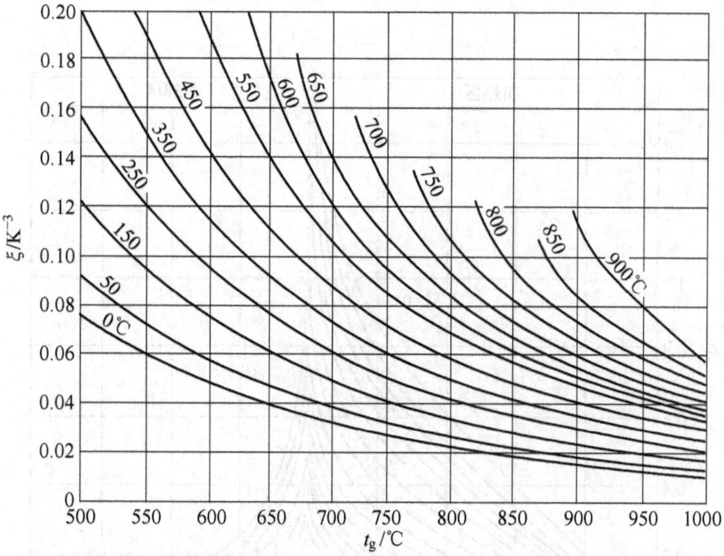

图 3-4 加热薄材时，温度因数与 $t_g = 500 \sim 1000$℃时周围介质温度的关系

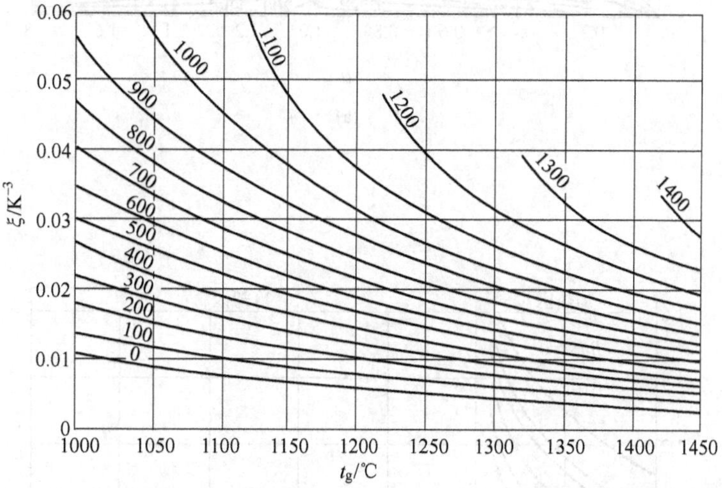

图 3-5 加热薄材时，温度因数与 $t_g = 1000 \sim 1450$℃时周围介质温度的关系

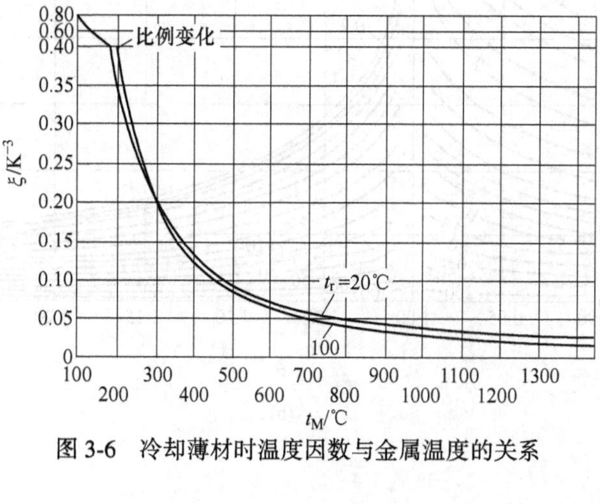

图 3-6 冷却薄材时温度因数与金属温度的关系

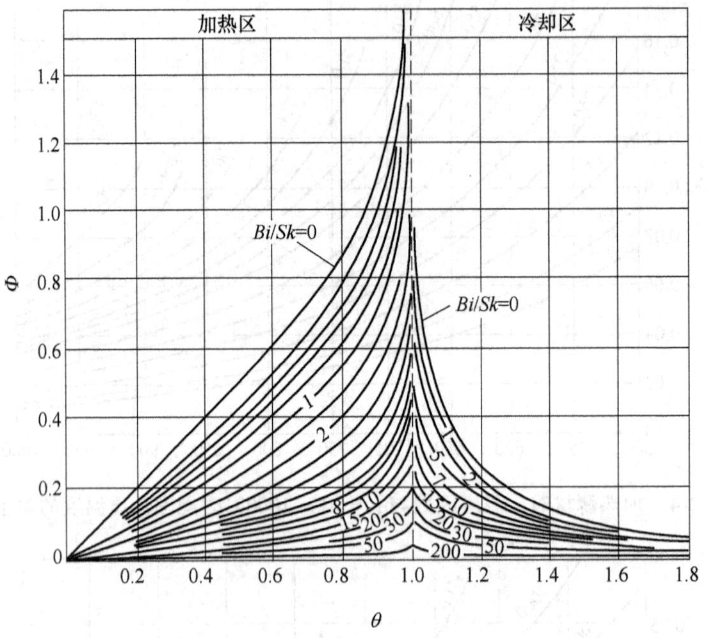

(a)

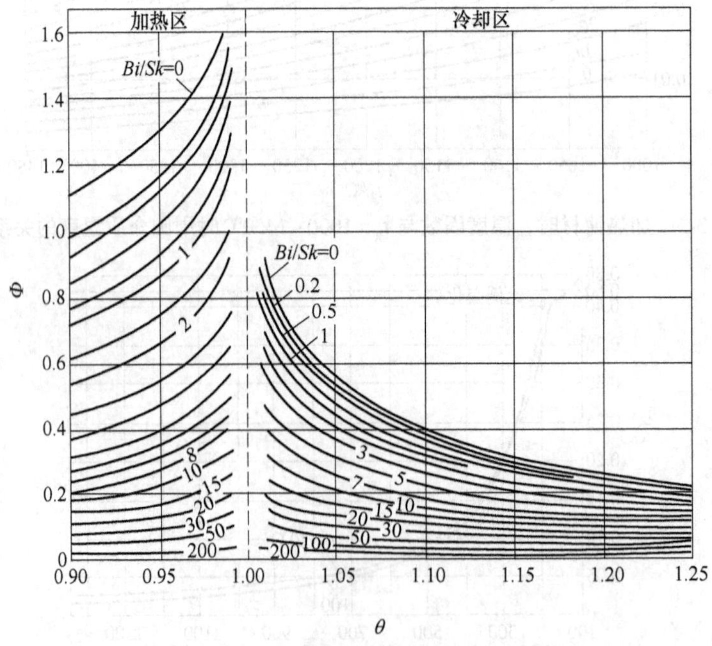

(b)

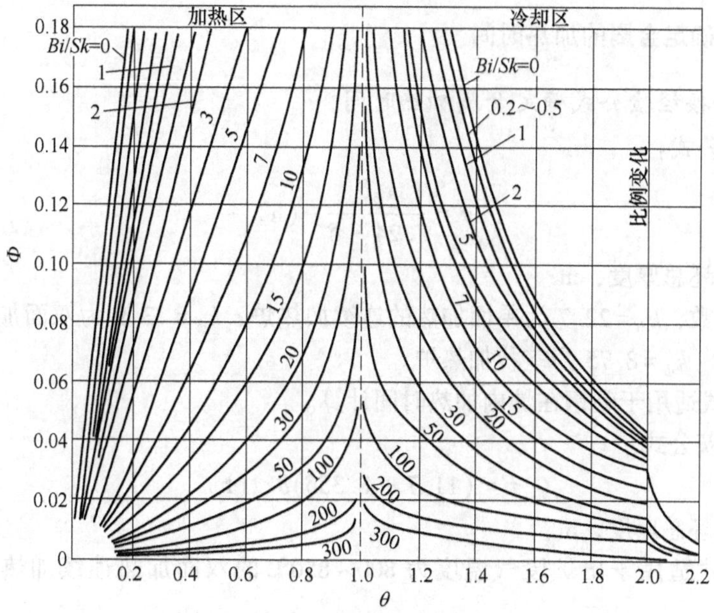

(c)

图 3-7　温度因数查取图

（a）$\theta=0\sim1.8$，$\Phi=0\sim1.6$；（b）$\theta=0.9\sim1.3$，$\Phi=0\sim1.6$；

（c）$\theta=0\sim2.2$；$\Phi=0\sim0.2$

$$\left(\text{其中横坐标为相对温度 }\theta，\ \theta=\frac{T_M}{T_g}=\frac{t_M+273}{t_g+273}\right)$$

表 3-25　函数值 $\phi\left(\frac{T_{表}}{T_g}\right)$

$\frac{T_{表}}{T_g}$	$\phi\left(\frac{T_{表}}{T_g}\right)$	$\frac{T_{表}}{T_g}$	$\phi\left(\frac{T_{表}}{T_g}\right)$	$\frac{T_{表}}{T_g}$	$\phi\left(\frac{T_{表}}{T_g}\right)$	$\frac{T_{表}}{T_g}$	$\phi\left(\frac{T_{表}}{T_g}\right)$
0.20	0.2000	0.46	0.4642	0.72	0.7655	0.94	1.2463
0.22	0.2201	0.48	0.4854	0.74	0.7936	0.95	1.2959
0.24	0.2402	0.50	0.5066	0.76	0.8229	0.96	1.3563
0.26	0.2602	0.52	0.5277	0.78	0.8538	0.97	1.4310
0.28	0.2803	0.54	0.5497	0.80	0.8864	0.98	1.5370
0.30	0.3005	0.56	0.5718	0.82	0.9224	0.985	1.6120
0.32	0.3207	0.58	0.5938	0.84	0.9599	0.990	1.7130
0.34	0.3409	0.60	0.6166	0.86	1.0020	0.992	1.7700
0.36	0.3612	0.62	0.6400	0.88	1.0389	0.994	1.8420
0.38	0.3816	0.64	0.6639	0.90	1.1024	0.996	1.9440
0.40	0.4012	0.66	0.6882	0.91	1.1332	0.998	2.1170
0.42	0.4226	0.68	0.7132	0.92	1.1659	0.999	2.2930
0.44	0.4434	0.70	0.7389	0.93	1.2046	0.9995	2.4650

3.4.4 经验法确定金属的加热时间

3.4.4.1 按经验公式确定金属加热时间

(1) 黑斯公式:

$$\tau = \frac{k_{\phi}\delta}{1.24 - \delta} \quad (\mathrm{h}) \tag{3-90}$$

式中 δ——钢坯总厚度，m；

k_{ϕ}——系数，$k_{\phi}=22.7$ 为单面加热的连续加热炉，$k_{\phi}=13.9$ 为双面加热的连续加热炉，$k_{\phi}=8.75$ 为室状加热炉。

注：该公式适用于碳钢在炉内加热时间计算。

(2) 塔依莰公式:

$$\tau = (11.7 + 8.35\delta)\delta \quad (\mathrm{h}) \tag{3-91}$$

式中 δ——钢坯总厚度，m。

注：该公式适用于出炉废气温度为 800~850℃ 的双面加热连续加热炉的加热时间计算。

(3) 道布罗赫托夫公式:

$$\tau = k_{\phi}D\sqrt{D} \quad (\mathrm{h}) \tag{3-92}$$

式中 D——钢坯总厚度，m；

k_{ϕ}——系数，$k_{\phi}=10$ 为铁和低碳钢，$k_{\phi}=20$ 为高碳钢。

注：该公式适用于冷钢坯在室状加热炉中从 0℃ 四面加热到 1200℃ 所需加热时间计算。

3.4.4.2 按经验数据估算金属加热时间

(1) 根据钢坯密度和总厚度估算加热时间。

$$\tau = \rho\delta/H \quad (\mathrm{h}) \tag{3-93}$$

式中 ρ——钢坯密度，kg/m^3；

δ——钢坯总厚度，m；

H——有效炉底强度，$kg/(m^2 \cdot h)$，见表 3-26 和表 3-27。

表 3-26 各种热处理炉有效炉底强度

炉子名称及其用途		炉温/℃	炉底强度/$kg \cdot (m^2 \cdot h)^{-1}$
台车式热处理炉	正火、淬火	900~950	100~150
	退火	900	30~60
	回火	550~600	60~100
	时效	580~600	80~120
	固体渗碳	920	10~20
	气体渗碳	920	40~50
底燃式、室式热处理炉	正火、淬火	900~950	100~120
	退火	900	40~50

表 3-27 各种连续加热炉（双面加热）有效炉底强度

轧机类别	炉型	尺寸条件/mm	炉底强度/kg·$(m^2 \cdot h)^{-1}$
小型及线材轧机	单面加热两段连续加热炉	45~75 方坯	300~500
小型及线材轧机	双面加热两段连续加热炉	60~100 方坯	500~700
中型轧机	两段或三段推钢式加热炉	120~180 方坯	550~650
大型轧机	三段推钢式连续加热炉	120~210 方坯	550~650
大型轧机	多点供热推钢式加热炉	120~210 方坯	650~800
中厚板及连轧机	三段推钢式加热炉	厚 160~240	550~600
中厚板及连轧机	多点供热推钢式加热炉	厚 160~240	700~850
薄板连轧机	上加热步进式炉	厚 32~72	380~580
叠板轧机	链式加热炉	厚 7~16	370~560
锻锤	环形加热炉	ϕ50~150	130~270

（2）根据单位加热时间的数据估算加热时间。

$$\tau = 0.1 c_\tau \delta \quad (\mathrm{h}) \tag{3-94}$$

式中 δ——钢坯厚度，mm；

c_τ——单位加热时间，见表 3-28，h/cm。

表 3-28 连续加热炉（双面加热）各种钢单位加热时间 c_τ

钢 种	单位加热时间	
	c_τ/h·cm^{-1}	c_τ/min·cm^{-1}
软钢和低碳钢	0.10~0.15	6~9
中碳钢和低合金钢	0.15~0.20	9~15
高碳钢	0.20~0.30	15~18
高速工具钢、滚珠钢	0.30~0.35	18~21

3.5 炉子热平衡与燃料消耗量计算

炉子热平衡是分析和评价炉子的热工作和炉子设计时的热工指标先进与否的重要依据之一。另外，通过炉子热平衡可以算出炉子燃料消耗量（炉子设计生产率时），燃料有效利用率以及热量消耗的分配情况。在已知 L_n 和 V_n 情况下，可以算出助燃空气消耗量、废气总生成量，可以依据此数据设计计算供风系统和排烟系统。

炉子热平衡的计算对于连续工作的炉子，通常是以单位时间（h）为基准计算热平衡，其热量单位是 kJ/h。对于周期工作的炉子，通常是以一个工作周期为基准编制热平衡，其热量单位是 kJ/周期。

炉子热平衡可以是炉子整个系统各部分热平衡的总和，也可以是某一部分，如换热器、燃烧室、炉膛等。对于工业炉而言，炉膛热平衡是主要的，也是计算的中心。本节所述的热平衡即指炉膛热平衡，基准温度是车间的环境温度。

3.5.1 连续加热炉炉膛热平衡

3.5.1.1 炉膛总的热平衡

A 热收入项

（1）燃料燃烧的化学热（完全燃烧）：

$$Q_{烧} = BQ_{低} \quad (\text{kJ/h}) \tag{3-95}$$

式中 B——燃料消耗量，kg/h 或 m^3/h（标态）；

$Q_{低}$——燃料的低发热量值，kJ/kg 或 kJ/m^3（标态）。

（2）预热空气带入的物理热：

$$Q_{空} = BL_n(c''_{空}t_{空} - c''_{空}t_{环}) \quad (\text{kJ/h}) \tag{3-96}$$

式中 L_n——空气消耗系数为 n 时的实际空气需要量（标态），m^3/kg 或 m^3/m^3；

$t_{空}$，$t_{环}$——进入烧嘴时的空气预热温度和环境温度，℃；

$c''_{空}$，$c'_{空}$——空气在 0~$t_{空}$℃和 0~$t_{环}$℃的平均比热容（标态），kJ/(m^3·℃)，见表 3-5。

（3）预热燃料带入的物理热：

$$Q_{燃} = B(c''_{燃}t_{燃} - c'_{燃}t_{环}) \quad (\text{kJ/h}) \tag{3-97}$$

式中 $t_{燃}$，$t_{环}$——进入烧嘴时的燃料预热温度和环境温度，℃；

$c''_{燃}$，$c'_{燃}$——燃料在 0~$t_{燃}$℃和 0~$t_{环}$℃的平均比热容，kJ/(kg·℃)或 kJ/(m^3·℃)（标态），见表 3-6。

（4）铁氧化放热：

$$Q_{放} = 5588P \cdot a_1 \quad (\text{kJ/h}) \tag{3-98}$$

式中 5588——1kg 铁氧化时的放热量，kJ/kg；

P——炉子的生产率，kg/h；

a_1——铁在炉中的氧化烧损率，kg/kg，一般取 $a_1 = 0.01 \sim 0.02$。

所以：$Q_{入} = Q_{烧} + Q_{空} + Q_{燃} + Q_{放}$。

B 热支出项

（1）产品带出的物理热（有效热）：

$$Q_{产} = P(c_{产}t_{产} - c_{料}t_{料}) \quad (\text{kJ/h}) \tag{3-99}$$

式中 P——炉子的生产率，kg/h；

$t_{产}$，$t_{料}$——产品出炉和物料入炉的平均温度，℃；

$c_{产}$，$c_{料}$——产品在 0~$t_{产}$℃和物料在 0~$t_{料}$℃的平均比热容，kJ/(kg·℃)，见表 3-14 或表 3-15。

（2）出炉膛废气带出的物理热损失：

$$Q_{废膛} = BV_n(c''_{废膛}t_{废膛} - c'_{废膛}t_{环}) \quad (\text{kJ/h}) \tag{3-100}$$

式中 V_n——空气消耗系数为 n 时，燃料燃烧产物实际生成量（标态），m^3/m^3 或 m^3/kg；

$t_{废膛}$——出炉膛的废气温度（设计时由工艺决定），℃；

$c''_{废膛}$，$c'_{废膛}$——废气在 0~$t_{废膛}$℃和 0~$t_{环}$℃的平均比热容（标态），kJ/(m^3·℃)，见表 3-5。

(3) 炉内水冷件的冷却水带出的物理热损失。在设计炉子的热工计算中，炉内水冷件的冷却水带出的物理热应在水冷件无绝热的条件下计算，通过此数据计算出的炉子燃料消耗量可以保证水冷件绝热包扎完全脱落情况下实际生产要求。

1) 理论计算法：

$$Q_{水} = k_w F \Delta t \quad (W) \tag{3-101}$$

式中 k_w——炉子与冷却水间的总传热系数，$W/(m^2 \cdot ℃)$；

F——水冷却件的受热面积，m^2；

Δt——炉气与冷却水的温度差,℃。

① Δt 值的计算：

纵水管（逆流）：

$$\Delta t = \frac{(t_g - t_{水出}) - (t_{废膛} - t_{水入})}{\ln \dfrac{t_g - t_{水出}}{t_{废膛} - t_{水入}}} \quad (℃) \tag{3-102}$$

式中 t_g——炉内纵水管所处位置炉气的最高温度,℃；

$t_{废膛}$——出炉膛的废气温度（由工艺决定),℃；

$t_{水入}$——进水温度,℃，一般取30~40℃；

$t_{水出}$——出水温度,℃，一般取50~60℃。

横水管（含立柱水管等）：

$$\Delta t = t_g - (t_{水入} + t_{水出})/2 \quad (℃) \tag{3-103}$$

式中 t_g——横水管所处位置的炉气温度,℃。

② k_w值的计算：

$$k_w = C\frac{\left(\dfrac{T_g}{100}\right)^4 - \left(\dfrac{T_{壁}}{100}\right)^4}{T_g - T_{壁}} \quad (W/(m^2 \cdot ℃)) \tag{3-104}$$

式中 C——炉气向水冷却件表面的导来辐射系数，$W/(m^2 \cdot K^4)$，可按式（3-17）计算；

T_g——炉气的平均温度，K；

$T_{壁}$——水冷却件壁的平均温度，K，一般取比冷却水平均温度值高50℃。

2) 经验公式算法：

加热段（含均热段）：

$$Q_{水} = 10\left(\frac{T_{g加}}{100}\right)^4 F_{加} \quad (W) \tag{3-105}$$

式中 $T_{g加}$——加热段炉气平均温度，K；

$F_{加}$——加热段水管的表面积（含横水管和纵水管），m^2。

预热段：

$$Q_{水} = 46\left(\frac{T_{g预}}{100}\right)^{3.54} F_{预} \quad (W) \tag{3-106}$$

式中 $T_{g预}$——预热段炉气的平均温度，K；

$F_{预}$——预热段水管表面积（含横水管和纵水管），m^2。

按上述方法分别计算出的水冷损失，然后相加可得水冷总热损失。

（4）燃料机械不完全燃烧热损失。机械不完全燃烧热损失主要是指使用固体燃料（块煤）时产生的，一般表现在灰渣中残余未燃尽的碳分，其量值大小与燃烧方法、煤块的粒度等有关。燃料为气体或油时，这一项热损失可以忽略不计。

$$Q_{机} = k_m B Q_{低} \quad (W) \tag{3-107}$$

式中　k_m——系数，一般取 $k_m = 0.03 \sim 0.05$。

（5）炉壁导热损失：

$$Q_{壁} = \frac{t_{壁} - t_{环}}{\sum \frac{S_{耐}}{\lambda} + 0.014} F_{壁} \quad (W) \tag{3-108}$$

式中　$t_{壁}$——炉壁内表面温度,℃，可按式（3-51）或式（3-52）计算；

$t_{环}$——炉子周围环境温度,℃；

$S_{耐}$——各层耐火材料砌筑厚度，m；

λ——各层耐火材料的导热系数，W/(m²·℃)；

0.014——炉墙外表面向周围大气传热热阻，(m²·℃)/W；

$F_{壁}$——炉壁外表面积，m^2。

炉子砌体通常由2~3层不同的耐火材料砌成。因此在按式（3-108）计算 $Q_{壁}$ 值时，关键的问题是正确地确定各层砌体的导热系数 λ，因为 λ 值与各层砌体材质和平均温度有关。

由于各层砌体的平均温度是未知数，可采用渐近法求算。在第一次渐进求算中，各层的温度可采用下列各值。设炉墙为两层，则各层温度为：

$$\left.\begin{aligned} &\text{两层交界处的温度：}\ t_{壁交} = \frac{t_{壁} + t_{环}}{2} \\ &\text{内层的平均温度：}\ t_{内均} = \frac{t_{壁} + t_{壁交}}{2} \\ &\text{外层的平均温度：}\ t_{外均} = \frac{t_{壁交} + t_{环}}{2} \end{aligned}\right\}$$

根据假设的各层砌体的平均温度和所用的材料，计算各层导热系数，然后按式（3-108）求出 $Q_{壁}$ 值，则各层砌体的平均温度为：

$$\left.\begin{aligned} t_{内均} &= t_{壁} - \frac{Q_{壁}}{2F_{壁}} \times \frac{S_{内}}{\lambda_{内}} \\ t_{外均} &= t_{壁} - \frac{Q_{壁}}{2F_{壁}} \times \left(\frac{2S_{内}}{\lambda_{内}} + \frac{S_{外}}{\lambda_{外}}\right) \end{aligned}\right\} \tag{3-109}$$

将计算出的温度与所设各层砌体的平均温度进行比较，若误差大于20%，则再根据计算出的温度重新计算，直至误差小于等于20%为止。

在连续加热炉中，由于炉内各段温度不同，同一段内炉顶、炉墙的耐火材料层数、材质、尺寸不同，所以 $Q_{壁}$ 不同。因此，必须先分别计算，然后相加，求出整个炉体的总导热损失。

若炉底与地基相连接，一般取经验值。

$$Q_{底} = (2000 \sim 3000) F_{底} \quad (kJ/h) \tag{3-110}$$

（6）经炉门的散热损失。连续加热炉的进出料炉门，在炉子正常生产时均开启，炉内的热量将以辐射和炉气溢出的形式造成热损失。

1）经炉门的辐射热损失：

$$Q_{辐} = 20.43\left(\frac{T_g}{100}\right)^4 F \cdot \phi \cdot \varphi \quad (kJ/h) \tag{3-111}$$

式中 T_g——炉门处的炉气温度，K；

F——炉门的开启面积，m^2；

φ——炉门在单位时间内的开启时间（$\varphi \leqslant 1$）；

ϕ——炉门的遮蔽系数，一般取 $\phi = 0.5 \sim 0.8$。

2）经开启炉门的溢出炉气热损失：

$$Q_{溢} = V_0 \varphi (t_{气} c''_{气} - c'_{气} t_{环}) \quad (kJ/h) \tag{3-112}$$

式中 V_0——单位时间内的炉气溢出量（标态），m^3/h；

$t_{气}$——溢出的炉气温度，℃；

$c''_{气}$，$c'_{气}$——炉气在 $0 \sim t_{气}$℃和 $0 \sim t_{环}$℃的平均比热容（标态），$kJ/(m^3 \cdot ℃)$，见表3-5。

V_0（标态）的计算，设炉门槛处为零压面（$\Delta p = 0$），则：

$$V_0 = \frac{2}{3}\mu H b \sqrt{\frac{2gh(\rho_{空} - \rho_{气})}{\rho_{气}}} \times \frac{3600}{1 + \beta t_{气}} \quad (m^3/h) \tag{3-113}$$

式中 H——炉门的开启高度，m；

b——炉门的宽度，m；

$\rho_{空}$，$\rho_{气}$——空气和炉气在各自温度下的密度（标态），kg/m^3；

μ——流量系数，$\mu = 0.62 \sim 0.82$；

$t_{气}$——溢出的炉气温度，℃；

β——气体膨胀系数，$\beta = 1/273$；

g——重力加速度，$g = 9.81 m/s^2$。

所以，经炉门的总热损失：

$$Q_{门} = Q_{辐} + Q_{溢} \quad (kJ/h) \tag{3-114}$$

（7）加热可控气氛的热损失。对于在可控气氛中加热金属的炉子，应计算加热可控气氛的热损失。

$$Q_{控} = V_{控} c_{控} (t_{控终} - t_{控始}) \quad (kJ/h) \tag{3-115}$$

式中 $V_{控}$——可控气氛消耗量，m^3/h；

$c_{控}$——可控气氛比热容，$kJ/(m^3 \cdot ℃)$；

$t_{控终}$，$t_{控始}$——可控气氛的最终和初始温度（℃），最终温度可认为等于加热设备的最终温度。

（8）砌体的蓄热损失。对于间歇式炉应计算炉子砌体的蓄热损失，砌体蓄热量等于砌体上次加热后经冷却而释放的热量。为此，必须知道上次加热后砌体热面和冷面的最终温度，冷却时间的长短和冷却介质的温度，砌体的热导率和热物理性能（把多层炉墙折算成单层炉墙）。

通常面向车间的砌体外（冷）表面在冷却过程中的温度变化是不大的。此时，砌体的蓄热量按下式确定：

$$Q_{蓄} = \frac{Mc_{砌}}{\tau_{加总}}\left(\frac{t_{K内终} - t_{K外终}}{2} - t_{K冷均}\right) \quad (kJ/h) \tag{3-116}$$

式中 M——砌体质量，kg；

$c_{砌}$——砌体比热容，kJ/(m^3 · ℃)；

$t_{K内终}$，$t_{K外终}$——上次加热终了砌体内外表面温度（砌体内部温度分布是线性的）；

$t_{K冷均}$——砌体变冷后的平均温度（℃），计算公式为：

$$t_{K冷均} = t_{环} + \phi \times (t_{K内终} - t_{环}) + \phi' \times (t_{介均} - t_{环}) \tag{3-117}$$

$t_{环}$——周围介质温度；

$t_{介均}$——在冷却期内砌体内表面冷却介质的温度。

函数 ϕ 和 ϕ' 根据毕渥数和傅里叶数按图 3-8 确定。

$$Bi = \frac{\alpha_{总给} \cdot S_{砌}}{\lambda_{砌}},\ Fo = \frac{a_{砌} \cdot \tau_{c}}{S_{砌}^2}$$

式中 $\alpha_{总给}$——在冷却期内，由砌体内表面向冷却介质对流和辐射的总给热系数，W/(m^2 · K)；

$S_{砌}$——砌体厚度，m；

τ_{c}——冷却周期，h；

$\lambda_{砌}$，$a_{砌}$——砌体的热导率（W/(m · K)）和热扩散率（m^2/h）。

炉子金属构架的蓄热量，可取砌体蓄热量的10%估算。

（9）其他热损失。其他热损失包括炉底散热损失、炉子钢结构的散热损失等。这项热损失一般小于热收入量的 5%，可直接取热收入量的 2%～3%，即 $Q_{他} = (2\% \sim 3\%)Q_{入}$。

所以：$Q_{出} = Q_{产} + Q_{废膛} + Q_{水} + Q_{机} + Q_{壁} + Q_{门} + Q_{他}$。

因此，炉膛热平衡方程式为：

$$\begin{aligned} & Q_{烧} + Q_{空} + Q_{燃} + Q_{放} \\ & = BQ_{低} + BL_{n}(c''_{空} t_{空} - c'_{空} t_{环}) + B(c''_{燃} t_{燃} - c'_{燃} t_{环}) + Q_{放} \\ & = Q_{产} + BV_{n}(c''_{废} t_{废膛} - c'_{废} t_{环}) + Q_{水} + k_{m}BQ_{低} + Q_{壁} + Q_{门} + Q_{他} \end{aligned} \tag{3-118}$$

3.5.1.2 燃料消耗量及主要热工指标值的计算

A 燃料消耗量

由炉膛热平衡式（3-118），可得燃料消耗量：

$$B = \frac{Q_{产} + Q_{水} + Q_{壁} + Q_{门} + Q_{他} - Q_{放}}{(1 - k_{m})Q_{低} + L_{n}(c''_{空} t_{空} - c'_{空} t_{环}) + (c''_{燃} t_{燃} - c'_{燃} t_{环}) - V_{n}(c''_{废} t_{废膛} - c'_{废} t_{环})} \tag{3-119}$$

为了给炉子生产率的进一步提高留有余地，将式（3-119）计算得到的燃料消耗量再

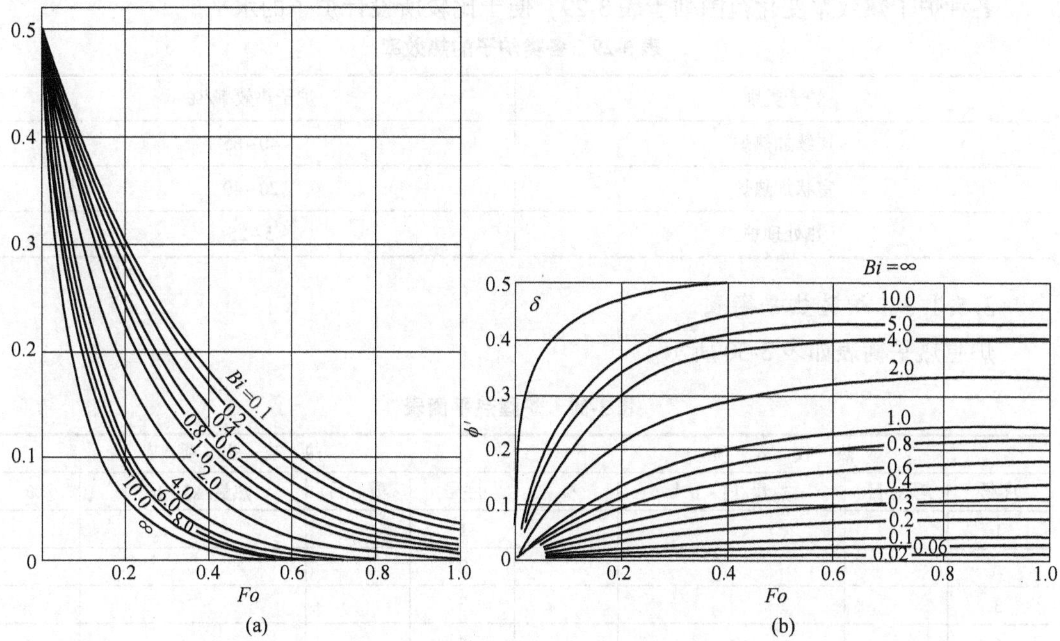

图 3-8　函数 ϕ (a) 与 ϕ' (b) 图

增加 20%作为实际操作的燃料消耗量，即：

$$B_{实} = 1.2B \quad (m^3/h(标态) 或 kg/h) \tag{3-120}$$

$B_{实}$为确定燃烧装置的数量、烟囱内径或引风机能力以及空气鼓风机能力的依据。

B　单耗

（1）单位燃耗：

$$b' = \frac{1000B}{P} \quad (m^3/t(标态) 或 kg/t) \tag{3-121}$$

（2）单位热耗：

$$b'' = \frac{1000BQ_{低}}{P} \quad (kJ/t) \tag{3-122}$$

（3）单位标准热耗（标煤）：

$$b'' = \frac{b'}{29308} = \frac{1000B\,Q_{低}}{29308P} \quad (kgce/t) \tag{3-123}$$

C　炉子热效率

炉子热效率计算公式为：

$$\eta_1 = \frac{Q_{产}}{BQ_{低}} \times 100\% \tag{3-124}$$

D　炉膛热效率

炉膛热效率计算公式为：

$$\eta_2 = \frac{Q_{产}}{BQ_{低} + Q_{空} + Q_{燃}} \times 100\% \tag{3-125}$$

各种炉子热效率变化范围列于表3-29，便于比较所设计炉子的水平。

表3-29 各类炉子的热效率

炉子类别	炉子热效率/%
连续加热炉	40~85
室状加热炉	20~40
热处理炉	5~25

3.5.1.3 炉膛热平衡表

炉膛热平衡表如表3-30所示。

表3-30 炉膛热平衡表

热收入项				热支出项			
序号	项目	热量/kJ·h⁻¹	%	序号	项目	热量/kJ·h⁻¹	%
1				1			
2				2			
3				3			
4				4			
5				5			
合计			100	合计			100

3.5.2 炉子区段热平衡

将炉子总热平衡与各区段热平衡联系起来，对分析和研究连续加热炉的加热制度有着重要意义，也是金属加热计算中必需的内容。

连续加热炉炉膛通常按自然段（均热段、加热段、预热段等）进行划分。炉膛热平衡式（3-118）可简化表示如下（设 $Q_{放}=0$）：

$$Q_{烧} + Q_{预} = P \cdot \Delta i_{总} + \sum Q_{失膛} + Q_{废膛} \tag{3-126}$$

也可表示为：

$$P \cdot \Delta i_{总} + \sum Q_{失膛} = (Q_{烧} + Q_{预})\eta_4 \tag{3-127}$$

式中 P——炉子生产率，kg/h；

$\Delta i_{总}$——产品在炉膛中的总热焓增量，kJ/kg；

$\sum Q_{失膛}$——炉膛各项热损失之和，$\sum Q_{失膛}=Q_{水}+Q_{机}+Q_{门}+Q_{他}$，kJ/h；

$Q_{烧}$——燃料燃烧化学热，kJ/h；

$Q_{预}$——预热空气和燃料带入炉膛的物理热，kJ/h；

η_4——炉膛热量利用系数（%），由下式计算：

$$\eta_4 = \frac{遗留在炉膛的热量}{供给炉膛的热量} = \frac{P \cdot \Delta i_{总} + \sum Q_{失膛}}{Q_{烧}+Q_{预}} = \frac{Q_{烧}+Q_{预}-Q_{废膛}}{Q_{烧}+Q_{预}} \tag{3-128}$$

同理，加热段热平衡式为：

$$P\Delta i_{加} + \sum Q_{失加} + Q_{辐} = (Q_{烧} + Q_{预})\eta_{4加} \quad (\mathrm{kJ/h}) \tag{3-129}$$

式中 $\Delta i_{加}$——金属在加热段的热焓增量，kJ/h；

$\sum Q_{失加}$——加热段各项热损失之和，kJ/h；

$Q_{辐}$——加热段向预热段直接辐射的热量，kJ/h；

$\eta_{4加}$——加热段热量利用系数（%），可按下式计算：

$$\eta_{4加} = \frac{Q_{烧} + Q_{预} - Q_{废加}}{Q_{烧} + Q_{预}} \tag{3-130}$$

式中 $Q_{废加}$——出加热段废气带走的热损失，kJ/h。

由式（3-129）可得：

$$\Delta i_{加} = \frac{(Q_{烧} + Q_{预})\eta_{4加} - \sum Q_{失加}}{P} - \frac{Q_{辐}}{P} \tag{3-131}$$

由式（3-127）可得：

$$P = \frac{(Q_{烧} + Q_{预})\eta_4 - \sum Q_{失膛}}{\Delta i_{总}} \tag{3-132}$$

将式（3-132）代入式（3-131）可得：

$$\Delta i_{加} = \Delta i_{总} \times \frac{(Q_{烧} + Q_{预})\eta_{4加} - \sum Q_{失加}}{(Q_{烧} + Q_{预})\eta_4 - \sum Q_{失膛}} - \frac{Q_{辐}}{P} = \Delta i_{总} \times \frac{\eta_{4加} - \dfrac{\sum Q_{失加}}{Q_{烧} + Q_{预}}}{\eta_4 - \dfrac{\sum Q_{失膛}}{Q_{烧} + Q_{预}}} - \frac{Q_{辐}}{P} \tag{3-133}$$

分析表明，炉膛各项固定热损失的相对值$\sum Q_{失加}/(Q_{烧}+Q_{预})$ 和$\sum Q_{失膛}/(Q_{烧}+Q_{预})$对$\Delta i_{加}$的影响很小，而且炉膛各段各项热损失$\sum Q_{失膛}$和$\sum Q_{失加}$与其热量系数$\eta_{4加}$和$\eta_4$成正比，所以有：

$$\frac{\eta_{4加} - \dfrac{\sum Q_{失加}}{Q_{烧} + Q_{预}}}{\eta_4 - \dfrac{\sum Q_{失膛}}{Q_{烧} + Q_{预}}} \approx \frac{\eta_{4加}}{\eta_4} \tag{3-134}$$

则式（3-133）可以表示为：

$$\Delta i_{加} = \Delta i_{总} \times \frac{\eta_{4加}}{\eta_4} - \frac{Q_{辐}}{P} \quad (\text{kJ/h}) \tag{3-135}$$

因为

$$\Delta i_{总} = \Delta i_{加} + \Delta i_{预}$$

所以

$$\Delta i_{预} = \Delta i_{总} - \Delta i_{加} = \Delta i_{总}\left(1 - \frac{\eta_{4加}}{\eta_4}\right) + \frac{Q_{辐}}{P} \quad (\text{kJ/h}) \tag{3-136}$$

根据塔依次资料，则：

$$Q_{辐} = q_{辐} F \quad (\text{kJ/h}) \tag{3-137}$$

式中 $q_{辐}$——加热段向预热段的直接辐射热流密度，约等于$42\times10^4 \sim 54\times10^4$kJ/($m^2$·h)；

F——加热段与预热段交界处的炉膛横断面积，m^2。

式（3-135）和式（3-136）可用于分析连续加热炉的热工工作，也是金属加热计算中所用的主要公式。

4 工业炉部件设计与选用

4.1 炉体砌筑材料和尺寸的设计

耐火材料是炉子的重要组成部分，是砌筑炉体的建筑材料。在设计炉子时，必须了解耐火材料的种类、形状尺寸、主要性能及用途。

由于炉体尺寸、工作温度、炉内气氛等不同，为了适应工业炉的使用要求，因此耐火材料的品种、形状、尺寸、规格、性能等也各异。为了便于对耐火材料的合理选择和使用，耐火材料有不同的分类，主要有：

（1）按制造方法和外形分类：

1）定型耐火制品（块状耐火制品）；

2）不定型耐火制品（散状耐火制品）；

3）纤维耐火制品（耐火纤维）。

（2）按化学矿物组成分类：

1）硅质耐火制品；

2）硅酸铝质耐火制品；

3）含镁质耐火制品；

4）含碳质耐火制品；

5）含锆质耐火制品等。

4.1.1 定型耐火制品

定型耐火制品就是按耐火材料一般生产过程，将耐火材料制成各种形状和不同规格的烧成或不烧结或熔铸的耐火材料，俗称耐火砖。这类耐火制品种类多、使用范围广，从火焰炉使用角度讲主要有：黏土砖、高铝砖、硅砖、镁砖等。

常用耐火砖的特点和使用范围见表 4-1，常用耐火砖的主要性能见表 4-2。

表 4-1 常用耐火砖的特点和使用范围

序号	砖名	特　点	一般使用范围
1	黏土砖	属酸性耐火材料，0.2MPa 荷重软化温度比耐火度低较多，使用温度受限制。但它具有良好的热震稳定性，并随熟料及其粗粒度颗粒含量增加而提高	加热炉、热处理炉、冲天炉和干燥炉等，是一种使用范围最广的耐火材料
2	硅砖	是一种典型的酸性耐火材料，0.2MPa 荷重软化温度接近耐火度，使用温度较高。但高温体积稳定性很差，加热时体积会发生残余膨胀	酸性电弧炉和连续加热炉炉顶等
3	半硅砖	属于酸性耐火材料，0.2MPa 荷重软化点温度较高，高温体积稳定性，有利于提高砌体整体性	加热炉、冲天炉等各种炉的炉顶和烟道等

续表 4-1

序号	砖名	特点	一般使用范围
4	高铝砖	属中性偏酸耐火材料，其耐火度及 0.2MPa 荷重软化温度比黏土砖高，使用温度高，抗渣性较好。但热震稳定性较低	电阻炉和电弧炉炉盖
5	镁砖	属碱性耐火材料，耐火度高，但 0.2MPa 荷重软化温度不高，与耐火度相差 400℃以上。热震稳定性不好，常温抗压强度大，高温耐磨性好。镁砖受潮后发生水化，使用时必须干砌或用卤水和耐火镁泥湿砌，不得用水	碱性电弧炉、室状加热炉、连续加热炉均热段或实底段炉底
6	镁铬砖	属偏碱性耐火材料。耐火度高，高温强度大，热震稳定性好，在高温下具有固定的体积，抗碱性渣侵蚀性强，对酸性渣也有一定的适应性	碱性电弧炉，室状加热炉、连续加热炉均热段或实底段炉底
7	镁铝砖	与镁砖相比，热震稳定性好，高温强度较高，抗渣性好	碱性电弧炉，室状加热炉、连续加热炉均热段或实底段炉底
8	碳化硅砖	具有较高的耐火度和 0.2MPa 荷重软化温度，热震稳定性好，对酸渣有较好的抵抗性，但不抗碱性渣。抗压强度大，耐磨性好，导热性好	热处理炉炉底板、马沸罐、加热炉的换热器等
9	轻质耐火砖	隔热性能好；但抗压强度低，耐磨性能差和热震稳定性不好	高温炉的隔热层或小型热处理炉内衬

表 4-2 常用耐火砖的主要性能

序号	名称	耐火度 /℃	最高使用温度/℃	耐急冷急热性（水冷次数）	体积质量 /kg·m^{-3}	比热容 /kJ·(kg·℃)$^{-1}$	导热系数 λ /W·(m·K)$^{-1}$
1	耐火黏土砖	1580~1750	1200~1400	10~25	2100~2200	$0.879+0.23\times10^{-3}t$	$0.84+0.58\times10^{-3}t$
2	高铝砖	1770~1790	1400~1500	5~6	2150~2500	$0.92+0.25\times10^{-3}t$	$2.09+1.861\times10^{-3}t$
3	硅砖	1690~1710	1500~1600	1~4	2370~2390	$0.837+0.25\times10^{-3}t$	$0.93+0.698\times10^{-3}t$
4	镁砖	2000	1650~1700	3~5	2600~3100	$1.05+0.293\times10^{-3}t$	$4.65-1.745\times10^{-3}t$
5	铬镁砖	2000	1700~1750	>25	2800~3300	$0.837+0.293\times10^{-3}t$	$1.28+0.407\times10^{-3}t$
6	刚玉砖	1850	1600~1800	50	2500~3600	$0.795+0.418\times10^{-3}t$	$2.10+1.94\times10^{-3}t$
7	碳化硅砖	1900	1600~1800	50~60	2300~2850	$0.963+0.146\times10^{-3}t$	$20.9-10.467\times10^{-3}t$
8	碳砖	3000	2000	>25	~1500	0.836	$3.1+2.10\times10^{-3}t$
9	硅藻土砖	950	1000		500±50	0.837~0.963	$0.105+0.233\times10^{-3}t$

一般火焰炉等热工设备上通用耐火砖形状尺寸可根据国家标准《耐火砖形状尺寸》(GB/T 2992. 2—2014) 中的规定确定。

4.1.2 不定形耐火制品

不定形耐火制品又称为散状耐火制品。其生产工艺简单，不需要生产定形耐火砖所需的烧成工序，而是直接以散料状态的材料供给用户自己制造成型（现场浇注）或按用户要求制成预制件的形式供给用户。不定型耐火制品的种类很多，火焰炉上常用的主要有耐火混凝土（浇注料)、耐火可塑料等。

(1) 耐火混凝土。耐火混凝土是目前使用量最多的一种不定形耐火材料，主要有硅酸盐水泥耐火混凝土、低钙铝酸盐水泥耐火混凝土、磷酸耐火混凝土、水玻璃耐火混凝土等，其使用温度及使用范围见表 4-3。

表 4-3 常用耐火混凝土的分类及使用范围

名称	硅酸盐水泥耐火混凝土	矾土水泥耐火混凝土	低钙铝酸盐水泥耐火混凝土	水玻璃耐火混凝土	磷酸盐耐火混凝土	轻质耐火混凝土
使用温度/℃	1000~1200	1300~1500	1300~1400	900~1000	1400~1500	700~1000
使用范围	适用温度不高，如加热炉预热段、烟道热工设备基础等	有良好的热稳定性，高温强度大，适用于加热炉、热处理炉及电弧炉出钢槽等	热稳定性好，适于温度变化大的加热炉、热处理炉炉衬、电弧炉出钢槽	适用于有严重摩擦和冲击以及温度急剧变化的部位，如台车炉车体等	适用于要求温度高、强度大、抗渣性强、温度变化频繁，以及耐磨耐冲刷的部位，如加热炉炉底、炉顶、烧嘴砖等。但不宜用于还原性气氛中	适用于隔热，但承受负荷不大的部位，如加热炉炉墙、隔热层

(2) 耐火可塑料。耐火可塑料是以耐火骨料和粉料为主，加入适当的结合黏土或化学胶结剂，以及掺入少量的外加剂，加水经过混炼而制成的砖坯状或泥团状物料。在规定的贮存期内，其具有良好的可塑性，如密封良好，可保持相当长时间的塑性。用捣固法施工，可以捣打所需要的任意形状和厚度。

耐火可塑料可作为火焰炉炉顶、炉墙整体捣打原料。炉体密封性好，寿命长，也可用于推钢式连续加热炉炉底水管包扎材料。

4.1.3 耐火泥及泥浆

耐火泥是一种粉料。使用时，耐火泥加水或其他液体调制成胶泥状的泥浆。砌砖或耐火混凝土时采用泥浆的作用是可将砖块结合成整体，既增加砌筑物的强度，又提高其严密性，防止漏气。对金属熔炼炉也可防止金属液体的渗漏。

不同耐火砖或耐火混凝土必须采用与其相应的耐火泥浆，否则会产生化学反应，选用时要给予重视。

4.1.4 纤维耐火制品

耐火纤维及其制品是以 Al_2O_3和 SiO_2为主要成分的人造无机纤维，又称为陶瓷纤维。

耐火纤维的成分属于硅酸铝质等耐火材料，与耐火砖的主要成分相同。但因其形态为纤维状，因此其使用性能与耐火砖却有较大差别。其主要特点是：（1）重量轻（容重一般只有120~250kg/m^3）、热容量小，所以炉体蓄热量小，升温快；（2）导热系数小，隔热性能好；（3）热稳定性，化学稳定性好；（4）施工方便、简单。

表4-4为一些耐火纤维品种及其主要性能。

表4-4 耐火纤维品种及其主要性能

品种			普通型	高纯型	高铝型	含锆型
长期工作温度/℃			1000	1260	1400	1425
密度/kg·m^{-3}			64~160	64~160	64~160	64~160
永久线收缩率/%			3	3	3	4
抗拉强度/MPa			0.04	0.04	0.04	0.04
导热系数 /W·(m·K)$^{-1}$	冷面 20℃	热面400℃	0.09~0.10	0.09~0.10	0.09~0.10	0.09~0.10
		热面800℃	0.15~0.18	0.15~0.18	0.15~0.18	0.15~0.18
		热面1000℃	0.23~0.36	0.23~0.36	0.23~0.36	0.23~0.36
化学成分（质量分数）/%		Al_2O_3	43	45	52	35
		SiO_2	52	53	46	50
		ZrO_2	—	—	—	15

由表4-4中数据可见，从长期工作温度方面讲，耐火纤维适合于任何工业炉炉体的耐温要求。从目前使用情况来讲，使用量最多的是中低温炉，尤其是热处理炉、周期工作加热炉等。

4.1.5 耐火材料的选用

选用火焰炉的砌体材料时，主要考虑下述几个方面：

（1）工作温度。不同类型的火焰炉或同一座火焰炉的不同部位的工作温度不同，选择砌体材料时应采用不同种类和不同等级的耐火材料。

（2）承受荷重。抗压强度较低的轻质砖和绝热砖，不能砌在拱顶炉子的拱脚砖和拱脚梁之间或高度较高的炉墙与基础之间。在高温状态下承受力或承重部位的材料，选用时要考虑材料的荷重软化点。

（3）温度应力。温度变化大，且变化频繁的砌体或部位，如烧嘴砖，要选用热稳定性好的一级耐火黏土制品或磷酸盐耐火混凝土等。

（4）机械损伤。某些砌体，如环形炉炉底，要考虑装出料时工件的撞击和摩擦，可采用高铝砖或铬矿砂打结结构。

（5）化学侵蚀。例如推钢式连续加热炉均热床或实底段，由于受氧化铁皮熔渣等的侵蚀（碱性），最好选用镁砖砌筑。同时，还要考虑在高温条件下，不同耐火砖之间的化学反应，例如黏土砖与镁砖之间最好用高铝砖隔砌。

另外，还要综合考虑同一座火焰炉不同部位砌体的不同损坏程度。对某些易损坏端部位应根据损坏原因选用相应延长使用寿命的材料，这样可延长整体使用寿命。具体耐火材料的选用见表4-5。

表 4-5 耐火材料的选用

炉子名称	炉温/℃	炉膛内衬用耐火材料
中低温电阻炉	1000	轻质黏土砖、黏土砖、耐火纤维
加热炉 热处理炉	1300	黏土砖、高铝砖、硅砖、碳化硅砖、镁砖、镁铬砖、耐火混凝土、耐火可塑料
高温盐浴炉	1300	耐火黏土砖、高铝砖、锆英石砖、耐火混凝土
冲天炉	1650	耐火黏土砖、白云石砖、碳砖、石墨砖

4.1.6 炉子砌体设计一般规定

（1）炉体采用砖砌结构时应尽量采用标准型耐火砖，通用型砖尺寸为 230mm×114mm×65mm。

（2）炉子砌砖尺寸规定，耐火砖砌体的长度和宽度为 116mm 的倍数，垂直高度为 67mm 的倍数。由于炉子各部位灰缝要求不同及耐火砖本身的公差所产生的误差，垂直高度方向上可用 230mm×114mm×32mm、230mm×114mm×75mm 等型号的砖来调整。

按上述尺寸的砌体设计中每立方米用砖计算量为：标准型耐火砖砌体约 550 块。

（3）工业炉砌体采用砖砌结构设计中应尽量少用非标准异型砖。若需采用非标准异型砖砌筑时，应单独绘制异型砖制造图，注明所用材料、等级和制作的技术条件。每块砖的质量，一般不超过 25kg，并要绘制非标准异型砖的砌砖图。

（4）不能将硅藻土砖等隔热砖砌在承受集中荷载的部位。

（5）各种炉子不同部位砌体的灰缝厚度，一般按 GB 50211—2014《工业炉砌筑工程施工及验收规范》中有关条款执行。若设计中砖缝厚度与上述规范有出入时，应在设计图纸上注明。

（6）具体施工中，若需采用其他普通型砖与标准砖配合找平、错缝时，其普通型砖的数量一般为标准型砖的 3%~5%，并应在材料表中所列标准砖数量中扣除（一般由施工单位提出、订货）。

（7）火焰炉砌体设计中，若采用耐火混凝土、耐火可塑料、耐火纤维等不定型耐火材料为砌体时，砌体的长、宽、高尺寸可不受上述第二条的规定要求。但应说明所用不定型耐火材料的种类、配比、质量及制作、施工技术条件和使用范围等，并要绘制施工图。

4.1.7 炉子砌体设计

炉膛是炉子的加热区域，一般是由炉墙、炉顶和炉底构成的一个近于六面体的空间。因工艺和用途的不同，炉膛形状、大小是各式各样的。大多数炉膛是在高温下工作，并要经受炉气、炉尘和炉渣的侵蚀和冲刷。因此，要求构成炉墙、炉顶和炉底等所用的材料、结构形式和尺寸等，都必须适应这一特点，以保证炉子的正常工作。

4.1.7.1 炉顶

炉顶是同一炉膛中受热最高的部位。炉顶是否牢固可靠，对炉子工作和使用寿命有重大影响，故在炉子设计时对炉顶的可靠性必须予以足够的重视。

炉顶按其结构形式分为拱顶和吊（平）顶两种。拱顶又分为砖砌拱顶和耐火混凝土预制拱顶；吊顶又分为异形耐火砖吊顶、耐火混凝土预制块吊顶、耐火可塑料捣打吊顶和耐火纤维吊顶等。

A 砖砌拱顶

工业炉炉膛拱顶常用中心角60°或90°的单层拱和斜拱（加热段和预热段之间的拱顶），如图4-1所示。

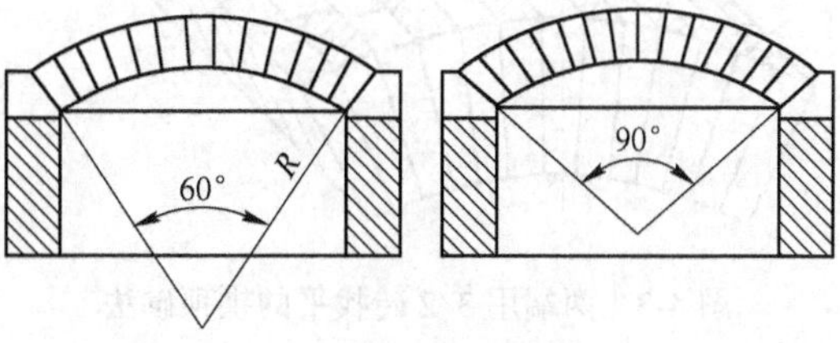

图4-1 炉膛拱顶示意图

炉膛拱顶耐火砖砌筑厚度取决于炉膛温度和拱的跨度，见表4-6。

表4-6 拱厚与中心角的选择

拱的跨度/mm	所处最高温度/℃	拱厚/mm	中心角/(°)	用途
580~2900	≥850	230	60	炉膛拱顶和各种炉口
3016~3944	<1000	230	60	
3016~3944	>1000	300	60	
>3944	<1000	300	90	
4060~6960	>1000	300	90	

（1）拱顶砌筑方法。拱顶有两种砌筑方法，环砌和错砌，如图4-2所示。工业炉炉顶常采用错砌，但在拱顶长度较短或经常拆修时可采用环砌。在错砌时，拱顶两端要用相应长度和规格的3/2宽标准砖找齐（见图4-3），并将找齐的砖号和数量引入筑炉材料表中。拱顶若采用环砌时，需在图纸上加以说明。

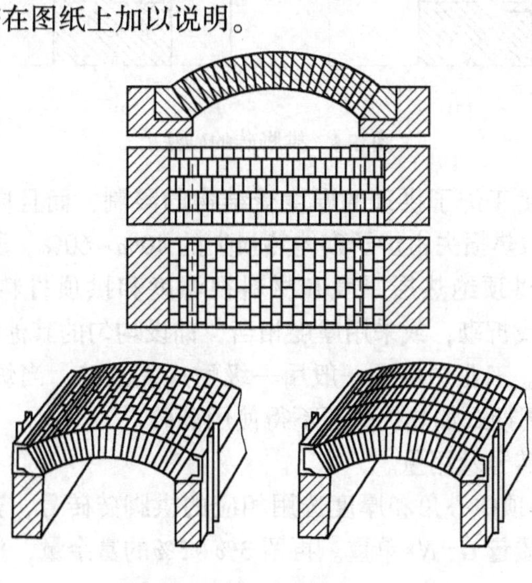

图4-2 拱顶的砌筑方法

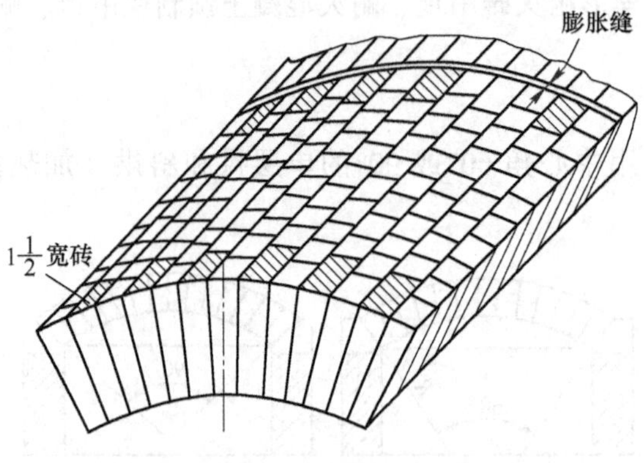

图 4-3 两端用 3/2 砖找平的拱顶砌法

另外，拱顶一般为湿砌，采用耐火泥浆填充砖缝；若设计中要求采用干砌（用耐火泥粉或纸填充砖缝）时，需在图中加以说明。

（2）拱脚砖。炉顶采用中心角为 60°或 90°的拱顶结构，必须采用拱脚砖。拱脚砖的斜面必须和拱的中心角相适应。如拱顶中心角采用 60°，拱脚砖的斜面角度 α 为 60°；拱顶中心角采用 90°，拱脚砖的斜面 α 为 45°。

一般炉子的拱脚砖可与炉墙内壁砌平，拱脚砖与拱脚梁之间用耐火砖（不得使用隔热砖或轻质砖）砌满，如图 4-4（a）所示。拱脚砖也可以砌在拱脚梁内，用拱脚梁托住，如图 4-4（b）所示，这种砌法适用于拱顶下的炉墙须经常拆修的情况。

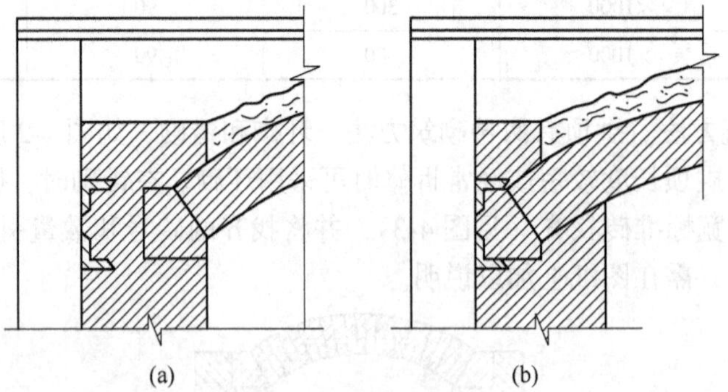

图 4-4 拱脚砖的砌法

（3）拱顶绝热层。由于炉子拱顶的厚度受结构的限制，而且同一炉膛内，炉顶温度要高于其他部位，炉顶散热损失占炉子砌体热损失的 40%～60%。所以对一般工业炉，拱顶保温显得尤其重要。拱顶绝热层厚度和材料视温度和拱顶材料而定，一般采用 70～116mm 的硅藻土砖平砌或折砌，或采用厚度相当、铺设均匀的其他散状隔热材料。

（4）炉顶耐火材料。工业炉拱顶一般用一级耐火黏土砖，当炉温高于 1350℃时，可采用硅砖或高铝砖，但周期式加热炉炉顶不得使用硅砖。

（5）拱顶耐火材料砖号及用量。

1）拱脚砖。根据拱顶中心角和厚度选用相应的拱脚砖砖号，其总块数 N=拱长与拱脚砖厚度之比值×2，总质量 $G=N\times$单重。再留 3%～5%的富余量，作为总用量，列入材料表中。

2）拱顶砖。拱顶砖取决于拱顶跨度、中心角和厚度。炉子拱顶选用不同跨度、不同中心角、不同厚度拱顶的环砌、错砌用砖量和拱形半径、矢高见《工业炉设计手册》。按手册中数据和拱顶长度可直接算出不同砖号的总数量，再乘以对应砖号砖的单重，即总质量，列入材料表中。

B 耐火混凝土预制拱顶

耐火混凝土能适应各种复杂的结构形状，具有使用寿命长、便于机械化施工等优点，现已在工业炉上大量使用。工业炉上常用的耐火混凝土筑炉有直接浇注捣打成型和预制块砌筑两种。

（1）直接浇注捣打成型是借助拱胎，在现场将炉顶整体浇捣，如图4-5为转底式加热炉的球面整体炉顶。

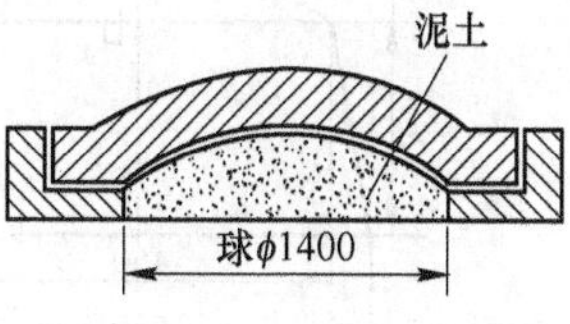

图4-5 整体浇捣球面炉顶

（2）预制块砌筑目前应用更为广泛，其原因是：1）预制块的尺寸（跨度、中心角等）可与砌砖尺寸相适应，所以与耐火砖砌筑互换性好；2）预制块可预先做好、烘干，可减少现场施工和烘炉时间；3）更换方便。

预制块炉顶，每环可根据拱顶跨度和中心角的大小，可做成一块、二块或者三块。拱顶与拱脚砖可分开预制，也可一起预制。一般情况下，拱顶中心角为60°，跨度小于1700mm，每环预制块可由一块组成，如图4-6（a）所示；跨度大于1700mm，每环预制块可分成三块，如图4-6（b）所示。

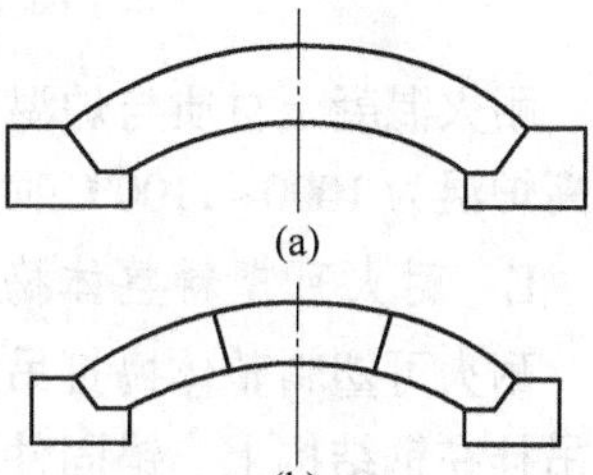

图4-6 预制块砌的拱顶
（a）一块；（b）三块

C 异型耐火砖吊顶

异型耐火砖几种吊顶形式如图4-7所示。由于施工麻烦、更换困难，目前吊挂炉顶结构使用较少。

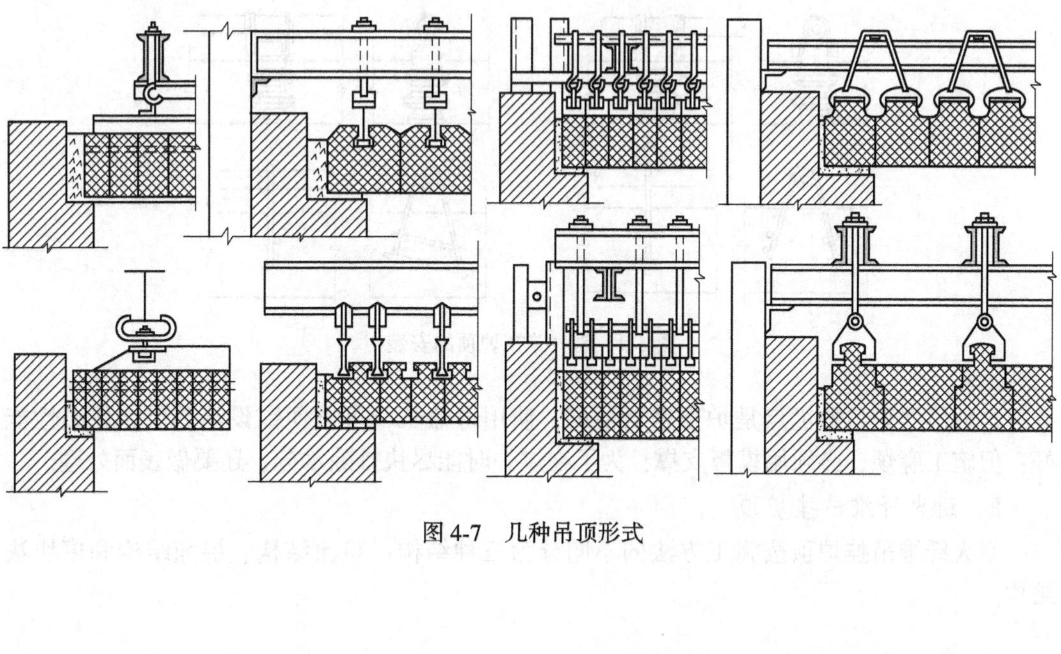

图4-7 几种吊顶形式

D 耐火混凝土预制块吊顶

目前工业炉上采用的耐火混凝土吊顶预制块一般为凸字形结构，如图 4-8（a）所示。预制块中埋设钢筋，吊钩与钢筋焊在一起。吊挂时，沿炉长方向排放，每块预制块独立吊挂，同一预制块几个吊钩用力要均匀。图 4-8（b）所示为吊挂结构图。这种吊挂炉顶结构施工简单、更换维修容易、使用寿命较长。

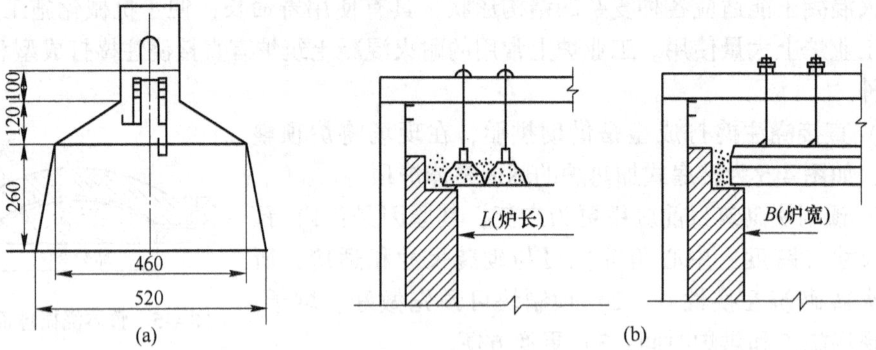

图 4-8 耐火混凝土预制块（a）及其吊挂（b）

耐火混凝土材质与炉温有关，最高炉温为 1350~1400℃时多采用磷酸盐耐火混凝土，最高炉温为 1000~1100℃时多采用矾土水泥耐火混凝土。

E 耐火可塑料整体捣打吊挂炉顶

耐火可塑料整体捣打吊挂炉顶是靠锚固件（高温用锚固砖，低温可用耐热钢）将炉顶吊挂在钢结构上。锚固件通常为顺排，采用锚固砖时，间距一般为 200~300mm；锚固砖的端面一般露于加热面上，即与炉顶下表面平齐。采用金属锚固件时，间距一般为 250~350mm，其端头只能埋设到炉顶厚度的 2/3 处，其结构形式可把圆钢作成 V 形、L 形和 Y 形等几种。锚固件在炉顶的安装如图 4-9 所示。

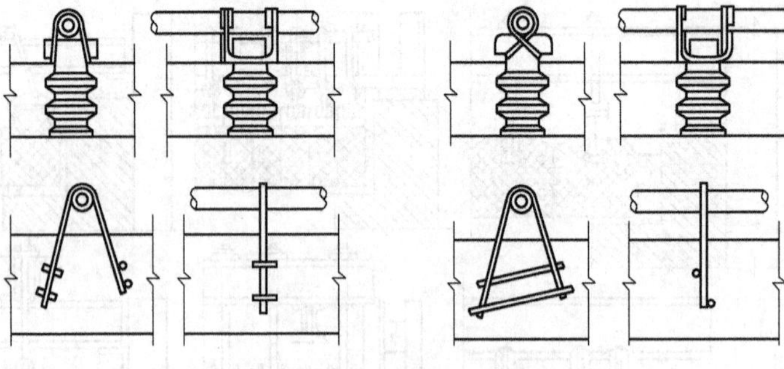

图 4-9 锚固砖在炉顶的安装

这种吊挂炉顶的优点是炉顶密封性好，使用寿命长，可方便铺设绝热层，保温性能好；但施工麻烦，必须用模板支撑，为了在烘炉时能尽快排除水分，还要做表面处理。

F 耐火纤维吊挂炉顶

耐火纤维吊挂炉顶按施工方法的不同分为三种结构：喷涂结构、层铺结构和模块法结构。

（1）喷涂结构是采用专用的纤维喷涂机，将经过预处理的散状耐火纤维棉与无机高温结合剂在一定的压力下同时喷出（用压缩空气作输送介质），散状纤维与结合剂在喷头外部均匀混合后使纤维棉能成絮片状打在焊有锚固钉的被涂面上，因此在被喷涂面上纤维层呈三维网络状结构，可将整个被喷面形成一个均匀无缝隙、强度高的大制品。

这种结构的优点是：1）整体性能高，无接缝，密封性能好，使用寿命长；2）施工速度快，不受被涂面的形状限制；3）喷涂层的工作面经固化处理后，表面平整、光滑、可抗高温气体冲刷。其缺点是：需采用专用喷涂设备，成本较高。

（2）层铺结构。层铺结构就是采用耐火纤维毡平铺在工作面，用锚固件固定，如图4-10所示。

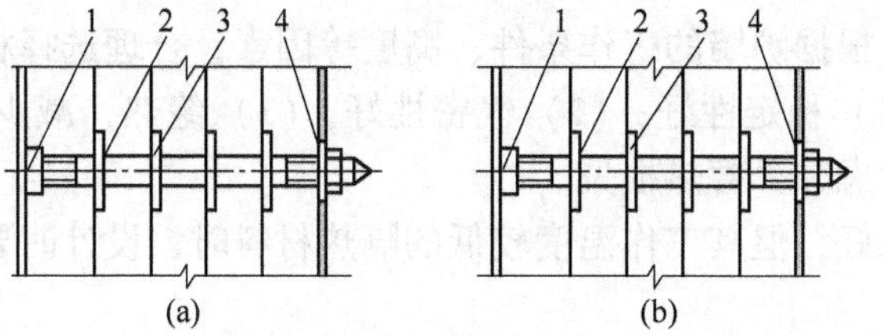

图4-10 层铺炉衬的结构形式

（a）螺杆固定式；（b）瓷帽固定式

1—M5螺母；2—螺杆；3—快速夹紧圈；4—垫圈

（3）模块法结构有两种：穿串固定式结构和预制块固定式结构，工业现场常用预制块为固定结构，预制块叠成Z字形，故也称为Z形预制块结构。每个预制块体积约300mm×300mm×δ（厚度）mm，安装方法如图4-11所示。

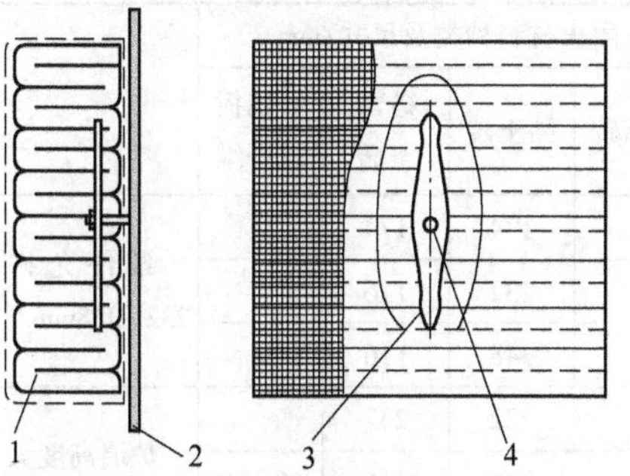

图4-11 Z形预制块安装

1—Z形纤维预制块；2—炉顶钢板；3—横担；4—螺杆螺母

模块法结构与层铺结构的比较见表4-7。

表4-7 模块法结构与层铺结构的比较

序号	项　目	模块法	层铺法
1	炉膛表面强度	较高	较低
2	抗风蚀性	较好	较差

续表 4-7

序号	项 目	模块法	层铺法
3	纤维收缩倾向	较小	较大
4	导热系数	大约 20%	较小
5	炉衬厚度（相同温度）	较厚	较薄
6	使用温度（相同材质）	高 500～100℃	较低
7	需用耐热钢材	节省	较多
8	施工操作	较难	方便

4.1.7.2 炉墙

设计炉墙时，要根据炉墙的工作条件、高度等因素，合理选择材质、厚度和结构。对炉墙总的要求是：(1) 稳定性好；(2) 气密性好；(3) 绝热，减少散热损失；(4) 对周期工作的炉子还要考虑减少蓄热损失。

当选用绝热效果好，但其工作温度较低的隔热材料时，设计时要验算耐火材料和隔热材料的接触面温度。

炉墙按结构可分为：砖砌结构、耐火可塑料捣打结构和全耐火纤维结构等。砖砌结构，施工方便，成本低；耐火可塑料捣打结构，施工麻烦、成本较高、拆除困难、耐温高、寿命长；全耐火纤维结构，施工较麻烦，成本高、蓄热量、散热损失小，这种结构只有在工件进出炉不碰撞的情况下使用，如各种热处理炉。

目前，工业炉炉墙使用最多的是砖砌结构。

各种加热炉、热处理炉砖砌炉墙常用耐火材料组成及尺寸，见表 4-8。

表 4-8 砖砌炉墙用耐火材料及尺寸

序号	最高炉温/℃	炉墙高度/mm	耐火材料种类及尺寸/mm				备 注
			高铝砖	黏土砖	硅藻土砖	石棉板或纤维	
1	900	<1000		174	174		条件允许可全部采用轻质黏土砖砌筑，232～348mm
		1000～2000		232	116		
		>2000		348	116		
2	1300	<1000		232	232		炉墙高度大于 200mm 的，如双面加热推钢式炉炉墙可分段砌筑
		1000～2000		348	116	10～20	
		>2000		464	116	10～20	
3	>1300	<1000	232		232		管以下采用 464mm 耐火砖，横水管以上采用 348mm 耐火砖砌筑
		1000～2000	174	174	116	20～40	
		>2000	232	232	116	20～40	

4.1.7.3 炉底

A 炉底结构分类

(1) 按砌筑方法的不同分为活底和死底，如图 4-12 所示。所谓活底就是炉底拆除和更换时，不影响炉墙。死底就是炉底拆除、更换必须与炉墙同时进行，如均热炉炉底。

（2）按工艺要求不同分为平底，如图 4-12 所示；斜底和弧底，如图 4-13 所示。平底是指炉底上表面为水平面；斜底为倾斜某一个角度，如斜底炉的炉底为斜底；弧底俗称为反拱底，常用于熔炼炉，如熔铝炉。

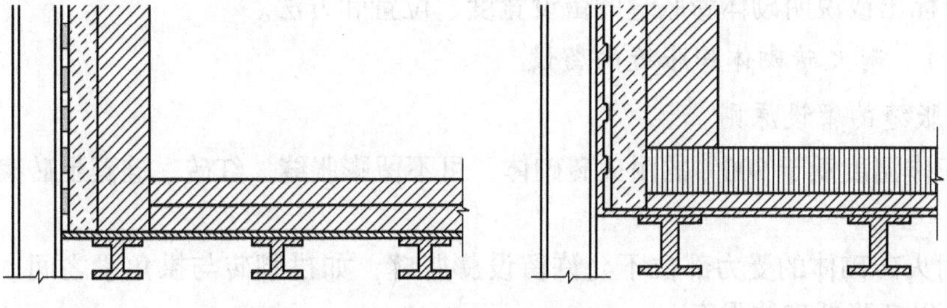

(a) (b)

图 4-12 活底和死底

（a）活底；（b）死底

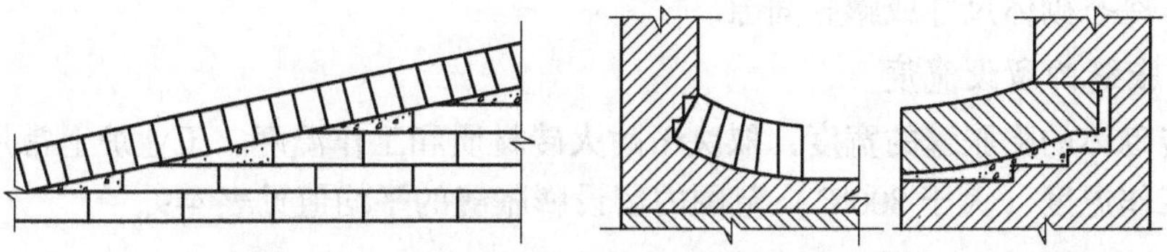

(a) (b)

图 4-13 斜底和弧底

（a）斜底；（b）弧底

B 炉底砌筑方法

（1）耐火砖砌筑炉底，常用于一般工业炉炉底。

（2）耐火砖、耐火混凝土预制块混合砌筑炉底，常用于活动炉底，如台车式炉炉底。

（3）耐火浇注料或捣打料捣打炉底，常用于活动炉底，如环形炉炉底、熔炼炉炉底或电弧炉炉底。

C 炉底结构与砌筑方法

典型的炉底结构可参见《工业炉设计手册》相关章节。炉底的一般砌筑方法如图 4-14 所示。

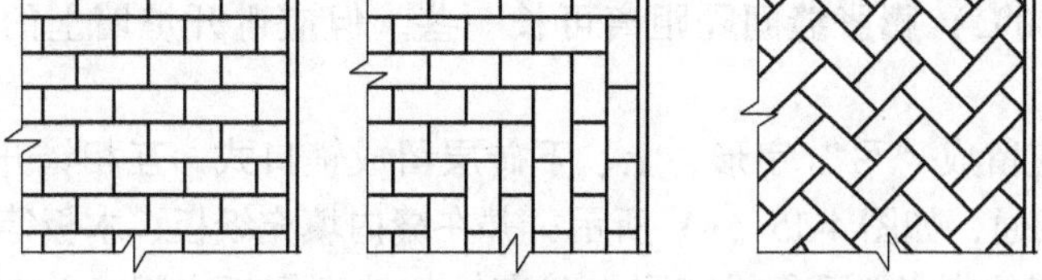

(a) (b) (c)

图 4-14 炉底砌筑形式

（a）错缝形；（b）底纹形；（c）人字形

4.1.8 炉子砌体膨胀缝的留设

炉子砌体在高温下要产生热膨胀，为了保证炉子砌体在高温下正常工作，在炉子砌体设计图上应标出或说明砌体膨胀缝的留设宽度、位置和方法。

4.1.8.1 耐火砖砌体膨胀缝的留设

A 膨胀缝的留设原则

（1）工作温度低于800℃的耐火砖砌体，可不留膨胀缝。红砖、硅藻土砖砌体也可不留膨胀缝。

（2）耐火砖砌体的受力部位不允许留设膨胀缝，如拱脚砖与拱角梁之间、拱顶的横断面上等，以免降低砌体强度。

（3）炉体金属骨架部位不允许留设膨胀缝，如炉体侧柱部，以防从膨胀缝处向外冒火，烧坏骨架。

（4）砌体与设备、构件、埋设件和孔洞有关联时，应考虑膨胀后的砌体尺寸变化，以确定砌体冷态砌体尺寸或膨胀间隙。

B 膨胀缝的留设宽度

耐火砖砌体的膨胀缝的宽度，取决于耐火砖材质和工作温度。工业炉上常用耐火砖砌体，在其工作温度（大于800℃）范围内留设膨胀缝的平均值见表4-9。

表4-9 耐火砖砌体留设膨胀缝的平均值

砌体种类	膨胀缝平均值/mm·m^{-1}	砌体种类	膨胀缝的平均值/mm·m^{-1}
黏土砖砌体	5~6	镁砖砌体	10~12
轻质黏土砖砌体	5~6	镁铝砖砌体	10~11
高铝砖砌体	7~8	镁铬砖砌体	10~11
硅砖砌体	10~12	刚玉砖砌体	9~10

复合炉墙内的轻质砖砌体的膨胀缝宽度可取相同材质耐火砖砌体膨胀缝宽度的1/2留设。

C 膨胀缝的留设位置和方法

a 炉墙膨胀缝的留设

（1）炉墙砌体（直墙），高温区（大于1000℃）一般采取间隔2~3m留一条膨胀缝，中温区（800~1000℃）膨胀缝间隔距离可长一些。但应避开炉墙上的烧嘴、孔洞和炉门等。

（2）膨胀缝应留成“弓”字形，上、下砖层留成锁口式，互相错开。内、外砖层留成封闭式，互不相通，如图4-15（a）所示，并在缝内填充纸板、木板等。

（3）圆形炉墙的膨胀缝可留设在耐火砖砌体与炉壳钢板之间，并在缝内填充隔热材料，如硅藻土粉等，如图4-15（b）所示。若耐火砖砌体与炉壳钢板之间砌有一定厚度的隔热材料，如硅藻土砖、耐火纤维等，可不留膨胀缝，因这些隔热材料本身具有承受膨胀能力。

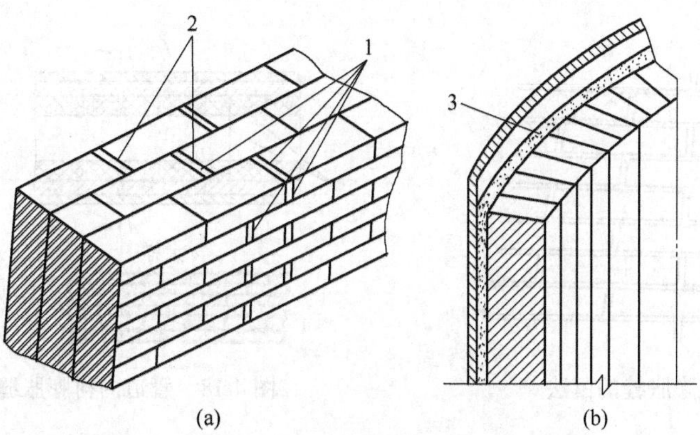

图 4-15 炉墙膨胀缝的留法

(a) 直墙内；(b) 圆墙内

1—锁口式膨胀缝 2—交错式膨胀缝 3—隔热填料

b 炉顶膨胀缝的留设

拱顶一般在两端留设直通式膨胀缝，以解决长度方向上的热膨胀。当拱顶长度大于5m 时，还应在其中间部位留设膨胀缝；对于错砌的拱顶，可以砌成齐缝环留设，也可留成“弓”字形。在膨胀缝内填塞石棉绳或耐火纤维，并在其上部用一层平砌砖层覆盖。拱顶两端留出炉墙向上膨胀的间隙，如图 4-16（a）所示。用硅砖干砌的炉顶，应在拱的辐射缝中每隔 3~5 块砖夹入厚度为 1~2mm 的纸板，或在每条砖缝内夹入 1~2 张草纸，以抵偿热膨胀。

异形耐火砖吊炉顶要在沿炉顶周围留膨胀缝，并留出下部炉墙向上膨胀的间隙，缝内填塞石棉绳或耐火纤维等，如图 4-16（b）所示。

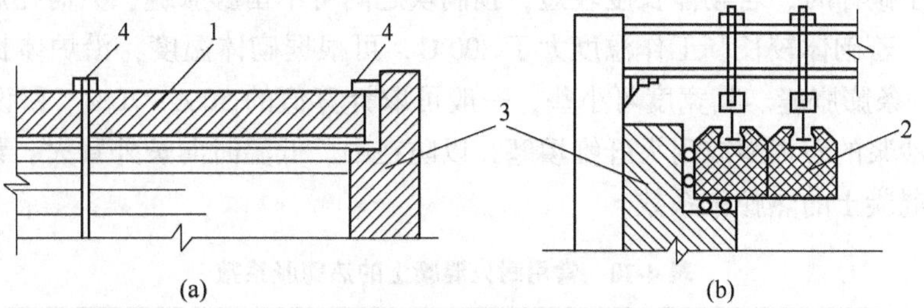

图 4-16 拱顶膨胀缝的留法

1—拱顶；2—吊顶；3—炉墙；4—盖砖

c 炉底膨胀缝的留设

砌筑镁砖炉底时，可采取下列三种方法：

(1) 每隔 3~4 块砖留设一条厚 2~3mm 的膨胀缝，并填塞纸板；

(2) 每条砖缝内填塞 1 张 1mm 厚的纸板（不用耐火泥）；

(3) 集中留设膨胀缝（“弓”字形），并填塞纸板，如图 4-17 所示。

d 管道内衬耐火砖的膨胀缝的留设

管道内衬耐火砖的膨胀缝的留设如图 4-18 所示。

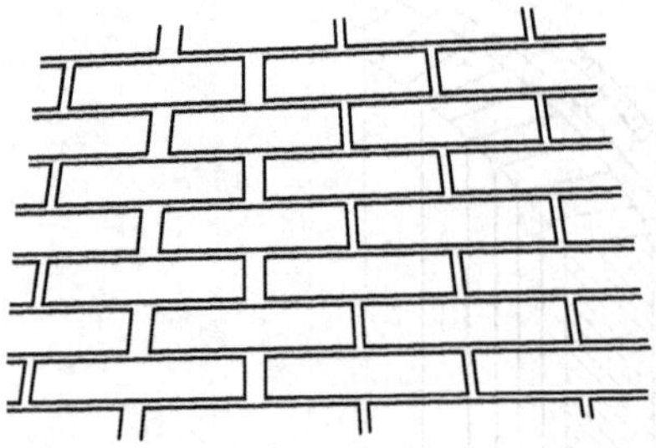

图 4-17 炉底膨胀缝的留法

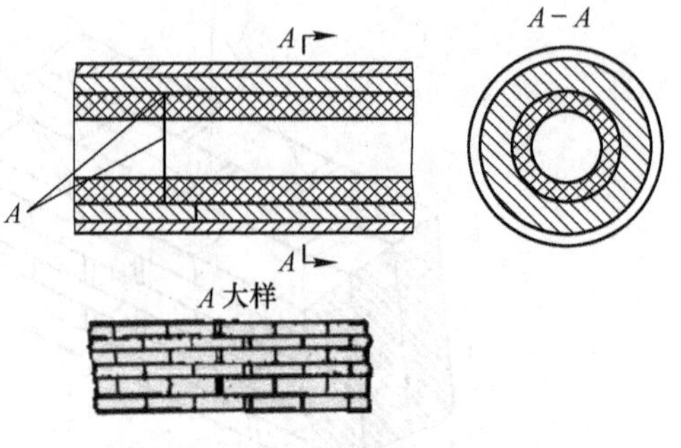

图 4-18 管道内衬膨胀缝的留法

e 炉墙内金属构件的膨胀缝

在金属构件周围，用石棉绳或耐火纤维包裹金属构件，使其受热后能自由膨胀。如在炉墙中穿过金属管、推钢式炉炉底横水管，必须在管子上包扎 10~20mm 厚的石棉绳或耐火纤维，并在管子下部多留间隙，以抵偿炉墙向上的膨胀量，如图 4-19 所示。

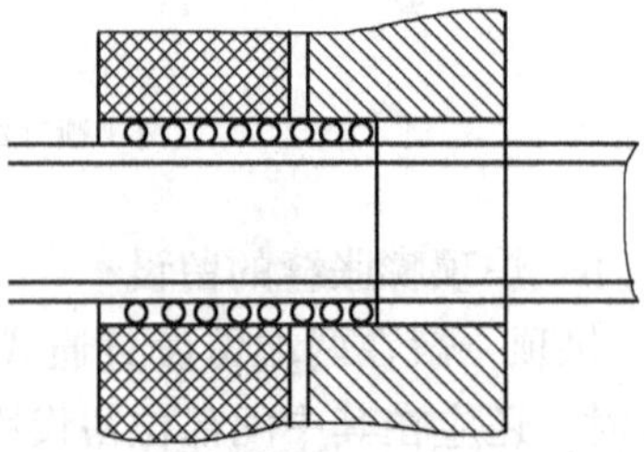

图 4-19 炉墙内金属管膨胀缝的留法

4.1.8.2 耐火混凝土炉体膨胀缝的留法

耐火混凝土砌体包括耐火混凝土预制块砌体和耐火混凝土现场浇捣砌体。

A 耐火混凝土预制块膨胀缝的留法

耐火混凝土预制块的体积一般较大，受热后其膨胀量也较大，但是耐火混凝土预制块的加工尺寸公差较大，表面也没有耐火砖平整，砌筑时灰缝较大。所以，用耐火混凝土预制块组装炉子砌体时，若砌体长度较短，预制块之间可不留膨胀缝，只需在炉体两端留适当缝隙即可。若砌体较长，工作温度大于 800℃，可根据砌体温度，沿炉体长度方向每隔 5~6m 留设一条膨胀缝。其宽度可小些，一般可取计算值的 50%~70%。留设的膨胀缝内用浸过黏土沙浆的石棉绳或耐火纤维填塞，以防在中、低温时向炉外冒火、冒烟。表 4-10 为常用耐火混凝土的热膨胀系数。

表 4-10 常用耐火混凝土的热膨胀系数

名 称	管料品种	热膨胀系数/K^{-1}
硅酸盐水泥耐火混凝土	黏土塑料或废耐火黏土块	$(4.0\sim7.0)\times10^{-6}$
矾土水泥耐火混凝土	矾土塑料或废高铝砖块	$(5.0\sim6.5)\times10^{-6}$
矾土水泥耐火混凝土	铬渣	10.2×10^{-6}
低钙铝酸盐水泥耐火混凝土	铬渣或废高铝砖块	6.8×10^{-6}
磷酸盐耐火混凝土	矾土塑料或废高铝砖块	$(5.0\sim6.5)\times10^{-6}$
水玻璃耐火混凝土	黏土塑料或废耐火黏土砖块	$(4.7\sim5.5)\times10^{-6}$

对采用整跨拱顶预制块的炉子，组装时应使拱顶端部与拱脚梁之间，每边留 30~50mm 间隙，以便在烘炉过程中两侧膨胀。待升温到使用温度后，对于 60°的拱顶，其两

端再用耐火砖填满；对于180°的拱顶，其两端用耐水泥等填塞。预制块吊顶，预制块两端和吊顶两端膨胀缝的留法如图4-7所示。

B　现场浇捣耐火混凝土炉体膨胀缝的留设

（1）现场浇捣黏土质和高铝质耐火混凝土，留设膨胀缝的间距和宽度见表4-11。

表4-11　膨胀缝的间距和宽度

最高工作温度/℃	膨胀缝间距/mm	膨胀缝宽度/mm
<800	1500~2000	3~5
800~1200	1000~1500	5~6
>1200	1000~1500	6~8

（2）膨胀缝的留设形式。现场浇捣耐火混凝土膨胀缝的留设形式如图4-20所示，在膨胀缝内填塞木板条、硬纸板条或塑料波形板等，目前常用的是塑料波形板。

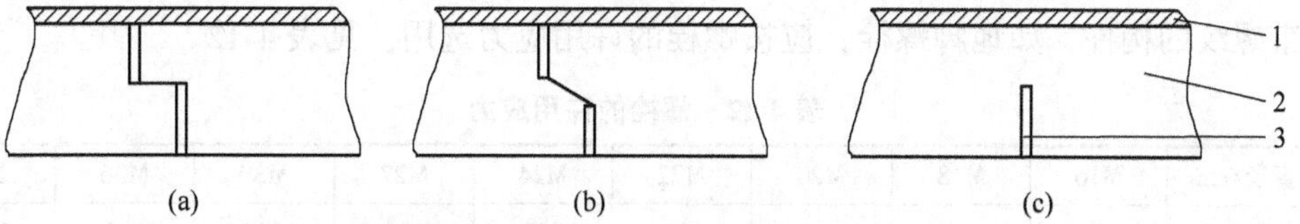

图4-20　膨胀缝的形式

（a）贯通式膨胀缝；（b）贯通式膨胀缝；（c）封闭式膨胀缝

1—炉体钢板；2—浇捣混凝土；3—膨胀缝

（3）耐火可塑料捣打炉体膨胀缝的留设。耐火可塑料捣打炉体膨胀缝的留设方法有两种：1）捣打时留设。捣打时，每隔1~2m留设一条膨胀缝，宽度3~5mm，为防止填塞膨胀缝材料吸水而影响炉衬质量，常用塑料波形板，在捣打时放入，如图4-20所示。2）捣打成型后留设。可塑料捣打成型，拆模板后可塑料硬化前用刀切法，每隔1~1.5m切一条宽约5mm、深宽50~80mm的膨胀缝。

4.2　钢结构设计

4.2.1　概述

（1）炉子钢结构的主要作用有：

1）维护炉体的外部形状，固定炉子砌体；

2）安装固定炉子附件，如炉门框、炉门、烧嘴等，并承担其重量；

3）承受拱顶的水平分力或吊挂炉顶的荷重；

4）承受炉子砌体因热膨胀而产生的热应力；

5）保持炉子砌体的严密性。

（2）炉子钢结构的特点如下：

1）炉子钢结构紧靠高温炉体，有时甚至受到外溢高温炉气的直接冲刷，所处环境温度高，工作条件比较恶劣；

2）根据炉子钢结构的受力情况，在炉子正常生产过程中很难进行检修或更换，只能在炉子检修期间进行，所以要求炉子钢结构坚固、耐用、使用寿命长（起码一个大修周期）。

（3）炉子钢结构常用材料如下：

1）炉子钢结构须根据实际使用条件和结构特点选用材料，一般选用 Q235 钢。

2）钢结构构件应尽量选用单位长度重量较轻的钢材，如台车式炉炉体侧柱可用单根工字钢代替两根槽钢的组合件等。

3）应尽量不选用或少选用特殊订货或不常用的钢材。

炉子钢结构常用金属材料有热轧角钢、槽钢、工字钢、钢板等，具体尺寸、形状及技术性能可由《热轧型钢》（GB/T 706—2016）、《热轧钢板和钢带的尺寸、外形、重量及允许偏差》（GB/T 709—2019）查取。

（4）钢材的许用应力。炉子钢结构由于经常处于较高的环境温度下工作，有些还可能被高温炉气直接冲刷，因此在设计中，应适当降低钢材的许用应力。目前设计中采用 Q235 钢材的许用应力，一般可取 120~140MPa。

带螺纹的构件，如地脚螺栓，应按螺栓的许用应力选用，见表 4-12。

表 4-12 螺栓的许用应力

螺栓直径/mm	M16	M18	M20	M22	M24	M27	M30	M36	M42
许用应力/MPa	75	100	142	190	232	330	440	740	1110

（5）焊接要求。炉子钢结构的接点连接一般都采用手动电弧焊接。没有特殊要求的构件，焊接时采用连续焊接，焊脚高度等于被焊件中的最小厚度。有特殊要求的焊接应在设计中标注。

焊缝符号和坡口基本形状与尺寸按 GB/T 324—2008、GB/T 985.1—2008 执行，并在设计中详细注明焊缝的形式、焊接方法及焊条材料与型号等。

4.2.2 炉子钢结构设计

4.2.2.1 侧柱

炉体四周侧柱的主要作用是：（1）承受炉子拱顶的水平分力或吊挂炉顶的全部重量；（2）安装固定炉门框、炉门升降机构、水冷构件（如推钢式连续加热炉炉底水管）以及炉顶走台等并承受其重量。

A 结构形式

炉子侧柱结构形式随炉温、受力的大小和方向的不同而不同。

（1）单体结构。对中、低温炉（$t_{炉}$<1000℃），如热处理炉、干燥炉等，其炉顶采用轻质耐火纤维砌筑，由于侧柱受力小，通常采用单体结构（如工字钢）作为侧柱。

（2）组合结构。组合结构就是采用两根槽钢组合而成，根据组合形式不同又分为以下两种：

1）直接组合结构：用两根槽钢直接对扣焊接，如图 4-21（a）所示。这种组合结构横截面小，稳定性差，在侧柱上安装炉门框不方便；但结构简单，焊接方便。因此，一般应用于小型炉。

2）间接组合结构：用两根槽钢对扣，中间用钢板（一般取 $\delta=10$mm）间断（间距

600mm）连接而成，如图 4-21（b）所示。这种组合结构横截面大，稳定性好，在侧柱上安装炉门框、炉底水管方便；但结构比直接组合型复杂。这种结构适用于所有炉子，尤其是大中型炉子。对于双面加热，采用炉底水管支撑炉料的炉子，如推钢式连续加热炉，炉底水管（横水管）一般由侧柱支撑，并从侧柱中间穿过，如图 4-21（c）所示，为此两根槽钢之间间距必须大于炉底水管外径 3~5mm。另外在侧柱上安装炉门框时，应根据炉门框的安装尺寸，调整组合侧柱两根槽钢的间距，使相邻两侧柱间距满足炉门框安装尺寸要求。

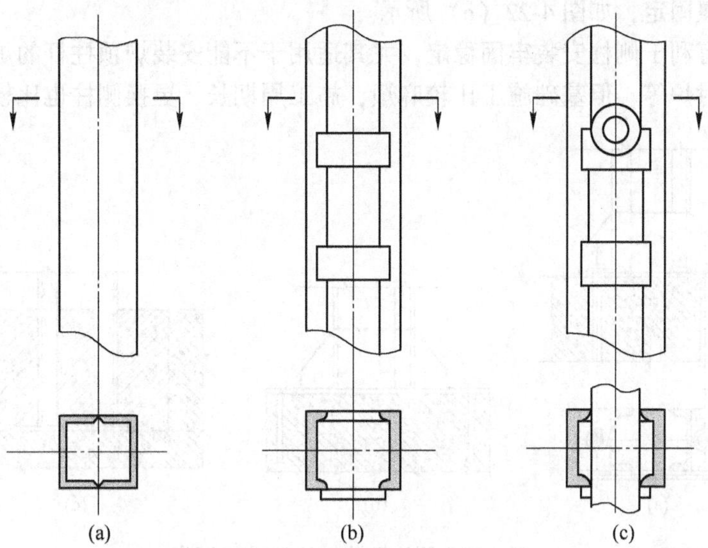

图 4-21　组合侧柱结构

（a）直接组合结构；（b）间接组合结构；（c）安装水管

同一座炉子的侧柱可采用相同结构形式，也可根据受力大小和受热程度不同采用不同结构形式（组合结构和单体结构）；对于间接组合结构，两根组合槽钢之间的间距也可不同。为使炉型具有良好的外观，以及安装供风（煤气）管路的方便，尽量选用同一规格的型钢制作侧柱（单体或组合型），型钢断面尺寸按受力最大的侧柱要求选用。

B　侧柱高度

侧柱高度一般应高于炉顶最高处 300~500mm。对于二段、三段或多段连续加热炉，由于各段炉顶高度不同，侧柱高度可以取相同的高度（以最高侧柱高度为准），也可以取不同的高度。为了方便安装空（煤气）管道，一般情况以取相同高度为多。

C　侧柱与基础常用连接固定方式

（1）地脚螺栓预埋法。在浇注炉子基础时，每个侧柱，按其安装位置和横截面尺寸的大小，对称预埋 2 根或 4 根地脚螺栓。在地脚螺栓上再套装一块侧柱底板（厚度一般可取 $\delta \approx 10$mm），并调整好底板标高和水平度。待基础养生凝固后，再把侧柱按水平布置尺寸定位后焊接在底板上，如图 4-22（a）所示。

这种方法，基础施工比较方便，更换侧柱比较容易，但对地脚螺栓的埋设位置要求比较严格。

（2）侧柱底板预埋法。在浇注炉子基础时，把焊有地脚的侧柱底板预埋在基础中，并调整好底板标高。待基础养生凝固后，再把侧柱按平面布置尺寸定位后，直接焊接在底板上即可，如图4-22（b）所示。

这种方法，基础施工比较简单，侧柱定位调整余量比图4-22（a）方法的大。但对基础中预埋底板的标高要求严格，且不易调整，更换侧柱比较困难。

（3）二次浇注法。在浇注炉子基础时，对应每根侧柱的安装位置，预留出比侧柱横断面稍大的方坑。待基础养生凝固后，将侧柱下端按侧柱平面安装位置埋入坑内，定位后再进行二次浇灌固定，如图4-22（c）所示。

这种方法有利于侧柱安装牢固稳定，尤其适用于不能安装炉顶柱杆的炉子，如炉盖须经常吊开的反射炉等。但基础施工比较麻烦，施工周期长，更换侧柱也比较困难。

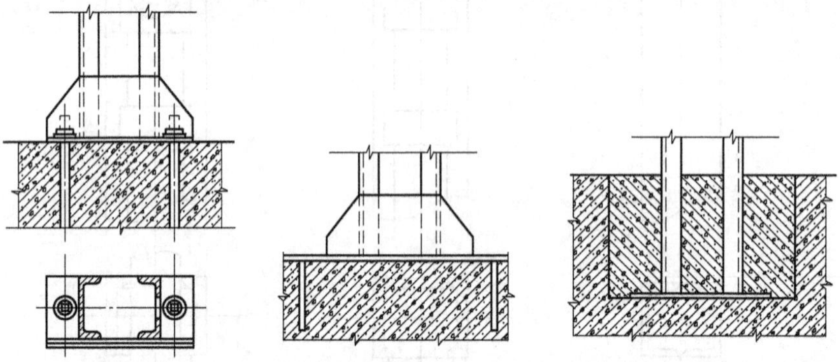

图4-22 侧柱下端与基础固定方法

D 侧柱设计中应注意的问题

（1）对连续加热炉，炉子对应两侧的侧柱数量要相同，对称布置。尤其对拱顶结构的炉子，便于安装拉杆。

（2）同一侧相邻两根侧柱中心距通常在1160~1508mm范围内，一般为1160mm，特殊情况除外。

（3）炉子四周侧柱，下端固定在基础上，其上端应用槽钢或角钢相互连接（焊接），使之成为一个固定的整体。对于拱顶结构的炉子，对应拱顶两侧也可用拱角梁代替。

4.2.2.2 拉杆

拉杆是侧柱顶端连接炉体两侧对应侧柱的构件，用以承受炉子拱顶作用于侧柱上的水平推力。拉杆常用角钢、槽钢或工字钢，焊接在侧柱顶端的顶板上。拉杆断面尺寸应按拱顶水平推力（在高温条件下）计算确定。

对于吊挂炉顶的炉子，因无水平推力，可不用拉杆。但为了加固侧柱的稳定性，也可间隔若干根侧柱用一根拉杆。

拉杆与侧柱的安装固定方法如图4-23所示。

4.2.2.3 拱角梁

炉子内宽小于4m的炉顶可采用拱顶结构（砌砖结构或耐火混凝土预制块结构）。拱顶结构的炉子，用来直接承受拱顶水平推力的炉子构件称作拱角梁。常用几种拱角梁结构如图4-24所示。这几种结构各有特点，一般来讲，拱顶跨度较小可采用图4-24（a）或

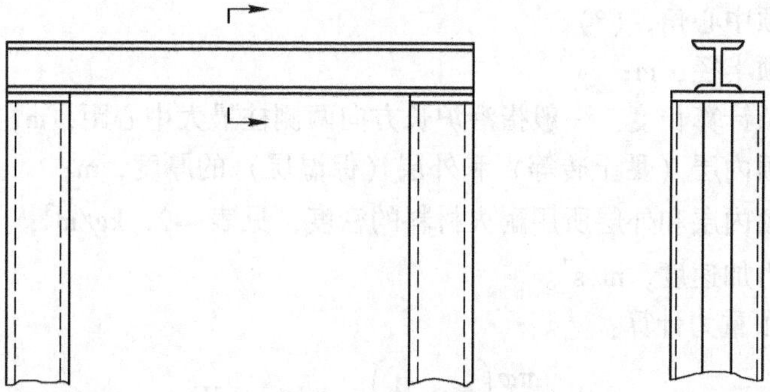

图 4-23 拉杆与侧柱顶端连接方法

(b)结构，拱顶跨度较大的可采用图 4-24(c)或(d)结构。从经济角度看，图 4-24(c)结构为最佳；而图 4-24(d)结构不但能承受拱顶水平推力，还可承受拱顶的重量。

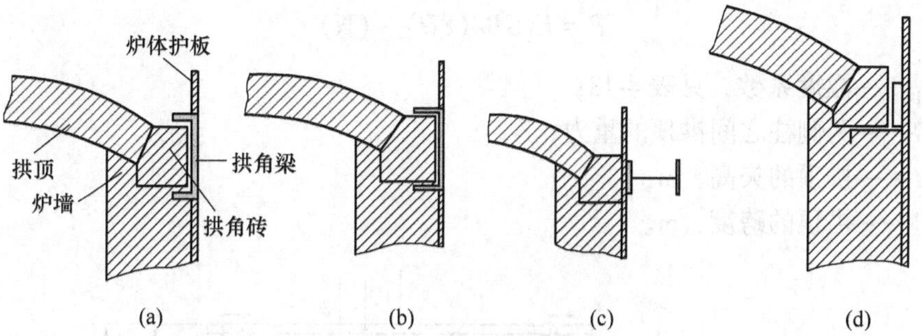

图 4-24 拱角梁的结构形式

拱角梁结构一般只考虑承受拱顶水平推力，可不考虑支撑拱顶的重量。这是因为拱顶的使用寿命通常等于或小于炉墙使用寿命（因为炉顶温度高），所以检修炉墙时也必须检修炉顶。

4.2.2.4 炉体护板

炉体护板的作用主要有：(1) 保护炉子砌体，以免外力碰撞损坏；(2) 加强炉体严密性，防止吸风或溢气；(3) 增加炉体外表美观性。

炉体护板常用热轧普通钢板，其厚度 δ 随炉温的高低而不同。一般情况：(1) 炉温低于700℃，δ 取4mm；(2) 炉温在700~1000℃，δ 取6mm；(3) 炉温高于1000℃，δ 取8~10mm。

4.2.3 拱顶炉子的钢结构计算

4.2.3.1 拱顶重力计算

炉子拱顶一般有单层结构（同一种耐火材料砌筑）和双层结构（两种不同耐火材料砌筑）两种。为了计算炉子的水平推力，首先要计算拱顶的重力，下面介绍其数学表达式。

(1) 双层拱顶重力计算：

$$G = \frac{\pi\varphi}{180}\left[(R + s_1)s_1\rho_1 + \left(R + s_1 + \frac{s_2}{2}\right)s_2\rho_2\right]Lg \quad (\mathrm{N}) \tag{4-1}$$

式中　φ——拱顶中心角，(°)；

R——拱顶半径，m；

L——拱顶计算长度，一般指沿炉长方向两侧柱最大中心距，m；

s_1，s_2——拱顶内层（黏土砖等）和外层（保温层）的厚度，m；

ρ_1，ρ_2——拱顶内层和外层所用耐火材料的密度，见表4-2，kg/m^3；

g——重力加速度，m/s^2。

（2）单层拱顶重力计算：

$$G = \frac{\pi\varphi}{180}\left(R + \frac{s_1}{2}\right) s_1 \rho_1 L g \quad (N) \tag{4-2}$$

4.2.3.2　侧柱受力计算

侧柱受力方向如图4-25所示。两侧对应侧柱之间的拱顶作用在侧柱上的水平分力（推力）简化计算式为：

$$P = K_1 GB/(8H) \quad (N) \tag{4-3}$$

式中　K_1——温度系数，见表4-13；

G——两侧柱之间拱顶的重力，N；

H——拱顶的矢高，m；

B——拱顶的跨度，m。

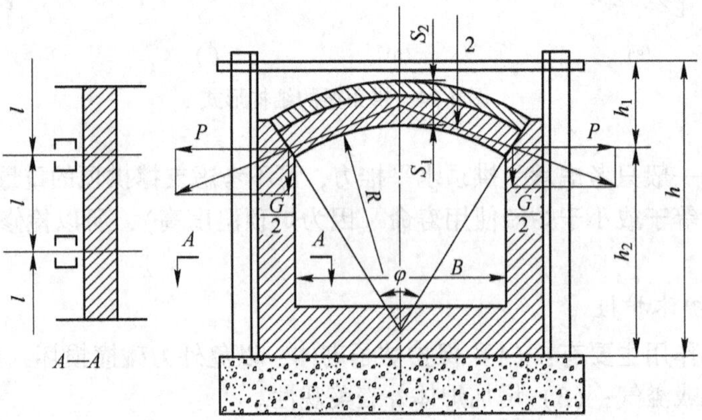

图4-25　炉子钢结构受力图

表4-13　温度系数 K_1

炉温/℃	<600	600~900	900~1100	1100~1400
K_1	1.5	2.0	2.5	3.0

当拱顶中心角 φ 确定后，拱顶的矢高 H 与拱顶的跨度 B 成一定的比例关系，取 $B/(4H)=K_2$，则式(4-3)可整理为：

$$P = K_1 K_2 G/2 \quad (N) \tag{4-4}$$

式中　K_2——拱顶中心角 φ 修正系数，见表4-14。

表 4-14 拱顶中心角 φ 修正系数 K_2

拱顶中心角 φ	60°	90°	120°	180°
K_2	1.866	1.207	0.866	0.5

（1）侧柱上所受的最大弯矩为：

$$M_{max}=Ph_1h_2/h \quad (N\cdot m) \tag{4-5}$$

式中 P——侧柱所受的水平分力，计算见式（4-3），N；

h_1，h_2，h——侧柱的相应高度（见图 4-25），m。

（2）要求侧柱的断面系数（截面模数）为：

$$W_C=M_{max}/[\sigma]=Ph_1h_2/(h\cdot[\sigma]) \quad (m^3) \tag{4-6}$$

式中 $[\sigma]$——金属材料许用应力，N/m^2；

其他符号意义同前。

4.2.3.3 拱角梁受力计算

（1）拱角梁所受水平方向的弯矩为：

$$M_{LS}=PL/8 \quad (N\cdot m) \tag{4-7}$$

（2）要求拱角梁水平方向的断面系数为：

$$W_{LS}=M_{LS}/[\sigma]=PL/(8[\sigma]) \quad (m^3) \tag{4-8}$$

（3）拱角梁所受垂直方向的弯矩为：

$$M_{LC}=GL/16 \quad (N\cdot m) \tag{4-9}$$

（4）要求拱角梁垂直方向的断面系数为：

$$W_{LC}=M_{LC}/[\sigma]=GL/(16[\sigma]) \quad (m^3) \tag{4-10}$$

当拱角梁同时承受水平力和垂直力时，可按两个主平面内受弯构件校核所受应力。

$$\frac{M_{LS}}{W_{LS}}+\frac{M_{LC}}{W_{LC}}\leqslant[\sigma] \tag{4-11}$$

式中 W_{LS}，W_{LC}——实际使用拱角梁水平方向和垂直方向的断面系数。

一般情况下，拱角梁主要承受水平推力，按水平方向的断面系数 W_{LS} 选用相应尺寸的型钢（槽钢、角钢或工字钢）。

4.2.3.4 固定侧柱用地脚螺栓受力及其直径的计算

（1）地脚螺栓承受水平推力：

$$P_1=Ph_1/h \quad (N) \tag{4-12}$$

（2）每根地脚螺栓承受的拉力：

$$P_2=P_1/(\xi n)=Ph_1/(h\xi n) \quad (N) \tag{4-13}$$

式中 ξ——侧柱底板与基石之间的摩擦系数，取 0.35~0.4；

n——每根侧柱底板的地脚螺栓的个数。

（3）每个地脚螺栓的直径为：

$$d=\sqrt{\frac{4P_2}{\pi[\sigma]}}=\sqrt{\frac{4Ph_1/(h\xi n)}{\pi[\sigma]}}=\sqrt{\frac{4Ph_1}{h\xi n\pi[\sigma]}} \quad (m) \tag{4-14}$$

4.2.3.5 拉杆横截面积的计算

（1）拉杆所承受的拉力：

$$P_3 = Ph_2/h \quad (\mathrm{N}) \tag{4-15}$$

（2）拉杆横截面积计算：

$$f = P_3/(100[\sigma]) = Ph_2/(100h[\sigma]) \quad (\mathrm{m}^2) \tag{4-16}$$

按 f 值选用相应的型钢或圆钢。

4.3 燃烧器与加热装置的设计

用来实现燃料燃烧过程的装置称为燃烧器。燃烧器的基本作用是要组织燃料在炉子中的燃烧过程，从而保证炉子的经济效果和物料的良好加热。

对燃烧器一般有如下要求：

（1）在炉子所需要的热负荷（$B_{实}Q_{低}$）条件下，保证燃料的充分完全燃烧（对于工艺上要求不完全燃烧的除外）；

（2）能根据炉温制度变化的要求，在规定的供热能力变化范围内，保证稳定的燃烧过程（要求具有一定的调节比）；

（3）按照炉型和加热工艺的要求，保证火焰有一定的外型（火焰长度、铺展面及火焰刚度等）；

（4）保证安全生产，便于操作和维修；

（5）便于实现自动调节。

因此，必须根据燃料的燃烧特点，采用合理的燃烧方法，选用适合这种燃烧方法的燃烧装置或自行设计计算燃烧装置。通常情况下是选用合适的燃烧装置及进行必要的计算。

4.3.1 煤气燃烧装置

煤气燃烧过程有三个阶段，煤气与空气的混合、将混合物加热至着火温度和完成燃烧过程。其中煤气和空气的混合是主要的，混合过程的快慢将直接影响到煤气燃烧速度和火焰长度。

当煤气和空气混合物向炉内的喷出速度小于火焰传播速度时，将产生回火现象，这是很危险的；反之，煤气和空气混合物向炉内的喷出速度大于火焰传播速度时，又会产生脱火现象，同样也是很危险的。因此，在选择煤气烧嘴时，其特性参数（煤气、空气压力和空、煤气预热温度等）一定要根据生产现场的条件，选择相应的燃烧装置；反之，当燃烧装置选定后，生产现场的工艺条件一定要满足其特性参数的要求。

根据煤气和空气在燃烧前的混合程度的不同，分为有焰燃烧和无焰燃烧，相应的烧嘴也分为有焰烧嘴和无焰烧嘴。

4.3.1.1 有焰燃烧及其烧嘴

A 有焰燃烧的特点

（1）煤气和空气在烧嘴里分两路各自流出，在炉内边运行边混合边燃烧，所以混合速度慢，燃烧火焰长，在火焰长度上其温度分布较均匀。

（2）要达到完全燃烧，要求空气消耗系数较大，一般情况下 $n=1.15\sim1.25$。

（3）由于燃烧速度慢，煤气中的碳氢化合物易热解而析出炭粒，提高了火焰黑度，可增加火焰对物料的辐射传热。

(4) 由于煤气与空气在烧嘴外混合，所以空气和煤气的预热温度可不受限制，因此可根据工艺情况，尽量提高空、煤气预热温度，节约燃料。

(5) 要求空、煤气的压力较低（煤气压力为 500～3000Pa，空气压力为 2000～5000Pa)，动力消耗较低。

(6) 烧嘴能力大，结构紧凑、布置安装方便。

B 有焰烧嘴

(1) 煤气低压涡流式烧嘴。这种烧嘴目前在工业炉上应用较广，其特点是结构简单、紧凑（烧嘴安装间距可小于400mm)，要求烧嘴前煤气压力低（400～1000Pa)、烧嘴前空气压力正常为2000Pa，当空气压力大于2500Pa时，燃烧能力增加。这种烧嘴可燃烧干净的发生炉煤气、混合煤气、焦炉煤气。若把煤气喷口缩小或在煤气喷口中加涡流片或节流圈，也可以燃烧天然气。该烧嘴型号及燃烧能力见表4-15。

表4-15 煤气低压涡流式烧嘴燃烧能力（m^3/h，标态）及煤气喷口直径（mm）

煤气种类	烧嘴型号								
	DW-I-1	DW-I-2	DW-I-3	DW-I-4	DW-I-5	DW-I-6	DW-I-7	DW-I-8	DW-I-9
焦炉煤气（$Q_{低}$ = 16800kJ/m^3，标态）	6（9）	12（12）	18（13）	25（15）	50（21）	85（28）	125（33）	190（40）	250（46）
混合煤气（$Q_{低}$ = 8400kJ/m^3，标态）	11（12）	22（17）	32（19）	45（22）	90（30）	150（40）	230（50）	350（61）	480（70）
混合煤气（$Q_{低}$ = 5460kJ/m^3，标态）	—	—	45（23）	60（26）	120（36）	200（48）	300（58）	450（72）	600（83）

注：括号中数据为煤气喷口直径。

说明：表4-15中的数值是烧嘴在煤气压力为800Pa，空气压力为2000Pa，空（煤）气不预热（常温)，且对应一定煤气低发热值 $Q_{低}$ 情况下的额定燃烧能力。如果空气（或煤气）预热，燃烧能力将有所降低。空气或煤气预热后的实际燃烧能力可按下式计算：

$$V_t = \frac{V_{额}}{\sqrt{1 + \frac{t}{273}}} \tag{4-17}$$

式中 V_t——空气或煤气预热后的燃烧能力（标态），m^3/h；

t——空气或煤气预热温度，℃；

$V_{额}$——表4-15中标注的额定燃烧能力（标态），m^3/h。

如果空气或煤气预热后仍要保持原定烧嘴的燃烧能力，则可提高烧嘴前空气或煤气压力。所需压力按下式计算：

$$p_t = \left(1 + \frac{t}{273}\right) p_{冷} \quad (\text{Pa}) \tag{4-18}$$

式中 $p_{冷}$，p_t——空气或煤气不预热时（$p_{冷煤气}$ = 800Pa，$p_{冷空气}$ = 2000Pa）和预热到 t℃的压力，Pa；

t——预热温度，℃。

其他条件不变时，通过改变风压可改变烧嘴的燃烧能力，即：

$$V = V_{额}\left(\frac{p_{实}}{p_{冷}}\right)^2 \tag{4-19}$$

式中　$p_{实}$——实际供风压力，Pa。

如果实际煤气低发热值 $Q_{低实}$ 与烧嘴对应燃烧能力下的额定低发热值 $Q_{低}$ 有一定差别时，为了保持烧嘴燃烧能力（m^3/h，标态）不变，供风压力可近似按下式计算：

$$p = \left(\frac{Q_{低实}}{Q_{低}}\right)^2 p_{冷} \tag{4-20}$$

如图 4-26 所示为采用 DW-I 型涡流式烧嘴构成的高速烧嘴。燃烧室设有圆锥火焰稳定器，圆锥稳焰器用三个支架固定于燃烧室壁上。煤气和燃烧用空气经混合后喷入燃烧室燃烧。根据炉膛所需温度，调节调温用二次空气量的大小，可以获得不同的火焰温度。经调温后的燃气流以高速喷入炉膛内，使炉膛气流强烈循环流动。这种用二次空气调节燃气温度的高速烧嘴，又称为调温高速烧嘴。调温高速烧嘴很适用于干燥炉、热处理炉。

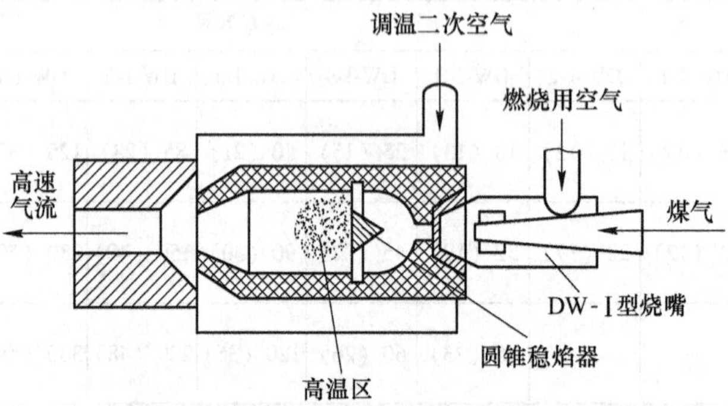

图 4-26　用 DW-Ⅰ型烧嘴构成的高速烧嘴

（2）低压天然气烧嘴。该烧嘴适合使用天然气（$Q_{低} \approx 35500 kJ/m^3$，标态），天然气和空气在烧嘴内开始混合。其燃烧能力和技术指标见表 4-16。

表 4-16　低压天然气烧嘴技术条件

烧嘴型号	DT50	DT65	DT80	DT100	DT125	DT150
燃烧能力（标态）/$m^3 \cdot h^{-1}$	12	18	26	50	75	120
天然气压力/Pa	4000					
空气压力/Pa	3000					

（3）天然气平焰烧嘴。天然气平焰烧嘴的技术条件见表 4-17。

表 4-17　天然气平焰烧嘴技术条件

烧嘴型号	TP_2-10	TP_2-15	TP_2-25	TP_2-35	TP_2-50	TP_2-75	TP_2-100	TP_2-150
燃烧能力(标态)/$m^3 \cdot h^{-1}$	10	15	25	35	50	75	100	150
火焰直径/mm	600	800	1000	1200	1400	1800	2000	2500
火焰厚度/mm	100~150		110~160					
天然气压力/Pa	2943							
空气压力/Pa	1324							

4.3.1.2 无焰燃烧及其烧嘴

A 无焰燃烧的特点

（1）燃烧速度快，整个燃烧过程在烧嘴砖内就可完成，火焰很短，进入炉膛内只是高温气体，看不到火焰，故称为无焰燃烧；

（2）因为煤气和空气在烧嘴内已混合均匀，所以达到完全燃烧时空气消耗系数较小，一般取 $n=1.03\sim1.05$；

（3）高温区比较集中，由于 n 值较小，燃烧温度比有焰燃烧时高；

（4）由于燃烧速度快，火焰中的游离炭粒较少，所以火焰的黑度比有焰燃烧时小；

（5）因为煤气和空气在烧嘴内预先进行混合，所以空气和煤气的预热温度不能太高，最高温度一般要低于350~450℃，否则易产生回火；

（6）为了防止因回火而发生爆炸，烧嘴能力一般比较小。

B 无焰燃烧烧嘴

目前广泛使用的无焰燃烧烧嘴是喷射式无焰烧嘴，喷射介质可以是煤气也可以是空气。一般是煤气（冷煤气或预热煤气）作为喷射介质，空气被带入（冷空气从大气中吸入，热空气由空气管道供送）。

（1）煤气喷射式烧嘴。利用煤气喷出的高速气流将燃烧所需的空气量按比例吸入，因此不需要设置风机和供风系统，其技术指标见表4-18。

表 4-18 煤气喷射式烧嘴技术指标

煤气低热值（标态）/kJ·m^{-3}	煤气温度/℃	烧嘴规格（mm）及其燃烧能力/m^3·h^{-1}										
		ϕ15	ϕ18	ϕ21	ϕ24	ϕ28	ϕ32	ϕ37	ϕ42	ϕ48	ϕ56	ϕ65
3780	300	23	33	45	59	80	104	139	179	234	319	428
5040	300	16	23	32	42	57	74	99	127	166	227	304
5880	300	13	19	26	34	47	61	82	105	137	188	252
6720	300	12	17	23	29	40	52	70	90	117	160	215
5040	20	17	24	32	42	58	75	101	129	169	230	310
5880	20	13	19	25	33	45	58	78	101	132	180	241
6720	20	11	16	21	28	38	49	66	84	110	181	202
7560	20	9	13	17	22	30	39	53	68	89	121	163
8400	20	7	10	14	18	25	32	44	56	73	100	134

（2）天然气高压喷射式烧嘴。燃烧用空气为冷空气时，其技术指标见表4-19。

表 4-19 天然气高压喷射式烧嘴技术指标

天然气压力/MPa	烧嘴规格（mm）及其燃烧能力/m^3·h^{-1}											
	ϕ15	ϕ18	ϕ21	ϕ24	ϕ28	ϕ32	ϕ37	ϕ42	ϕ48	ϕ56	ϕ65	ϕ75
0.04	0.69	1.01	1.36	1.82	2.42	3.28	4.34	5.55	7.07	9.79	13.1	17.7
0.06	0.85	1.21	0.64	2.14	2.96	3.89	5.15	6.77	8.86	11.9	16.2	21.2
0.08	0.98	1.39	1.88	2.44	3.36	4.42	5.86	7.78	10.1	13.6	18.4	23.8
0.10	1.08	1.57	2.12	2.76	3.77	4.97	6.56	8.58	11.1	15.1	20.6	26.8

续表 4-19

天然气压力/MPa	烧嘴规格(mm)及其燃烧能力/m³·h⁻¹											
	ϕ15	ϕ18	ϕ21	ϕ24	ϕ28	ϕ32	ϕ37	ϕ42	ϕ48	ϕ56	ϕ65	ϕ75
0.12	0.19	1.70	1.30	3.06	4.14	5.50	7.17	9.39	12.1	16.8	22.6	29.8
0.14	1.29	1.86	2.54	3.36	4.45	6.05	7.88	10.2	13.2	18.4	24.6	35.8
0.16	1.39	1.02	2.77	3.63	4.89	6.56	8.48	11.0	14.4	20.0	26.7	37.8
0.18	1.50	1.16	1.99	3.91	5.25	7.12	9.19	11.9	15.6	21.6	28.7	39.8

(3) 天然气半喷射式烧嘴。该烧嘴利用天然气的喷射力吸入部分空气进行混合，再与鼓入的二次空气进一步混合在炉内燃烧，其烧嘴性能及技术指标见表4-20。

表 4-20 天然气半喷射式烧嘴技术指标

型号	二次风量（标态）/m³·h⁻¹		燃烧能力（标态）/m³·h⁻¹	
	风温 300℃	风温 20℃	风温 300℃	风温 20℃
TGW-I-1	175	250	20	28
TGW-I-2	265	370	30	42
TGW-I-3	440	620	50	70
TGW-I-4	700	1000	80	112
TGW-I-5	980	1360	120	154
TGW-I-6	1400	2000	160	224
TGW-I-7	1940	2700	220	308
TGW-I-8	2640	3700	300	420

4.3.1.3 燃气蓄热式烧嘴

蓄热式烧嘴是指采用蓄热式余热回收技术实现高温空气预热与燃烧的燃烧装置。蓄热式烧嘴主要用在蓄热式高温空气燃烧技术上，燃气蓄热式烧嘴的燃料气体可采用高炉煤气、焦炉煤气、高焦混合煤气、转炉煤气、发生炉煤气等。加热炉上采用蓄热式烧嘴，可使排烟温度降到130~180℃，将助燃空气温度预热到800~1000℃以上，热效率可达70%以上。高温的助燃空气与燃料混合燃烧，形成了与传统火焰不同的火焰形态，创造出炉内均匀的温度分布，避免了高温热力学氮氧化物的大量产生。

蓄热式烧嘴一般采用成对布置的形式，通过换向阀实现交替工作，一台烧嘴工作时，另一台烧嘴充当排烟通道，其工作原理如图4-27所示。蓄热式烧嘴一般由蓄热室、蓄热体、燃料喷口组成。蓄热体作为余热回收设备的核心材料承担着冷热介质热量传递的任务。蓄热体尺寸不能太大，也不能太小，尺寸的选择要结合蓄热体的热物性参数以及换向周期综合进行考虑，蓄热体的形状以球形、蜂窝状、直通网状、片状、管状为主。蜂窝状蓄热体的单位体积换热面积大，在相同条件下，传热能力是球状蓄热体的4~5倍；同样换热能力时，蜂窝状蓄热体的体积只需小球状蓄热体的1/3~1/4。采用蜂窝状蓄热体的烧嘴结构更加紧凑，其在抗热震性以及积灰清理的便捷性上不如小球状蓄热体。

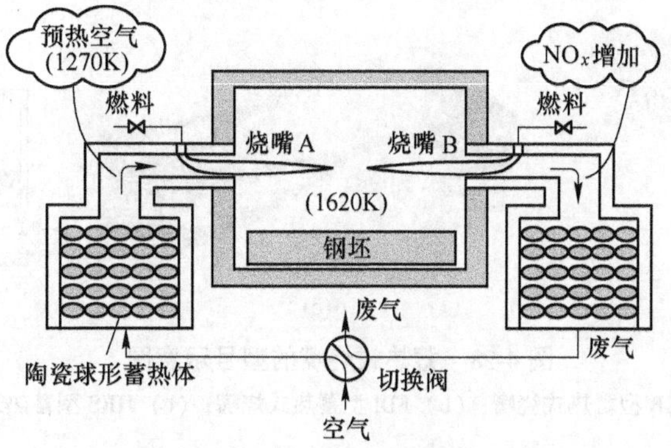

图 4-27　蓄热式烧嘴工作原理图

蓄热式燃烧技术具有以下先进性：

（1）氮氧化物排放指数低；

（2）可使用低热值燃料；

（3）高效节能——接近极限节能：预热温度 800～1000℃，排烟温度降低到 200℃，甚至更低；

（4）燃烧空间温度均匀：扩展了火焰燃烧区域，火焰的边界几乎扩展到炉膛的边界，使得炉膛温度均匀；

（5）贫氧燃烧：使得钢坯以及其他材料氧化减少，也有利于在炉膛内产生还原焰，可以满足某些特殊工业炉的需要；

（6）燃烧噪声低：由于火焰不是在燃烧器中产生，而是在炉膛空间内才开始逐渐燃烧的，因而燃烧噪声低；

（7）产量提高：炉膛温度的均匀性加强了炉内传热，同样长度的炉子产量可以提高 20%以上。

蓄热式烧嘴的设计和选型，需要考虑以下几个问题：

（1）空气和煤气喷嘴的配置及空气和燃料管道的优化；

（2）空气和煤气喷嘴的角度；

（3）空气和煤气喷嘴的数量和形状；

（4）空气和煤气的出口流速。

在烧嘴的基础上扩展到与炉子相关的部分，包括：

（1）烧嘴的配置和间距以及挡墙结构；

（2）加热炉内炉底总括吸收系数和屏蔽的改善措施；

（3）炉内压力平衡和压力控制。

蓄热式烧嘴要根据用户和工艺的具体要求进行个性化的设计。主要手段是借助 CFD 技术，在烧嘴使用前对其性能和使用效果进行虚拟测试，模拟测试的结果可作为烧嘴选用和设计时的参考。目前日本、美国等国外烧嘴公司在烧嘴出厂时均提供由 CFD 技术完成的温度分布特性图。另外对蓄热式烧嘴的特性等仍在进行不断的测试，说明蓄热式烧嘴还处于一个不断完善的过程中。图 4-28 给出了一些蓄热式烧嘴的型号示意图。

(a)　(b)　(c)

图 4-28　蓄热式烧嘴的型号示意图
（a）RCB 型蓄热式烧嘴；（b）FDI 型蓄热式烧嘴；（c）HRS 型蓄热式烧嘴

4.3.2　烧嘴砖

4.3.2.1　烧嘴砖的作用

烧嘴砖是液体燃料和气体燃料燃烧装置的组成部分，其作用主要有：

（1）将燃料在烧嘴砖内加热到着火温度，使其容易点燃并迅速燃烧；

（2）在烧嘴砖内能保持一定的高温，稳定燃料燃烧过程，避免产生脉动或灭火现象；

（3）组织火焰形状，以满足加热工艺的要求；

（4）使燃料与助燃空气进一步混合。

因此，除了少数特殊的燃烧装置（例如大气烧嘴）外，都要安装烧嘴砖，以保证煤气烧嘴充分发挥其性能。

4.3.2.2　烧嘴砖的设计

烧嘴砖的形状和尺寸是和烧嘴密切配合的，已经定型的油烧嘴和煤气烧嘴，一般都有与其相配合的烧嘴砖。在定购烧嘴时，可连同烧嘴砖一起定购。在新设计或改造烧嘴砖时要注意以下问题：

（1）烧嘴砖的内腔形状和尺寸要与混合气体的流股或燃油烧嘴喷出的雾化角相适应。烧嘴砖的张角过小会使其过分受气流的冲刷而损坏，对燃油烧嘴来说，还会因油雾喷到烧嘴砖内表面上造成积碳而缩小甚至堵塞通道。张角过大则点火困难，并容易造成燃烧不稳定。

（2）烧嘴砖的外形尺寸，要与炉墙砌筑尺寸相适应。烧嘴砖的长度一般小于或等于炉墙厚度，且长度和宽度一般均为 115mm 的倍数，而高度一般为 68mm 的倍数。为了保证烧嘴砖有一定的强度，烧嘴砖最薄处的厚度一般不应小于 50~60mm。

（3）烧嘴砖制造材料的选用要合适。烧嘴点火和灭火时烧嘴砖的升温和降温速度都很快，在燃烧过程中，烧嘴特别是无焰烧嘴内表面温度较高，因此，制造烧嘴砖的材料要选用耐急冷急热性好、耐火度较高的耐火材料。目前，制造烧嘴砖的材料一般采用 NZ-40 一级品耐火砖、矾土水泥耐火混凝土或磷酸盐耐火混凝土。

（4）为了便于制造、施工和更换，每个烧嘴砖的质量不宜过大，一般不超过 25~30kg。超过 30kg 的大烧嘴砖可以分成对称的 2 块或 4 块，接缝间距可留 1~2mm。

4.3.2.3　几种常用的烧嘴砖

（1）煤气低压涡流式烧嘴用烧嘴砖见表 4-21。

（2）天然气半喷射式烧嘴用烧嘴砖见表 4-22。

表 4-21　煤气低压涡流式烧嘴用烧嘴砖

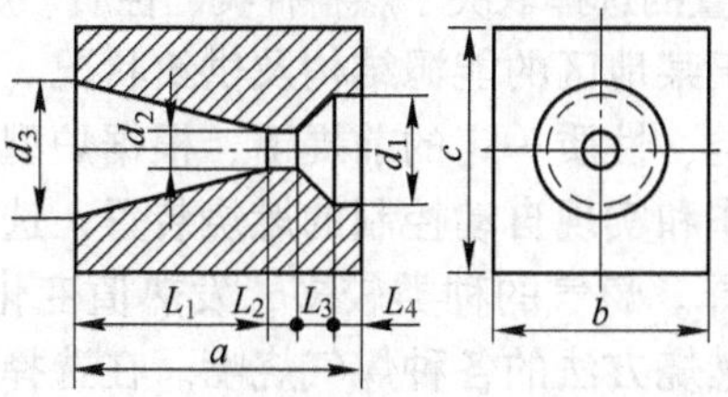

配合的烧嘴型号	尺寸/mm										一个烧嘴用砖块数	一块砖的质量/kg
	a	b	c	d_1	d_2	d_3	L_1	L_2	L_3	L_4		
DW-I-1	230	171	135	68	30	106	181	15	18	16	1	9
DW-I-2	230	171	205	83	38	118	177	15	24	14	1	14.1
DW-I-3	290	230	206	98	52	156	229	15	34	12	2	11.7
DW-I-4	345	230	206	118	52	166	263	15	38	29	2	12.9
DW-I-5	345	230	206	138	70	178	239	15	40	51	2	11.8
DW-I-6	345	230	276	164	88	190	239	15	55	36	2	16.2
DW-I-7	345	230	276	194	106	192	194	15	75	61	4	14.9
DW-I-8	460	344	344	224	128	264	299	20	84	57	4	21
DW-I-9	460	344	344	254	140	284	314	20	98	28	4	18.5

表 4-22　天然气半喷射式烧嘴用烧嘴砖尺寸表

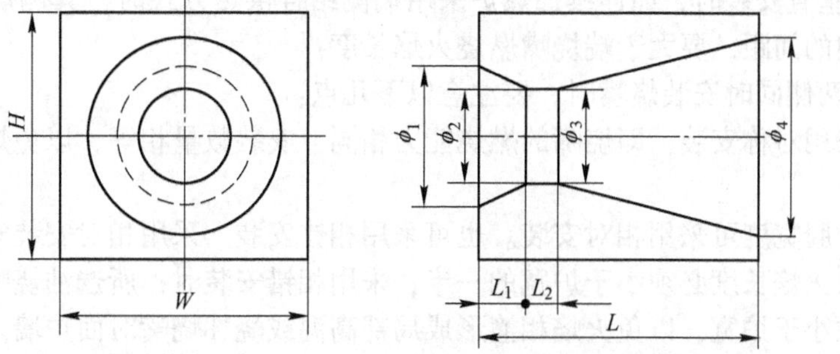

烧嘴型号	H	W	L	L_1	L_2	ϕ_1	ϕ_2	ϕ_3	ϕ_4
TGW-I-1	268	288	345	52	20	100	84	64	190
TGW-I-2	268	288	345	52	20	126	94	74	210
TGW-I-3	268	288	345	52	20	134	114	94	220
TGW-I-4	338	346	345	52	20	164	138	118	244
TGW-I-5	336	346	345	52	20	182	154	134	260
TGW-I-6	404	462	460	52	20	214	184	164	342
TGW-I-7	472	462	460	52	20	254	214	192	372
TGW-I-8	472	462	460	52	20	294	244	224	404

4.3.3 燃料燃烧装置的选用

燃料燃烧方法及其燃烧装置的选择取决于燃料种类、性质、炉型结构及加热工艺要求等。

燃料的种类、性质取决于某地区的能源结构及供给状况。工业炉窑热工工程技术人员的任务主要是在供给燃料种类、性质一定的前提下，根据炉型结构及加热工艺的要求，选用合理的燃烧方法及易于操作和实现自动控制的燃烧装置，选择合适的安装位置。

（1）煤气烧嘴类型的选择。煤气的种类较多，发热值变化较大，燃烧方法也有多种，目前有适应不同煤气种类和燃烧方法的各种煤气烧嘴。在选择时主要考虑以下几个问题。

1）根据煤气种类和发热值选择相应的烧嘴。

2）在煤气种类和发热值一定的条件下，根据加热工艺要求选择烧嘴：

① 炉温高，燃料消耗量大的炉子，一般可选用有焰燃烧烧嘴；

② 炉温高或较高，燃料消耗量不大，但要求钢坯加热温度均匀性高的炉子，如薄板坯加热炉等，可选用煤气平焰烧嘴；

③ 炉温不高（900℃以下），燃料消耗量较少，但要求炉温均匀性高的炉子，如热处理炉等，可选用喷射式烧嘴；

④ 同一座炉子，为适应不同区段的加热要求，也可选用不同类型的煤气烧嘴。例如，三段式连续加热炉，加热段可选用有焰燃烧烧嘴，而上均热段可选用煤气平焰烧嘴。

（2）煤气烧嘴安装位置的确定。由于工业炉炉型结构多种多样，加热工艺要求也不同，所以烧嘴安装位置没有固定的格式。即使是同一类炉子，如连续加热炉（推钢式或步进式），也有端供热、侧供热，或端侧结合供热等几种方式可以选用。烧嘴安装位置的确定首先必须满足炉子加热工艺和温度制度的要求。另外，还要考虑以下几点：

1）同一侧烧嘴安装间距要大于火焰铺展面；

2）相互垂直安装时，如连续加热炉采用端侧结合供热方式时，其侧烧嘴的安装位置与端烧嘴之间的间距，要大于端烧嘴燃烧火焰长度；

3）炉膛两侧同时安装烧嘴时，要注意以下几点：

①要求采用对称安装，即烧嘴的燃烧能力相同，安装数量相等，以免炉温偏置，影响加热质量。

②根据炉膛宽度可采用相对安装。也可采用相错安装。采用相对安装时，所选油烧嘴燃烧时的最长火焰长度必须小于炉宽的一半；采用相错安装时，所选油烧嘴燃烧时的最长火焰长度必须小于炉宽，以免火焰相撞形成局部高温或烧坏烧嘴对面炉墙。

③对推钢式（或步进式）连续加热炉，为使炉气顺行，避免出料端炉压过高产生冒火现象，两侧烧嘴应对称向炉气运行方向有一定的倾斜角度。不同位置油烧嘴的倾斜角度不同，但倾斜角度一般不大于30°。

（3）烧嘴燃烧能力及烧嘴数量的确定方法如下：

1）烧嘴燃烧能力的确定。根据烧嘴安装位置允许的最长燃烧火焰长度，确定相应的烧嘴燃烧能力。同一座炉子可以选用相同燃烧能力的烧嘴，也可以根据不同安装位置及各燃烧区段的燃料消耗量，选用不同燃烧能力的烧嘴。

2）烧嘴数量的确定。根据炉膛热平衡计算的燃料消耗量 B 实除以燃烧的燃烧能力，求出需要的烧嘴数量。同时可根据实际安装要求，如对称安装，适当增加1~2个烧嘴。

4.4 预热装置的设计

4.4.1 概述

火焰炉内燃料燃烧所产生的热量，其中有很大一部分是被排出炉膛外的烟气带走，造成热损失。冶金、机械工业部分用炉的排烟温度和热损失见表4-23。

表4-23 冶金、机械工业部分用炉排烟温度和热损失

炉子类型	炉膛温度/℃	平均排烟温度/℃	排烟热损失/%
轧钢连续加热炉	1250~1400	550~900	20~45
室状锻造炉	1300~1450	1100~1200	50~65
室状热处理炉	850~1100	800~950	35~50
连续热处理炉	850~1000	500~700	25~35

（1）空气和煤气预热后达到的效果如下：

1）节约燃料。助燃空气和煤气预热后的节能效果与燃料种类、燃烧方法、空气和煤气预热温度及出炉膛烟气温度等因素有关。

2）提高燃料理论燃烧温度。助燃空气和燃料预热后可以提高燃料理论燃烧温度，助燃空气和燃料预热温度越高，燃料理论燃烧温度提高越多，这对燃用低热值燃料有更大的现实意义。

3）提高燃料燃烧效率。预热空气、煤气可以提高参加燃烧化学反应物质的混合物的温度，缩短混合物达到着火温度的时间，从而可以加快燃烧反应速度，改善燃烧过程，可降低燃料完全燃烧时的空气系数，提高燃烧温度，进一步节约燃料。

（2）预热装置的种类和用途。现代火焰炉所用的空（煤）气预热设备，按其传热原理不同，分为换热器和蓄热室两大类。按材质和结构形式的不同，换热器又分为金属换热器和黏土质换热器；蓄热室又分为格子砖蓄热室和陶瓷球蓄热室。目前在火焰炉中主要使用金属换热器（根据预热温度，选用不同材质），本节主要介绍金属换热器的设计和计算。

4.4.2 换热器设计与计算

金属换热器由于其密封性能好，所以不但可用来预热助燃空气，也可用来预热煤气，在实际生产中预热空气的居多。预热空气换热器所得设计计算结果同样适用于预热煤气换热器，故下面将以空气预热为例讨论。

4.4.2.1 已知条件

A 出换热器空气预热温度 $t_{空出}$

空气预热温度 $t_{空出}$ 是指换热器空气出口处的温度，而工业炉加热工艺所要求的空气预热温度则是指进入工业炉炉膛前（如烧嘴前）的空气预热温度。但是换热器空气出口到烧嘴前这一段输送管道有一定的温降，其温降值的大小，视输送距离、管径、管内空气温度及管道的绝热包扎等情况而异。精确地计算温降值较麻烦，也没有必要，一般按经验值

1~3℃/m 来选取。那么，空气预热温度 $t_{空出}$ 等于加热工艺要求值与温降值之和。

B 进换热器空气温度 $t_{空入}$

进换热器空气温度 $t_{空入}$ 为环境大气温度，随地区、季节而异，一般取冬季的平均温度值，也可取年平均值。

C 预热空气流量 $V_{空}$

对新设计的炉子，以设计生产率时的实际空气需要量（m^3/h，标态），并考虑由于管道不严密而泄漏掉的空气量以及炉子强化生产时，需增加的空气量等因素。所以进入换热器的空气流量应将工业炉设计生产率时的实际空气需要量乘以系数，对金属换热器此系数可取 1.1~1.2。

对已生产的炉子，则以该炉实际最大生产率时的空气供给量（m^3/h，标态）作为预热空气流量。

D 进入换热器的烟气温度 $t_{烟入}$

（1）如果是利用出炉膛的废气来预热空气，要考虑炉子废气出口到换热器之间烟道的散热损失以及从烟道上的孔洞吸入冷空气等因素而引起的温降，此温降值按经验选取。所以进入换热器的烟气温度 $t_{烟入}$ 等于出炉膛废气温度 $t_{废膛}$ −（50~150）℃。

（2）如果是以燃料燃烧的烟气直接进入换热器来预热空气（如热风炉），那么 $t_{烟入}$ 应以设计换热器所用材料能承受的温度为限（一般 $t_{烟入}$<900℃）。若进入换热器的烟气温度高于设计值，必须掺以冷空气或出换热器的废气（一般是用出换热器的废气）降温到允许的设计温度值。

E 进换热器的烟气流量 $V_{烟}$

（1）若炉膛无烟气溢气损失时，对新设计炉子，按炉子设计生产率时的烟气计算量；对已生产的炉子，按实际正常生产率时的烟气生成量来考虑。

（2）若炉膛废气出口有溢气损失时（对于下排烟连续加热炉，均有溢气损失）可按式（4-21）计算。

（3）当烟气温度较高，需要掺以冷空气或低温废气进行降温，同时又有溢气损失时，$V_{烟}$（标态）可按式（4-22）计算。

$$V_{烟} = (1 - m)V_{烟炉} \tag{4-21}$$

$$V_{烟} = (1 - m)V_{烟炉}\left(1 + \frac{t_1 c_1 - t_2 c_2}{t_2 c_3 - t_0 c_0}\right) \quad (m^3/h) \tag{4-22}$$

式中 m——换热器前烟气溢气损失系数，一般 m=0.05~0.3；

$V_{烟炉}$——燃料燃烧烟气生成量（标态），m^3/h；

t_1，t_2——掺入冷气体前、后的废气温度，℃；

c_1，c_2——废气在 t_1 和 t_2 时的平均比热容（标态），kJ/(m^3·℃)；

t_0——掺入冷气体的温度，℃；

c_0——冷气体在 t_0 时的平均比热容（标态），kJ/(m^3·℃)；

c_3——冷气体在 t_2 时的平均比热容（标态），kJ/(m^3·℃)。

4.4.2.2 换热器设计方案选择

A 气体流动形式的选择

在换热器中，烟气与被预热气体分别进入换热器壁的两侧，烟气以辐射和对流传热方式将热量传给换热器壁的一侧（称为高温侧），再以对流或辐射传热方式将热量传给被预热气体（称为低温侧）。

换热器壁两侧气体的流动方向有多种形式，如图 4-29 所示。

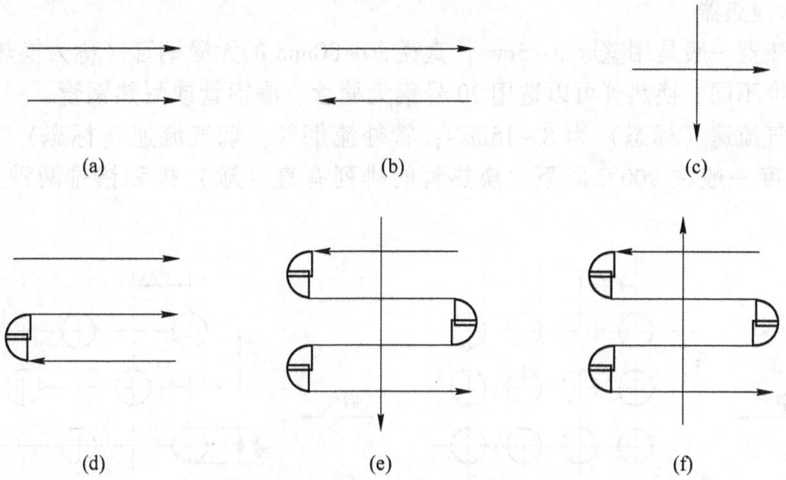

图 4-29 换热器内两种气体的流动方式

（a）顺流式；（b）逆流式；（c）叉流式；（d）顺逆流式；（e）顺叉流式；（f）逆叉流式

（1）顺流式：被预热气体和烟气在换热器壁两侧同向流动，如图 4-29（a）所示。顺流式换热器的优点是器壁温度比较均匀，如图 4-30（a）所示，但是热工特性较差。另外，由于进口处的烟气和被预热气体之间的温差大，对器壁易产生温度应力，所以选用材质时要注意。

（2）逆流式：被预热气体和烟气在换热器壁两侧反向流动，如图 4-29（b）所示。逆流式换热器器壁温度与烟气温度同向变化，如图 4-30（b）所示。在烟气入口处，壁温较高；在烟气出口处，壁温较低。所以可采用两种耐热性能不同的材料，降低成本。另外，这种流向换热器传热面的利用较好，预热温度也较高。

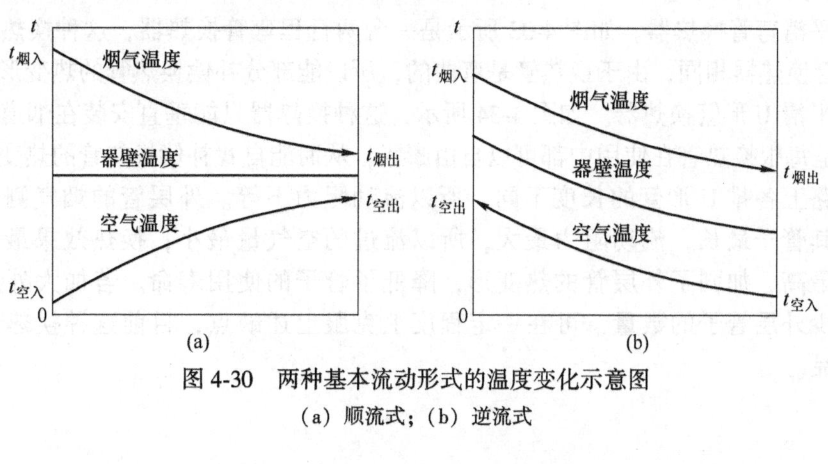

图 4-30 两种基本流动形式的温度变化示意图

（a）顺流式；（b）逆流式

上述两种基本流动形式，在具体选用时，主要取决于烟气温度和预热气体温度。当烟气温度较高，而要求被预热气体温度不高时，通常选用顺流式；反之，选用逆流式。

实用换热器很少采用顺流式或逆流式，通常是几种流动形式的组合。使用最多的是顺叉流或逆叉流，如图 4-29（c）~（f）所示。

B 换热器结构形式

目前国内生产和使用的金属换热器有下列几种。

a 管状换热器

管状换热器一般是用壁厚 3~5mm，直径 30~80mm 的无缝钢管（称为换热管）制作。根据使用温度不同，换热管可以选用 20 号钢无缝管、渗铝管或耐热钢管。一般情况管内流空气，空气流速（标态）为 8~15m/s；管外流烟气，烟气流速（标态）为 3~4m/s，烟气入口温度一般在 900℃ 以下。换热管的排列有直（顺）排和错排两种，如图 4-31 所示。

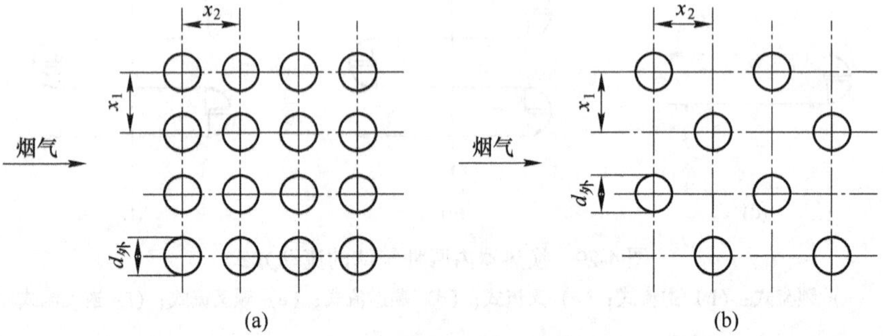

图 4-31 管状换热器换热管排列方法
（a）直（顺）排；（b）错排

管状换热器全部为焊接结构，气密性好，不仅可用来预热空气，还可预热煤气。由于结构简单，价格便宜，所以得到了广泛使用。

根据换热器的结构形式不同，管状换热器又分为以下几种。

（1）平滑直管换热器。如图 4-32 所示是一台两行程直管换热器。这种换热器的优点是结构简单，既可垂直也可水平安装在烟道中；缺点是刚性联接，在结构设计时必须考虑热膨胀和热变形的补偿问题。

（2）平滑弯管换热器。如图 4-33 所示是一台两行程弯管换热器，这种换热器的特点基本与直管换热器相同，由于换热管是弯曲的，所以能部分补偿换热管的热变形。

（3）平滑 U 形管换热器。如图 4-34 所示，这种换热器只能垂直安装在烟道中，它的最大优点是每根换热管在使用中都可以自由膨胀，从而能自我补偿换热管的热变形；缺点是烟气流路上各排 U 形管的长度不同，所以流动阻力不等。外层管的烟气侧受热强度最大，但其管子最长，流动阻力最大，所以流过的空气量最小，换热效果最差，因此管壁温度最高，加剧了外层管的热变形，降低了管子的使用寿命。若加大外层管子的直径，减少外层管子的数量，可在一定程度上克服上述缺点，目前这种换热器已形成标准化产品。

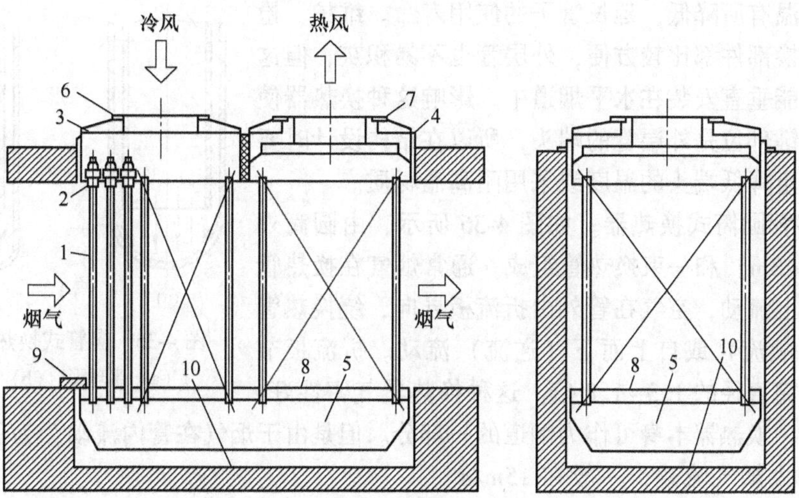

图 4-32 管状换热器

1—传热管；2—补偿器；3—冷风风箱；4—热风风箱；5—联箱；6—冷风法兰；7—热风法兰；8—浇注料；9—耐火砖；10—岩棉

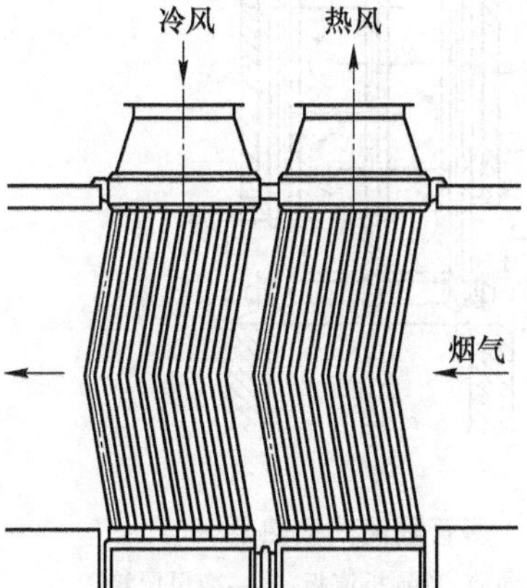

图 4-33 平滑弯管换热器

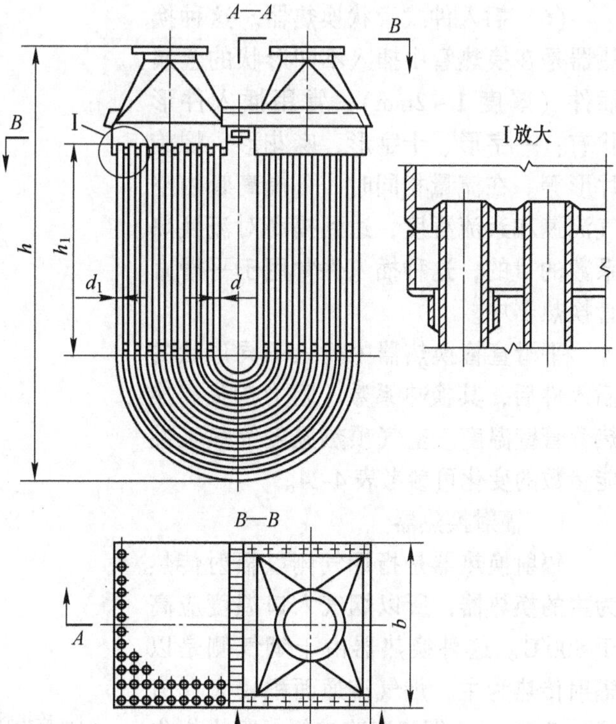

图 4-34 平滑 U 形钢管换热器

（4）套管换热器。如图 4-35 所示，由于套管的内外管都采用悬挂式结构，可以向下自由膨胀，这就完全解决了换热管的热膨胀补偿问题。另外，内外管之间有辐射热交换，可使外管壁温有所降低，延长管子的使用寿命。维护、检修和局部更换部件都比较方便，外层管也不易积灰，但这种换热器只能垂直安装在水平烟道中。影响这种换热器使用寿命的关键部位是外层管的端头，所以在结构设计时要特别注意尽量降低端头的温度或采用耐高温材质。

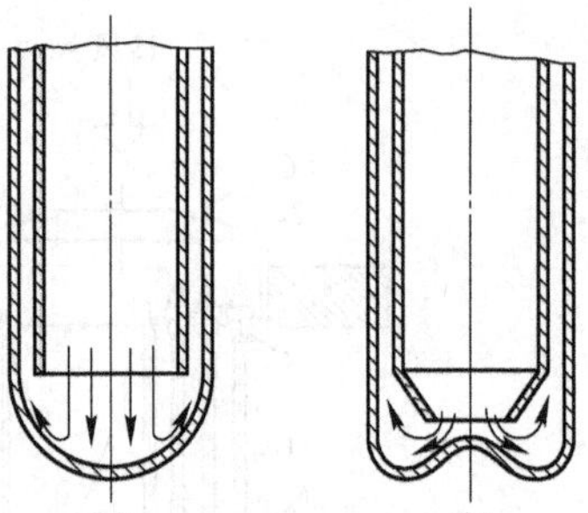

图 4-35　套管式换热器管头

（a）半球形；（b）凹形

（5）多管圆筒式换热器。如图 4-36 所示，由圆筒外壳（直径 1~3m）和一束换热管组成。通常烟气在换热管管内自下而上流动，空气在管外由折流板导向，绕换热管自下而上（顺流）或自上而下（逆流）流动。折流板节距一般为圆筒直径的 1.3~1.8 倍。这种换热器气密性好，占地面积小，换热器本身可作为烟道的一部分。但是由于烟气在管内流动，为了不堵塞换热管，须加大烟气流速，一般在 15m/s 以上。所以烟气侧流动阻力较大，需设引风机排烟（阻力为 500~1000Pa）。空气在换热器内也是多次折向流动，流动阻力也较大，一般在 1000~2000Pa。

（6）插入件式管状换热器。这种换热器是在换热管中插入不同形状的金属插件（厚度 1~2mm），常用插入件形状有：一字形、十字形、麻花形、螺旋片形等。在流量相同时，可提高管内空气流速和紊流程度，达到提高对流换热系数的目的，这种插入件常用于平滑直管换热器中。

平滑直管换热器中插入不同形状的插入件后，其换热系数、阻力损失、换热管管壁温度、空气预热温度等热工性能参数的变化可参考表 4-24。

b　辐射换热器

辐射换热器是指烟气侧以辐射传热为主的换热器，所以烟气入口温度应高于 800℃。这种换热器由于烟气侧是以辐射传热为主，烟气流通面积较大（直径 0.5~3m），烟气流速较低，阻力损失很小。为了强化空气侧的对流传热，空气流速较高，一般为 20~30m/s（最小不低于 10m/s），阻力损失较大，高达 1000~2000Pa。常用的辐射换热器如图 4-37 和图 4-38 所示。

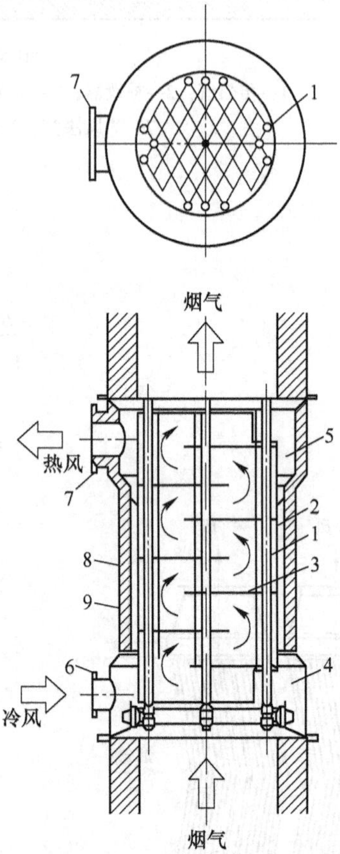

图 4-36　多管圆筒式换热器

1—传热管；2—导向筒；3—折流板；4—冷风风箱；5—热风风箱；6—冷风法兰；7—热风法兰；8—隔热材料；9—外筒

表 4-24 插入不同插件对热工性能的影响

热工性能	插件形状			
	无插件（光管）	十字形板片	一字形板片纽带	十字形板片纽带
$\alpha_{空插}/\alpha_{空无}$	1.00	1.58	1.81	2.08
$\Delta h_{空插}/\Delta h_{空无}$	1.00	2.94	3.19	5.84
$t_{壁插}/t_{壁无}$	1.00	0.88	0.79	0.76
$t_{空插}/t_{空无}$	1.00	1.18	1.21	1.37

注：测试数据条件，管外炉气温度 720℃，换热管内径 $d_{内}=50$mm，管内空气流速 $W_{空}=8$m/s。

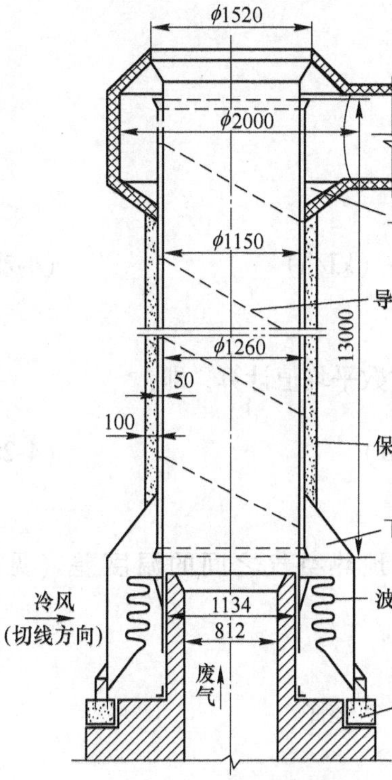

图 4-37 辐射换热器

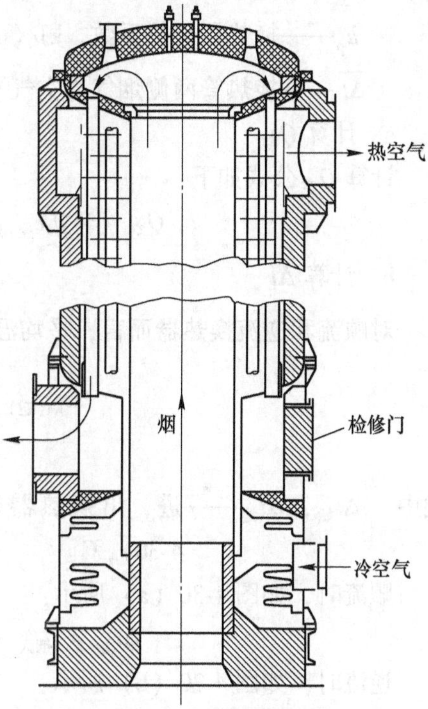

图 4-38 辐射对流换热器

以上简单叙述了工业炉中常用的几种换热器的结构形式、安装方法和优缺点，在具体设计时可根据实际情况选择确定其中一种。

4.4.2.3 换热器热工计算方法和步骤

A 计算出换热器的烟气温度 $t_{烟出}$

为了计算换热器的热交换量，须知道换热管壁两侧的平均温差。为此，要根据换热器的热平衡求出 $t_{烟出}$。

$$(Q_{烟入}-Q_{烟出})\eta = Q_{空}$$

$$(V_{烟}c_{烟入}t_{烟入}-V_{烟}c_{烟出}t_{烟出})\eta = V_{空}(c_{空出}t_{空出}-c_{空入}t_{空入})$$

$$t_{烟出}=\frac{V_{烟}\,c_{烟入}t_{烟入}\eta - V_{空}(c_{空出}t_{空出}-c_{空入}t_{空入})}{V_{烟}\,c_{烟出}\eta} \quad (℃) \qquad (4\text{-}23)$$

式中 η——换热器热利用系数，对金属换热器，一般取 $\eta=0.9\sim0.95$；
$t_{空入}$，$t_{空出}$——进、出换热器的空气温度，℃；
$c_{空入}$，$c_{空出}$——$t_{空入}$、$t_{空出}$相对应的空气比热容（标态），kJ/(m³·℃)；
$t_{烟入}$，$t_{烟出}$——进、出换热器的烟气温度，℃；
$c_{烟入}$，$c_{烟出}$——$t_{烟入}$、$t_{烟出}$相对应的烟气比热容（标态），kJ/(m³·℃)。

B 计算换热器的热交换面积 F

$$F=\frac{Q_{空}}{k_{p}\cdot\overline{\Delta t}}\quad(\mathrm{m}^2)\tag{4-24}$$

式中 $Q_{空}$——空气预热所获得的热量，kJ/h；
k_{p}——换热器传热系数，kJ/(m²·h·℃)；
$\overline{\Delta t}$——换热管两侧烟气与空气平均温压，℃。

a 计算 $Q_{空}$

计算 $Q_{空}$公式如下：

$$Q_{空}=V_{空}(c_{空出}t_{空出}-c_{空入}t_{空入})\quad(\mathrm{kJ/h})\tag{4-25}$$

b 计算 $\overline{\Delta t}$

对顺流和逆流换热器而言，平均温压 $\overline{\Delta t}$ 一般采用对数平均值计算，即：

$$\overline{\Delta t}_{顺(逆)}=\frac{\Delta t_{始}-\Delta t_{终}}{\ln\dfrac{\Delta t_{始}}{\Delta t_{终}}}\quad(℃)\tag{4-26}$$

式中 $\Delta t_{始}$，$\Delta t_{终}$——进、出换热器口的烟气与同端预热空气之间的温度差（见图4-30)，℃。

顺流时，如图 4-30（a）所示：

$$\Delta t_{始}=t_{烟入}-t_{空入},\Delta t_{终}=t_{烟出}-t_{空出}$$

逆流时，如图 4-30（b）所示：

$$\Delta t_{始}=t_{烟入}-t_{空出},\Delta t_{终}=t_{烟出}-t_{空入}$$

对于介于顺流和逆流之间的其他流动形式，如图 4-29（c）~（f）所示，其平均温压 $\overline{\Delta t}$ 通常采用修正逆流时的平均温压的办法计算。计算式如下：

$$\overline{\Delta t}_{他}=\varepsilon_{\Delta t}\cdot\overline{\Delta t}_{逆}\quad(℃)\tag{4-27}$$

式中 $\varepsilon_{\Delta t}$——修正系数。

修正系数计算表达式如下：

$$\varepsilon_{\Delta t}=f(P,R)\tag{4-28}$$

其中：
$$P=\frac{t_{空出}-t_{空入}}{t_{烟入}-t_{空入}},\quad R=\frac{t_{烟入}-t_{烟出}}{t_{空出}-t_{空入}}$$

根据 P、R 计算值和实际流动形式，查图 4-39 可得 $\varepsilon_{\Delta t}$，代入式（4-27）即可计算得到实际平均温压 $\overline{\Delta t}$。

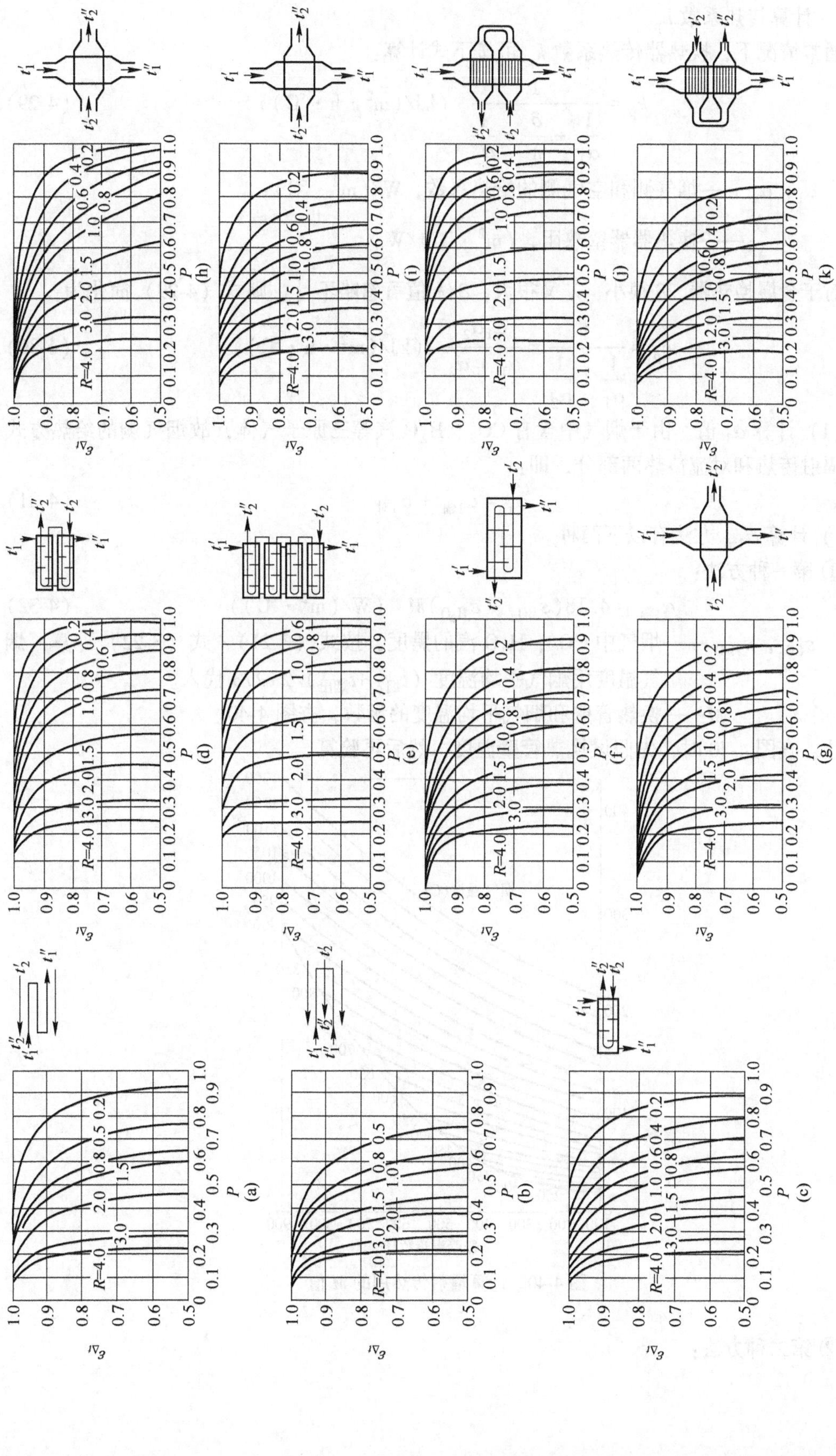

图 4-39 换热器平均温度修正系数

c 计算传热系数 k_p

通常情况下，换热器传热系数 k_p 可按下式计算：

$$k_p = \frac{1}{\frac{1}{\alpha_1} + \frac{\delta}{\lambda} + \frac{1}{\alpha_2}} \quad (\mathrm{kJ/(m^2 \cdot h \cdot ℃)}) \tag{4-29}$$

式中 α_1，α_2——烟气侧和空气侧的给热系数，W/(m^2·℃)；

$\frac{\delta}{\lambda}$——换热器器壁热阻，(m^2·℃)/W。

对于金属换热器，δ 很小，λ 又很大，δ/λ 值可忽略不计，则式（4-29）简化为：

$$k_p = \frac{1}{\frac{1}{\alpha_1} + \frac{1}{\alpha_2}} = \frac{\alpha_1\alpha_2}{\alpha_1 + \alpha_2} \quad (\mathrm{kJ/(m^2 \cdot h \cdot ℃)}) \tag{4-30}$$

（1）计算 α_1 值。由于烟气中含有 CO_2、H_2O 汽等三原子气体，故烟气侧的给热方式包括辐射传热和对流传热两部分，即：

$$\alpha_1 = \alpha_{1辐} + \alpha_{1对} \tag{4-31}$$

1）计算 $\alpha_{1辐}$ 方法有以下两种。

① 第一种方法：

$$\alpha_{1辐} = 4.18(\varepsilon_{CO_2} + \varepsilon_{H_2O})M \quad (\mathrm{W/(m^2 \cdot ℃)}) \tag{4-32}$$

式中 ε_{CO_2}，ε_{H_2O}——烟气中 CO_2、H_2O 汽的黑度，按式（3-21）、式（3-22）计算，烟气温度用烟气平均温度（$t_{烟入}$+$t_{烟出}$)/2+273 代入。

M——换热管壁和烟气平均温度的函数，查图 4-40。

注：查图 4-40 时，先假设换热管壁温度，然后再验算。

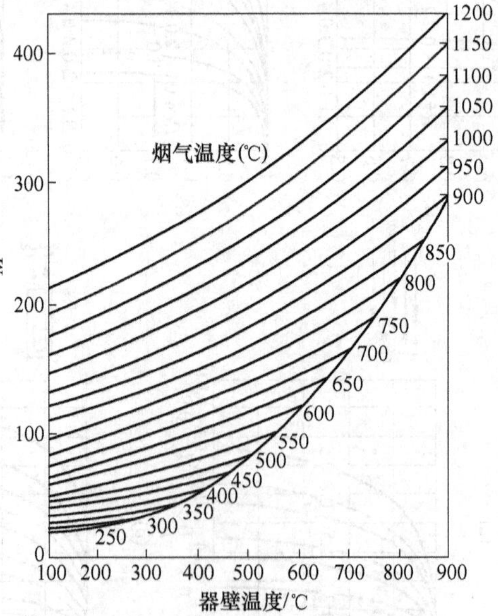

图 4-40 计算辐射传热用的 M 值

② 第二种方法：

$$\alpha_{1辐} = f(S_p, t_{烟均}) \quad (kJ/(m^2 \cdot h \cdot ℃)) \tag{4-33}$$

式中　$t_{烟均}$——烟气平均温度，$t_{烟均} = \frac{1}{2}(t_{烟入} + t_{烟出})$，℃；

S_p——烟气在通道内辐射平均射线行程，可查表 3-9，m。

对烟气横向掠过管束时的 S_p 值，可用下式计算：

$$S_p = \left(1.87 \times \frac{x_1 + x_2}{d_{外}} - 4.1\right) d_{外} \tag{4-34}$$

式中　x_1，x_2——管束中相邻管的中心距，见图 4-31，m；

$d_{外}$——换热管外径，m。

根据 S_p 与 $t_{烟均}$ 值，查表 4-25 得 $\alpha_{1辐}$。

表 4-25　烟气辐射给热系数

$t_{烟均}$/℃	S_p值/m						
	0.025	0.05	0.07	0.1	0.15	0.2	0.3
	$\alpha_{1辐}$/kJ·(m²·h·℃)⁻¹						
300	3.10	5.25	6.25	7.30	9.40	10.45	13.15
350	4.05	6.25	7.30	9.40	10.45	11.50	16.00
400	5.10	7.50	8.95	10.85	12.50	14.65	19.45
450	6.00	8.45	10.20	12.20	14.90	17.45	22.40
500	6.95	9.40	11.50	13.60	17.35	20.30	25.50
550	7.90	11.35	13.00	15.45	19.40	23.15	28.50
600	8.85	13.35	14.60	17.35	21.50	26.10	32.40
650	9.80	14.30	16.35	19.90	24.25	29.20	36.50
700	10.75	15.25	18.15	22.55	27.10	32.40	40.75
750	11.70	17.00	20.50	25.15	30.20	36.20	44.90
800	12.65	18.80	22.95	27.80	33.40	40.10	49.10
850	13.65	20.35	25.00	30.55	37.00	44.05	53.60
900	14.60	21.95	27.15	33.40	40.75	48.10	58.50

2）计算 $\alpha_{1对}$ 方法有以下两种。

① 烟气在管道内或通道内流动时：

$$\alpha_{1对} = (16.595 + 0.01492\bar{t}_{烟}) u_{烟}^{0.8} / d_{内}^{0.2} \quad (kJ/(m^2 \cdot h \cdot ℃)) \tag{4-35}$$

② 烟气在管外横向掠过管束时：

当管束为直（顺）排时，如图 4-31（a）所示：

$$\alpha_{1对} = (17.64 + 0.02362 t_{烟均}) \xi u_{烟}^{0.65} / d_{外}^{0.35} \quad (kJ/(m^2 \cdot h \cdot ℃)) \tag{4-36}$$

当管束为错排时，如图 4-31（b）所示：

$$\alpha_{1对} = (17.39 + 0.02717 t_{烟均}) \xi u_{烟}^{0.6} / d_{外}^{0.4} \quad (kJ/(m^2 \cdot h \cdot ℃)) \tag{4-37}$$

式中　$t_{烟均}$——烟气平均温度，$t_{烟均} = \frac{1}{2}(t_{烟入} + t_{烟出})$，℃；

$u_{烟}$——烟气在换热器内流速（标态），一般可取 3~4m/s；

$d_{内}$——换热管内径或通道当量直径，m；

$d_{外}$——换热管外径，m；

ξ——系数，当 $x_2/d_{外}=1.2\sim3.0$ 时，$\xi=1+0.1x_2/d_{外}$；当 $x_2/d_{外}>3.0$ 时，$\xi=1.3$。

（2）计算 α_2 值。被预热气体为空气时，因为空气中三原子气体含量极少，其辐射给热可忽略不计，故只需计算 $\alpha_{2对}$。被预热气体为煤气时，若煤气中含有较多的三原子气体，则必须计算 $\alpha_{2辐}$，计算方法同 $\alpha_{1辐}$；若煤气中三原子气体含量极少，也可不计算 $\alpha_{2辐}$。

$\alpha_{2对}$ 的计算方法：

1）空气在管道内或通道内流动时：

$$\alpha_{2对}=(12.624+0.006688t_{空均})u_{空}^{0.8}/d_{内}^{0.2}\quad (\text{kJ}/(\text{m}^2\cdot\text{h}\cdot℃))\tag{4-38}$$

2）空气横向掠过管束时：

当管束为顺排时，如图 4-31（a）所示：

$$\alpha_{2对}=(18.183+0.01379t_{空均})\xi u_{空}^{0.6}/d_{外}^{0.35}\quad (\text{kJ}/(\text{m}^2\cdot\text{h}\cdot℃))\tag{4-39}$$

当管束为错排时，如图 4-31（b）所示：

$$\alpha_{2对}=(17.974+0.01588t_{空均})\xi u_{空}^{0.6}/d_{外}^{0.4}\quad (\text{kJ}/(\text{m}^2\cdot\text{h}\cdot℃))\tag{4-40}$$

式中符号物理意义同式（4-34）~式（4-36）。

将计算出的 α_1、α_2 代入式（4-30），即可求出传热系数 K_p。换热器在使用中，由于换热壁表面积灰等原因，会降低传热系数 K_p 值，所以应将计算出的传热系数 K_p 值乘以 0.8~0.9。

将 $Q_{空}$、$\overline{\Delta t}$、K_p 值代入式（4-24）即可求出换热面积 $F(\text{m}^2)$。

C 计算换热管管壁温度 $t_{壁}$

计算换热管管壁温度的目的是合理确定换热管材质，确保换热器使用寿命。管壁温度计算式为：

$$t_{壁}=\frac{t_{烟}+\dfrac{\alpha_2}{\alpha_1}t_{空}}{1+\dfrac{\alpha_2}{\alpha_1}}\quad (℃)\tag{4-41}$$

式中 α_1，α_2——烟气侧和空气侧的给热系数，kJ/(m²·h·℃)；

$t_{烟}$，$t_{空}$——烟气和空气温度，℃。

由图 4-30 可见，顺流式换热器中不同处的换热管管壁温度随着烟气（空气）温度变化而变化很小，所以顺流式换热器的换热管管壁温度只需计算其平均温度。在计算时只需将 $t_{烟均}$、$t_{空均}$ 和 α_1、α_2 代入相应的计算式，即可求出 $t_{壁}$。

对于逆流式换热器中的不同处，换热管管壁温度是随空气温度的升高而同向变化，所以逆流式换热器的换热管管壁温度必须分别计算最高温度 $t_{壁max}$ 和最低温度 $t_{壁min}$，需用 $t_{烟}$ 和 $t_{空}$ 的最高值 $t_{烟入}$ 和 $t_{空出}$ 及最低值 $t_{烟出}$ 和 $t_{空入}$ 分别代入相应的计算式，求出 α_1、α_2，再求出 $t_{壁max}$ 和 $t_{壁min}$ 值。经计算发现，用 $t_{烟入}$ 和 $t_{空出}$ 及 $t_{烟出}$ 和 $t_{空入}$ 分别求出的 α_1、α_2，虽然其绝对值有较大变化，但比值 α_2/α_1 变化不大。因此为简化计算，可采用以 $t_{烟}$ 和 $t_{空}$ 的平均值 $t_{烟均}$ 和 $t_{空均}$ 计算出的 α_1、α_2 及 $t_{烟}$ 和 $t_{空}$ 的最高值与最低值分别代入式（4-41）计算 $t_{壁max}$ 和 $t_{壁min}$。

根据计算出的 $t_{壁}$，从表 4-26 中确定相应的材质。

表 4-26 几种金属材料的使用温度

序号	材料名称	器壁最高允许使用温度/℃
1	HT15-32 铸铁	550~600
2	耐热铸铁	600~650
3	耐热球墨铸铁	650~700
4	碳素钢	400~450
5	表面渗铝碳钢	650~700
6	耐热钢（Cr18Ni9）	800

（1）烟气侧阻力损失 $h_{烟}$。烟气在换热器管束外横向掠过时，可按式（4-52）或式（4-54）计算。

（2）空气侧阻力损失 $h_{空}$。空气在换热器管内运行时，其阻力损失包括局部阻力损失和摩擦阻力损失。空气在管内上下流动时，其几何压头可忽略不计。

1）局部阻力损失，可按式（4-50）计算。

2）摩擦阻力损失，可按式（4-49）计算，式中 $t_{段均}$ 根据换热器中空气平均温度确定。

4.4.2.4 换热器运行经济指标

（1）热效率：

$$\eta_{换热} = \frac{Q_{空}}{Q_{烟}} \times 100\% = \frac{V_{空}(c_{空出}t_{空出} - c_{空入}t_{空入})}{V_{烟}(c_{烟入}t_{烟入} - c_{烟出}t_{烟出})} \times 100\% \tag{4-42}$$

（2）温度效率：

$$\eta_{换温} = \frac{t_{空出}}{t_{烟入}} \times 100\% \tag{4-43}$$

4.5 空/燃气管道和烟道的设计

4.5.1 气体流动计算

4.5.1.1 气体流动的性质和阻力损失计算原则

A 气体流动的性质

气体流动的阻力损失与它的流动性质有关，决定气体流动性质的参数有：气体的流速 u(m/s)，流动通道的当量直径 d_D(m)、气体的密度 ρ(kg/m^3)、气体的动力黏度 μ(kg·s/m^2)或运动黏度 ν(m^2/s)。这些参数的组合作用可用一个无量纲的准则数，即雷诺数 Re 来表示：

$$Re = \frac{ud_D\rho}{\mu} = \frac{ud_D}{\nu} \tag{4-44}$$

其中，流动通道的当量直径 d_D 按如下原则计算：

（1）圆形管道：
$$d_D = d_{内}$$

（2）矩形管道：
$$d_D = \frac{4F}{U} = 2\frac{L(长)\cdot S(宽)}{L+S}$$

（3）管群（直排或顺排）：
$$d_D = \frac{4F}{U} = \frac{4(x_1 \cdot x_2 - 0.785d_{外}^2)}{\pi d_{外}}$$

通常所说的管道流速，在无特别说明时均指平均流速，用 u(m/s) 表示。

B 阻力损失计算原则

（1）一条总流路系统若有两条或两条以上的分支时，该流路总的阻力损失应以其中气体流动阻力损失最大的串联流路计算。

（2）被确定的计算串联流路中，管径、气体流量、温度等发生变化时，其阻力损失须分段进行计算。分段的原则是流路中遇到下列情况之一时，则分为一段。

1）流路断面改变；

2）流量发生变化；

3）温度陡然而显著地发生变化（如气体流经换热器）。

同一段中，若气流方向发生变化（如 90°拐弯），那么直管段部分与拐弯部分应分别计算。

4.5.1.2 计算数据的确定

A 计算流量的确定

（1）流路只有一座或多座炉子同时工作时，应采用其最大小时流量作为计算流量。

（2）当流路中炉子数量较多，又不同时工作时，那么计算流量为各炉子最大流量之和乘以同时利用系数 K（由实际工作状态决定）。

（3）以炉子的总燃料燃烧生成物（废气）量（$\sum B_{实}V_n$）作为进入烟道的废气计算流量时，可不再考虑由炉门、炉体等处的废气溢出量或空气吸入量。

（4）计算烟道中废气流路的流量时，由于烟道中是负压，应考虑从烟闸、人孔等处的大气吸入量和换热器的漏风量，但不必考虑烟道砌体的空气渗漏以及烟道内渗水蒸发等量的影响。这一项计算较复杂，通常采用经验估算法，从烟闸、人孔的吸入量为烟气生成量的 5%~10%；金属换热器的漏风量为 3%~5%，黏土换热器的漏风量为 25%~40%。

B 流路横断面尺寸的确定

流路通道的横断面尺寸按通道内气体的流量和流速确定。不同气体流动通道内的气体流速，在无特殊要求时，一般可按表 4-27 选用。

表 4-27 工业上不同气体在流路内的流速范围

名 称	流速（标态）u_0/m·s^{-1}
热脏发生炉煤气管道	1.0~3.0
压力低于 3kPa 的冷煤气管道	5.0~8.0
压力低于 3kPa 的热煤气管道	3.0~5.0
压力高于 3kPa 的冷煤气管道	8.0~12.0

表 4-27

名　称	流速 u_0/m·s^{-1}
压力高于 3kPa 的热煤气管道	6.0~8.0
天然气管道	15.0~30.0
压力低于 5kPa 的冷空气管道	6.0~8.0
压力低于 5kPa 的热空气管道	3.0~5.0
压力高于 5kPa 的冷空气管道	9.0~12.0
压力高于 5kPa 的热空气管道	5.0~7.0
压力很小的热空气管道	1.0~3.0
自然排烟砖砌烟道	1.5~3.0
机械排烟（引风机）砖砌烟道	2.5~4.0
砖砌烟囱的出口	2.5~4.0
金属烟囱	2.0~5.0
压力低于 0.4MPa 的压缩空气管道	8.0~15.0
过热空气管道	35.0~60.0
饱和蒸汽管道	20.0~40.0
高压蒸汽管道	5.0~7.0
低压水管道	2.0~4.0
一般生产用冷却水管	1.5~2.5
油管	0.1~1.0

（1）空（煤）气管道内径 $d_{内}$ 的确定方法。对于换热器前总管道、换热器后总管道和分支管道，根据空（煤）气的最大流量（标态）V_0 和表 4-27 中对应的流速（标态）u_0，按下式计算：

$$d_{内} = \sqrt{354\frac{V_0}{u_0}} \quad (\text{mm}) \tag{4-45}$$

式中 V_0——最大空（煤）气流量（$=L_{n湿}B_{实}$），m^3/h；

u_0——经济流速（见表 4-27），m/s。

根据 $d_{内}$，再按表 4-28 中列出的管道系列（GB/T 3091—2015），查找对应的管道规格（ϕmm×δmm），作为空（煤）气管径的最后确定值。

表 4-28　空（煤）气管道规格

序号	公称通径 D_g/mm	材质	煤气管规格		空气管规格	
			外径×壁厚 (ϕ×δ)/mm×mm	单重 /kg·m^{-1}	外径×壁厚 (ϕ×δ)/mm×mm	单重 /kg·m^{-1}
1	15（1/2″）	焊管	21.25×2.75	1.25	21.25×2.75	1.25
2	20（3/4″）	焊管	26.75×2.75	1.63	26.75×2.75	1.63
3	25（1″）	焊管	33.50×3.25	2.42	33.50×3.25	2.42
4	32（1 1/4″）	焊管	42.25×3.25	3.13	42.25×3.25	3.13

表 4-28

序号	公称通径 D_g/mm	材质	煤气管规格		空气管规格	
			外径×壁厚 ($\phi\times\delta$)/mm×mm	单重 /kg·m^{-1}	外径×壁厚 ($\phi\times\delta$)/mm×mm	单重 /kg·m^{-1}
5	40（1 1/2″）	焊管	48×3.50	3.84	48×3.50	3.84
6	50（2″）	焊管	60×3.50	4.88	60×3.50	4.88
7	70（2 1/2″）	焊管	75.5×3.75	6.64	75.5×3.75	6.64
8	80（3″）	焊管	88.5×4.0	8.34	88.5×4.0	8.34
9	100（4″）	焊管	114×4.0	10.85	114×4.0	10.85
10	125（5″）	焊管	140×4.5	15.04	140×4.5	15.04
11	150（6″）	焊管	165×4.5	17.81	165×4.5	17.81
12	100	无缝管	108×4.0	10.26	108×4.0	10.26
13	125	无缝管	133×4.0	12.73	133×4.0	12.73
14	150	无缝管	159×4.5	17.15	159×4.5	17.15
15	175	无缝管	194×5	23.31	194×5	23.31
16	200	无缝管	219×6	31.54	219×6	31.54
17	225	钢板管	245×4	23.8	245×3	17.9
18	250	钢板管	273×4	26.5	273×3	20.0
19	300	钢板管	325×4	31.7	325×3	23.8
20	350	钢板管	377×5	45.8	377×3	27.5
21	400	钢板管	426×5	51.8	426×3	31.1
22	450	钢板管	478×5	58.4	478×3	35.0
23	500	钢板管	529×5	64.5	529×3	38.7
24	600	钢板管	630×6	92.5	630×4	61.6
25	700	钢板管	720×6	106	720×4	70.6
26	800	钢板管	820×6	120	820×4	80.0
27	900	钢板管	920×6	136	920×4	91.0
28	1000	钢板管	1020×6	150	1020×6	150
29	1100	钢板管	1120×6	165	1120×6	165
30	1200	钢板管	1220×6	180	1220×6	180
31	1300	钢板管	1320×6	195	1320×6	195
32	1400	钢板管	1420×6	209	1420×6	209
33	1500	钢板管	1520×6	224	1520×6	224

（2）烟道尺寸的确定方法。根据炉子相应燃料燃烧计算出的实际单位燃料烟气生成量 V_n 和炉子热平衡计算出的燃料最大值消耗量 $B_{实}$，算出烟气总生成量 $V_nB_{实}$（m^3/s，标态），再按表 4-27 中对应烟道的烟气流速 u_0（m/s，标态），算出烟气的流通面积 $F_{烟道}$。

$$F_{烟道} = V_nB_{实}/(3600u_0) \quad (m^2) \tag{4-46}$$

根据 $F_{烟道}$，再按表 4-29 或表 4-30 中列出的烟道系列，确定相应的烟道断面尺寸（高

H、宽 W 和当量直径 d_D）。

表 4-29　拱顶角为 60°烟道断面系列

序号	烟道内宽/mm	高度/mm	断面面积/m^2	当量直径/m
1	580	659	0.367	0.626
2	696	810	0.543	0.759
3	812	962	0.753	0.894
4	928	1114	0.996	1.055
5	1044	1235	1.242	1.148
6	1160	1386	1.550	1.281
7	1276	1538	1.882	1.408
8	1392	1690	2.268	1.547
9	1508	1841	2.678	1.682
10	1624	1993	3.122	1.816
11	1740	2144	3.572	1.935
12	1856	2296	4.111	2.083
13	1972	2447	4.658	2.217
14	2088	2599	5.239	2.351
15	2204	2750	5.851	2.484
16	2320	2902	6.499	2.617
17	2436	2985	7.014	2.722
18	2552	3059	7.559	2.831
19	2668	3153	8.102	2.932
20	2784	3236	8.674	3.037
21	2900	3320	9.262	3.140
22	3016	3403	9.869	3.243
23	3132	3487	10.495	3.348
24	3248	3570	11.142	3.449

表 4-30　拱顶角为 180°烟道断面系列

序号	烟道内宽/mm	高度/mm	断面面积/m^2	当量直径/m
1	464	572	0.243	0.519
2	580	698	0.369	0.640
3	696	824	0.521	0.760
4	812	950	0.701	0.883
5	928	1144	0.969	1.035
6	1044	1270	1.209	1.157
7	1160	1396	1.475	1.279
8	1276	1590	1.857	1.433
9	1392	1716	2.181	1.553
10	1508	1842	2.533	1.674

续表 4-30

序号	烟道内宽/mm	高度/mm	断面面积/m²	当量直径/m
11	1624	1968	2.913	1.796
12	1740	2094	3.319	1.918
13	1856	2356	4.003	2.099
14	1972	2482	4.477	2.221
15	2088	2608	4.978	2.344
16	2204	2734	5.504	2.465
17	2320	2928	6.216	2.617
18	2436	3054	6.802	2.739
19	2552	3180	7.412	2.859
20	2668	3306	8.057	2.983
21	2784	3432	8.723	3.105
22	2900	3558	9.416	3.227
23	3016	3684	10.137	3.349
24	3132	3810	10.876	3.469

4.5.1.3 计算段中的气流平均温度的确定

在计算气体流动阻力时，气体的密度对其影响较大。对于低压气体，影响其密度的因素主要是温度。气体流动时，由于管壁的散热以及被吸入的冷空气等原因，气体温度降低。所以在计算各段阻力损失时，气体的温度按该段的平均温度计算。

（1）无冷空气渗入时计算公式为：

$$t_{段均} = t_{\lambda} - \frac{\Delta t \cdot L}{2} \quad (℃) \tag{4-47}$$

式中 t_{λ}——流入该段时的气体温度，℃；

Δt——每米长管道（或烟道）中的气体温降（见表 4-31），℃；

L——该段计算长度，m。

表 4-31 散热引起的温降

气体温度/℃	地下砖砌烟道降温/℃·m⁻¹		地上砖砌烟道降温/℃·m⁻¹		空（煤）气管道降温/℃·m⁻¹	
	无水渗入	有少量水渗入并经烟道底排水沟排出	绝热	不绝热	绝热包扎	不绝热包扎
200~300	1.5	3	1.5	2.5	1.0	3.5
300~400	2.0	4	3	4.5	1.5	5
400~500	2.5	5	3.5	5.5	2.0	6
500~600	3.0	6	4.5	7		
600~700	3.5	7	5.5	10		
700~800	4.0	8				
800~1000	4.6	9.2				
1000~1200	5.2	10.4				

（2）有冷空气渗入，这种情况主要是针对烟道而言，其平均温度为：

$$t_{段均}=\frac{V_{废}c'_{废}t_{废}+V_{渗}c'_{渗}t_{渗}}{V_{废}c''_{废}+V_{渗}c''_{渗}}-\frac{\Delta t\cdot L}{2}\quad (℃) \tag{4-48}$$

式中 $V_{废}$——进入该段的废气流量（标态），m/h；

$t_{废}$——进入该段的废气温度，℃；

$c'_{废}$——进入该段的废气在 $t_{废}$ 下的比热容（标态，见表 3-5），kJ/(m³·℃)；

$c''_{废}$——进入该段的废气在 $t_{段均}$ 下的比热容（标态，见表 3-5），kJ/(m³·℃)；

$V_{渗}$——渗入该段烟道中的气体流量（标态），m³/h；

$t_{渗}$——渗入该段的渗入气体温度，℃；

$c'_{渗}$——渗入该段的气体（空气）在 $t_{渗}$ 下的比热容（标态，见表 3-5），kJ/(m³·℃)；

$c''_{渗}$——渗入该段的气体（空气）在 $t_{段均}$ 下的比热容（标态，见表 3-5），kJ/(m³·℃)；

Δt——每米烟道中气体温降（见表 4-31），℃；

L——该段的计算长度，m。

4.5.1.4 气体流动阻力损失计算

A 摩擦阻力损失

气体在直管段中流动时产生的机械能损失，称为沿程阻力损失。它是因气体与管壁摩擦而造成的能量损失，所以也叫做摩擦阻力损失，用 $h_{摩}$ 表示。计算公式为：

$$h_{摩}=\lambda\frac{L}{d_D}\times\frac{u_0^2}{2}\rho_0(1+\beta\cdot t_{段均})\quad (\mathrm{Pa}) \tag{4-49}$$

式中 λ——摩擦阻力系数，见表 4-32；

L——计算直管段的长度，m；

d_D——管道内径或烟道当量直径，m；

u_0——标准状态下气体的平均流速，m/s；

ρ_0——标准状态下气体的密度，kg/m³；

β——气体的体积膨胀系数，$\beta=1/273$；

$t_{段均}$——气体在该段的平均温度，℃。

表 4-32 各种管道中气体流动摩擦阻力系数 λ

管道性质及状态	λ
光滑金属管道	0.025
轻微氧化金属管道	0.035~0.04
有锈金属管道	0.045
砌砖管道或烟道	0.05
砌砖烟囱	0.05~0.06

B 局部阻力损失

由于气体流动通道断面显著变化或改变流动方向而引起的阻力损失，称为局部阻力损失，用 $h_{局}$ 表示。计算公式为：

$$h_{局} = \zeta \frac{u_0^2}{2}\rho_0(1+\beta t_{均}) \quad (\text{Pa}) \tag{4-50}$$

式中　ζ——局部阻力系数，部分值可查表4-33，表中未列出的可查参考文献［4］相关内容；

$t_{均}$——产生局部阻力损失时的气体平均温度，℃。

表 4-33　常用局部阻力损失系数

名称及略图	局部阻力系数 ζ								备注
(1) 插在砌体中的管道入口 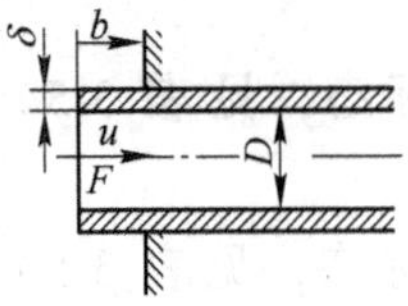	b/D \ δ/D	0	0.005	0.01	0.05	0.1	0.2	0.3	≥0.5	速度头按 u 计算 $Re>10^4$
	0	0.5	0.63	0.68	0.8	0.86	0.92	0.97	1.0	
	0.008	0.5	0.55	0.58	0.68	0.74	0.81	0.85	0.88	
	0.016	0.5	0.51	0.53	0.58	0.64	0.70	0.74	0.77	
	0.024	0.5	0.50	0.51	0.53	0.58	0.62	0.65	0.68	
	≥0.05	0.5	0.50	0.50	0.50	0.50	0.50	0.50	0.50	
(2) 入口 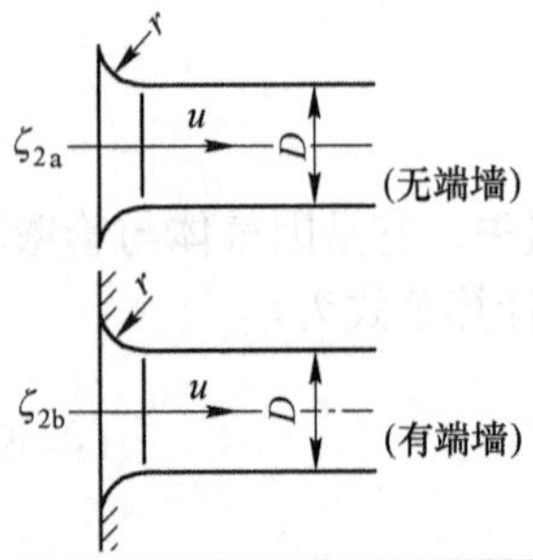	r/D	0	0.02	0.04	0.06	0.08	0.12	0.16	≥0.2	按 u $Re>10^4$
	ζ_{2a}	1.0	0.74	0.51	0.32	0.20	0.10	0.06	0.02	
	ζ_{2b}	0.5	0.36	0.26	0.20	0.15	0.09	0.06	0.03	
(3) 一群通道入口 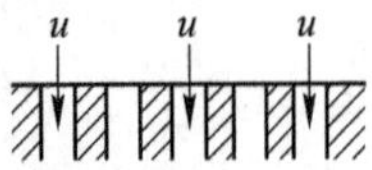	方孔　$\zeta_3=2.0\sim2.5$									按 u
	圆孔　$\zeta_3=2.5\sim3.0$									
	矩形孔　$\zeta_3=1.5\sim2.0$									
(4) 90°肘管(圆或方) 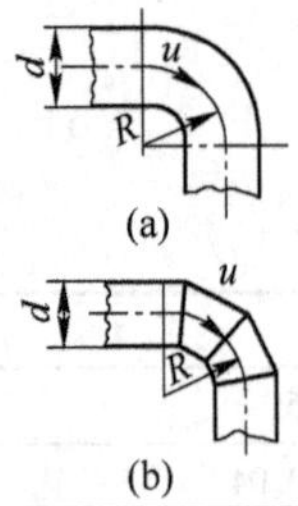	R/d	0.5	0.6	0.8	1	2	3	4	5	管内流速 u
	ζ_{4a}	1.2	1.0	0.52	0.26	0.2	0.16	0.12	0.10	
	ζ_{4b}	1.5	1.0	0.8	0.7	0.35	0.23	0.18	0.15	
(5) 变断面肘管 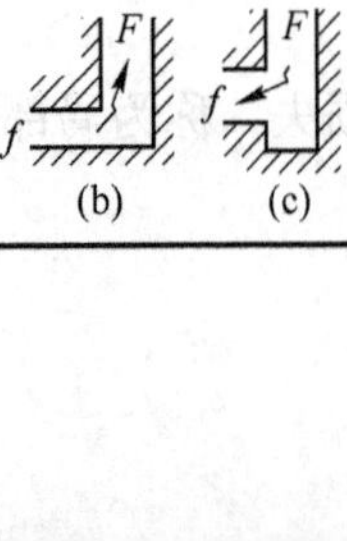	f/F	0	0.2	0.4	0.6	0.8	1.0			按小断面 f 内流速
	ζ_{5a}	0.42	0.44	0.52	0.66	0.85	1.10			
	ζ_{5b}	1.0	1.0	1.0	1.02	1.04	1.10			
	ζ_{5c}	0.77	0.8	0.86	1.02	1.20	1.45			

续表 4-33

名称及略图	局部阻力系数 ζ								备注
(6)肘管(矩形)	矩形肘管 $\varphi^{\circ}=90^{\circ}$时,肘管的 $\zeta_6=\zeta_4\times\frac{b}{a}\times k_3$								管内流速 u
	b/a	0.25	0.5	0.75	1.0	2.0	3.0	4.0	5.0
	k_3	1.75	1.50	1.20	1.0	0.4	0.37	0.38	0.40

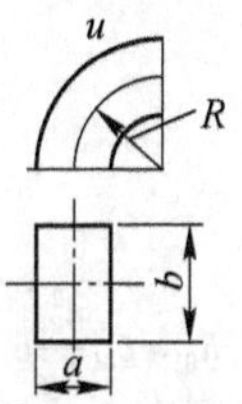

名称及略图	α	20	40	60	80	100	110	备注
(7)肘管	方管	0.12	0.3	0.53	0.82	1.3	1.7	
	圆管	0.04	0.2	0.49	0.90	1.3	1.7	

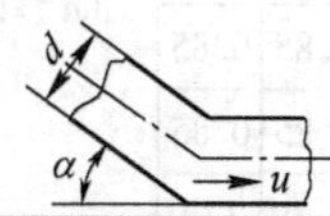

名称及略图	l/d	0	1	2	3	4	6	8	10	备注
(8)组合肘管(圆或方)	ζ_{8a}	0	2.4	4.2	3.3	3.0	2.8	2.6	2.5	按管内流速 u 矩形管乘以 k_3,k_3 值见序号(6)
	ζ_{8b}	—	2.4	1.2	1.8	2.0	2.2	2.3	2.3	
	ζ_{8c}	1.2	3.4	3.2	3.1	3.0	2.8	2.6	2.5	

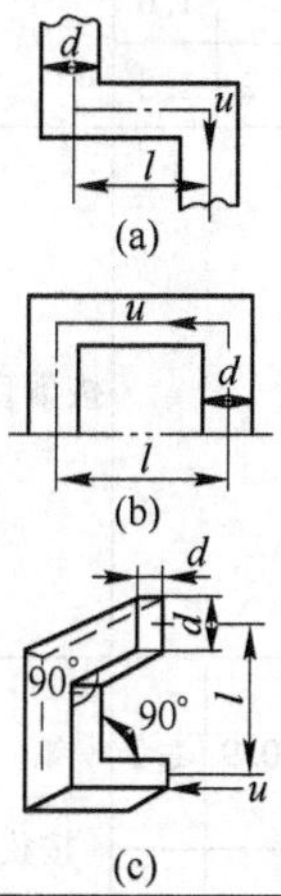

名称及略图	$\frac{u_0}{u}$	0	0.2	0.4	0.5	0.6	0.8	1.0	备注
(9)T形管	ζ_{9a} 带隔板	−3.25	−1.5	0	0.75	1.45	2.85	4.15	按 u
	ζ_{9a} 无隔板	2.0	1.52	1.28	1.25	1.28	1.52	2.0	
	ζ_b	1.0	1.01	1.05	1.08	1.1	1.2	1.3	

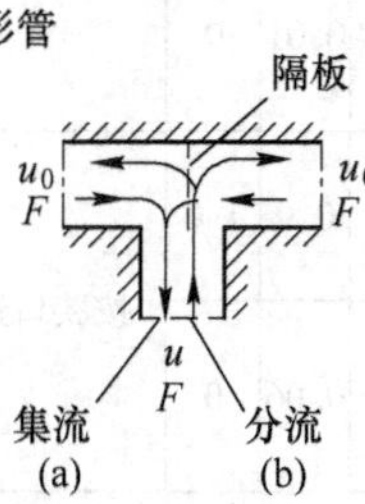

名称及略图	局部阻力系数 ζ	备注
(10)对称分流三通	当 $u_{01}=u_{02}=u$ $\zeta_{10}=1.0$	按 u

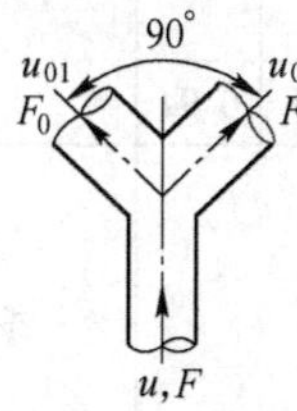

续表 4-33

名称及略图	局部阻力系数 ζ										备注
(11)对称合流三通	ξ_0										
	φ	F_0	u_0/u								
		$/F$	0.3	0.4	0.5	0.6	0.7	0.8	1.0	1.5	2.0	
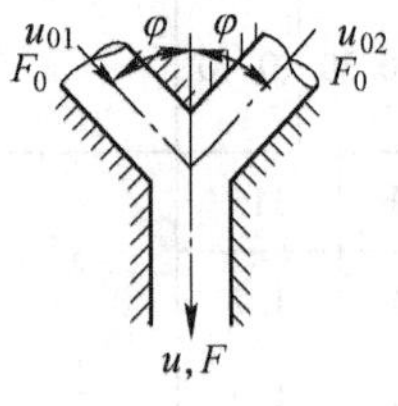	≤45°	0.2								0	0.30	$h_{01}=\zeta_{01}\frac{u_{01}^2}{2g}\rho$
		0.6			−0.30	0.1	0.30	0.40	0.50	0.50	0.50	$h_{02}=\zeta_{02}\frac{u_{01}^2}{2g}\rho$
		1.0	−0.6	0.2	0.35	0.5	0.5	0.5	0.5	0.5	0.5	
	60°	0.2							0	0.50	0.70	
		0.6		0	0.50	0.70	0.80	0.85	0.85	0.85	0.85	
		1.0	0.5	0.8	0.85	0.85	0.85	0.85	0.85	0.85	0.85	
	90°	0.2							15.0	4.0	1.8	
		0.6		15.0	9.0	6.0	3.5	2.7	2.0	1.7	1.0	
		1.0	13.0	8.0	5.0	3.2	2.8	2.4	1.8	1.2	1.3	

名称及略图	局部阻力系数 ζ	备注
(12) 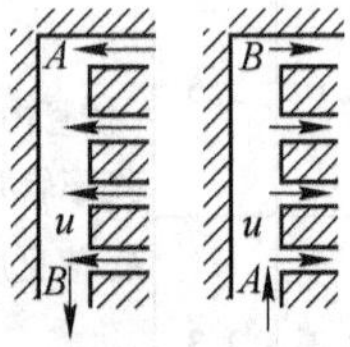 (a)集流 (b)分流	由 A 到 B 这一段 $\zeta_{12a}=1.5$ $\zeta_{12b}=0$	按集管中的流速

名称及略图													备注
(13)突然扩大 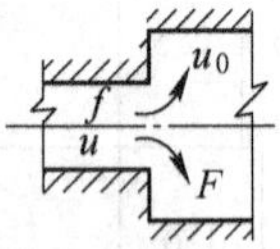	f/F	0	0.1	0.2	0.3	0.4	0.5	0.6	0.7	0.8	0.9	1.0	按狭口速度 u
	ζ_{13}	1.0	0.81	0.64	0.49	0.36	0.25	0.16	0.09	0.04	0.01	0	
(14)突然收缩 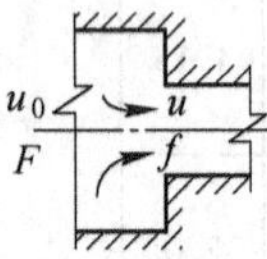	f/F	0	0.1	0.2	0.3	0.4	0.5	0.6	0.7	0.8	0.9	1.0	按狭口速度 u
	ζ_{14}	0.5	0.47	0.42	0.38	0.34	0.29	0.24	0.18	0.13	0.06	0	

(15)扩散段

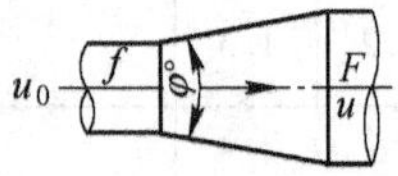

按突然扩大的阻力系数 ζ_{13} 乘以 k_1，$\xi_{15}=\xi_{13}k_1$

φ°	5	10	15	20	25	30	35	40	备注
圆管	0.082	0.167	0.275	0.425	0.2625	0.80	0.93	1.0	按 u_0
方管	0.1	0.21	0.6	0.77	0.90	1.0			
矩形管	0.06	0.14	0.24	0.38	0.64	0.80	0.9	0.94	

(16)逐渐收缩

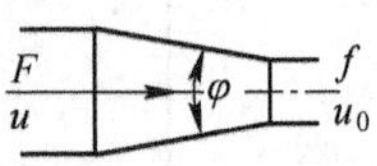

φ≤20°　$\zeta_{16}=0$

20≤φ<40°　$\zeta_{16}=0.1$

φ>45°　按突然收缩

备注：按 u_0

续表 4-33

名称及略图	局部阻力系数 ζ								备注
(17) 风机后的扩散段 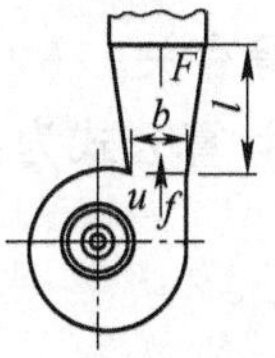	F/f \ l/b	1.3	1.5	2.0	2.5	2.8	3.0	3.5	4.0	按 u
	1.0	0.10	0.20	0.47	0.60	0.66	0.70	—	—	
	2.0	0.02	0.05	0.25	0.40	0.48	0.54	0.62	0.65	
	3.0	0	0	0.12	0.22	0.28	0.35	0.48	0.57	
	4.0	0	0	0.10	0.16	0.21	0.24	0.34	0.42	
	5.0	0	0	0.10	0.12	0.16	0.18	0.25	0.34	
	6.0	0	0	0.10	0.11	0.13	0.14	0.20	0.26	

名称及略图	ζ_{18}										备注
(18) 球形阀	D	13	20	40	80	100	150	200	250	300	350	按管内流速
	ζ_{18}	10.8	8.0	4.9	4.0	4.1	4.4	4.7	5.1	5.4	5.5	

名称及略图	h/D	0.125	0.2	0.3	0.4	0.5	0.6	0.7	0.8	备注
(19) 插板和闸阀 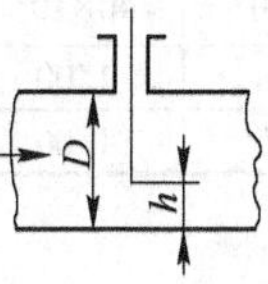	矩形插板	97.8	35	20	8.4	4.0	2.2	1.0	0.4	插板前 u
	圆形插板			10	4.6	2.06	0.98	0.44	0.17	
	平行式闸阀			22	12	5.3	2.8	1.5	0.8	

名称及略图	ζ_{20}														备注
(20) 蝶阀和旋塞 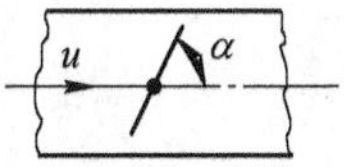	旋转角 α/(°)		0	5	10	15	20	25	30	40	50	60	65	70	90	阀前 u
	蝶阀	圆形	~0	0.24	0.52	0.9	1.54	2.51	3.91	10.8	32.6	118	256	751	∞	
		矩形	~0	0.28	0.45	0.77	1.34	2.16	3.54	9.3	24.9	77.4	158	368	∞	
	旋塞	圆形	~0	0.05	0.29	0.75	1.56	3.10	6.47	17.3	52.6	206	486			
		矩形	~0	0.05	0.30	0.95	1.85	3.60	7.0	21.0	100					

注：1. 空气管路中，气体流经调节蝶阀时的局部阻力损失，一般按其开度 α= 40°~50°时计算。

2. 空气管路中，气体流经插板阀时的局部阻力损失，可以不计算（插板阀一般作为截止阀用，气体流通时全开，不流通时全闭）。

3. 烟道中，烟气流经闸板阀（也称为升降式烟闸）时的局部阻力损失，一般按其开度 h/H=0.5~0.7 计算；烟气流经旋转阀时的局部阻力损失，一般按其开度 α= 40°~50°计算。

4. 更多阻力系数值可查参考文献［4］附录 H。

C 几何压头

与通道外侧大气密度相同的冷气体（如冷空气），在垂直流动时不产生几何压头的变化。热气体（如烟气、预热空气和煤气）或与通道外侧大气密度不同的冷气体在垂直流动时就要产生几何压头的变化，这是由于热气体有上浮力的作用。几何压头的计算公式为：

$$h_{几} = \pm Hg[\rho_D - \rho_0(1 + \beta t_{均})] \quad (Pa) \tag{4-51}$$

式中 H——热气体垂直流动的距离，m；

g——重力加速度，9.81m/s^2；

ρ_D——通道外侧大气的实际密度，kg/m^3；

ρ_0——标准状态下流动气体的密度，kg/m^3；

$t_{均}$——流动气体平均温度，℃；

±——表示几何压头的方向，热气体或密度小于大气密度的冷气体垂直向下流动时为“+”，反之为“-”。

D　气体横向流过管束时的阻力损失计算

气体横向流过管束时的阻力损失与管束排数、排列方式、雷诺数等有关。

（1）气体横向流过直（顺）排管束（见图4-31（a））阻力损失计算公式为：

$$h_{直} = \phi'\zeta \frac{u_0^2}{2}\rho_0(1 + \beta t_{均}) \quad (\text{Pa}) \tag{4-52}$$

式中　ζ——气体横向流过管束阻力系数，见式（4-53）；

$t_{均}$——气体在管束中流动时的平均温度，$t_{均}=(t_{入}+t_{出})/2$，℃；

ϕ——直排管束阻力修正系数，见表4-34。

表4-34　气体流经直排和错排管束时阻力损失修正系数

Re	4.0×10^3	5.0×10^3	6.0×10^3	8.0×10^3	10×10^3	20×10^3	30×10^3	40×10^3	≥50×10^3
ϕ'	1.70	1.60	1.55	1.44	1.37	1.18	1.08	1.00	1.00
φ'	1.40	1.36	1.32	1.26	1.22	1.10	1.05	1.00	0.8~0.9

$$\zeta = n\frac{x_1}{x_2}\alpha' + \beta' \tag{4-53}$$

式中　n——沿气流方向的管子排数；

x_1——迎着气流方向相邻管子中心距，m；

x_2——沿着气流方向相邻管子中心距，m；

α'，β'——系数，$\alpha' = 0.028\left(\frac{x_1}{x_1 - d_{外}}\right)^2$，$\beta' = \left(\frac{x_1}{x_1 - d_{外}} - 1\right)^2$；

$d_{外}$——管子外径，m。

（2）气体横向流过错排管束（见图4-31（b））阻力损失计算公式为：

$$h_{错} = \varphi'\zeta \frac{u_0^2}{2}\rho_0(1 + \beta\, t_{均}) \quad (\text{Pa}) \tag{4-54}$$

式中　φ'——错排管束阻力修正系数，见表4-34。

4.5.1.5　空（煤）气管道阻力损失计算及鼓风机选择

A　空气管道阻力损失计算及鼓风机选择

（1）管道直径的确定。按式（4-45）计算后，查表4-28确定。

（2）计算步骤如下：

1）绘制管路系统（从鼓风机出口到烧嘴前）简图，可以用单线图表示，并要标明分岔、拐弯的形状和角度以及各部分尺寸（长度、管径）。

2）分段。按4.5.1.1中所述分段原则，将管路系统分成若干计算段。

3）每段中气体平均温度的确定，见4.5.1.3节。

4）阻力计算。各计算段分别计算（包括沿程阻力、局部阻力、几何压头等），管路系统总阻力损失为各段阻力损失之和。对于并联的分岔管路，管路阻力应按损失最大的一个流路进行计算，并力求各分岔段阻力大致相等。

（3）计算方法。为方便计算，减少差错，工程设计中通常采用表格计算法。计算表格形式见表4-35。

表4-35 管道阻力损失计算表

<table>
<tr><td colspan="3">分 段 号</td><td>1</td><td>Ⅰ</td><td>Ⅱ</td><td>Ⅲ</td><td>Ⅳ</td><td>Ⅴ</td></tr>
<tr><td colspan="3">分段名称</td><td>2</td><td>风机出口到换热器</td><td>换热器</td><td>换热器出口到主分岔处</td><td>主分岔处到下加热集管端头</td><td>下加热集管端头到下侧烧嘴</td></tr>
<tr><td rowspan="5" colspan="2">通道尺寸</td><td>分段长度 L/m</td><td>3</td><td></td><td rowspan="20">另行计算</td><td></td><td></td><td></td></tr>
<tr><td>管道规格（外径×壁厚）/mm×mm</td><td>4</td><td></td><td></td><td></td><td></td></tr>
<tr><td>管道内径（当量直径）d/m</td><td>5</td><td></td><td></td><td></td><td></td></tr>
<tr><td>气体流通横截面积 F/m^2</td><td>6</td><td></td><td></td><td></td><td></td></tr>
<tr><td>垂直管高度 H/m</td><td>7</td><td></td><td></td><td></td><td></td></tr>
<tr><td rowspan="5" colspan="2">气体参数</td><td>种类</td><td>8</td><td></td><td></td><td></td><td></td></tr>
<tr><td>密度（标态）$\rho_0/\mathrm{kg\cdot m^{-3}}$</td><td>9</td><td></td><td></td><td></td><td></td></tr>
<tr><td>流量（标态）$V_0/\mathrm{m^3\cdot h^{-1}}$</td><td>10</td><td></td><td></td><td></td><td></td></tr>
<tr><td>流速（标态）$u_0/\mathrm{m\cdot s^{-1}}$</td><td>11</td><td></td><td></td><td></td><td></td></tr>
<tr><td>平均温度 $t_{均}$/℃</td><td>12</td><td></td><td></td><td></td><td></td></tr>
<tr><td rowspan="10">通道阻力损失/Pa</td><td rowspan="3">摩擦损失</td><td>摩擦阻力系数 λ</td><td>13</td><td></td><td></td><td></td><td></td></tr>
<tr><td>$h_{动} = \frac{u_0^2}{2}\rho_0(1+\beta t_{均})$</td><td>14</td><td></td><td></td><td></td><td></td></tr>
<tr><td>$h_{摩} = \lambda \frac{L}{d} h_{动}$</td><td>15</td><td></td><td></td><td></td><td></td></tr>
<tr><td rowspan="3">局部损失</td><td>阻力系数：$\zeta_i = n \times j$
式中 i——来源，见表4-33；
n——个数；
j——数值</td><td>16</td><td></td><td></td><td></td><td></td></tr>
<tr><td>$\sum\zeta$</td><td>17</td><td></td><td></td><td></td><td></td></tr>
<tr><td>$h_{局} = \sum\zeta \cdot h_{动}$</td><td>18</td><td></td><td></td><td></td><td></td></tr>
<tr><td rowspan="4">几何压头</td><td>地区大气最高温度 $t_{大气}$/℃</td><td>19</td><td></td><td></td><td></td><td></td></tr>
<tr><td>大气密度（$\rho_D = 1.293/(1+\beta t_{大气})$）$/\mathrm{kg\cdot m^{-3}}$</td><td>20</td><td></td><td></td><td></td><td></td></tr>
<tr><td>气体密度（$\rho_g = \rho_0/(1+\beta t_{均})$）$/\mathrm{kg\cdot m^{-3}}$</td><td>21</td><td></td><td></td><td></td><td></td></tr>
<tr><td>$h_{几} = \pm 9.81H(\rho_D - \rho_g)$</td><td>22</td><td></td><td></td><td></td><td></td></tr>
<tr><td>分段阻力损失/Pa</td><td colspan="2">$h_{段} = \sum(h_{摩} + h_{局} + h_{几})$</td><td>23</td><td></td><td></td><td></td><td></td><td></td></tr>
<tr><td>管道总阻力损失/Pa</td><td colspan="2">$h_{总} = \sum h_{段}$</td><td>24</td><td colspan="5">$\sum$（Ⅰ + Ⅱ + Ⅲ + Ⅳ + Ⅴ）</td></tr>
</table>

注：分段号和分段名称按实际管路系统情况确定。

（4）鼓风机选择。选择鼓风机主要是确定鼓风机的额定压力和额定流量。

1）额定压力的确定，鼓风机的额定压力计算公式为：

$$p \geqslant \sum(\text{空气管路系统压力损失} + \text{流量检测元件和调节阀门压力损失} + \text{烧嘴额定供风压力}) \tag{4-55}$$

其中：

①空气管路系统压力损失，按表 4-35 计算。

②流量检测元件和调节阀门压力损失，由自动化部分的设计计算确定。若尚未确定，可做如下估算：流量孔板压力损失取 800~1000Pa，阿牛巴流量计压力损失取 150~200Pa；调节阀门（一般为蝶阀）压力损失取 500~700Pa，高压煤气管路上的自动调节蝶阀压力损失宜取 1.0~1.5kPa，以保证必要的调节性能。

③烧嘴额定供风压力，由烧嘴型号、燃烧能力所需的额定压力确定。

2）额定流量的确定，鼓风机的额定流量：

$$V_{空} \geqslant L_{n湿} B_{实}(1 + \beta t_{环}) \tag{4-56}$$

式中 $B_{实}$——炉子最大燃料消耗量，见式（3-120），m^3/h(标态)或 kg/h；

$L_{n湿}$——燃烧单位燃料实际湿空气需要量，见式（3-9），m^3/m^3 或 m^3/kg(标态)；

$t_{环}$——鼓风机安装处环境最高温度，℃。

根据上述计算确定鼓风机的额定压力（Pa）和额定流量（m^3/h），查阅鼓风机产品目录，选用相应型号的鼓风机。

鼓风机的型号有很多种，表 4-36 给出了其中的一种，供参考。

表 4-36　9-19 系列离心通风机

型号	转速 /r·min⁻¹	序号	流量 /$m^3 \cdot h^{-1}$	压力 /Pa	配用电机功率/kW	型号	转速 /r·min⁻¹	序号	流量 /$m^3 \cdot h^{-1}$	压力 /Pa	配用电机功率/kW
No. 10D	1450	1	6440	5540	30	No. 14D	1450	3	25916	11771	132
		2	7942	5941				4	30040	11464	220
		3	9445	5891				5	34163	10967	
		4	10947	5740				6	38286	10457	
		5	12450	5498				7	42409	9878	
		6	13952	5244	37	No. 16D	1450	1	26377	15425	315
		7	15455	4958				2	32531	15700	
No. 12.5D	1450	1	12577	9229	75			3	38686	15563	
		2	15512	9390				4	44841	15151	
		3	18447	9310				5	50991	14488	
		4	21381	9068	110			6	57150	13808	410
		5	24316	8678				7	63305	13035	
		6	27251	8278		No. 11.2D	1450	1	9047	7364	45
		7	30186	7822				2	11158	7491	
No. 14D	1450	1	17670	11668	132			3	13269	7428	
		2	21793	11874				4	15380	7236	

续表 4-36

型号	转速 /r·min^{-1}	序号	流量 /m^3·h^{-1}	压力 /Pa	配用电机功率/kW	型号	转速 /r·min^{-1}	序号	流量 /m^3·h^{-1}	压力 /Pa	配用电机功率/kW
No. 11. 2D	1450	5	17491	6927	75	No. 14D	960	3	17158	5047	37
		6	19602	6609				4	19888	4917	75
		7	21713	6246				5	22618	4909	
No. 12. 5D	960	1	8327	3975	22			6	25348	4494	
		2	10270	4043				7	28078	4249	
		3	12213	4009		No. 16D	960	1	17463	6570	75
		4	14156	3907				2	21538	6683	
		5	16099	3741	37			3	25613	6627	
		6	18042	3571				4	29687	6456	110
		7	19985	3377				5	33762	6180	
No. 14D	960	1	11699	5004	37			6	37837	5898	
		2	14428	5090				7	41912	5575	

注：更多风机型号可查风机厂家产品手册。

B 煤气管路系统阻力损失的计算

煤气管路系统阻力损失的计算过程同空气管路系统。根据计算结果，验算炉前煤气接点（炉前总煤气管路始端）压力是否合适。如不合适，可采取以下措施：（1）提高供气压力；（2）更换煤气烧嘴类型（选用低压煤气烧嘴）；（3）改变管道走向，缩短管路长度或扩大管路直径。

4.5.1.6 烟囱计算及排烟机选择

A 烟道阻力损失计算

烟道阻力损失计算方法和步骤与空（煤）气管道阻力损失相似。

a 烟道断面积的计算及结构的确定

（1）烟道断面积 $F_{烟道}$：按式（4-46）计算。

（2）烟道结构：按一定要求选定。地下烟道可采用60°或180°拱顶结构，一般采用180°拱顶结构。地上烟道除可采用60°或180°拱顶结构外，有的也可采用平顶结构。对于上排烟的炉子，其上排烟烟道一般采用焊接结构（内衬绝热材料），断面为圆形或矩形。

对于采用60°或180°拱顶结构的烟道，根据计算的 $F_{烟道}$ 查表4-29或表4-30，确定其具体尺寸（高、宽和当量直径）。对于采用平顶、圆形或矩形结构的烟道，其具体尺寸可自行确定。

b 计算步骤

（1）绘制烟道系统（炉膛出口到烟囱底部或排烟机入口）简图，可用单线图表示，在简图上标明直线段长度、当量直径以及拐弯处形状和角度。

（2）分段，见4.5.1.1节所述分段原则。

（3）计算每段中的烟气平均温度，见4.5.1.3节所述计算方法。

(4) 阻力损失计算，分别计算各段的阻力损失及总阻力损失。

c 计算方法

采用表格化计算方法，计算表格形式见表 4-37。

表 4-37 烟道阻力损失计算表

		分段号	1	Ⅰ	Ⅱ	Ⅲ	Ⅳ
		分段名称	2	炉尾竖烟道	竖烟道到换热器	换热器	换热器到烟囱或排烟机入口
通道尺寸		分段长度 L/m	3			另行计算	
通道尺寸		断面尺寸/mm	4				
通道尺寸		断面积 F/m^2	5				
通道尺寸		当量直径 d/m	6				
通道尺寸		垂直高度 H/m	7				
气体参数		种类	8				
气体参数		密度（标态）$\rho_0/kg \cdot m^{-3}$	9				
气体参数		流量（标态）$V_0/m^3 \cdot h^{-1}$	10				
气体参数		流速（标态）$u_0/m \cdot s^{-1}$	11				
气体参数		平均温度 $t_{均}$/℃	12				
通道阻力损失/Pa	摩擦损失	摩擦阻力系数 λ	13				
通道阻力损失/Pa	摩擦损失	$h_{动} = \frac{u_0^2}{2}\rho_0(1 + \beta t_{均})$	14				
通道阻力损失/Pa	摩擦损失	$h_{摩} = \lambda \frac{L}{d} h_{动}$	15				
通道阻力损失/Pa	局部损失	阻力系数：$\zeta_i = n \times j$ 式中 i——来源，见表 4-33； n——个数； j——数值	16				
通道阻力损失/Pa	局部损失	$\sum \zeta$	17				
通道阻力损失/Pa	局部损失	$h_{局} = \sum \zeta \cdot h_{动}$	18				
通道阻力损失/Pa	几何压头	地区大气最高温度 $t_{大气}$/℃	19				
通道阻力损失/Pa	几何压头	大气密度（$\rho_D = 1.293/(1 + \beta t_{大气})$）$/kg \cdot m^{-3}$	20				
通道阻力损失/Pa	几何压头	气体密度（$\rho_g = \rho_0/(1 + \beta t_{均})$）$/kg \cdot m^{-3}$	21				
通道阻力损失/Pa	几何压头	$h_{几} = \pm 9.81H(\rho_D - \rho_g)$	22				
分段阻力损失/Pa		$h_{段} = \sum (h_{摩} + h_{局} + h_{几})$	23				
烟道总阻力损失/Pa		$h_{总} = \sum h_{段}$	24	Σ（Ⅰ+Ⅱ+Ⅲ+Ⅳ+Ⅴ）			

注：分段号和分段名称按实际烟道系统情况确定。

B 烟囱计算

烟囱计算的目的：根据排出炉内烟气所需要的抽力，设计新烟囱或对现有烟囱的抽力进行验证。计算的内容有：烟囱的直径和高度。

a 烟囱直径（内径）计算

（1）烟囱出口直径 $D_{囱出}$。综合考虑烟囱出口气流动能损失及防止发生倒烟现象，烟囱出口气流速度（标态）一般取 $u_{囱出}=2\sim4\text{m/s}$。

烟囱出口截面积：
$$F_{囱出}=\frac{V_{烟}}{3600u_{烟出}}\quad(\text{m}^2)$$

烟囱出口直径：
$$D_{囱出}=\sqrt{\frac{4F_{囱出}}{\pi}}\quad(\text{m})\tag{4-57}$$

式中 $V_{烟}$——最大排烟量（标态），m^3/h。

（2）烟囱底部直径 $D_{囱底}$。为使烟囱稳定，应使 $D_{囱底}>D_{囱出}$，一般取：
$$D_{囱底}=1.5D_{囱出}\quad(\text{m})\tag{4-58}$$

（3）烟囱平均直径 $D_{囱均}$：
$$D_{囱均}=\frac{1}{2}(D_{囱底}+D_{囱出})=1.25D_{囱出}\quad(\text{m})\tag{4-59}$$

b 烟囱高度计算

烟囱底部的抽力 $h_{底抽}$ 是由烟囱中废气的几何压头 $h_{囱几}$ 产生的。但是，烟囱中废气的几何压头不能全部成为有用的抽力，而有一部分用于克服烟囱中废气流动的摩擦阻力 $h_{囱摩}$ 和烟囱出口气体排入大气时的动头损失 $h_{囱出}$。所以，烟囱中废气产生的几何压头应为：
$$h_{囱几}=h_{底抽}+h_{囱摩}+h_{囱出}\tag{4-60}$$

其中：
$$h_{囱几}=Hg(\rho_{大气}-\rho_{烟})=9.81H\left(\frac{1.293}{1+\beta t_{大气}}-\frac{\rho_{烟}}{1+\beta t_{烟均}}\right)\quad(\text{Pa})\tag{4-61}$$
$$h_{底抽}=\sum h_{道}\quad(\text{Pa})\tag{4-62}$$
$$h_{囱摩}=\lambda\frac{H}{D_{囱均}}\times\frac{u_{烟均}^2}{2}(1+\beta t_{烟均})\quad(\text{Pa})\tag{4-63}$$
$$h_{囱出}=\frac{u_{烟出}^2}{2}\rho_{烟}(1+\beta t_{烟出})\quad(\text{Pa})\tag{4-64}$$

把式（4-61）~式（4-64）代入式（4-60）整理得烟囱高度计算式为：
$$H_{计}=\frac{\sum h_{道}+\frac{1}{2}u_{烟出}^2\rho_{烟}(1+\beta t_{烟出})}{9.81\left(\frac{1.293}{1+\beta t_{大气}}-\frac{\rho_{烟}}{1+\beta t_{烟均}}\right)-\frac{\lambda}{D_{囱均}}\times\frac{u_{烟均}^2}{2}(1+\beta t_{烟均})}$$
$$=\frac{2\sum h_{道}+u_{烟出}^2\rho_{烟}(1+\beta t_{烟出})}{\left(\frac{25.37}{1+\beta t_{大气}}-\frac{19.62}{1+\beta t_{烟均}}\right)-\frac{\lambda}{1.25D_{囱出}}u_{烟均}^2(1+\beta t_{烟均})}\quad(\text{m})\tag{4-65}$$

式中 $\sum h_{道}$——炉膛排烟口到烟囱底部气流阻力损失，见表 4-37 计算值，Pa；

$u_{烟出}$——烟囱出口废气流速（标态），m/s；

$\rho_{烟}$——烟气密度（标态），见式（3-13）计算值，kg/m^3；

$t_{烟出}$——烟囱出口废气温度,℃;

$t_{大气}$——烟囱外侧大气温度，按年最高温度计算,℃;

$t_{烟均}$——烟囱内废气平均温度, $t_{烟均} = (t_{烟底} + t_{烟出})/2$, ℃;

λ——烟囱内气流摩擦阻力系数，见表 4-32;

$D_{囱均}$——烟囱平均直径, $D_{囱均} = 1.25 D_{囱出}$, m。

c 设计烟囱时应注意的问题

(1) 烟道和烟囱内表面在使用过程中会产生积灰现象，从而增大烟气流动阻力。所以实际设计时应考虑留有余量，实际烟囱高度要大于计算值，一般取:

$$H_{实} = (1.2 \sim 1.3) H_{计} \quad (m) \tag{4-66}$$

(2) 考虑烟囱周围环境卫生条件，工厂的烟囱不应低于 16m，并要高出烟囱附近（直径 100m 范围）的最高建筑物 5m 以上。

(3) 对于砌砖烟囱，为砌砖方便，烟囱出口直径不小于 800mm。

C 排烟机（引风机）选择

排烟机（引风机）是一种强制排烟的机械设备，必须根据生产上的要求正确选用，其选择主要是根据排烟量（烟气实际状态的流量）和压力（抽力）确定引风机型号。

a 排烟量的计算

一般排烟机的常用排烟温度为 200℃，最高为 250℃。

(1) 排烟温度低于 250℃。这种情况下，实际排烟量 $V_{t烟}$ 为:

$$V_{t烟} = V_{烟}(1 + \beta t_{烟出}) \quad (m^3/h) \tag{4-67}$$

式中 $V_{烟}$——最大排烟量（标态）, m^3/h;

$t_{烟出}$——烟道出口进入排烟机处的烟气最高温度,℃。

(2) 排烟温度高于 250℃ 的计算。

1) 掺冷风降温。掺冷风地点一般选择在排烟机入口前不远处，这样可不影响烟道的排烟。

掺冷风后混合气体流量，为了简化计算，设 $c_{烟} = c_{空} = c_{混}$，则:

$$V_{t混} = \left(\frac{V_{烟}(t_{烟} - t_{混})}{t_{混} - t_{大气}} + V_{烟} \right)(1 + \beta t_{混}) \quad (m^3/h) \tag{4-68}$$

式中 $V_{t混}$——在 $t_{混}$ 温度下的混合气体流量, m^3/h;

$V_{烟}$——烟气在标准状态下的流量, $V_{烟} = V_n B$, m^3/h;

$t_{烟}$——掺冷风前的烟气温度,℃;

$t_{混}$——掺冷风后的烟气温度（$t_{混}$<250℃）,℃;

$t_{大气}$——掺冷风温度，取掺冷风处的大气年最高温度,℃。

2) 选用耐高温引风机，此时排烟温度下的烟气流量可按式（4-67）计算。由于耐高温引风机成本较高，一般情况下不采用。

b 排烟机压力的计算

为了改善操作现场的空气环境，一般情况下，烟气经过排烟机后还要通过一定高度的烟囱，才能排入大气。所以，排烟机所需压力必须包括用以克服炉膛排烟口到排烟机入口的阻力损失 $\sum h_{道}$ 和排烟机出口到烟囱出口的阻力损失 $\sum h_{囱}$。为了留有余量，实际阻力损失通常取大于计算值的20%~30%，总阻力损失：

$$\sum h_{总}=(1.2\sim1.3)(\sum h_{道}+\sum h_{囱})$$

根据计算所得的排烟量和总阻力损失，选用相应型号的排烟机。

4.5.2 炉前管道系统设计

工业炉炉前管道系统设计主要包括炉前煤气、空气管道系统的设计。

对于炉前空气管道系统，如果多座炉子共用一套鼓风总管道供风，那么炉前空气管道系统是指鼓风总管道分支出口到炉子各烧嘴之间的管道及装置。如果每座炉子独立鼓风机供风，那么炉前空气管道系统是指鼓风机出口到炉子各烧嘴之间的管道及装置。对于采用空气换热器预热空气的炉子，炉前空气管道系统包括空气换热器。

炉前煤气管道系统是指煤气输送总管道（一般敷设到炉旁）分支出口到炉子各烧嘴之间的管道及装置。若煤气有预热装置的，也包括在该管道系统中。

4.5.2.1 管道系统设计原则

（1）管道系统应满足炉子生产操作的要求，并力求线路最短流动阻力最小。每座炉子的管道系统应能单独进行开闭和调节；要求分段控制的炉子，应满足分段操作的要求。

（2）管道设计应满足炉子设计生产率的操作要求，并考虑炉子增产的需要。

（3）管道设计应符合安装检测和调节装置的要求。若设计时暂不安装检测和调节装置，管道设计也应留有安装的可能性。

（4）管道系统应保证在工作压力下的严密性，除与管道附件（如阀门）连接和特殊要求外，一般用焊接连接，尽量避免用法兰连接。

（5）装有金属换热器（如空气换热器）的管道系统中，应附设有带切断装置的旁路。对金属空气换热器出口应安装热风放散阀（一般为蝶阀）。

（6）可能冻结的煤气管道附件及其他容易积聚冷凝水的部位，应安装蒸汽保温装置。

（7）炉前净煤气总管道根据需要应设有以下装置：

1）炉前煤气管道入口要串联安装两个主开闭器或一个主开闭器和一个眼镜阀；

2）煤气放散系统；

3）煤气点火试验取样管；

4）排水和排焦油装置；

5）参数（流量、压力等）检测装置、调节阀及安全防爆装置。

4.5.2.2 管道布置

（1）避免将管道（尤其是煤气管道）敷设在车间吊车主要操作区域内。

（2）为了车间通行方便和操作安全，空（煤）气管道应尽量架空敷设，架空高度（管道底面与车间地面之距）一般不小于2.5m。若车间条件限制，需布置在地下时，也需设地沟，并保证地沟有良好的通风和检修条件，且该段管道避免用法兰连接。

（3）炉前煤气管道布置一般可不考虑排水坡度，但应在水平管段的流量测量孔板及主开闭器的前后、分段管道的末端以及容易积水的部位设置放水管和阀门，定期排放；或采用水封式自动排水装置，水封深度应等于或大于煤气最高压力。炉前空气管道布置一般不考虑排水坡度，也不必设置放水管和阀门。

（4）冷发生炉煤气及其混合煤气的炉前水平管道布置应有千分之二的排油坡度，并在最低处设置排除焦油设施。

(5) 热发生炉煤气管道上应有清灰孔和人孔。清灰孔和人孔的数量和布置，应保证清灰和检修的方便。

(6) 对应每个烧嘴的空（煤）气分支管道上都必须安装阀门，用以调节或截止空（煤）气。

(7) 在管道需要经常操作、检测和维护的部位要架设平台或斜梯。

4.5.2.3 检测装置的安装

(1) 空（煤）气管道设计应保证在流量孔板的前后，具有不产生任何局部阻力的直线段，其最短长度一般在孔板前为管径（内径）的 8~15 倍，孔板后为管径的 4~5 倍，管道横截面不圆度不大于±0.5%~±2.0%。对安装其他种类的流量检测仪表，如阿牛巴流量计，其前后直管段长度和不圆度视仪表具体安装要求确定。

(2) 高压煤气管道的自动调节阀一般要安装旁通管和阀门。开炉点火时调整旁通阀的开启度，使在自动调节阀完全关闭的情况下烧嘴前有足够的煤气压力维持烧嘴稳定燃烧状态，以避免烧嘴回火。

4.5.2.4 管道膨胀补偿及补偿装置

为了保证管道在热状态下稳定和安全地工作，减轻管道受热膨胀时产生的热效力，管道上应设置热膨胀的补偿装置。补偿方式有两种：自然补偿和补偿器补偿。

(1) 自然补偿：利用管路中的弯头等进行的补偿。这种补偿方式的补偿量很小，仅适合于炉前冷气体（空气、煤气）管道由于环境温度变化所引起的管道长度变化的补偿；或者较短的管外不绝热的热气体管道长度变化量的补偿。

(2) 补偿器补偿：较长的管外绝热包扎的热气体（空气、煤气）管道、辐射换热器等由于其长度变化量较大，自然补偿无法满足补偿要求，必须采用补偿器补偿。常用的补偿器有波形补偿器、鼓形补偿器和套管补偿器等，可根据具体情况进行选用。补偿器的长度应根据要求的补偿量来确定，要求补偿量取决于管道长度、最高最低温度差和管道材料的线膨胀系数。

4.5.2.5 煤气放散系统

(1) 净煤气管道放散系统应符合下列要求：

1) 每座炉子要能单独进行放散；同一座多段式炉子可根据生产和检修的需要，考虑分段放散。

2) 放散应按煤气流向进行，放散管安装位置要考虑到管段各处均能受到吹扫，为此放散管应从总管道两个主开闭器之间、各段煤气管的末端及管段最高点引出。为节省放散管，可将各放散管并联后再引到车间厂房外。

3) 煤气管道直径小于 50mm 的可不设放散管；管径小于 100mm，而且管内充气体积不超过 0.3m^3的可设放散管，但可不用保护气体吹扫，直接用煤气放散；管径大于 100mm 或管径虽小于 100mm 但管内充气体积超过 0.3m^3的煤气管道，不但要设放散管，而且还要先采用保护气体吹扫，而后再用煤气放散。保护气体吹扫接点设在炉前煤气总管道第二个主开闭器和分段管道开闭器后并尽量靠近开闭器。接点采用带阀的接管（大型炉用 2.54mm（1″）管，中小型炉用 1.27mm（1/2″）管），使用时临时用胶皮管与保护气体源接通。

4）当将煤气管内煤气直接放散到大气中时，放散管应高出附近 10m 内建筑物（有人居住或操作的）最高通气口 4m，而且不低于地面 10m。

（2）炉前热脏发生炉煤气管道也应设放散管，并设法改善放散装置结构，消除堵塞头效的毛病。不允许在设计中利用炉子、烟囱和管道上的人孔放散煤气。

（3）保护气体吹扫和煤气发散时间，一般大型炉子需 30min～1h，小型炉子约需 15min。放散管直径一般可按表 4-38 选取。

表 4-38 煤气放散管直径

管段长度/m	炉前煤气管直径/mm			
	50～100	150～250	300～400	450～550
2	—	—	32	40
4	—	—	40	50
6	—	25	50	65
8	—	40	65	65
10	—	40	65	65
20	25	50	65	100
40	40	65	80	100
60	50	65	80	100
80	50	80	100	100

4.5.2.6 管路设计

A 管径计算与管道规格确定

空、煤气管道管径的计算与管道规格的确定见式（4-45）。

B 管道制作

空、煤气管道的制作要求如下：

（1）管道公称直径小于或等于 150mm，一般直接选用焊管（GB/T 3091）；管道公称直径大于 150mm，一般采用钢板卷制，卷管外径及壁厚可参考表 4-28。

（2）管道分件必须考虑制作、运输和现场安装的可能与方便，分件长度最好不超过 6m。带有垂直弯头的管件，其中一侧管长度不超过 6m，另一侧管长度最好不超过 2m。

（3）现场接管安装焊缝一般应设在管道的直管段上，不可利用弯头等制作焊缝作为安装焊缝。

（4）管道拐弯用弯头（90°、45°等），管道公称直径 $D_g \leqslant 150$mm 的，一般采用冲压弯头，自行制作 90°热弯时，曲率半径 $R \geqslant 3.5d$（管道外径）；管道公称直径 $D_g > 150$mm，其弯头一般采用分块焊接，结构尺寸可参考文献［4］中相关表格查取。

（5）煤气中含冷凝水和焦油等杂质较多（尤其是焦油）时，为防止煤气总管道内的冷凝水和焦油等流入烧嘴和堵塞开闭器，一般应从煤气总管道侧面接出支管，避免从总管道底部直接接出。空气支管可以从空气总管道底部直接接出。

C 管道用法兰

工业炉炉前管道用法兰主要用于管道附件（如蝶阀、闸阀等）的连接，管道用法兰的公称压力和形式必须与附件上的法兰相对应。管道用法兰的公称压力有 0.25MPa(2.5bar)、0.6MPa（6.0bar)、1.0MPa（10bar)、1.6MPa（16bar）和 2.5MPa（25bar）等，标记分别为 PN2.5、PN6、PN10、PN16 和 PN25 等；法兰形式（用于炉前空煤气管道、燃油管道）常用的有平面板式和凸面板式两种。炉前空煤气管道用法兰公称压力一般不超过 1.0 MPa，炉前燃油管道用法兰一般不超过 1.6MPa。法兰尺寸可参考 GB/T 9119—2010。

管道用法兰公称压力 PN 小于 2.5MPa，制造法兰用材料为 Q235A 板材或锻件，最高使用温度 300℃。

D 管道绝热保温

一般导热系数小于 1kJ/(m·h·℃)的材料均可作为热气体管道的绝热保温材料，目前常用的为泡沫混凝土、硅藻土砖、轻质黏土砖、岩棉、耐火纤维等。绝热保温材料的选择应以经济耐用、因地制宜为原则。在材料选择后，其绝热保温层厚度也要适宜。过薄时热阻小，表面温度高，散热量大；过厚时虽然热阻增加，表面温度低，但散热表面亦增加，总散热量未必能减少，材料用量也多。

热气体管道绝热保温方式有管外包扎和管内砌衬两种，应根据管道内径和管内气体温度确定。普碳钢金属管管壁温度不宜超过 350℃，当管内气体温度低于 400℃、管径小于 70mm 时，可采用管外包扎绝热。当管内气体温度高于 400℃时应采用砌衬绝热，管道砌衬后的内径一般不小于 500mm，并应每隔 15~20m 设置人孔。

管外绝热保温方法根据选用材料不同可采用涂抹式、喷涂式或捆绑式，其厚度一般为 50~100mm。

管内绝热保温，因为保温层直接与热气体接触，保温层内表面应能耐冲刷，所以常用硅藻土砖或轻质黏土砖。为了加强绝热保温效果和热膨胀需要，在金属管壁与砖衬之间垫 10~20mm 的岩棉或石棉板。为了施工方便，砖衬厚度一般为 116mm 的倍数，即 116mm 或 232mm。

4.5.3 排烟系统设计

4.5.3.1 排烟形式

A 自然排烟

自然排烟就是利用烟囱把炉烟排入大气中。目前设在车间外面的烟囱，低于 60m 的大部分为砖砌烟囱，高于 60m 的大多数采用钢筋混凝土结构。设在车间内或直接从炉顶排烟大都采用金属烟囱（用 $\delta=4\sim12$mm 的钢板制作），当排烟温度低于 500℃时，金属烟囱内部可以不砌衬砖。

烟囱高度的计算及烟囱设计注意问题见 4.5.1.6 节。

炉子以净煤气为燃料，且完全燃烧的小型加热炉或热处理炉，操作条件允许且车间换气能力能够排除炉子烟气和热量时，可采取车间内排烟，但排烟口高度应保证劳动条件和操作安全。

B 机械排烟

当炉子排烟系统阻力较大，需要烟囱高度太高或有其他特殊需要时，可以采用机械排烟方式。

(1) 排烟机排烟（直接式机械排烟）。排烟机排烟能力的计算、排烟性能及选用见4.5.1.6节。

值得注意的是：1) 采用排烟机排烟时，如果排烟实际温度低于排烟机额定温度较多或在冷态下起动时，由于气体的重度增加，排出相同体积所需功率增加，此时必须严格控制流量（关小阀门），以免造成电机过载而损坏。2) 烟气中含尘量高会增加排烟机叶轮的磨损，降低其使用寿命。为此，若烟气中含尘量及颗粒度超过排烟机规定的容许值时，需采取除尘措施。

(2) 喷射器排烟（间接式机械排烟）。烟囱高度不够，不能满足排烟要求或者排烟温度过高，不能采用排烟机排烟的情况下，可以采用喷射器排烟，喷射器排烟就是利用喷射器的喷射过程产生负压排烟。喷射介质可以是蒸汽、压缩空气或高压鼓风机送风。采用喷射器排烟可以不受排烟温度和烟气中含尘量的限制，适用性强，但动力消耗要比排烟机排烟增加1.5~2倍。

喷射器的设计计算可参考《工业炉设计手册》相关章节，这里不做赘述。

上述三种排烟方式在生产中均有应用。自然排烟虽然一次投资较大，但运行成本和维护费用很低，所以火焰炉排烟一般均采用自然排烟，其次是排烟机排烟，喷射器排烟应用较少。

4.5.3.2　烟道

A　烟道位置

(1) 地下烟道不会妨碍交通和地面上的操作，因此一般烟道都尽量布置在地下。地下烟道的顶部最高点或混凝土外框上表面离车间地坪的距离一般不小于300mm，烟道底部最低点尽可能在地下水位线之上。

(2) 在地下水位较高，且烟道布置对车间内的交通运输和作业面积影响不大时，宜采用地上烟道或半地上烟道。

(3) 车间内地下水位较高，布置地上烟道或半地上烟道又会极大地影响车间内的交通运输和操作时，只能采用地下烟道，但要采取防水措施。

B　烟道走向

(1) 烟道路程尽量短，局部阻力损失尽量小。

(2) 只有一座炉子，并单独烟囱排烟时，条件允许烟囱位置尽量靠近炉子（但要留出安装换热器的位置），烟道尽量走直线。

(3) 车间内有多座炉子共用一套排烟设施时：

1) 一般情况下，炉子尽可能对称布置。烟囱或排烟机应位于这组炉子的对称中心线或靠近对称中心线上；

2) 每座炉子应能单独调节炉压；

3) 每座炉子的分烟道要尽量在靠近烟囱处汇入总烟道，以减少各座炉子之间的相互干扰；

4) 抽力要求较大的炉子，其位置尽可能靠近烟囱；

5) 一座炉子停产或检修时，不影响其他炉子工作。

（4）车间内炉子座数较多，分组排烟情况：

1）每组炉子的座数不宜过多；

2）一般情况可将热工制度相同或相近的炉子安排在同一组；

3）每组炉子尽可能与烟囱是对称布置。

（5）烟道要与厂房柱基础、设备基础和电缆沟等保持一定距离，以免受烟道温度的影响，距离大小可参考表4-39。若条件限制，不能满足表4-39中的距离，那么烟道外壁与基础之间要采取降温或隔热措施。

表4-39 烟道外壁离基础表面的距离

烟气温度/℃	1000~900	800~700	600~500	400~300	200~100
距离/mm	>700	>500	>400	>200	>100

C 烟道结构形式

（1）烟道内衬的拱顶角的角度主要根据烟道的稳定性，一般采用拱顶角180°或60°。烟气温度高、断面面积大或受震动影响较大的烟道，宜采用180°拱顶角。

（2）当采用60°拱顶角时，烟道结构必须保证其拱脚不因推力而移动，地上烟道应有保持其结构稳定的保护措施（如设钢结构）。

（3）烟道遇到下列情况之一时，一般应采用混凝土外框：

1）烟道上经常有动载荷作用，如运输车通过；

2）烟道通过特殊场所，如堆料场、成品库等；

3）烟道附近有较大震动源，如大型锻锤；

4）烟道断面较大，砌体强度不够；

5）采用钢板防水措施。

注：（1）根据烟道通过处的具体条件，可以局部地方采用混凝土外框。（2）整体混凝土外框的顶部，隔一定距离要放置一段活动顶板，以便砌筑烟道时运送材料。

D 人孔配置及其他

（1）为便于烟道的砌筑、检修和清灰等，在烟道上应留有一定数量的人孔。

（2）烟道与炉子、烟囱和大型换热器等基础负荷差别较大的联结处均应设有沉降缝。

（3）位于地下水位以下的烟道，必须有可靠的防排水设施。设计中应考虑烟道进水后，能有排除积水的可能。烟道埋设深度不大时，应注意防地表水侵入烟道。对于这种情况，烟道底部一般设有排水坡度和排水沟，并有排水设施（汇集到排水井，再用水泵抽出）。

E 烟道砌筑

（1）为了便于烟道附件（主要是烟道闸板）的统一，设计烟道内烟道流通断面尺寸（高、宽）一般按表4-29和表4-30系列选用。当采用系列以外的尺寸时，拱形烟道的宽度不得小于500mm，高度不得小于600mm，以便操作人员能进入烟道内进行清理积灰等和检修。

（2）烟气温度在500℃以上时，烟道内衬用黏土砖砌筑，不用红砖砌筑60°拱顶。烟道内宽大于1000mm的烟道，其内层拱顶和侧墙均取一砖厚（232mm）；内宽小于

1000mm 且烟气温度低于 800℃时，可取半砖厚（116mm）黏土砖内衬。

（3）一般烟道外层结构为红砖砌体，其厚度应保证烟道结构的稳定性。有混凝土外框的烟道，在混凝土外框和黏土砖内衬侧墙之间加砌 116~232mm 的绝热砖（硅藻土砖或轻质黏土砖）；黏土砖内衬拱顶上可以用蛭石或珍珠岩制品（粒状）等绝热材料填充隔热。

（4）安装烟道闸板处的烟道断面面积可适当小于主烟道的断面面积（按缩小后的烟道断面面积选用相应的烟闸尺寸），以利于改善闸板的调节性能。

（5）烟气温度低于 800℃的烟道可不留膨胀缝；超过 800℃时，黏土砖砌体每隔 3m 留 10~15mm 膨胀缝。在内衬黏土砖拱顶与外层红砖拱顶之间放 10~20mm 的锯末或草帘。

（6）烟道应有较好的严密性。地上烟道外表面应有 20~30mm 厚的水泥外壳，或设置护烟道钢板。

4.6　炉底水梁的设计

4.6.1　推钢式连续加热炉炉底水梁的结构

推钢式连续加热炉炉底水管由滑道水管和支撑水管两部分组成，如图 4-41 所示。由图 4-41 可见，滑道水管是指直接支撑钢坯，使其在上滑动的水管。滑道水管由纵水管和其上焊接的滑轨组成。

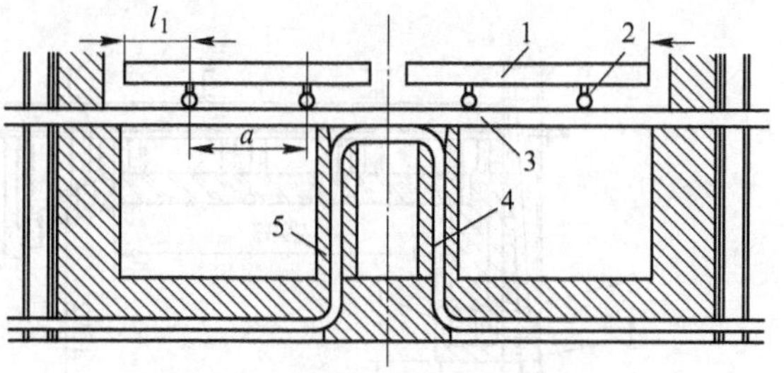

图 4-41　炉底水管结构示意图

1—料坯；2—滑道水管；3—横支撑水管；4—水管支柱；5—水管绝热

4.6.1.1　纵水管

通常采用 $\phi 70 \sim 140$mm（外径）的热轧厚壁无缝钢管制作。当炉子纵水管长度超过 20m 时，为保证其冷却效果与安全生产，其管径应大于 80mm。管壁厚度 δ 可按钢管外径与内径之比约为 1.5 的比例计算确定，一般 $\delta = 10 \sim 30$mm。钢管具体选用规格应写成“外径×壁厚”，如 $\phi 108 \times 18$，单位为 mm。炉底水管常用规格见表 4-40。材质为优质碳素结构钢，常用钢种有 10 号、20 号或 35 号钢等，常用 20 号钢。

A　固定端结构

在钢坯向前推动时，纵水管的受力情况比较复杂，既要承受向前的推力（由钢坯与滑轨之间的摩擦力引起），又要承受钢坯的重力，这一合力主要靠推钢式连续加热炉炉尾装料口的固定装置来保持平衡。当炉子较小（炉子长度较短，钢坯规格尺寸较小）、推钢机推力不大时，纵水管一般只通过扇形支座（圆弧曲率半径 R 约为纵水管外径的 4 倍）固定在炉尾钢结构下横梁上，如图 4-42 所示（不用拉紧装置），一般小型推钢式连续加热

表 4-40　结构用热轧无缝钢管

（摘自 GB 8162—2008）和输送流体用无缝钢管（摘自 GB 8163—2008）　（mm）

外径	壁厚	外径	壁厚	外径	壁厚	外径	壁厚
32	2.5~8.0	76	3.0~19.0	152	4.5~36.0	377	9.0~75.0
38	2.5~8.0	83	3.5~24.0	159	4.5~36.0	402	9.0~75.0
42	2.5~10.0	89	3.5~24.0	168	5.0~45.0	426	9.0~75.0
45	2.5~10.0	95	3.5~24.0	180	5.0~45.0	450	9.0~75.0
50	2.5~10.0	102	4.0~28.0	194	5.0~45.0	(465)	9.0~75.0
54	3.0~11.0	108	3.5~28.0	203	6.0~50.0	480	9.0~75.0
57	3.0~13.0	114	4.0~28.0	219	6.0~50.0	500	9.0~75.0
60	3.0~14.0	121	4.0~32.0	245	7.0~50.0	530	9.0~75.0
63.5	3.0~14.0	127	4.0~32.0	273	7.0~50.0	(550)	9.0~75.0
68	3.0~16.0	133	4.0~32.0	299	8.0~75.0	560	9.0~24.0
70	3.0~16.0	140	4.5~36.0	325	8.0~75.0	600	9.0~24.0
73	3.0~19.0	146	4.5~36.0	351	8.0~75.0	630	9.0~24.0
壁厚尺寸系列	2.5, 3.0, 3.5, 4.0, 4.5, 5.0, 5.5, 6, 6.5, 7, 7.5, 8, 8.5, 9, 9.5, 10, 11, 12, 13, 14, 15, 16, 17, 18, 19, 20, 22, (24), 25, (26), 28, 30, 32, (34), (35), 36, (38), 40, (42), (45), (48), 50, 56, 60, 63, (65), 70, 75						

注：壁厚尺寸系列括号内尺寸不推荐使用。

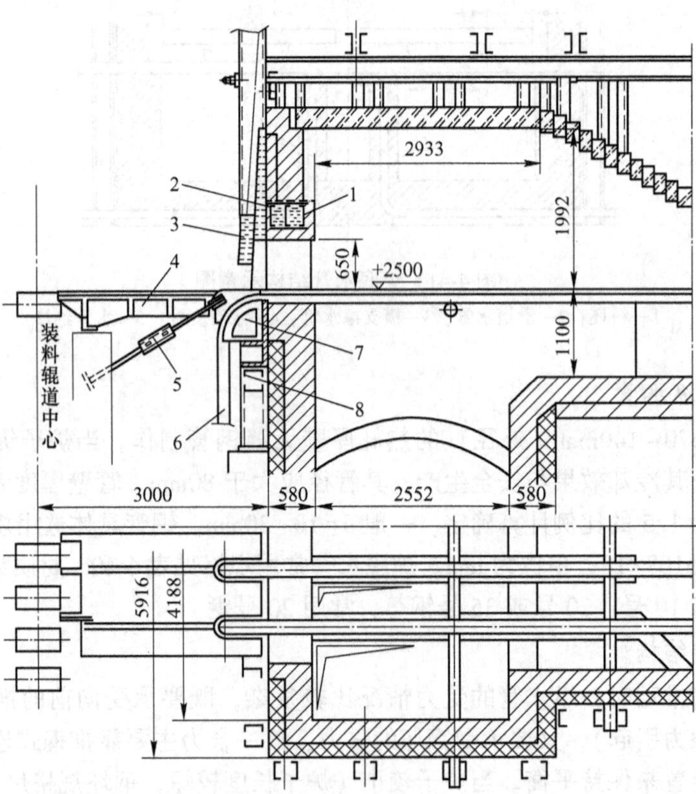

图 4-42　装料端结构实例

1—水梁；2—水冷炉门框；3—水冷装料门；4—装料台架；5—拉紧装置；6—纵水管；7—扇形支座；8—下横梁

炉多采用这种固定结构。对于大中型炉子，推钢机推力较大时，为了防止卡套在扇形装置中的纵水管拉直变形，可用固定在推钢机基础上的拉杆将纵水管拉住（见图 4-42）或采用方钢直接焊接纵水管固定在推钢机基础上。

B 引出端结构

纵水管引出位置，一般是进入均热床（三段式加热炉）或实底床（二段式加热炉）一段距离后引出炉外。引出管（一般外径同纵水管，而壁厚 δ 可减少到 4~6mm）必须在均热床或实底床中的合金钢热滑轨下面穿过，如图 4-43 所示。

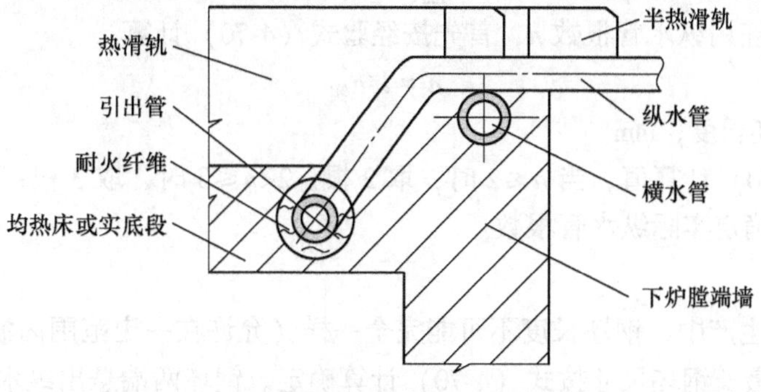

图 4-43 纵水管引出机构

为了减少冷却介质流动阻力（尤其是自然循环汽化冷却），纵水管引出端弯曲段的曲率半径 R 不宜太小，一般为纵水管外径的 4~6 倍。另外几根纵水管可以从炉子一侧引出，也可以从炉子两侧分别引出，主要取决于出水管布置和纵水管根数。砌砖时引出管周围应留有一定空隙或采用耐火纤维包扎，以缓冲纵水管热膨胀量。

C 纵水管架设与固定

在炉内，纵水管直接架设在横水管上，它在炉宽方向上的位置只靠焊在横水管上的限位挡板（δ=16~20mm 碳钢板）来固定，如图 4-44 所示。而不能把纵水管直接焊接在横水管上或其他固定方式，以保证纵水管受热后自由膨胀，而不影响横水管稳定。

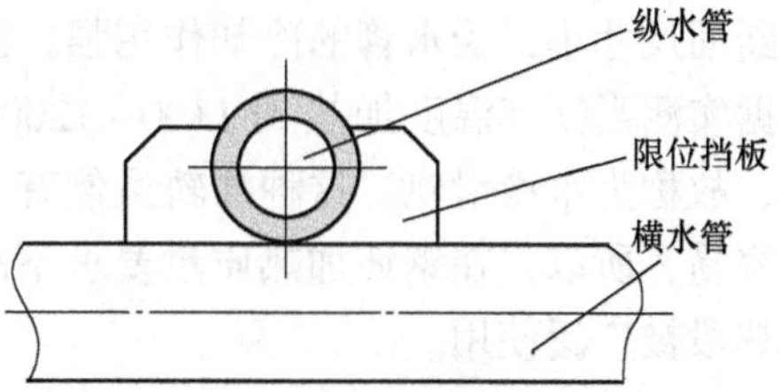

图 4-44 纵水管炉内架设与固定

D 纵水管中心距和根数的确定

推钢式连续加热炉炉内钢坯摆设一般为单排或双排。每排钢坯用纵水管的根数应根据钢坯长度、厚度及加热温度而定，最少 2 根，多则数根。

（1）相邻两根纵水管的最小中心距 a_{min} 应尽量减少下部炉膛火焰对钢坯加热的遮蔽作用，改善钢坯受热条件，根据生产经验，一般 a_{min} >600mm（从这一点看，推钢式连续加热炉不宜加热长度小于 1000mm 的钢坯）。

（2）相邻两根纵水管的最大中心距 a_{max} 应保证钢坯在高温状态下不产生“塌腰”现象。a_{max} 可按经验式（4-69）计算。

$$a_{max} = 5000\sqrt{\delta_{min}} \quad (mm) \tag{4-69}$$

式中　δ_{min}——钢坯最小厚度，m。

综上所述，相邻两根纵水管实际中心距 $a_实$ 应在 600mm～a_{max} 范围内确定。

（3）钢坯两端悬出纵水管外的最小长度 l_{1min}（见图 4-41 中的 l_1），应保证钢坯运行时不“掉道”为限。根据生产经验，l_{1min} >150mm。

（4）钢坯两端悬出纵水管外的最大长度 l_{1max} 应保证钢坯在加热高温状态下，两端下挠不刮碰横水管和均热床（或实底床）床面为限。根据资料，$l_{1max} < a_{max}/2$，故钢坯两端悬出纵水管外的实际长度 l_1 可在 150～a_{max}/2（mm）范围内确定。

（5）每排钢坯用纵水管根数 n，首先按经验式（4-70）计算。

$$n = l/a_实 \tag{4-70}$$

式中　l——钢坯长度，mm。

根据式（4-70）计算值，当 $n \leqslant 2$ 时，取 2 根；$2<n \leqslant 3$ 时，取 3 根；$3<n \leqslant 4$ 时，取 4 根。依次类推，确定实际纵水管根数。

E　说明

（1）在实际生产中，钢坯长度不可能完全一样（允许在一定范围内波动），那么纵水管的根数应根据最长钢坯尺寸按式（4-70）计算确定。钢坯两端悬出纵水管外的长度 l_1 和实际中心距 a 按最短钢坯尺寸确定，再按最长钢坯尺寸校验 l_1 值。

（2）在实际生产中，钢坯长度一样，而钢坯厚度 δ 不同时，纵水管根数和中心距应按钢坯最小厚度 δ_{min} 计算确定。

4.6.1.2　滑轨

为了使钢坯不至于将纵水管磨漏，需在纵水管顶部焊接滑轨，滑轨磨损后可更换，而不必更换纵水管。根据钢坯加热工艺要求，滑轨结构形式有：

（1）水冷滑轨：在纵水管顶部连续焊接 ϕ20～40mm 的圆钢或边长 20～40mm 的方钢，通常采用 ϕ30mm 的圆钢，如图 4-45 中（A—A）材质为 45 号或 Q235A 号钢。这种滑轨由于断面尺寸小，受水管的冷却作用强，温度低，使被加热钢坯产生的水管“黑印”严重。根据实测当钢坯温度加热到 1100～1200℃时，水管“黑印”处最大温度差高达 350℃以上，故称为水冷滑轨。这种滑轨虽然有上述缺点，但结构简单、施工方便、费用较低、更换容易，所以，在钢坯加热质量要求不高的连续加热炉或加热质量要求较高的连续加热炉预热段被广泛使用。

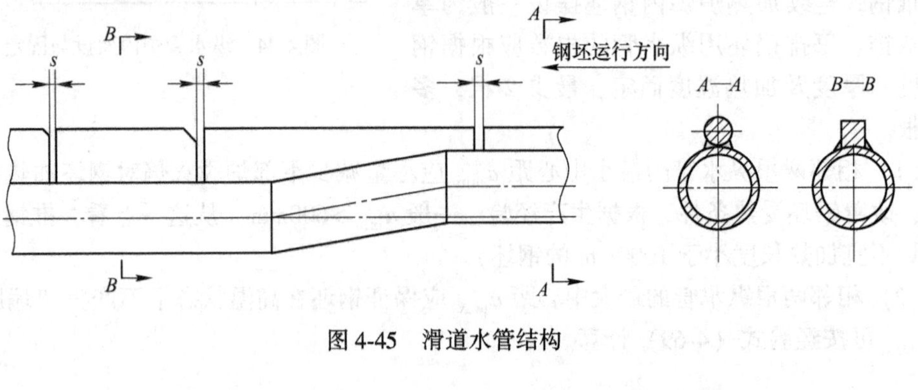

图 4-45　滑道水管结构

（2）半热滑轨：在纵水管顶部间断连续焊接尺寸一般为长200mm、厚30mm、高70～80mm的滑块，如图4-45中（$B—B$）所示，材质为高合金钢。两相邻滑块之间的间隙s根据被加热钢坯的类型确定。当被加热钢坯为方坯时，$s=5\sim10$mm；被加热钢坯为板坯时，$s<(w-l)/2$(mm)（w为板坯宽度，mm；l为滑块长度，mm），也就是一块板坯至少要支撑在两块半热滑块之上，以免产生“掉坯”事故。这种滑轨由于滑块高度是水冷滑块2倍以上，材质为高合金钢，导热系数比碳钢要小，所以被加热钢坯所产生的水管“黑印”比采用水冷滑轨要轻得多，在钢坯加热温度相同条件下，其水管“黑印”处最大温差只有采用水冷滑块的一半左右，故称为半热滑轨。这种滑轨结构简单，但施工难度较大，费用也较高，所以一般只用于推刚式连续加热炉的加热段和均热段。

（3）全热滑轨：图4-46为其中的一种，它是在半热滑轨的基础上再套装钴合金制的“鞍座”。这种滑轨的上表面（接触钢坯处）温度可达1100～1165℃，接近于钢坯加热温度，故称全热滑轨。由于结构复杂，钴合金价格高昂，所以限制了它的作用。只有在钢坯加热质量要求较高的情况下，推钢式连续加热炉的加热段或均热段才有必要使用这种滑轨。

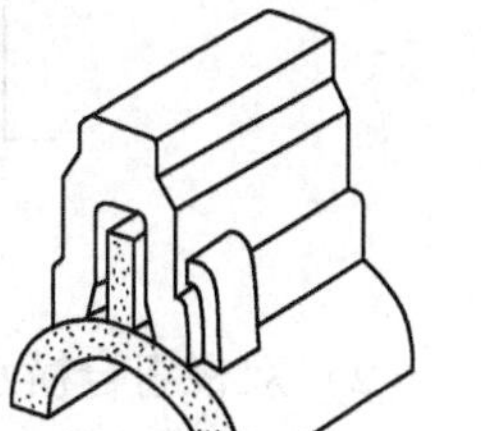

图4-46 全热滑轨示意图

（4）说明：当同一根滑道水管预热段采用水冷滑轨，加热段（和均热段）采用半热滑轨（或全热滑轨）时，由于这两种滑块的高度不同，为了保持两种滑轨的上表面为同一标高，纵水管必须制成拐弯结构，拐弯处焊接特制的过渡滑块。图4-45为现场实际结构。

4.6.1.3 支撑水管

炉内纵水管在加热段和均热段一般用支撑水管支撑。为了减少水冷热损失，在预热段可用纵向砌筑的黏土砖基墙（宽度一般为348～464mm）承托，如图4-47所示。为了强化下加热，预热段的纵水管也可用支撑水管支撑。

支撑水管的中心距b大多等于或整倍于炉侧钢柱的中心距，一般$b=1160\sim3480$mm。炉底水管不同布置与结构计算对比参见4.6.3节相关内容。

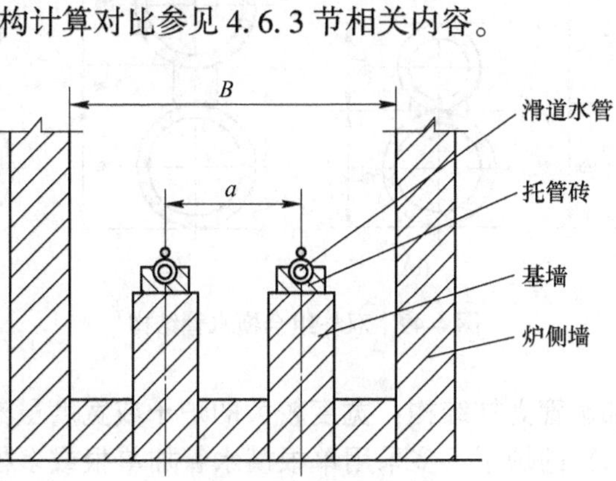

图4-47 预热段基墙结构

A 支撑水管结构

支撑水管结构有单根横水管、双根组合横水管和单根横水管加水管支柱三类。

（1）单根横水管结构：这种结构见图 4-48，其优点是结构简单、对钢坯下表面加热遮蔽作用小，缺点是强度和刚度较小；多用于炉内宽小于 3m，被加热钢坯厚度小于 100mm 的炉子。横水管一般采用外径 ϕ 为 108～159mm，最大不超过 ϕ168mm 的厚壁无缝钢管（见表 4-40）制作。

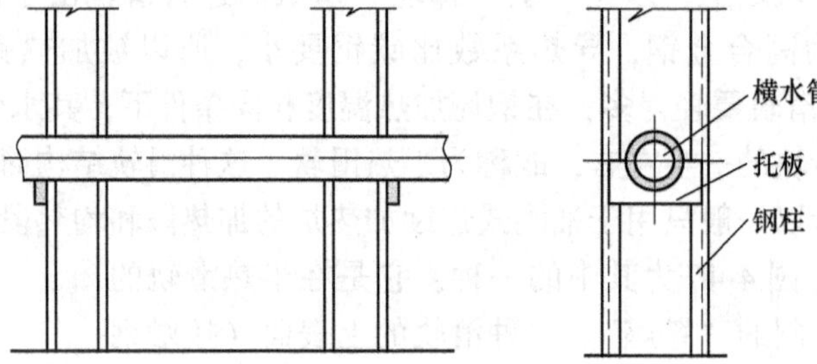

图 4-48 横水管及简支梁固定结构

（2）双根组合横水管结构：采用两根相同管径（通常外径 ϕ 为 89～140mm）和壁厚或两根不同管径（上小下大，如 ϕ89mm×14mm/ϕ152mm×25mm，ϕ89mm×14mm/ϕ168mm×28mm 等）的厚壁无缝钢管（见表 4-40）组合焊接而成（不同管径和壁厚组合的横水管对汽化冷却系统不利），如图 4-49（a）、（b）所示，一般采用两根相同管径和壁厚的组合管。为了增加其抗弯断面系数，两根钢管之间可加焊一条方钢（横断面一般为 30mm×30mm），如图 4-49（c）、（d）所示。这种组合横水管结构有较大的强度和刚度，但当横水管中心距较小（如 1160mm）时，钢坯下表面加热遮蔽作用较大，影响钢坯下表面受热；另外，当下炉膛高度一定时，与采用单根横水管相比，减少了横水管下表面的炉膛高度，不太适合采用端下供热方式。

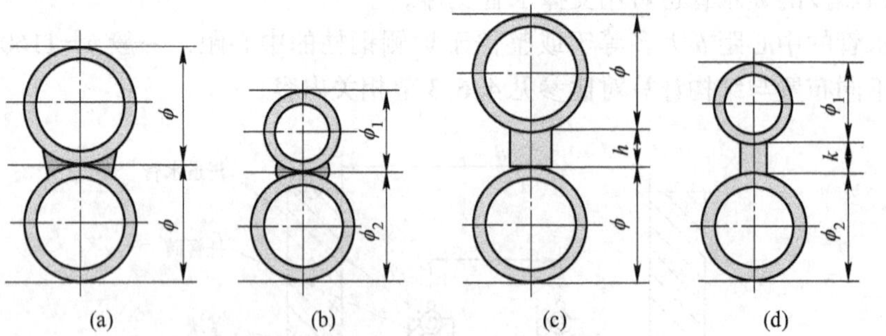

图 4-49 双柱组合横水管结构

（3）单根横水管加水管立柱结构：宽度较大的炉子或宽度虽然不太大，但被加热钢坯厚度较大（δ>150mm）的炉子，多采用单根横水管加单根或多根水管立柱的支撑水管结构。一般立柱水管外径小于或等于横水管外径，通常采用 ϕ108～127mm 厚壁无缝钢管，可不作强度和刚度计算。水管立柱的安装位置应与端下加热烧嘴的位置错开，避免火焰直射。这种结构与双管组合结构相比，在强度和刚度要求相同条件下，具有冷却面积小，对钢坯下加热的遮蔽作用也小，而且水管绝热包扎容易，使用寿命也长，但结构较复杂、施工要求质量高。

根据水管立柱的安装数量和结构不同分为以下两种。

1）“T”字形结构：在单根横水管中间位置安装一根水管立柱，呈“T”字形，故称为“T”字形结构。根据立柱水管的供水方式不同又有三种，炉底供水结构、炉侧供水结构和横水管自身供水结构，如图 4-50 所示。

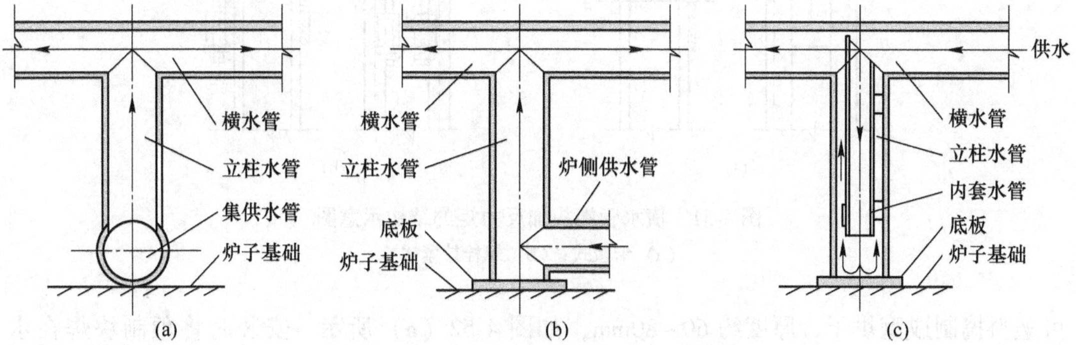

图 4-50 “T”字形支撑水管结构示意图

（a）炉底供水；（b）炉侧供水；（c）横水管自身供水

2）门字形结构：把立柱水管弯成“门”字形，如图 4-41 所示。这种结构相当于两根水管立柱，而且“门”字形中间段相当于双管组合结构。所以，具有更大的强度和刚度，这种结构一般用于宽度大、被加热钢坯厚度也大的炉子。

B 横水管固定方式

上述三种结构的支撑水管中的横水管是沿炉宽方向架设的用来直接支撑纵水管的水管。横水管只要求在炉长方向和高度方向上保持位置固定，而沿炉宽方向上则必须允许其温度变化而自由伸缩。所以横水管有两种固定方式：一种是自由简支梁结构，就是将横水管两端直接搁在焊接于炉两侧对应钢柱外侧（或内侧）的托板（托板厚度 $\delta=16\sim20$mm）上，如图 4-48 所示。这种固定方式结构简单，施工容易，更换方便，是目前在推钢式连续加热炉上最常用的一种。另一种是施反力矩简支梁结构，除在钢柱内侧用托板将横水管支承外，在对应两根钢柱的外侧各加一块压板（卡板式）或压紧装置（螺栓拉紧式），如图 4-51 所示。这种固定方式能减少横水管所受弯矩，可采用较小规格的厚壁无缝钢管，从而减少水管受热面积，降低水冷却损失。但横水管受热后因膨胀而产生的对钢柱的推力较大，加大了钢柱的受力，所以在实际生产中若采用此种结构要特别注意这一问题。另外，这种固定方式施工难度较大，更换横水管不便。

C 炉底水管的绝热包扎

不绝热包扎裸露的炉底水管带走的热损失是很大的，在一定炉温下的水冷却热损失，可按式（3-95）~式（3-100）计算，而绝热包扎后可使这一热损失减少到 1/5~1/8；同时可降低水管“黑印”程度。因此，水管绝热包扎是十分必要的。

炉底水管绝热包扎结构形式目前主要有以下几种。

a 焊瓦式预制块结构

用 $\delta=1.5\sim2$mm 的薄钢板（普碳钢）制作大半圆形底板，长约 200~300mm，该底板的内径略大于被包扎水冷管外径约 2~3mm，其外侧焊有锚固钉，再用耐火混凝土或耐火

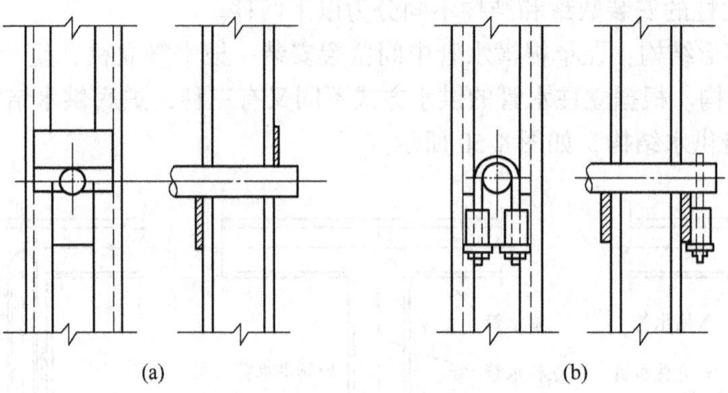

图 4-51 横水管端头加反力矩的结构示意图

（a）卡板式；（b）螺栓拉紧式

可塑料捣制成型烘干，厚度约 60～80mm，如图 4-52（a）所示。安装时将预制块焊在水冷管下表面，采用间断电弧焊接。焊接时必须将预制块的内侧钢板与水冷管贴紧，以加强水冷管对内侧钢板的冷却作用，这是提高预制块使用寿命的关键之一。为此，有的在钢板与水冷管之间涂一层导热性高的石墨膏，以减少接触热阻，增强冷却作用，而后在预制块及水冷管的上方再捣打一层耐火可塑料。图 4-52（b）为单根横水管绝热包扎结构，图 4-52（c）为纵水管绝热包扎结构，4-52（d）为双管组合管绝热包扎结构，4-52（e）为矩形管绝热包扎结构。焊瓦式预制块绝热包扎结构安装及维修比较容易、简单，特别是对快速烘炉升温较能适应。

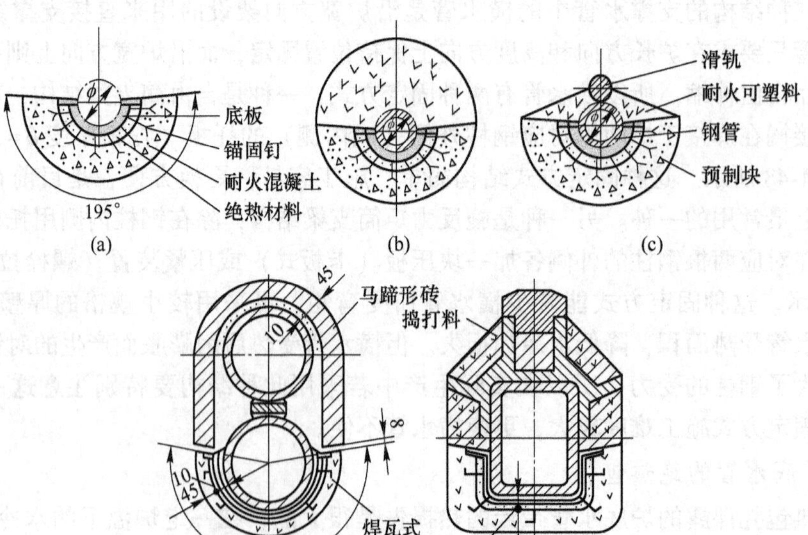

图 4-52 焊瓦式预制块及绝热包扎结构图

b 耐火可塑料捣打结构

（1）单层捣打结构：先在水管壁外侧焊接锚固钩，再将耐火可塑料直接捣打在水管表面，其厚度约60~80mm，如图4-53所示。这种结构具有耐急冷急热性较好，耐高温气流冲刷，耐震动，抗剥落性能好，能抵抗氧化铁皮侵蚀，结渣后易清除，施工也较简便，便于修衬；但施工麻烦。

（2）双层捣打结构：整个绝热包扎层由耐火可塑料外壳（厚50~60mm）和耐火纤维内衬（厚10~15mm）两层组成。耐火纤维内衬起着减少耐火可塑料外壳的内外温差及防震作用，从而保证外壳的热稳定性，延长使用寿命。锚固件基本有两种：一种是在水管上焊接耐热钢锚固钩，见图4-54（c）；另一种是绕缠耐热弹簧，弹簧用ϕ1~2mm钢丝绕成ϕ20~30mm，还有的是在水管上先铺缠耐火纤维，在其上再缠绕穿心钢丝（ϕ3mm），用它绑固耐热钢弹簧（用ϕ1~2mm钢丝绕制直径20~30mm），使用时将弹簧用力拉开，如图4-54（a）、（b）所示。这种结构适用所有炉底水管，效果很好，它比单层捣打结构可减少热损失20%~30%。

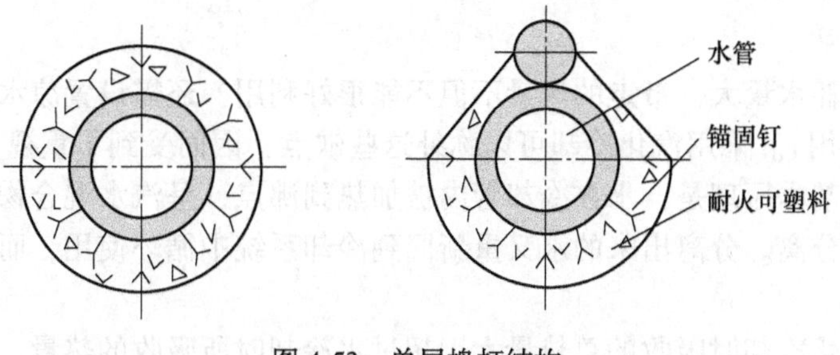

图4-53　单层捣打结构

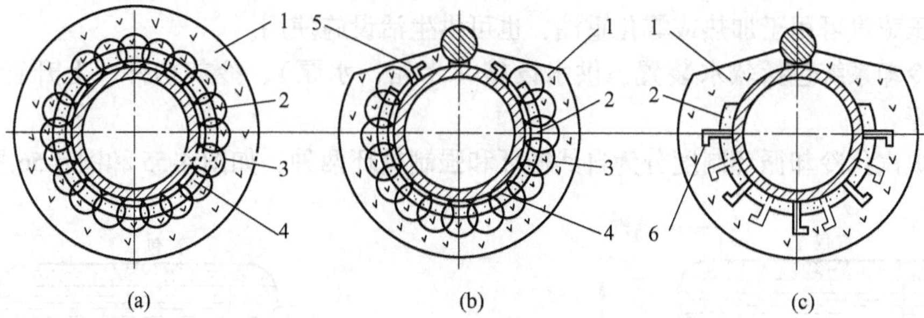

图4-54　捣打式绝热层结构

1—捣打料；2—绝热层；3—耐热钢弹簧；4—耐热钢丝（固定用）；5—固定卡；6—耐热钢钩

4.6.1.4　*冷却方式*

炉底水管的冷却方式分为水冷却和汽化冷却两种。

A　*水冷却*

水冷却就是进入和排出炉底水管的冷却介质均为液态水。排出温度一般不超过55~60℃，以尽量减少结垢和产生气泡。

（1）纵水管的水冷系统：应采用每根纵水管单独供水和排水，一般由高温端进水，炉尾低温端排水（称为“顺流”式，即与炉气流动方向相同）；也可由炉尾低温端供水，高温端排水（称为“逆流”式）。采用顺流式对管壁有利（前后管壁温差小）。

（2）支撑水管的水冷却系统有以下两种：

1）横水管的水冷系统：当炉子宽度不太大时，可采取串联方式冷却，就是把2根或3根（一般为2根）横水管串联起来，串联管路的一端供水，另一端排水（“顺流”式或“逆流”式均可）；而炉子宽度较大，一般采用每根横水管单独供、排水方式。

2）立柱水管的水冷系统：根据立柱水管结构形式采用相应供、排水方式。“门”字形立柱水管，由于其拐弯多（有4个90°拐弯），水流动阻力大，一般均采用单独供、排水；“T”字形支撑水管的水冷却见图4-50，其中图4-50（c）结构的供水水流方向不得相反，否则立柱中会因供水不足而发生事故。

值得注意的是：每个供排水系统均应有自己的进水开闭器和敞开式排水口（便于观察），不允许合并。在排水管上不允许装设任何阀门，否则会由于误操作而产生事故。各系统的排水口或炉外排水管的某一段必须高于炉内水管的最高点，以保证当水流量较小时炉内水管亦能被水充满而不至于产生空隙。

B 汽化冷却

水冷却方式耗水量大，带走的热量不但不能很好利用，还需设置凉水池或凉水塔进行冷却（水循环利用）。采用汽化冷却可以弥补这些缺点，因而受到了重视。

汽化冷却的基本原理是：水在冷却管内被加热到沸点，呈汽水混合物进入汽包，在汽包中使蒸汽和水分离。分离出来的水又重新回到冷却系统中循环使用，而蒸汽从汽包中引出利用。

每千克水汽化冷却时吸收的总热量大大超过水冷却时所吸收的热量，汽化冷却时水消耗量降到水冷却时的1/25~1/30，节约了软水和供水用电。一般连续加热炉水冷却造成的热损失占热总支出项的13%~20%，而同样炉子改为汽化冷却时，热损失可降到10%以下。其低压蒸汽可用于加热或雾化重油，也可供生活设施使用。

汽化冷却系统包括软水装置、供水设施（水箱、水泵）、冷却构件、上升管、下降管、汽包等。

加热炉汽化冷却循环制度分为自然循环和强制循环两种，如图4-55和图4-56所示。

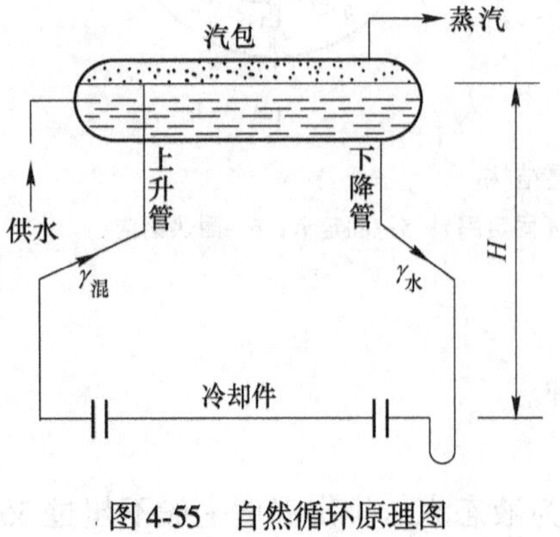

图4-55 自然循环原理图

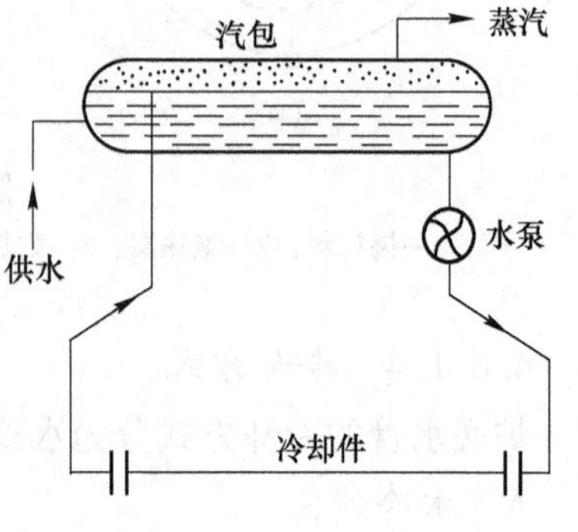

图4-56 强制循环原理图

强制循环需要额外的电源作动力，增加能量消耗和经常运行的费用，这一点不及自然循环，只是有时现场因汽包及管路布置受到限制，要采用强制循环。

自然循环时，水从汽包进入下降管流入炉底水管中，被加热到沸点，呈汽水混合物再经上升管进入汽包。因汽水混合物的密度$\rho_{混}$比水的密度$\rho_{水}$小，故下降管内水的重力大于上升管内汽水混合物的重力，两者的重力差$gH(\rho_{水}-\rho_{混})$，即为汽化冷却自然循环的动力，汽包的位置越高（H越大），或汽水混合物的密度$\rho_{混}$越小（即其中含汽量越大），则自然循环的动力越大。因此在管路布置上，首先要考虑有利于产生较大的自然循环动力，并尽量减少管路阻力。但汽包位置太高，上升管阻力增加很多，同时循环流速增大，会使汽水混合物中含汽量减少，反过来又影响上升动力。此外，汽包高度太大，还将使建设投资增加。

加热炉自然循环冷却系统的布置有三种形式：（1）下降管和上升管均为集管系统，如图 4-57 所示；（2）下降管和上升管均为单回路，如图 4-55 所示；（3）下降管为集管，上升管为单管的系统，如图 4-58 所示。

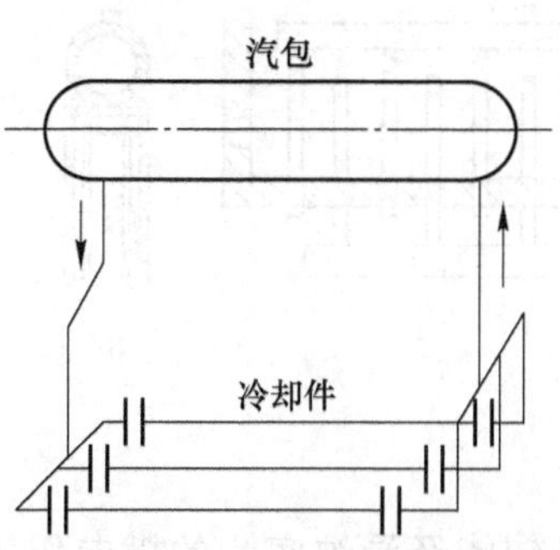

图 4-57　集管系统

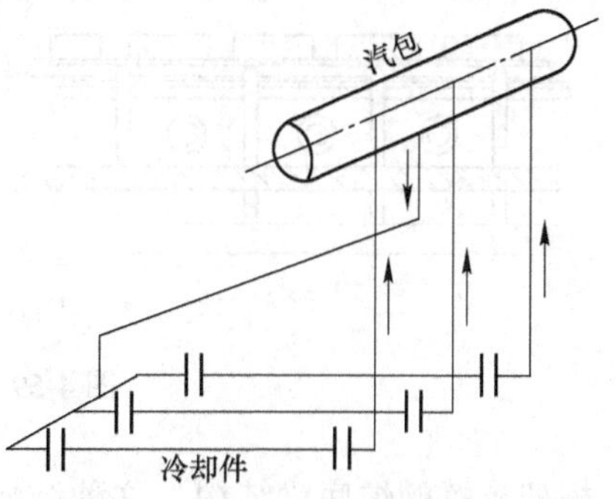

图 4-58　单回路系统

第一种布置结构简单，但各管之间可能产生干扰；第二种布置安全可靠，管与管之间不发生干扰，但管路多而复杂，投资较高，操作不太方便；第三种布置介于前两者之间，自然循环多采用这种系统。有些冷却部件不太多的炉子，也有采用单回路系统的。强制循环系统的炉子，一般都采用第一种，即上升管与下降管都是集管。

对于自然循环系统，对纵水管应采取从低温区进水、高温区出水。这样进入高温时已成汽水混合物，它的对流给热系数大，冷却效果好，水在管内流动也稳定。若高温区进水，水汽化较早，流动阻力增大，对稳定流动不利。对于横水管和立柱水管，由于炉子横断面温度几乎相同，任一侧进水均可，主要取决于管路布置。

4.6.2　步进梁式连续加热炉炉底水梁的结构

步进梁式炉炉底结构和同类型推钢式炉相似，只是把炉底水管由滑道水管和支撑水管改为步进梁和固定梁，并增加了炉底密封。

步进梁式炉炉底水管和推钢式炉炉底水管有类似的地方，都是由冷却水管构成，但它们的受力条件和结构都有着重要区别。推钢式炉内钢坯是在滑道水管上滑行，滑道水管由横水管固定和支撑，而横水管则由炉侧钢柱固定和支撑，所以它们既能承受纵向力，又能承受水平横向力。步进梁式炉内钢坯运动则是交替地由步进梁和固定梁支撑，而步进梁和固定梁都不可能用横水管固定在炉侧的钢柱上。所以步进梁和固定梁及支柱必须有足够的强度和刚度，以承受因钢坯不均衡负载所产生的横向作用力及步进时产生的横向振动。

4.6.2.1 炉底水管结构

步进梁式炉炉底水管结构主要有以下三种形式。

（1）单管支撑的炉底梁结构：由图4-59所示，这种结构的步进梁和固定梁是通长的，用单管立柱水管支撑。这种结构的立柱水管数量最少，因而可减少水冷热损失（水管受热面小）、耗水量和基建费用低，所以应用较广，但要求梁和立柱（尤其是步进梁水管结构）都必须有较高的强度和刚度。特别是立柱要有很好的稳定性，因此大都采用直径较粗的钢管（立柱水管管径大于横梁管径，这恰好与推钢式连续加热炉带立柱横水管结构相反），以克服横向作用力和横向振动。由于立柱水管的直径较大，为了提高立柱水管内冷却水的流速以免产生水垢和其他杂物造成堵塞，而不增加水量，采用了套管结构，如图4-59（b）所示。

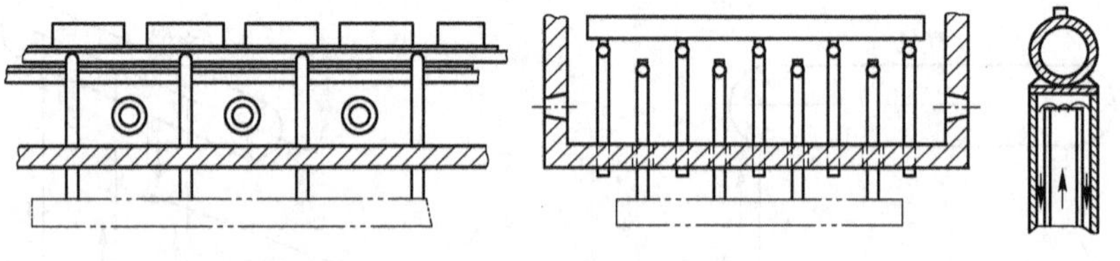

(a)　　(b)

图4-59　立柱之一

（2）框架支撑的炉底梁结构：这种结构的优点是较能经受炉底梁的横向作用的外力和热应力。为了减小步进梁和固定梁长度方向受热膨胀而造成变形，将炉底水管沿炉长方向上分成几段，并将立柱连成框架。这种结构可较大改善立柱的稳定性，并可避免因热膨胀造成整个炉底梁的变形。图4-60（a）为框架结构；图4-60（b）为一段框架梁及其立柱中冷却水的流动方向；图4-60（c）为立柱框架结构。这种结构与第一种结构相比增加了立柱的数量和连接立柱的横水管，因而增加了水冷却受热面积，也就增加了水冷却热损失，同时增加了投资。

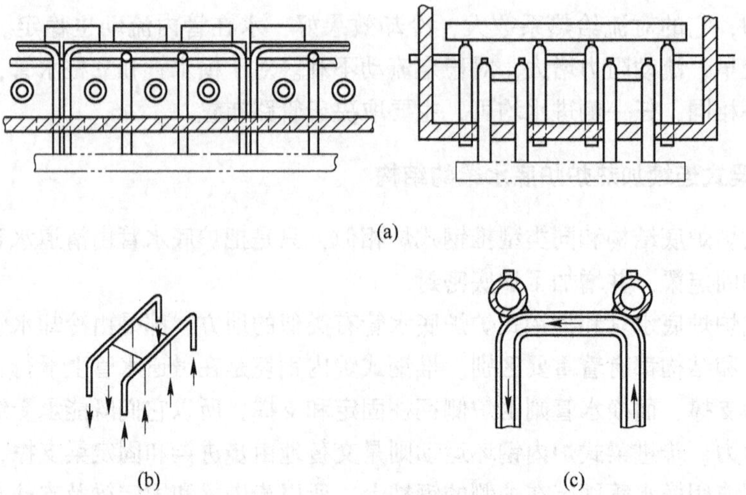

(a)

(b)　　(c)

图4-60　立柱之二

（3）“门形”支柱梁结构：这种结构也称为“马蹄形”或“倒U形”结构，如图4-61所示。当加热钢坯的厚度较小，步进梁和固定梁的中心距也较小，又要采用下端供热方式时，那么这种结构的步进梁和固定梁的立柱布置在同一条直线上，增加了燃烧通道的宽度，使纵向燃烧火焰在“门”中通过，实现了下端烧嘴供热。对于步进梁和固定梁中心距较大（大于2000mm）的，其通道宽度可满足燃烧火焰要求，不必采用这种结构。

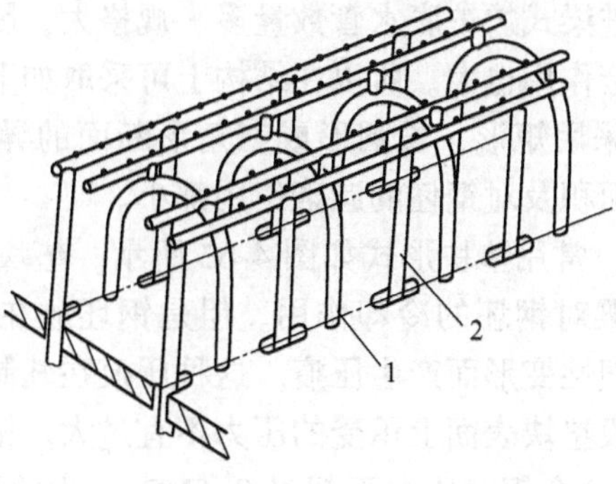

图4-61 立柱之三
1—固定梁；2—步进梁

4.6.2.2 炉底水管结构尺寸

A 步进梁和固定梁中心距和根数

步进梁和固定梁中心距一般相等。也可根据钢坯长度及摆放要求采取不等尺寸，在使用出料机出料时，梁的布置还要和出料杆的位置互相配合。

步进梁或固定梁最大中心距可大于推钢式连续加热炉纵水管，这是由于步进梁式连续加热炉的钢坯由固定梁和步进梁交替支撑，对弯曲的钢坯具有校直功能。另外，步进梁的中心距可大于固定梁的中心距，这是由于钢坯在步进梁上停留时间短，产生弯曲量小。步进梁最大中心距对于方坯可按式（4-71）计算，对于圆柱坯可按式（4-72）计算。

方坯：
$$a_{max} = 8400\sqrt{\delta_{min}} \quad (mm) \tag{4-71}$$

圆柱坯：
$$a_{max} = 8400\sqrt{D_{min}} \quad (mm) \tag{4-72}$$

式中 δ_{min}——方坯或板坯最小厚度，m；

D_{min}——圆柱坯最小直径，m。

钢坯端头距固定梁距离 l_1 大于 150～250mm；钢坯端头距步进梁距离 l_1 应小于 $a_{max}/2$，均可安全可靠工作。

固定梁的根数一般比步进梁多1根或2根。

B 水管立柱中心距

水管立柱中心距与推钢式炉横水管中心距不同，没有固定尺寸要求，主要考虑炉型结构和步进梁或固定梁强度要求。对侧供热炉子，还要考虑侧烧嘴的布置中心距。

C 步进梁和固定梁规格的确定

步进梁和固定梁可采用热轧厚壁无缝钢管或厚壁异型钢管制作，其管径和壁厚按强度计算确定（参见4.6.3节）。

D　立柱水管规格的确定

立柱水管规格大小不但要考虑强度，还要考虑刚度。所以其规格要大于步进梁和固定梁，具体确定可通过理论计算，也可按经验确定，通常立柱水管的管径为梁管径的1.4~1.6倍。

E　减少水冷热损失和遮蔽作用措施

和推钢式炉相比，步进梁式炉炉底水管数量多、规格大，因而水冷热损失大，而且步进梁和固定梁对钢坯的遮蔽作用也大。所以在结构上可采取如下措施：

(1) 步进梁和固定梁采用矩形、长圆形或三角形断面的异型管制作，因为这些断面在同样断面系数时其受热面积及对钢坯的遮蔽作用都小。

(2) 在梁上焊接垫块，常用垫块形式如图4-62所示。垫块的作用不但可以减少梁的遮蔽影响，而且可以减少梁对钢坯的冷却作用。但是钢坯放在垫块上，在加热段和均热段，由于钢坯温度高，其塑性变形而产生压痕。这种压痕在轧制过程中有时很难消除，影响钢材质量。因此，高温段垫块表面上承受的压力不宜过大。根据资料介绍，加热普碳钢时压力不超过1MPa，加热合金钢时压力不超过0.6MPa。为此可采取：(1) 预热段、加热段和均热段采用不同形式的垫块；(2) 变化垫块的间距和位置，使相邻步进周期的接触部分不重合，该措施也有利于减少“黑印”，垫块材质根据使用温度不同选用；(3) 采用导热系数小的材料包扎，在相同热损失下，可减少包扎层厚度以减少遮蔽。

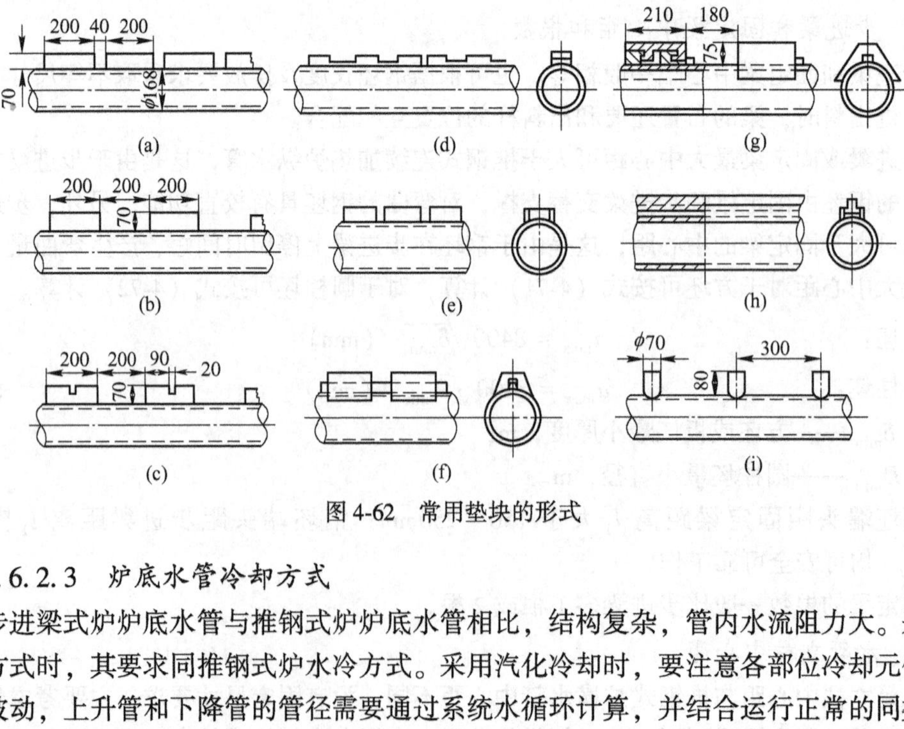

图4-62　常用垫块的形式

4.6.2.3　炉底水管冷却方式

步进梁式炉炉底水管与推钢式炉炉底水管相比，结构复杂，管内水流阻力大。采用水冷却方式时，其要求同推钢式炉水冷方式。采用汽化冷却时，要注意各部位冷却元件的热负荷波动，上升管和下降管的管径需要通过系统水循环计算，并结合运行正常的同类型系统的实践数据进行确认。

4.6.3　炉底水梁强度计算

上下加热推钢式连续加热炉和步进式连续加热炉炉底水管是其重要的构件之一，为了保证其安全可靠地运行，在设计时必须根据该炉炉底水管的布置和受力大小，并按预设结构（单管、双管组合或单管加水管立柱等）计算，确定相应的热轧厚壁无缝钢管规格（或按相似炉型经验选用）。常用圆形热轧无缝钢管规格见表 4-40。

计算方法在工程设计计算中通常采用表格计算法，这种计算方法直观、清晰、差错少，便于检查。

计算内容主要是断面系数和最大挠度的计算。

计算步骤是：选用某种规格（$\phi\times\delta$mm）钢管组成要求的结构，其断面系数 w_x 大于要求值 w'_x，同时最大挠度 f_{max} 与其跨度 L（或 A）之比 $\varepsilon(=f_{max}=/L(或A))$ 不大于 0.2%（1/500），那么所选用的钢管可用；否则，需重新选择（增加壁厚和（或）管径）和计算，直至满足上述要求为止。如果所选用的钢管，经计算其组成结构的断面系数和最大挠度与其跨度之比 ε 富余量过大（均超过 20%），那么虽然运行安全可靠，但增加了投资，更主要的是增加了炉底水管的受热面积，使炉子水冷热损失增加，降低了炉子热效率，也需重新选用（主要是减小管径）和计算。

炉底水管受力情况比较复杂，在工程设计计算中通常是将各种复杂因素一并在钢管材料的许用应力中考虑。钢管材料的许用应力［σ］通常按炉底水管冷却方式选取：采用水冷却方式时一般取［σ］=110MPa；采用汽化冷却方式时，可取［σ］=100MPa；当汽化冷却运行压力大于 1.3MPa 时，许用压力选用值还需适当降低，一般取［σ］=90MPa。钢管材料的弹性模量 E 可统一取值，一般取 $E=1.7\times10^5$MPa。

4.6.3.1 推钢式连续加热炉炉底水管强度的计算

A 纵水管强度计算

纵水管在实际使用中可认为是一个多支点受均布负荷的自由连结梁，同时，在推钢过程中还受到钢坯移动摩擦力而产生的拉应力，所以受力情况比较复杂。在工程设计计算中，为简便起见，通常是按受均布载荷的简支梁计算，采用这种计算方法计算出所需的钢管断面有一定的富余量，但可弥补一些在设计计算中无法估计的因素，如不均匀承重（钢坯在入炉时装偏或运行中推偏所致）等。

纵水管受力简图如图 4-63 所示。

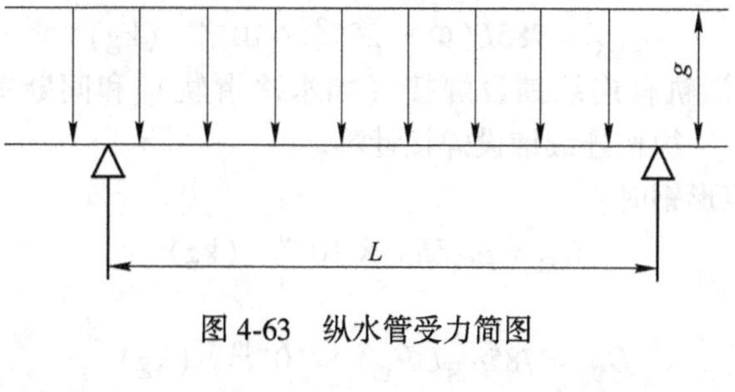

图 4-63 纵水管受力简图

a 纵水管强度计算原则

（1）以两根横水管中心距（即跨度 L）之间的纵水管管段为计算对象；

（2）若装炉钢坯尺寸大小不一，以最大的钢坯尺寸的重量计算；

（3）炉内每排推料各纵水管受力大小相等。

b 纵水管强度计算中各参数数值计算

（1）纵水管承受钢坯重量：

$$G_{钢坯}=\frac{Lg}{bn}\quad(\mathrm{kg})\tag{4-73}$$

式中 L——纵水管跨度（两根横水管中心距），mm；

b——装炉钢坯的最大宽度，mm；

g——装炉钢坯最大单重，kg；

n——炉内支撑每排摆料纵水管根数。

（2）纵水管自重：

$$G_{纵向}=785\rho_{钢}L[\Phi^2-(\Phi-2\delta)^2]\times10^{-12}\quad(\mathrm{kg})\tag{4-74}$$

式中 785——常数，取值1000π/4；

$\rho_{钢}$——纵水管材质密度，取$\rho_{钢}=7850\mathrm{kg/m^3}$；

Φ——纵水管外径，mm；

δ——纵水管壁厚，mm。

（3）纵水管绝热包扎层重量计算公式。

1）单层包扎：

$$G_{纵绝}=785\rho_{耐}L[(\Phi+2s)^2-\Phi^2]\times10^{-12}\quad(\mathrm{kg})\tag{4-75}$$

2）双层包扎：

$$G_{纵绝}=785L\{[(\Phi+2s_1)^2-\Phi^2]\rho_{纤}+[(\Phi+2s_1+2s_2)^2-(\Phi+2s_1)^2]\rho_{耐}\}\times10^{-12}\quad(\mathrm{kg})\tag{4-76}$$

式中 $\rho_{耐}$——耐火塑料等耐火材料密度，取$\rho_{耐}=2200\mathrm{kg/m^3}$；

$\rho_{纤}$——耐火纤维密度，取$\rho_{纤}=300\mathrm{kg/m^3}$；

s——单层绝热包扎厚度，mm；

s_1——双层绝热包扎内层耐火纤维厚度，mm；

s_2——双层绝热包扎外层耐火材料厚度，mm。

（4）纵水管管内冷却介质重量：纵水管冷却方式有水冷和气化冷却两种方式，当采用气化冷却时，纵水管末端管内为汽水混合物，密度小于水。为了简化计算，一律以水的密度（$1000\mathrm{kg/m^3}$）计算。

$$G_{纵水}=785L(\Phi-2\delta)^2\times10^{-9}\quad(\mathrm{kg})\tag{4-77}$$

（5）滑轨重量：滑轨有连续铺设焊接（如水冷滑轨）和间断铺设焊接（如半热滑轨），为了简化计算，一律按连续铺设焊接计算。

1）采用方钢或矩形钢时：

$$G_{轨}=\rho_{钢}Lhw\times10^{-9}\quad(\mathrm{kg})\tag{4-78}$$

2）采用圆钢时

$$G_{轨}=785\rho_{钢}L\Phi_{轨}{}^2\times10^{-12}\quad(\mathrm{kg})\tag{4-79}$$

式中 h——滑轨高度，mm；

w——滑轨高度，mm；

$\Phi_{轨}$——滑轨直径，mm。

（6）一根纵水管承受总荷重：

$$G_{纵总}=G_{钢坯}+G_{纵自}+G_{纵绝}+G_{纵水}+G_{纵轨}\quad(\mathrm{kg})\tag{4-80}$$

（7）纵水管最大弯矩：

$$M_{\max} = \frac{98G_{纵总}L}{8} \times 10^{-4} \quad (\mathrm{N \cdot m}) \tag{4-81}$$

（8）纵水管断面系数：

$$W'_{\mathrm{x}} = M_{\max}/[\sigma] \quad (\mathrm{cm^3}) \tag{4-82}$$

式中 $[\sigma]$——纵水管许用压力，根据冷却方式取值，MPa。

（9）选用钢管断面系数：

1）圆形钢管：

$$W_{\mathrm{x}} = \frac{\pi[\Phi^4 - (\Phi - 2\delta)^4]}{32\Phi} \times 10^{-3} \quad (\mathrm{cm}) \tag{4-83}$$

2）矩形钢管：

$$W_{\mathrm{x}} = \frac{bh^3 - bh_1^3}{6h} \times 10^{-3} \quad (\mathrm{cm^3}) \tag{4-84}$$

式中 h，h_1——钢管外侧、内侧高度，mm；

b，b_1——钢管外侧、内侧宽度，mm。

3）椭圆形钢管：

$$W_{\mathrm{x}} = (bh^2 - b_1h_1{}^2) \times 10^{-3}/32 \quad (\mathrm{cm^3}) \tag{4-85}$$

式中 h，h_1——钢管外侧最大高度、内侧最大高度，mm；

b，b_1——钢管外侧最大宽度、内侧最大宽度，mm。

（10）选用钢管惯性矩计算公式。

1）圆形钢管：

$$J_{\mathrm{x}} = \frac{\pi[\phi^4 - (\phi - 2\delta)^4]}{64} \times 10^{-4} \quad (\mathrm{cm^4}) \tag{4-86}$$

$$或 \quad J_{\mathrm{x}} = 0.05\phi w_{\mathrm{x}} \quad (\mathrm{cm^4}) \tag{4-87}$$

2）矩形钢管：

$$J_{\mathrm{x}} = \frac{bh^3 - b_1h_1{}^3}{12} \times 10^{-4} \quad (\mathrm{cm^4}) \tag{4-88}$$

3）椭圆形钢管：

$$J_{\mathrm{x}} = \frac{\pi(bh^3 - b_1h_1{}^3)}{64} \times 10^{-4} \quad (\mathrm{cm^4}) \tag{4-89}$$

（11）选用钢管最大挠度：

$$f_{\max} = \frac{49G_{纵总}L^3}{384EJ_{\mathrm{x}}} \times 10^{-4} \quad (\mathrm{mm}) \tag{4-90}$$

式中 E——钢管弹性模量，MPa。

（12）选用钢管最大挠度与其跨度比：

$$\varepsilon = \frac{100f_{\max}}{L} \quad (\%) \tag{4-91}$$

B 横水管强度计算

炉底水管中的支撑水管有单管横水管，双管组合横水管和单根横水管加水管立柱等三种结构。当立柱水管采用 ϕ108～127mm 的厚壁无缝钢管制作时可不作强度和刚度计算，所以支撑水管的强度计算主要是横水管强度计算。

横水管由于受力方式、两端支撑形式及结构组成的不同，其强度计算要比纵水管强度计算复杂。为了简化计算：（1）横水管本身的荷重（包括钢管自重、冷却水重及绝热包扎层重等）折算成纵水管对横水管的荷重；（2）不管是单排摆料还是双排摆料，每根纵水管对横水管负荷相等并呈对称分布；（3）横水管两支点（自由形式或反力矩形式）反力相等。

横水管两端支撑一般采用自由形式，故本节只介绍两端支撑以自由形式的横水管强度计算。其受力简图如图 4-64 所示。

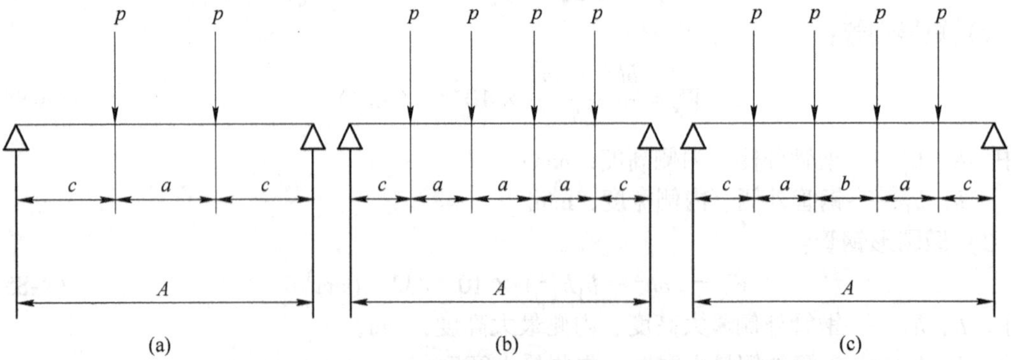

图 4-64　两端自由横水管受力简图

（a）单排推料两根纵水管；（b）单排推料四根纵水管；（c）双排推料两根纵水管

a　单管和双管组合结构（见图 4-49）横水管强度计算中各参数值计算。

（1）横水管自重：

$$G_{横自} = \rho_{钢} A\{785m[\phi^2 - (\phi - 2\sigma)^2] + 1000W^2\} \times 10^{-12} \quad (\mathrm{kg}) \tag{4-92}$$

式中　A——横水管两支点距离（跨度），mm；

m——横水管组合根数，单根横水管 $m=1$，双根组合横水管 $m=2$；

W——双管之间夹焊的方钢边长，mm。

（2）横水管绝热包扎层重量：

横水管采用两根组合结构时，为了简化计算，其绝热包扎层重量可以两根单管绝热包扎层重量计算。

1）单层包扎：

$$G_{横绝} = 785\rho_{耐} Bm[(\phi + 2s)^2 - \phi^2] \times 10^{-12} \quad (\mathrm{kg}) \tag{4-93}$$

2）双层包扎：

$$G_{横绝} = 785Bm\{[(\phi + 2s_1)^2 - \phi^2]\rho_{纤} + [(\phi + 2s_1 + 2s_2)^2 - (\phi + 2s_1)^2]\rho_{耐}\} \times 10^{-12} \quad (\mathrm{kg}) \tag{4-94}$$

式中　B——炉膛宽度，mm；

其他符号见式（4-76）。

（3）横水管内冷却水重量：

$$G_{横水} = 785Am(\phi - \delta)^2 \times 10^{-9} \quad (kg) \tag{4-95}$$

（4）一根横水管自身总荷重：

$$G_{横总} = G_{横自} + G_{横绝} + G_{横水} \quad (kg) \tag{4-96}$$

（5）横水管受力点作用力：

$$p = 9.8\left(G_{纵总} + \frac{G_{横总}}{nz}\right) \quad (N) \tag{4-97}$$

式中　z——炉内摆料排数。

（6）靠近支点的纵水管距支点距离：

1）单排摆料，如图 4-64（a）、（b）所示：

$$C = [A - (n - 1)a]/2 \quad (mm) \tag{4-98}$$

2）双排摆料，如图 4-64（c）所示：

$$C = [A - (nz - 2)a - b]/2 \quad (mm) \tag{4-99}$$

式中　a——每排摆料纵水管中心距，mm；

b——双排摆料，两排之间相邻纵水管中心距，mm。

（7）横水管最大弯矩：

$$M_{max} = 5p[nzc + (nz - 2)a] \times 10^{-4} \quad (N \cdot m) \tag{4-100}$$

（8）横水管断面系数：

W'_x 按式（4-82）计算。

（9）选用钢管断面系数（计算或查表）：

1）单管：W_x 按式（4-83）计算。

2）直径、壁厚相同双管组合管如图 4-49（a）、（c）所示：

$$W_x = \frac{\frac{\pi}{16}[\phi^4 - (\phi - 2\delta)^4] + \pi[\phi^2 - (\phi - 2\delta)^2]\left(\frac{\phi + k}{2}\right)^2}{2\phi + k} \times 10^{-3} \quad (cm^3) \tag{4-101}$$

式中　ϕ——钢管外径，mm；

δ——钢管壁厚，mm；

k——两管之间垫钢块厚度，mm。

（10）选用钢管惯性距（计算或查表）

1）单根管：按式（4-86）或式（4-87）计算。

2）直径、壁厚相同双管组合管：

$$J_x = \frac{\frac{\pi}{16}[\phi^4 - (\phi - 2\delta)^4] + \pi[\phi^2 - (\phi - 2\delta)^2]\left(\frac{\phi + k}{2}\right)^2}{2} \times 10^{-4} \quad (cm^4) \tag{4-102}$$

或

$$J_x = W_x(2\phi + k)/20 \quad (cm^4) \tag{4-103}$$

（11）选用钢管最大挠度计算公式。

1）单排两根纵水管如图 4-64（a）所示：

$$f_{max} = \frac{pc(3A^2 - 4C^2)}{24EJ_x} \times 10^{-4} \quad (mm) \tag{4-104}$$

2）单排四根纵水管，如图 4-64（b）所示：

$$f_{\max} = \frac{p}{6EJ_x}[0.75A^2(b+c) - a^3 - c^3] \times 10^{-4} \quad (\text{mm}) \tag{4-105}$$

3）双排四根纵水管如图 4-64（c）所示：

$$f_{\max} = \frac{p}{6EJ_x}[0.75A^2(b+c) - b^3 - c^3] \times 10^{-4} \quad (\text{mm}) \tag{4-106}$$

式中　b——双排料之间相邻纵水管中心距，mm。

（12）选用钢管挠度与其跨度比：

$$\varepsilon = \frac{100f_{\max}}{A} \quad (\%) \tag{4-107}$$

b　带水管立柱的横水管强度计算中各参数值计算

横水管跨度较大，且负荷也较大时，采用一根或几根水管支柱支撑，这样可减小横水管规格；这种结构属于超静定梁，应按连续梁计算，但这种计算过程复杂。

在工程设计计算中，为了简便起见，可以将一根水管支柱作为一个支点，按跨度减小了的简支梁计算。

本节只介绍横水管中间加一根水管立柱时的横水管强度计算。

由图 4-65 可见，一根中间水管支柱把横水管分成对称的两段，按其中一段横水管计算即可。但是该段横水管受力不对称，那么应按力矩最大的一侧计算。

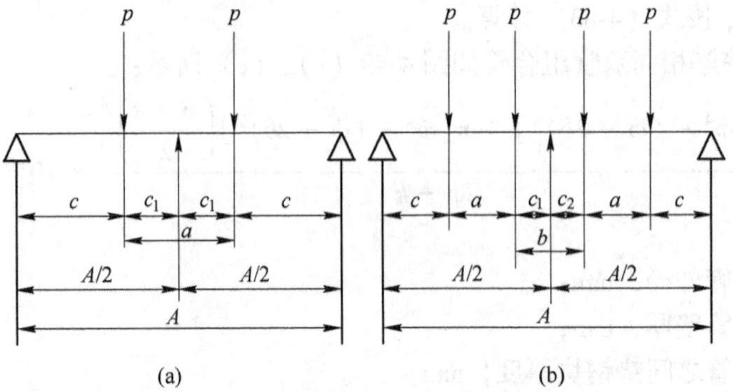

图 4-65　两端自由的一根中间立柱横水管受力简图

（1）横水管最大弯矩计算。

1）单排摆料 2 根纵水管情况，$c > c_1(a/2)$，如图 4-65（a）所示。

$$M_{\max} = \frac{pca}{A} \times 10^{-3} \quad (\text{N} \cdot \text{m}) \tag{4-108}$$

2）双排（或单排）摆料 4 根纵水管，$c > c_1(b/2)$，如图 4-65（b）所示。

$$M_{\max} = \frac{2pc(2c+a)}{A} \times 10^{-3} \quad (\text{N} \cdot \text{m}) \tag{4-109}$$

（2）横水管最大挠度计算。

1）单排摆料 2 根纵水管情况：

$$f_{\max} = \frac{pa}{9EJ_xA}\sqrt{\frac{(c^2 + ca)^3}{3}} \times 10^{-4} \quad (\text{mm}) \tag{4-110}$$

2）双排（或单排）摆料 4 根纵水管情况：

$$f_{\max} = \frac{2pc}{6EJ_x}[4(2c + c_1)A^2 - 8c^2A + 2c^3 - c^2c_1 - c_1{}^3] \times 10^{-4} \quad (\text{mm}) \tag{4-111}$$

4.6.3.2　上下加热步进式连续加热炉炉底水管强度计算

上下加热步进式连续加热炉炉底水管由固定梁和步进梁两部分组成，固定梁和步进梁均沿着炉长方向敷设，在炉子料坯加热步进过程中，这两种梁交替支撑料坯的重量。

A　炉底水管布置特点

由于料坯长度、料坯厚度，以及下部炉膛烧嘴布置（端布置或侧布置）等不同，上下加热步进式连续加热炉炉底水管布置要比推钢式连续加热炉炉底水管布置复杂得多。

（1）固定梁和步进梁安装根数有下列三种情况：

1）固定梁和步进梁安装根数相同；

2）固定梁比步进梁安装根数多一根（有的多 2 根）；

3）固定梁比步进梁安装根数少 1 根。

（2）固定梁和步进梁布置中心距有下列两种情况：

1）固定梁和步进梁布置中心距相等；

2）固定梁和步进梁布置中心距不等。

（3）固定梁和步进梁水管立柱中心距有下列三种情况：

1）固定梁和步进梁水管立柱中心距相等；

2）固定梁和步进梁水管立柱中心距不等；

3）同一根固定梁或步进梁水管立柱中心距也有可能相等或不等。

B　计算原则

（1）一般情况下，固定梁和步进梁应分别进行强度计算。

（2）固定梁和步进梁强度计算，在工程设计计算中，均可按受均布负荷的简支梁计算。

（3）固定梁或步进梁布置中心距不等时，应以中心距最大，即支撑最重的一根梁计算。

（4）固定梁或步进梁布置中心距不等时，应以水管立柱中心距最大的一段梁计算。

（5）固定梁或步进梁布置中心距相等，若料坯端头距边缘固定梁或步进梁中心线的长度小于其中心距的一半时，则每根梁支撑料坯重量按平均值计算；若大于其中心距的一半时，则按边缘固定梁或步进梁支撑料坯重量计算。

C　固定梁或步进梁支撑料坯重量的计算

（1）支撑料坯重量按平均值计算：

$$G_{钢坯} = \frac{L_{\max}g}{xn} \quad (\text{kg}) \tag{4-112}$$

式中　$L_{\max}$——跨度（水管立柱最大中心距），mm；

x——步进梁步距，mm；

g——装炉料坯最大单重，kg/根；

n——固定梁或步进梁根数。

（2）支撑料坯重量最大值计算：

$$G_{钢坯} = \frac{L_{max} g l_2}{x l} \quad (\text{kg}) \tag{4-113}$$

式中　l_2——1根固定梁或步进梁支撑料坯最大长度，mm；

l——料坯最大长度，mm；

其他符号同式（4-112）。

5 工业炉制图要点

5.1 图面及图形

图样是工业生产中的技术文件，为了便于组织生产、加工制作和进行技术交流，对图样的表达方法、尺寸注法、所采用的代号和符号等都必须按技术制图国家标准。不同行业对制图的特殊表示方式应参考相应的设计研究院实施的制图暂行规定或技术规范。

《技术制图　图纸幅面和格式》GB/T 14689—2008

《技术制图　通用术语》GB/T 13361—2012

《技术制图　图样画法　未定义形状边的术语和注法》GB/T 19096—2003

《技术制图　图线》GB/T 17450—1998

《技术制图　图样画法　视图》GB/T 17451—1998

《技术制图　图样画法　剖视图和断面图》GB/T 17452—1998

《技术制图　字体》GB/T 14691—1993

《技术制图　比例》GB/T 14690—1993

《技术制图　图样画法　视图》GB/T 17451—1998

《技术制图　图样画法　剖面域的表示法》GB/T 17453—2005

《技术制图　图样画法　指引线和基准线的基本规定》GB/T 4457. 2—2003

《技术制图　简化表示法　第 1 部分：图样画法》GB/T 16675. 1—2012

《技术制图　简化表示法　第 2 部分：尺寸注法》GB/T 16675. 2—2012

《技术制图　标题栏》GB/T 10609. 1—2008

《技术制图　明细栏》GB/T 10609. 2—2009

《技术制图　图线》GB/T 17450—1998

《技术制图　焊缝符号的尺寸、比例及简化表示法》GB/T 12212—2012

《技术制图　CAD 系统用图线的表示》GB/T 18686—2002

《机械制图　尺寸公差与配合注法》GB/T 4458. 5—2003

《机械制图　尺寸注法》GB/T 4458. 4—2003

5.1.1　图纸的幅面和格式

A　图纸幅面尺寸

绘制技术图样时，应优先采用表 5-1 中规定的基本幅面尺寸。必要时也允许选用表 5-2 中所规定的加长幅面。

表 5-1 基本幅面尺寸（第一选择）（摘自 GB/T 14689） （mm）

幅面代号	B×L
A0	841×1189
A1	594×841
A2	420×594
A3	297×420
A4	210×297

表 5-2 加长幅面尺寸（第二选择）（摘自 GB/T 14689） （mm）

幅面代号	B×L
A3×3	420×891
A3×4	420×1189
A4×3	297×630
A4×4	297×841
A4×5	297×1051

B 图框格式

制图时在图纸上必须用粗实线画出图框，其格式分为留装订边和不留装订边两种，但同一产品的图样只能采用一种格式。

（1）留有装订边的图纸，其图框格式如图 5-1 所示。

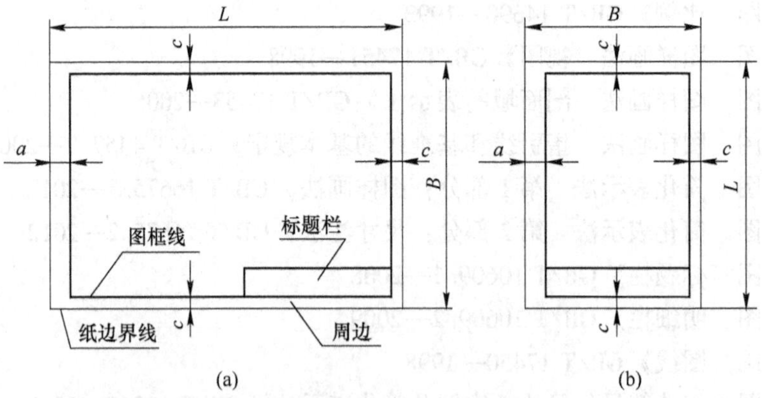

图 5-1 留有装订边的图纸图框格式
（a）X 型；（b）Y 型

（2）不留装订边的图纸，其图框格式如图 5-2 所示，尺寸按表 5-3 的规定。

（3）标题栏。每张图纸上都必须画出标题栏，标题栏的格式和尺寸按 GB/T 10609. 1 的规定，标题栏的位置应位于图纸的右下角。

（4）明细栏。装配图中一般应有明细栏，明细栏一般配置在标题栏的上方，按由下而上顺序填写对应内容，其填写格数按需要而定。当由下而上延伸位置不够时，可紧靠标题栏的左边自下而上延续。

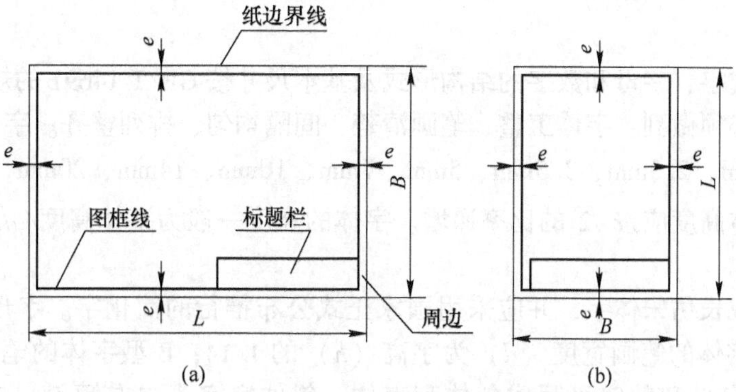

图 5-2 无装订边的图纸图框格式

(a) X 型；(b) Y 型

当装配图中由于图面布置需要，不能在标题栏上方配置明细栏时，可另行加页（一般用 A4 号图纸编制）。但应在明细栏的下方配置标题栏，并在标题栏中填写与该装配图相同的名称和代号等。

标题栏的格式和尺寸按 GB/T 10609. 2 的规定。

表 5-3 图框尺寸 (mm)

幅面代号	A0	A1	A2	A3	A4
$B\times L$	841×1189	594×841	420×594	294×420	210×297
e	20		10		
c	10			5	
a	25				

5.1.2 比例

绘图时采用的比例是指图样中的图形与其实物相应要素的线性尺寸之比，绘图比例及其标注方法按 GB/T 14690 的规定。

需要按比例绘图时，应在表 5-4 中选取适当的比例。

表 5-4 绘图比例

种　类	比　例		
原值比例	1 : 1		
放大比例	5 : 1 $5\times10^n:1$	2 : 1 $2\times10^n:1$	 $1\times10^n:1$
缩小比例	1 : 2 $1:2\times10^n$	1 : 5 $1:5\times10^n$	1 : 10 $1:1\times10^n$

注：n 为正整数。

不管选用何种比例，在标注尺寸数字时，应按实物尺寸大小填写，与比例无关。

5.1.3 字体

绘图中的文字、字母和数字的结构形式及基本尺寸按 GB/T 14691 的规定。

书写字体必须做到：字体工整、笔画清楚、间隔均匀、排列整齐。字体高度的公称尺寸系列为 1.8mm、2.5mm、3.5mm、5mm、7mm、10mm、14mm、20mm，如需要书写更大的字，其字体高度应按 $\sqrt{2}$ 的比率递增。字体的宽度一般为字体高度/ $\sqrt{2}$ ，约为其高度的 2/3。

汉字应写成长仿宋体字，并应采用国家正式公布推行的简化字。字母和数字分 A 型和 B 型。A 型字体的笔画宽度（d）为字高（h）的 1/14；B 型字体的笔画宽度（d）为字高的 1/10。字母和数字可写成斜体和直体，斜体字字头向右倾斜，与水平基准线约成 75°。

同一图样上，只允许选用一种形式的字体。

5.1.4 图线

图线即绘制图样时的线型。绘制图样时，应采用表 5-5 中所规定的基本线型。

表 5-5 基本线型

代码序号	基本线型	名称
01		实线
02		虚线
03		间隔画线
04		点画线
05		双点画线
06		三点画线
07		点线
08		长画短画线
09		长画双短画线
10		画点线
11		双画单点线
12		画双点线
13		双画双点线
14		画三点线
15		双画三点线

关于图线的组合线型，图线的尺寸以及图线画法按国家标准 GB/T 17450 执行。

5.1.5 视图、剖视图和剖面

（1）视图、剖视图和断面图及其画法，应按照国家标准 GB/T 17451、GB/T 17452 的规定。

（2）为了看图方便，物体的主视图应为物体信息最多的视图，通常是物体的工作位置或加工位置或安装位置。零件图的主视图在图样中的布置方向，应尽可能与部件图或总图上该零件的安装位置相一致。部件图对总图、总图对布置图，布置方向也尽量符合上述原则。局部放大图应按照原来的投影面放大，根据需要也可再增加投影面。

（3）从视图上所取的剖视图或断面图，应尽量绘制在同一张图纸上。若因图面布置等原因，需绘制在另一张图纸时，必须相互注明图号，以便查找。

（4）同一部件图或总图的不同剖视图或断面图名称应用不同字母表示。

（5）坑、孔、眼、管或烟道的剖面，应加画阴影。阴影的画法，规定光线来自图纸的左上角。

（6）窄剖面区域，如炉壳钢板剖面可全部涂黑表示。

若需要在剖面区域中表示材料的类别时，应采用特定的剖面符号表示。

5.1.6 尺寸标注

绘出的图形必须要做出相应的尺寸标注，尺寸标注的基本原则如下：

（1）机件的真实大小应以图样上所注的尺寸数值为依据，与图形的大小及绘图的准确程度无关。

（2）图样中（包括技术要求和其他说明）的尺寸，以“mm”为单位时，不需标注计量单位的代号或名称，如采用其他单位，则必须注明相应的计量单位的代号或名称。

（3）图样中所注的尺寸，为该图样所示机件的最后完成尺寸，否则应另加说明。

（4）机件的每一尺寸，一般只注一次，并应注在反映该结构最清晰的图形上。

一个完整的尺寸，一般由尺寸界线、尺寸线和尺寸数字三要素组成。尺寸界线、尺寸线和尺寸数字的标注要求按《机械制图　尺寸注法》GB/T 4458.4 执行。

尺寸公差与配合的标注方法按《机械制图　尺寸公差与配合注法》GB/T 4458.5 执行。

5.1.7 砌筑

（1）炉子长度和宽度砌砖尺寸，是炉子设计和施工后的基准尺寸。在布置图、炉体图及其他需要用炉子砌砖尺寸作为基准的图样上，必须注明砌砖尺寸，并在尺寸数字的前面或后面写明“砌砖尺寸”。同一座炉子只有长和宽两个砌砖尺寸，并与相关图样上相一致。

（2）在炉子砌砖图（炉体图）上应该画出膨胀缝的砌砖尺寸和位置。烟道上的膨胀缝，可以不在图面上表示，可在注解或技术说明中列出要求。

（3）砌砖图中的拱，要用细实线引出，并注明砌筑每环拱所用的砖号和数量，例如：每环：12 块，T_c-23；1 块，T_c-22。

5.2 图纸名称和编排

5.2.1 图纸名称

图样名称需简明扼要，但又必须正确完整地表示图样的内容和特点。

(1) 布置图图名，须写出建设单位、车间和炉子名称。例如：××公司××厂加热炉布置图、××公司××厂铸造车间 ϕ900mm 化铁炉布置图。

若一个车间只有一套布置图且包括两种以上炉型时，可不写具体炉子名称，仅笼统写工业炉布置图。

(2) 炉子图的图名，需表示炉子的主要特征（矩形炉底面积用长 × 宽表示，圆形炉底面积用内径表示），所用材料、采用蓄热式换热器、金属换热器也需注明。但不写厂名或车间名称，例如：25.96m×6.73m 带陶瓷球蓄热式连续加热炉炉体图、4.4m×2.2m 台车式热处理炉炉体图、ϕ28m 环形加热炉。

(3) 烟道图、管道图、操作走台图等的图名，只写炉子名称，例如：25.96m×6.73m 连续加热炉烟道图、4.4m×2.2m 台车式热处理炉管道图、ϕ28m 环形加热炉操作走台图。

(4) 安装图的图名如下：

1) 与炉子成为一体不能单独使用（专用部件）的安装图，图名应写出炉子名称。例如：ϕ28m 环形加热炉钢结构总图。

2) 不与炉子成一体，可以单独使用（通用部件）的安装图，图名不写炉子名称，只需写出部件名称。例如：R-100 低压油烧嘴安装图。

(5) 部件装配图的图名，只需写出部件的规格、尺寸或特征。例如：ϕ250×2500 炉体装配图、464×380 单开炉门装配图。

(6) 零件图的图名如下：

1) 单独零件只需写出零件名称。例如：手柄、销子。

2) 一套图纸内有相同名称、规格不同的名称时，应加写零件规格，以便区分。例如：轴 ϕ40×1000、轴 ϕ55×165。

3) 若干零件绘制在一张图上时，其图名只需要简单写出这些零件所组成的设备或部件的名称。例如：管道零件图、钢结构零件图。

5.2.2 图纸的编排

图纸的编排，既要便于施工和设计使用，又要尽量减少图纸的套数。

(1) 布置图的编排。布置图一般以一个车间的炉子布置为一套，如果车间较大，炉子较多，相互关系不密切，可以按每座炉子或几座炉子为一套。每套布置图中，应包括下列图纸：

1) 炉子布置图；

2) 排烟系统及其部件零件图；

3) 管道系统及其部件零件图；

4) 水冷系统及其部件零件图；

5) 走台操作平台及其零件图等。

布置特别复杂或图纸数量较多时，可根据情况将炉子布置图以外的图纸，另编成若干套。

(2) 炉子图的编排。炉子图纸一般以一座炉子为一套，每套炉子图中应包括下列图纸：

1) 炉体及部件零件图（包括换热器）；

2）炉子钢结构及部件零件图；
3）炉子步进装置安装及部件零件图；
4）炉子燃烧装置安装及部件零件图；
5）炉子装出料端结构及部件零件图；
6）炉子水冷部件安装及部件零件图；
7）炉子两侧附件（如炉门）安装及部件零件图等。

结构特别复杂的大型炉子，可根据情况将炉体图以外的图纸另编成若干套。

（3）凡能单独制作并在设计中有可能全套使用的部件图，应单独编为一套。

5.3　图面繁简程度和比例尺的选用

图面繁简程度按设计阶段而定。初步设计和详细设计图纸的繁简程度，应与设计深度的要求相一致；施工图的繁简程度应在适合施工和制作要求的基础上，以尽量简化图纸为原则。

比例尺的选用应根据图纸内容和图面布置等因素综合考虑，力求图面匀称、清晰。

5.3.1　布置图

布置图需表示炉子及其附属设备的外形以及它们之间的相互关系，在车间内的布置位置及标高，接点位置及标高，与厂房建筑及吊车的相互关系等。

布置图中炉子和设备的基础，炉子和设备附近的厂房柱基础，炉子附近或与炉子操作有直接关系的外部设备、重要操作地区的操作空间等，用细实线表示。

5.3.2　炉体图

炉体图既是砌砖图，又是炉子各种设备、附件的总安装图。因此应该详细表示耐火材料砌筑方法，同时表示与炉子成为一体的钢结构、附属机械设备、换热器、炉底水管、燃烧装置、装出料端、炉门及其升降机构和其他附属设备与砌体的安装关系，应该标出砌体外壁与各种附件的关系尺寸。

绘制炉体图的比例尺一般为1∶25，特别大的炉子可采用1∶50，较小的炉子也可采用1∶20、1∶10等。

6 工业炉安全与环保

6.1 工业炉安全

大多数工业炉的燃料为化石燃料，属于易燃易爆品，设计上必须严格遵守相关规范，以及防火、防爆有关的现行国家标准和行业标准。

6.1.1 安全事故现象及其原因

工业炉的安全事故中最多的是由入炉燃料燃烧引起的爆炸事故，其次是被加热物蒸发出来的可燃性气体和可燃性可控气氛引起的爆炸等。

6.1.1.1 燃烧爆炸事故

一般是在点火时、燃烧中、再点火时，向已处于危险状态的未燃物及因不完全燃烧产生的可燃性生成物上点火时，便会产生燃烧爆炸现象。对烧煤气和烧油工业炉的爆炸事故所进行的分析结果表明，烧煤气工业炉在点火时产生爆炸的事故约占 1/3 强，而其中一半为停火时煤气泄漏造成的。其余的爆炸起因是操作人员的误操作，例如在开煤气切断总阀前未将烧嘴前的阀门关闭。特别需要指出的是，用不完善的点火烧嘴去点燃主烧嘴时，也容易引起爆炸。燃烧过程中的爆炸约占爆炸事故的一半，其中有一半是在烧嘴出现熄火时产生，其次起因于用不足的空气燃烧煤气时产生的 CO、H_2 等气体，又和空气混合成为有爆炸危险的混合物。其余的爆炸起因于再次点火，其原因是在点火前，没有用新鲜空气对炉内吹扫一段时间，将可能存在的可燃气体清除。

燃油工业炉点火时的爆炸事故大部分是由于多次点火失败，在每次失败后，又没有用新鲜空气更换炉气。

6.1.1.2 可燃性可控气氛的爆炸

由于无氧化加热、渗碳、氮化处理及铜的钎焊等工艺上的要求，有用特殊气氛进行热处理的工业炉，这种工业炉除供应加热用的燃料外，还要向炉内供应若干种类的可控气氛。

爆炸的危险性取决于可控气氛中含有多少可燃性物质（CO、H_2，有时还有 CH_4）。

可燃气氛中的可燃成分在低温时预先与空气达到一定比例就可能形成爆炸性气体。在此条件下，只要遇到高于着火温度的热源就要爆炸，可能引起人身和设备安全事故。含有大量 CO 的保护气体漏出时则可能造成中毒事故。因此，在生产中，经常保持可控气氛的制备、输送及使用设备的气密性极为重要。

爆炸的形成需要三个条件同时存在，即可燃气体、空气与必要的温度。

如果可燃气体和高温同时存在（在高温炉膛中的保护气体就是往往处于这种状态），但没有空气则是安全的，此时如渗入空气出现的不是爆炸而是燃烧。

高温空气（760℃以上）中加入可燃性保护气体时出现的也是燃烧。

特殊条件下上述两种情况可用于安全地向炉内通入保护气体或放散炉内气体。最危险的情况是保护气体在低温下混合，虽然不至于爆炸，但一旦遇到高于着火温度的火星即可引起爆炸。所以保护气体的安全使用中最关键的便是避免保护气体与空气在低温下混合，以防爆炸。从这个意义上讲，保持炉膛正压，在任何情况下都能使保护气体按规定状态和线路流动，这对于安全生产是必不可少的。

6.1.1.3 煤粉爆炸

在煤粉的制造、储存和输送过程中，煤粉和空气的混合物在一定的条件下会产生爆炸。了解影响煤粉爆炸的主要原因对于防止煤粉爆炸是必要的：

（1）煤粉所含挥发物越高，越容易爆炸。

（2）煤粉越细，与空气的接触面越大，爆炸性也就越大。

（3）煤粉的爆炸性随着它在空气中的浓度增加而变大，当浓度增加到一定限度后，爆炸性又开始减小，煤粉浓度的爆炸范围为0.3~0.6kg/m^3。

（4）悬浮在氧含量大的气体介质中的煤粉，可爆性大且爆炸力强。在氧含量小于16%的气体中，煤粉不会爆炸。

（5）煤粉空气混合物温度越高，爆炸的可能性就越大。

（6）燃料中硫的存在并不影响煤粉的可爆性，但煤粉中FeS含量多时，煤粉易自燃并进而成为爆炸的根源。

6.1.2 预防措施

工业炉的爆炸事故有多种，这里仅涉及以防止爆炸为中心的安全燃烧问题。

首先要为安全燃烧创造基本条件；其次，在此基础上，对燃烧设备及其操作采取安全措施，尤其要加强维护管理，才能保证安全。

6.1.2.1 安全燃烧的基本条件

（1）对燃料的各种性质要正确理解后再使用。

（2）对气体燃料的基本条件是采用火焰易于稳定的烧嘴，并要求火焰稳定后再使用。

（3）防止燃料泄漏。

（4）出现异常现象时，立即将煤气快速安全切断。安全切断阀是煤气安全燃烧的关键设备，因此特别重要。

（5）正确地安装和使用符合要求的安全装置如设置防爆装置，使可燃气体意外爆炸时的膨胀气体能迅速排出，避免发生事故。

（6）在点火前，必须以规定的空气量进行吹扫。

（7）事故处理后，如需再次点火，应先切断煤气安全阀，确定熄火原因并消除故障，进行吹扫后再点火。

（8）点火、运行、熄灭都要遵守正确的操作方法。

（9）贯彻执行日常维修和定期检修，以保持设备的完好状态。

6.1.2.2 提高燃烧设备安全程度的措施

（1）燃烧技术的安全程度。安全问题归根结底取决于人，为了提高安全程度，重要的是尽可能减少人的误操作可能。把安全工作的基点放到可靠程度高的安全控制上，安全控制装置的控制系统，应当适应有关工业炉的技术要求。

(2) 安全装置的维护与检修。切实进行日常维护和定期检修，是确保安全的必要条件。

(3) 生产操作的安全。人的生产操作内容要和燃烧安全控制的自动化程度相适应，即使需要手动控制时，也要依靠必要的连锁装置，以消除误操作的可能。总之，任何情况下都要制订严密的操作规程。

6.2 工业炉环保

工业炉窑排放和产生的污染物有烟尘、有害气体、废水、固废和噪声，下面介绍工业窑炉污染物的特点。

(1) 污染原因单一：炉窑对环境的污染，主要来源于燃料燃烧过程中产生的烟尘、二氧化硫、氮氧化物等。高炉、转炉、冲天炉等产生的污染，一方面来源于燃料的燃烧，另一方面来源于原料本身。

(2) 污染设备差别大：工业炉窑是仅次于锅炉的第二种主要工业燃煤设备，种类多，分布面广，污染装备也千差万别，所以必须根据不同的工艺过程、不同的燃烧方式，采取不同的治理措施。

(3) 烟气特点多样：

1) 烟气温度较高，一般在200℃左右，有时高达300~500℃；

2) 烟尘浓度高，烟气黑度大，烟尘浓度（标态）一般在2g/m^3以上；

3) 烟气中烟尘粒径较细，5μm以下的占80%以上；

4) 含有氟化物、二氧化硫等有害气体。

中华人民共和国生态环境部1996年颁布了《工业炉窑大气污染物排放标准》（GB 9078—1996），2012年颁布了《轧钢工业大气污染物排放标准》（GB 28665—2012）、《炼钢工业大气污染物排放标准》（GB 28664—2012）、《炼铁工业大气污染物排放标准》（GB 28663—2012）、《钢铁烧结、球团工业大气污染物排放标准》（GB 28662—2012）、《钢铁工业水污染排放标准》（GB 13456—2012）、《一般工业固体废物贮存和填埋污染控制标准》（GB 18599—2020）、《工业企业厂界环境噪声排放标准》（GB 12348—2008）、《工业企业噪声控制设计规范》（GB/T 50087—2013），对钢铁行业污染物的排放进行了限定。工业炉窑的设计应采用先进的炉窑形式、改进燃烧方式、优化炉型结构、提高自动化控制和管理水平，以减少各种污染物的产量。

6.2.1 烟尘及其防治

在燃料燃烧的过程中，要发生一系列的物理和化学变化，并有可能形成大小不一的细微碳粒。例如，固体燃料中的挥发物要发生低温裂解，液体燃料要发生热解和裂化，气体燃料若燃烧不好也要产生热解现象。这些微小碳粒以流态形式存在于气体之中，往往不易烧尽，在烟出口会出现黑的浓烟，污染环境。

燃料中的灰分也有部分由燃烧生成的烟气带入烟囱排放到大气中，煤粉燃烧时尤为严重。这些随气体漂浮的灰分以颗粒状存在，是烟气中灰尘的主要来源。

含尘气体对人体危害很大，也使大气透明度降低。为了减轻烟囱排出烟气中有害物质对环境的污染，应该改进燃烧技术创造良好的燃烧条件，保证燃料的完全燃烧。当烟气中的含尘量高于排放标准的规定时应采用适当的除尘装置。

将粉尘粒子从气体中分离出来的方法主要有：重力分离法、离心分离法、惯性分离法、静电力分离法。除尘装置虽然所受的作用外力不同，但基本上都是由四大部件组成：引入含尘气体的进口、除尘空间（或除尘室）、分离出的粉尘排尘口和弃尘后相对洁净的气体出口。除尘装置（也称为除尘器）可分为下列四大类型：

(1) 机械力除尘器：包括重力除尘器（又称为重力沉降室）、惯性力除尘器（又称为惯性除尘器）、离心力除尘器（包括旋风除尘器和离心机）；

(2) 电力除尘器，也称为电力沉降室、电过滤器、电除尘器；

(3) 过滤式除尘器；

(4) 洗涤式除尘器。

以上四类除尘器中根据除尘过程中有无液体参与，又可分为两大类型：

(1) 干式除尘器，无液体参加作用的；

(2) 湿式除尘器，有液体参加作用的。

各种除尘装置都有其效果最佳的工况条件，不符合这些条件时，除尘效率将大为降低。当采用强制排烟时，除尘装置要装在排烟机之前，这样可以减少或避免烟气中粉尘对排烟机的磨损，而且含尘烟气处在负压条件下，不会产生粉尘飞出的问题。

6.2.2 有害气体及其防治

工业炉窑烟气中的有害气体主要有二氧化硫（SO_2）、一氧化碳（CO）、氮氧化物（NO_x）、氟化氢（HF）和光化学烟雾。

6.2.2.1 二氧化硫（SO_2）

燃料中含有的硫在燃烧时产生 SO_2，在氧化条件下，SO_2能被氧化成 SO_3，再与水汽相遇便生成 H_2SO_4，具有很强的腐蚀性。大气中 SO_2浓度（标态）达 2.85mg/m^{3}时，对植物和器具具有损伤性；达 1140mg/m^{3}时，人类会窒息死亡。SO_2除直接危害人体健康外，对环境的危害是以酸雨形式出现的。

防治 SO_2污染的主要技术措施有：

(1) 燃料脱硫。从燃料本身考虑，采用低硫或不含硫的燃料，或通过洗煤等措施降低煤中的含硫量。

(2) 烟气脱硫。采用吸附剂对烟气中的 SO_2进行吸附处理，按照吸附剂的形态和处理过程大致分为干法脱硫和湿法脱硫两种。干法烟气脱硫主要有活性炭法、石灰粉吹入法、氧化锰法、氧化铜法以及碱金属化合物添加法等。

(3) 高烟囱扩散稀释。尽量提高烟囱高度，增加烟气出口流速，以使得烟气到达地面之前在逐步扩散中使排入大气中 SO_2浓度降低。但要注意，此法并没有降低硫的总排放量，属于消极过渡措施。

6.2.2.2 氮氧化物（NO_x）

NO_x 是大气中 N_2O、NO、NO_2、NO_3、N_2O_3、N_2O_4和 N_2O_3七种氮的氧化物的总称，

其中污染大气的主要是 NO 和 NO_2。NO_x 对人体和植物危害很大，达 5mg/m^3（标态）时，一些农作物的叶子就会逐渐变白；达到 200mg/m^3（标态）时人会在 1h 内死亡。

大气中的 NO_2 主要来源于燃料的燃烧过程。NO_x 吸收并散射光线，在空气中与光化学氧化剂、颗粒物以及日光发生一系列的复杂反应而形成光化学烟雾，不仅降低能见度，而且对人体健康有很大的危害。

抑制 NO_x 生成的措施可归纳为燃料措施和燃烧措施两类。

燃料措施主要是选用不含氮或少含氮的燃料，采用乳化燃料、燃料混烧等措施。

燃烧措施主要是改善燃烧技术以抑制 NO_x 的生成，可以从以下几方面着手：

1）在保证完全燃烧的前提下，尽可能降低空气消耗系数，以减少 NO_x 生成量；

2）降低燃烧温度，采用二段燃烧，使燃烧分阶段完成，降低 NO_x 生成量；

3）改变燃烧装置结构，降低燃烧室热强度，加强燃料与空气的混合过程；

4）采用烟气再循环，让一部分温度较低的烟气与燃烧所用的空气混合，使燃烧温度降低；

5）采用低 NO_x 燃烧器，使用各种不同结构的燃烧器，控制或减少 NO_x 生成量。

6.2.3 废水及其处理

废水是指人类生产生活过程中排出的水的总称。工业废水一般是指经过一定的技术处理后，不能继续利用的水。工业废水会造成地表和地下水污染，进一步地污染土壤和空气，对动植物及人类造成危害。

废水处理的主要原则有以下几点：

（1）改革生成工艺。废水及其污染物是一定的生产工艺过程的产物，改革生产工艺过程，就有可能做到不排或少排废水，或者是排出危害性小的废水。

（2）提高水的循环利用率。要重视废水的循环多次利用，尽量减少外排水量。

（3）回收综合治理。工业废水中的污染物，都是在生产过程中进入水的原材料、半成品、成品、工作介质和能源物质。对这些物质加以回收，便可变废为宝，化害为利。

废水的处理方法主要有物理法、化学法、生物法。

（1）物理法是最基本、最常用的技术，主要有沉淀与气浮、隔截与过滤、离心分离与蒸发浓缩等。物理法所需的投资和运行费用较低，常常会被优先考虑采用。

（2）化学法是利用化学反应来分离或回收废水中的胶体物质、溶解性物质，以达到回收有用物质、降低酸碱度、去除金属离子、氧化有机物等目的。常用的化学处理方法有化学沉淀与混凝法、中和法、氧化还原法等。由于化学处理法常采用化学药剂或材料，故处理费用较高，运行管理的要求也较严格。通常，化学方法会与物理方法配合使用，以达到最佳的经济效果。

（3）生物法是利用自然界存在的大量微生物来氧化分解有机物的方法。处理过程中要采用一定的人工设施，创造出有利于微生物生长的良好环境，使其不断将有机物转化为无机物。

6.2.4 固体废物及其处理

工业固体废物是指在工业生产过程中产生的固体废物，可分为一般工业废物和有害工业废物。工业废物数量庞大，种类繁多，成分复杂，处理相当困难。工业废物消极堆存不仅占用大量土地，造成人力物力的浪费，而且许多工业废渣含有易溶于水的物质，通过淋溶污染土壤和水体。粉状的工业废物，随风飞扬，污染大气，有的还散发臭气和毒气。有的废物甚至淤塞河道，污染水系，影响生物生长，危害人体健康。

目前，固体废物的处理对策主要有以下几种。

(1) 提倡清洁生产：改进设计、改善生产操作、改变社会消费结构，减少废物产生源和产生量；

(2) 实现资源化：从固体废物中回收资源；

(3) 减容：通过焚烧、压缩等方法来减少固体废物的容积，减轻最终处理时的负担；

(4) 无害化处理：对不可避免产生而又没有条件利用或无利用价值的固体废物采取妥善的处理，以防止其对环境的污染。

固体废物的处理方法主要有：

(1) 一般固体废物的处理方法是土地堆存法、填埋法、筑坝堆存法、土壤耕作法等；

(2) 对有害渣进行处理的方法有焚化法、化学处理法、生物处理法等；

(3) 加强资源综合利用，回收有用物质，实现固体废物资源化、无害化。

6.2.5 噪声及其控制

按发生机理不同，噪声可分为空气动力性噪声、机械性噪声和电磁性噪声三类。噪声的危害是多方面的，可损伤听力、引起疾病、降低工作效率、影响人们正常生活等。

控制噪声的基本方法有：控制噪声源的发出、进行个人防护、控制噪声的传播。具体措施见表6-1。

表6-1 控制噪声的措施

控制方法	具体措施
控制噪声发出	采用结构合理的设备，提高设备制造精度，改进工艺流程
个人防护	操作人员佩戴防声棉、防声耳塞（耳罩）、防声头盔等
控制噪声传播	将噪声源安置在隔声罩或隔声室内，采用防振措施使机械振动与周围隔离，在传播噪声的管壁、机壳上安装橡胶等材料，在噪声源四周设置吸声屏或吸声罩，在风机进出口及放散管上安装消声器

7 工业炉工程概预算初步

工程概预算是指在工程建设过程中，根据不同建设阶段的设计文件和有关定额、指标及取费标准，预先计算和确定建设项目全部工程费用的技术经济文件。

火焰炉建筑属于基本工程建设的内容之一，修建火焰炉窑，必须要有科学的管理和有效的监督工具。概预算是火焰炉设计文件的重要组成部分，它是根据设计的具体内容和国家规定的各种计费标准，在工程建设之前计算项目投资额的文件。

火焰炉的建设具有共性。各种火焰炉虽然外形不同、规模不同，但从其组成来看，都由钢结构，耐火材料砌筑的炉衬、烧嘴、换热器等组成。在不同的火焰炉中，相同的分项工程，不仅有相同的计量单位，而且每完成一个计量单位，如 $1m^3$ 黏土砖直墙，它所需要的人工、材料等应基本相同，从而可以根据共同水平，确定各分项工程内容，以及人工、材料、施工机械的消耗定额，并根据具体情况确定工资标准、材料预算价格、施工机械台班使用费和施工管理费定额以及法定利润率等。这样，可根据具体的火焰炉设计，用单独编制概预算的方法，计算建设工程造价。

概预算编制中所依据的标准参考是《建设工程工程量清单计价规范》（GB 50500—2013），所依据的规章规程可参见中国建设工程造价管理协会发布的有关文件，另外也需要参考各地方的定额指标及造价信息。

7.1 工程概预算的作用

火焰炉概预算是基本建设管理工作的重要组成部分，是规定基本建设工程价格的特殊方法。完善和加强概预算制度，有利于使设计概算和施工图预算在基本建设管理中发挥更多更好的作用。

7.1.1 设计概算的作用

设计概算是在投资估算的控制下由设计单位根据初步设计图纸及说明、概算定额（指标）、各项费用定额或取费标准、设备、材料预算价格等资料，或参考类似工程预决算文件，编制和确定的建设项目从筹建至竣工交付使用所需全部费用的文件。因此，设计概算是设计文件的重要组成部分。

设计概算的主要作用如下：

（1）设计概算是编制固定资产投资计划、控制建设项目总投资的依据。政府投资项目设计概算一经批准，将是控制建设项目投资的最高限额。

（2）设计概算是建设单位与施工单位签订施工协议的依据。施工单位可以根据协议进行储备材料、配备人力、组织财务等各项施工准备工作。

（3）设计概算是控制施工图设计和施工图预算造价的依据。

（4）设计概算是衡量设计方案技术经济合理性的依据。设计概算能以货币指标反映设计方案在技术上是否先进，经济上是否合理。

（5）设计概算是编制招标控制价的依据。

7.1.2 施工图预算的作用

施工图预算是指在施工图设计完成后，按照政府制定的预算定额、费用定额和其他取费文件等编制的单位工程或单项工程预算价格的文件。它是施工图设计阶段对工程建设所需资金做出较精确计算的设计文件。

（1）施工图预算是落实或调整基建计划的依据。由于施工图预算比设计概算更具体和切合实际，因此，可据以落实或调整投资计划。

（2）施工图预算是签订工程施工合同的主要依据。建设单位和施工单位签订合同，可以明确甲、乙双方的经济责任，便于分工协作，互相制约，确保按时、按质、按量地完成工程施工任务。

（3）施工图预算是落实工程款项和进行工程结算的依据。

（4）施工图预算是施工单位编制施工计划的依据。施工图预算工料统计表列出了单位工程的各类人工和材料的需要量，施工单位可据以编制施工计划。

（5）施工图预算能促进施工企业实行经济核算。施工图预算所确定的工程预算造价，是建筑安装企业产品的预算成本。建筑安装企业必须在施工图预算范围内加强经济核算，降低成本，才能增加盈利。

（6）施工图预算是实行招标、投标的重要依据。在招投标过程中，无论施工单位还是建设单位，均以施工图预算为依据编制标底、标价，进行开标和决标。

7.2 工程量涵盖的内容

工程量即工程的实物数量，是以物理计量单位或自然计量单位所表示的各个具体分项或子分项工程的数量。所谓物理计量单位，即是指 m、m^2、m^3、t 等，而自然计量单位即是机械设备的台、套等。

工程量是根据图纸规定的各分项工程尺寸、数量及设备明细表等具体计算出来的。计算工程量是确定建筑工程直接费用，编制单位工程预算书的重要环节。准确的计算工程量需要计算人员具备良好的识图能力，掌握工程量的计算规则。

以工程量为基础即可进行工程分项费用，分部分项费用=工程量×综合单价。

工程量的一般计算法可分为：

（1）按施工顺序计算；

（2）按定额顺序计算；

（3）按图分项编号顺序计算；

（4）按表格形式填写计算。

计算工程量可以填制工程量概算表，以便计算有条不紊，便于核查。表 7-1 为工程量概算表示例，供参考。

表 7-1 工程量概算表

序号	定额编号	图纸编号	分项工程名称	单位	工程量	计算式
1						
2						
⋮						

7.3 工程预算书的编制

一般工业炉不编制工程预算总表及工程预算表，而是编制建筑工程概（预）算表、筑炉工程概（预）算表和设备及安装工程概（预）算表，见表 7-2 和表 7-3。

表 7-2 建筑工程概（预）算表

工程名称：

序号	编制依据	工程和费用名称	单位	工程量	单价/元	合价/万元	备注
1		储水槽基础	1			0.5	
2		水泵基础	1			0.5	

表 7-3 设备及安装工程概（预）算表

项目名称：

序号	编制依据	设备（材料）型号及规格名称	单位	数量	质量/t		单价/万元				合价/万元				非标设备打√
					单重	总重	设备		安装工程		设备		安装工程		
							万美元	万元	安装费	人工费	万美元	万元	安装费	人工费	
1	2	3	4	5	6	7	8	9	10	11	12	13	14	15	16

8 推钢式连续加热炉设计实例

8.1 设计任务书

（1）炉子用途：钢坯热轧前加热。

（2）炉子生产率：$P = 40000\text{kg/h}$。

（3）被加热金属：

1）种类：20号碳素钢；

2）尺寸：140mm×140mm×2500mm；

3）金属开始加热（入炉时）平均温度：$t_{始均} = 20℃$；

4）金属加热终了（出炉时）表面温度：$t_{表终} = 1200℃$；

5）金属加热终了（出炉时）横断面温差：$\Delta t_{终} \leqslant 50℃$。

（4）燃料：

1）种类：天然气和高炉煤气的混合煤气；

2）混合煤气低发热值（标态）：$Q_{低混} = 10500\text{kJ/m}^3$；

3）两种煤气成分（干成分）：见表8-1；

4）煤气不预热：$t_{混气} = 20℃$。

表8-1 天然气和高炉煤气干成分 （%）

成分 种类	CO	CO_2	CH_4	C_2H_6	C_3H_8	H_2	N_2	O_2	合计
天然气	—	0.3	89.9	3.1	1.3	—	5.2	0.2	100
高炉煤气	27.4	10.0	0.9	—	—	3.3	58.4	—	100

（5）出炉膛烟气温度：$t_{废膛} = 800℃$。

（6）空气预热温度（烧嘴前）：$t_{空} = 350℃$。

8.2 注意事项

连续加热炉的炉型选择包括以下几个方面。

8.2.1 段数的选择

连续加热炉按温热制度可分为二段、三段和多段。二段连续加热炉由预热段和加热段组成，三段连续加热炉由预热段、加热段和均热段组成。三段连续加热炉与二段连续加热炉比较有下列显著优点：

（1）允许加热段有更高的炉温，可实现强化加热，提高炉子生产率；

（2）因有均热段，料坯出炉时端面温差较小，加热质量高；

（3）三段连续加热炉可按二段制度操作，以适应炉子生产率较大变化的要求。

因此，在炉子设计时应尽量采用三段连续加热炉。但对于料坯尺寸较小或生产率不高的情况，就没有必要采用三段式炉型。一般当料坯厚度 $\delta<100$mm 时，采用二段连续加热炉；当 $\delta=100\sim200$mm 时，最好采用三段连续加热炉，也可采用二段连续加热炉；当 $\delta>200$mm 时，一般都采用三段连续加热炉。所以在设计时应依据具体工艺条件而定。

多段连续加热炉是在三段炉型基础上发展起来的，其主要优点是可提高炉子生产率、保证加热质量，并具有更大的操作灵活性，适应炉子生产率在更大范围内变化。现代大型连续加热（推钢式或步进式）多采用多段连续加热炉。但由于该炉型造价较高、热效率较低，所以当炉长小于 25~30m 时，则没有必要采用。

8.2.2 单面加热或双面加热的选择

双面加热比单面加热具有更高的炉子生产率，良好的加热质量，所以绝大多数连续加热炉都采用双面加热方式。

在料坯厚度较小（$\delta<60$mm）的情况下，加热时料坯上下表面温差不大，可不采用下加热（要求生产率较高时亦可采用双面加热）。另外，对于厚度虽然较厚（$\delta>60$mm）、但长度较短（$l<1000$mm）的料坯，因支撑结构困难，下加热作用不大，所以不宜采用下加热。

有些连续加热炉，如环形炉，由于炉型结构上的原因，不管料坯尺寸大小，一般只采用单面加热（上加热）。

8.2.3 料坯在炉内摆放排数的选择

目前连续加热炉一般采用单排或双排，很少采用三排以上的。在设计炉子时，要根据料坯长度、炉子生产率、炉子计算长度，甚至车间布置等情况确定。

对于推钢式连续加热炉，其炉长还受到推钢比的限制。料坯在炉内摆放排数可用式（8-1）估算。

$$n=\frac{P}{H\cdot l\cdot 2S\cdot E} \tag{8-1}$$

式中 n——炉内料坯摆放排数；

P——炉子设计生产率，kg/h；

H——有效炉底强度（见表 3-27），kg/(m²·h)；

l——料坯长度，m；

$2S$——料坯厚度，m；

E——推钢比，一般原料条件为方坯可取 180~200，板坯可取 220~240。

当 $n<1.2$ 时，取单排；当 $n>1.4$ 时，取双排；当 $n=1.2\sim1.4$ 时，可取单排，也可取双排，视具体情况决定，然后用实际最大推钢比校核（见 4.2 节）。

对于步进式连续加热炉，炉长一般无限制条件，所以通常为单排，也可采用双排。

对于环形炉，由于装出料方式的限制，一般为单排。

8.2.4 出料方式的选择

连续加热炉出料方式有端出料和侧出料两种方式。

从生产工艺的观点出发，端出料较侧出料好；从炉子热工角度看，侧出料比端出料优越。所以在设计炉子时，常根据下列原则来选择出料方式。

(1) 生产率高，加热大型方坯或板坯时需采用端出料；

(2) 料坯断面尺寸较小，宜采用侧出料；

(3) 加热合金钢时，因加热质量要求较好，最好采用侧出料；

(4) 双排料，一般采用端出料；

(5) 燃煤（块煤层状燃烧）炉子，因端部有燃烧室，多采用单排侧出料。

8.2.5 炉膛基本尺寸的确定

炉膛基本尺寸包括炉长、炉宽和炉膛高度，炉膛基本尺寸的单位在工程上通常以“mm”表示。

(1) 炉长。对连续加热炉来讲，炉长包括炉子有效炉长（$L_{效}$）和炉子全长（L）。

炉子有效炉长 $L_{效}$ 是指料坯在炉内运行行程，即炉子预热段端墙外缘到出料口（侧出料为出料炉门中心线，端出料为下滑坡与炉内滑道交点）距离，可按式（8-2）计算：

$$L_{效} = \frac{P\tau b}{ng} \times \frac{c}{b} \quad (\mathrm{mm}) \tag{8-2}$$

式中 P——炉子生产率，kg/h；

τ——加热时间，h；

b——料坯宽度，mm；

c——料坯排放中心距（推钢式炉 $\frac{c}{b}=1$，步进式炉 $\frac{c}{b}>1$），mm；

n——炉内料坯摆放排数；

g——炉内加热料坯平均单重，kg/根。

炉子各段（预热段、加热段、均热段）的有效长度，可根据料坯在各段的金属加热时间计算。各段加热时间之和即为总加热时间，代入式（8-2），即可求出 $L_{效}$。

对于双面加热的推钢式连续加热炉，为了消除料坯在滑道水管（用于直接支撑料坯）上滑动所造成的“水管黑印”，一般二段连续加热炉加热段或三段连续加热炉均热段要设置一定长度的实底床（该段为单面加热，不用冷却水管支撑料坯滑动，而用耐热合金钢），其长度一般不小于炉子有效长度的 15%~20%（大多数连续加热炉实底段长度为 2.5~5m）；也可不设实底床，采用半热滑轨或全热滑轨方式来消除“水管黑印”。

炉子全长是指炉子砌砖长度，即：

$$L_{总} = L_{效} + A \quad (\mathrm{mm}) \tag{8-3}$$

式中 A——炉子出料端端墙外缘到出料口距离，它取决于燃料燃烧情况和出料方式，一般 $A=1500\sim2500$mm。

(2) 炉宽。炉膛内宽（B）决定于炉内料坯的摆放排数（n）和料坯长度（l）。炉宽可用式（8-4）计算：

$$B = nl + (n + 1)a \quad (\text{mm}) \tag{8-4}$$

式中 l——料坯长度，mm；

a——料坯之间和料坯端头与炉墙内表面的距离，一般取 $a = 150 \sim 300\text{mm}$。

（3）炉高。对双面加热连续加热炉而言，炉膛高度分为上炉膛高度和下炉膛高度（亦称为深度）。上下炉膛高度的分界线，对推钢式连续加热炉为水冷滑轨上表面，对步进式连续加热炉为固定梁（或固定底）上表面。通常下炉膛高度要大于上炉膛高度，这是由于下炉膛内有支撑或托起料坯的水冷管占用了部分空间以及氧化铁皮堆积等原因。由于连续加热炉的炉型多种多样，各段炉膛高度目前尚无法从理论上计算确定，因此通常是根据生产经验确定，参见表 3-10 和表 3-11。炉尾上炉膛高度（对下排烟而言）一般大于或等于加热段上炉膛高度。

（4）炉顶。炉顶按结构可分为拱顶和平顶，同一座炉子一般只采用同一种炉顶结构。

平顶有预制块（或异型砖）吊挂结构和整体浇注结构，采用平顶时不受任何条件限制。

拱顶有砖砌结构和预制块结构，一般采用砖砌结构，施工容易，成本低。采用拱顶时受炉宽和烧嘴安装位置的限制，一般当炉宽小于 4m 并且上加热采用端供热时，方可采用。拱顶的中心角通常为 60°。

8.2.6 其他炉体结构的确定

（1）炉膛各段之间的过渡曲线。各段炉膛高度是不一样的，那么不同炉段炉膛高度之间的过渡曲线，简称为曲节。目前曲节有以下两种。

1）斜坡过渡。如图 8-1（a）所示，斜坡角度 $\alpha = 15° \sim 20°$，这种结构用于炉膛宽度较大的大型加热炉或侧供热的中小型加热炉。

2）直角过渡。如图 8-1（b）所示，这种结构称为“扼流”结构。尤其对端供热的中小型加热炉有明显的作用，主要是：可减小加热段向预热段的直接热辐射，在燃料量相同的条件下，可提高加热段温度，强化加热段的辐射热交换，降低出炉烟气温度，提高炉膛内的燃料利用系数；更重要的是可增加加热段炉气向预热段的流动阻力，提高炉头部分（出料端）的炉内压力，改善端供热炉型炉膛压力分布“前低后高”的现象，减少炉头（出料口）吸风和炉尾（装料口）冒烟，保持出料口钢温不降低和减少钢氧化烧损。由于烟气流动阻力增加，可提高炉尾抽力，从而减少进料口烟气溢出量，提高烟气余热利用回收率，并改善装料口环境条件。

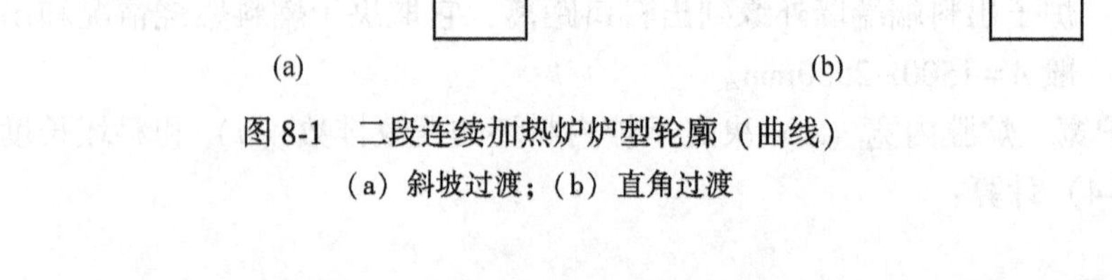

图 8-1 二段连续加热炉炉型轮廓（曲线）

（a）斜坡过渡；（b）直角过渡

（2）装料口尺寸的确定。

1）宽度。装料口宽度略小于或等于炉膛宽度，为了简化炉子砌体，一般是等于炉膛宽度 B。若采用小于炉膛宽度结构，那么料坯两端头距装料口侧墙的距离各留 50~100mm 的间隙。

2）高度。从减少炉膛向外热辐射和溢气量、改善装料口操作环境角度看，装料口高度略大于料坯最大厚度即可，但要考虑若发生拱钢时避免料坯撞坏装料口上部的水冷横梁或耐火砖砌筑的横梁。对于加热厚度较小（$\delta<100$mm）的料坯，其高度应略大于三块料坯厚度；对于加热厚度较大（$\delta>100$mm）的料坯，其高度应略大于两块料坯厚度；对于加热料坯为板坯的，其高度应略高于板坯宽度。

（3）出料端结构的确定。

1）侧出料。中小型方坯（横断面尺寸一般在 160mm×160mm 以下）可以采用侧出料方式。侧出料就是用推钢机把料坯推到出钢槽上，再由出钢机把料坯顶出或由辊道送出。侧出料结构设计包括出钢槽、供热装置布置及炉门。

2）滑坡式端出料。滑坡式端出料方式适用于大型方坯和板坯，料坯由推钢机一根一根地推送，再经滑坡把料坯滑送到炉前运料轨道送往轧机。因此，滑坡式出料端结构应保证料坯能顺利并平稳地由炉内滑送到炉前轨道上；尽量防止和避免由出料口吸入冷风；开轧时头几根料坯应能保持出炉所需要的温度，不过热或过冷；滑道、滑板、轨道和缓冲器等相互衔接，便于检修和更换等。

8.3 推钢式二段连续加热炉热工计算

8.3.1 燃料燃烧计算

8.3.1.1 天然气和高炉煤气干、湿成分换算

（1）根据混合煤气温度 $t_{混气}=20℃$，查表 3-1 得 $g_{H_2O}^{干}=18.9\text{g/m}^3$（干气体，标态），代入式（3-1）得：

$$k_c=\frac{100}{100+0.124\times 18.9}=0.977$$

（2）把 $k_c=0.977$ 代入式（3-2）分别计算得天然气和高炉煤气湿成分，计算结果列于表 8-2。

表 8-2 天然气和高炉煤气湿成分 （%）

种类＼成分	CO	CO_2	CH_4	C_2H_6	C_3H_8	H_2	N_2	O_2	H_2O	合计
天然气	—	0.29	87.83	3.03	1.27	—	5.08	0.20	2.30	100
高炉煤气	26.77	9.78	0.88	—	—	3.22	57.05	—	2.30	100

8.3.1.2 计算混合煤气湿成分

（1）计算天然气和高炉煤气低发热值，把表 8-2 中天然气和高炉煤气的湿成分分别代入式（3-6）得出以下结果。

天然气低发热值（标态）：$Q_{低}^{天} = 357.1 \times 87.83 + 637.5 \times 3.03 + 912.5 \times 1.27 = 34455\text{kJ/m}^3$

高炉煤气低发热值(标态)：$Q_{低}^{高} = 126.4 \times 26.77 + 357.1 \times 0.88 + 107.6 \times 3.22 = 4044\text{kJ/m}^3$

（2）计算配比系数。设天然气在混合煤气中的配比系数为 x'，将混合煤气 $Q_{低}^{混} = 10500\text{kJ/m}^3$（标态）、天然气 $Q_{低}^{天} = 34455\text{kJ/m}^3$（标态）、高炉煤气 $Q_{低}^{高} = 4044\text{kJ/m}^3$（标态）代入式（3-4）得：

$$x' = \frac{10500 - 4044}{34455 - 4044} = 0.21$$

（3）把配比系数 $x'=0.21$ 代入式（3-5）得混合煤气湿成分并且列于表 8-3 中。

表 8-3　混合煤气成分　　（%）

种类＼成分	CO	CO_2	CH_4	C_2H_6	C_3H_8	H_2	N_2	O_2	H_2O	合计
混合煤气	21.15	7.79	19.14	0.64	0.27	2.54	46.13	0.04	2.30	100

校核混合煤气低发热值，将表 8-3 中的混合煤气湿成分代入式（3-6）得：

$$Q_{低}^{混} = 126.4 \times 21.15 + 357.1 \times 19.14 + 637.5 \times 0.64 + 912.5 \times 0.27 + 107.6 \times 2.54 = 10436\text{kJ/m}^3\text{（标态）}$$

该值与工艺要求值 10500kJ/m^3（标态）相差很小，不必重新计算，故取 $Q_{低}^{混} = 10500\text{kJ/m}^3$（标态）。

8.3.1.3　计算理论空气需要量 L_0

把表 8-3 中混合煤气湿成分代入式（3-7）得：

$$L_0 = \frac{0.5 \times 2.54 + 0.5 \times 21.15 + 2 \times 19.14 + 3.5 \times 0.64 + 5 \times 0.27 - 0.04}{21} = 2.56\text{m}^3/\text{m}^3\text{(标态)}$$

8.3.1.4　计算实际空气需要量 L_n

取 $n=1.1$(见表 3-3)，代入式(3-8)和式(3-9)得：

$$L_n = 2.56 \times 1.1 = 2.82\text{m}^3/\text{m}^3\text{(标态)}$$

$$L_{n湿} = (1 + 0.00124 \times 18.9) \times 2.82 = 2.89\text{m}^3/\text{m}^3\text{(标态)}$$

8.3.1.5　计算燃烧产物生成量及成分

把表 8-3 中混合煤气湿成分代入式(3-10)，计算得燃烧产物单一成分生成量，再代入式(3-11)、式(3-12)计算得燃烧产物总量及成分百分含量，结果列于表 8-4。

表 8-4　混合煤气燃烧产物生成量及成分

项目＼成分	CO_2'	N_2'	O_2'	H_2O'	V_n
生成量(标态)/$\text{m}^3 \cdot \text{m}^{-3}$	0.502	2.689	0.054	0.527	3.772
体积含量/%	13.31	71.29	1.43	13.97	100

8.3.1.6 计算混合煤气燃烧产物密度

把表 8-4 中燃烧产物体积分数代入式(3-13)得：

$$\rho_{烟} = \frac{44 \times 13.31 + 18 \times 13.97 + 28 \times 71.29 + 32 \times 1.43}{22.4 \times 100} = 1.285\text{kg/m}^3$$

8.3.1.7 计算燃料理论燃烧温度

由 $t_{空}=350℃$，查表 3-4 得 $c_{空}=1.296\text{kJ/(m}^3\cdot℃)$（标态）；设 $t_{产}=1800\sim2100℃$，查表 3-4 得 $c_{产}=1.672\times0.21+1.714\times0.79=1.705\ \text{kJ/(m}^3\cdot℃)$（标态）。

设 $Q_{分}=0$，按式（3-14）得：

$$t_{理} = \frac{10500 + 2.82 \times 1.296 \times 350}{3.772 \times 1.705} = 1832℃ \nless 1800℃$$

因此，可满足连续加热炉加热工艺要求。

8.3.2 炉膛热交换计算

计算炉膛热交换的目的是确定炉气经过炉壁对金属的导来辐射系数 $C_{gKM}\text{kJ/(m}^2\cdot\text{h}\cdot\text{K}^4)$，下面介绍计算方法与步骤。

8.3.2.1 预确定炉膛主要计算尺寸

（1）炉膛宽度。查表 3-27，对中型加热炉取 $H=550\text{kg/(m}^2\cdot\text{h)}$；取推钢比 $E=200$，代入式（8-1）计算得炉内物料摆放排数：

$$n = \frac{40000}{550 \times 2.5 \times 0.14 \times 200} = 1.04，取\ n=1。$$

将 $n=1$，取 $a=0.2$，代入式（8-4）得炉膛内宽：

$$B=1\times2.5+2\times0.2=2.9\text{m}$$

对砌砖炉体结构，为砌筑施工方便，炉体宽度应为耐火砖宽度（0.116m）的整数倍（见 4.1.6 节）。经计算：2.9÷0.116=25，满足为耐火砖宽度的整数倍的要求，所以取：

$$B=2.9\text{m}=2900\text{mm}$$

（2）炉膛各段高度。查表 3-10，对燃气中型加热炉，取 $H_{加上}=1600\text{mm}$，$H_{预上}=900\text{mm}$。

（3）炉膛各段长度：设加热段长度为 $L_{加}$（$L_{加双}+L_{床}$），预热段长度为 $L_{预}$。

（4）炉顶结构：因上加热拟采用端供热，炉膛内宽小于 4m，为降低投资确定为 60°砖砌拱顶。

（5）出料方式：侧出料。

8.3.2.2 计算各段（60°拱顶）平均有效射线行程

（1）计算各段充满炉气的炉膛体积，由式（3-26）得：

$$V_{加} = (H_{加上}B - 0.0434B^2)L_{加} = (1.6 \times 2.9 - 0.0434 \times 2.9^2)L_{加} = 4.28L_{加}\text{m}^3$$

$$V_{预} = (H_{预上}B - 0.0434\ B^2)L_{预} = (0.9 \times 2.9 - 0.0434 \times 2.9^2)L_{预} = 2.25L_{预}\text{m}^3$$

（2）计算各段包围炉气的炉壁内表面积，由式（3-27）得：

$$F_{K加} = (2H_{加上} + 1.78B)L_{加} = (2 \times 1.6 + 1.78 \times 2.9)L_{加} = 8.36L_{加}\text{m}^2$$

$$F_{预底} = (2H_{预上} + 1.78B)L_{预} = (2 \times 0.9 + 1.78 \times 2.9)L_{预} = 6.96L_{预}\text{m}^2$$

把上述计算结果分别代入式（3-23），并取 $\eta=0.9$，得：

$$S_{L加}=0.9\times\frac{4V_{加}}{F_{K加}}=0.9\times\frac{4\times4.28L_{加}}{8.36L_{加}}=1.84\text{m}$$

$$S_{L预}=0.9\times\frac{4V_{预}}{F_{K预}}=0.9\times\frac{4\times2.25L_{预}}{6.96L_{预}}=1.16\text{m}$$

8.3.2.3 计算炉气中 CO_2和 H_2O（汽）的分压

由燃料燃烧计算（见表8-4）得：

$$p_{CO_2}=13.31/100=0.1331 \text{ 大气压}^{❶}$$

$$p_{H_2O}=13.97/100=0.1397 \text{ 大气压}$$

8.3.2.4 预确定各段炉气温度

（1）设加热段炉气温度比加热终了时金属表面温度高55℃，即：

$$t_{g加}=t_{表终}+55=1200+55=1255℃$$

（2）出炉膛烟气温度为800℃，预热段炉气温度变化规律近似为线性，则：

$$t_{g预}=(t_{g加}+t_{废膛})/2=(1255+800)/2=1028℃$$

8.3.2.5 计算各段炉气黑度

按式（3-20）~式（3-22）得：

$$\varepsilon_{g加}=0.71\times(0.1331\times1.84)^{\frac{1}{3}}\times\left(\frac{1255+273}{100}\right)^{-0.5}+$$

$$7.1\times0.1397^{0.8}\times1.84^{0.6}\left(\frac{1255+273}{100}\right)^{-1}$$

$$=0.71\times0.63\times0.256+7.1\times0.207\times1.442\times0.065$$

$$=0.252$$

$$\varepsilon_{g预}=0.71\times(0.1331\times1.16)^{\frac{1}{3}}\times\left(\frac{1028+273}{100}\right)^{-0.5}+$$

$$7.1\times0.1397^{0.8}\times1.16^{0.6}\left(\frac{1028+273}{100}\right)^{-1}$$

$$=0.71\times0.54\times0.277+7.1\times0.207\times1.093\times0.077$$

$$=0.230$$

8.3.2.6 计算各段炉墙和炉顶对金属的辐射角度系数

对于60°拱顶，按式（3-36）得：

$$\varphi_{KM加}=\frac{1\times2.5}{2\times1.6+0.78\times2.9}=0.458$$

$$\varphi_{KM预}=\frac{1\times2.5}{2\times0.9+0.78\times2.9}=0.615$$

8.3.2.7 计算各段炉气经炉壁对金属的导来辐射系数

取 $\varepsilon_M=0.8$（见表3-7），按式（3-18）（注意单位不同）得：

❶ 1大气压=101325Pa。

$$C_{gKM加} = \frac{20.43 \times 0.252 \times 0.8 \times [1 + 0.458 \times (1 - 0.252)]}{0.252 + 0.458 \times (1 - 0.252) \times [0.8 + 0.252 \times (1 - 0.8)]}$$
$$= 10.18\text{kJ}/(\text{m}^2 \cdot \text{h} \cdot \text{K}^4)$$

$$C_{gKM预} = \frac{20.43 \times 0.230 \times 0.8 \times [1 + 0.615 \times (1 - 0.230)]}{0.230 + 0.615 \times (1 - 0.230) \times [0.8 + 0.230 \times (1 - 0.8)]}$$
$$= 8.78\text{kJ}/(\text{m}^2 \cdot \text{h} \cdot \text{K}^4)$$

加预界面处： $C_{gKM加预} = \frac{10.18 + 8.78}{2} = 9.48\text{kJ}/(\text{m}^2 \cdot \text{h} \cdot \text{K}^4)$

8.3.3 金属加热计算

金属加热计算是连续加热炉全部热工计算的核心。有实底段的二段连续加热炉的金属加热时间是按炉子有效长度分成三个区段（预热段、加热段和加热段实底段（单面加热））分别进行计算的。计算方法简述如下：

金属在加热段实底段上的加热时间，根据实底段的长度来确定。根据实际资料，大多数连续加热炉实底段的长度变化范围在 2.5~5m 之间。

金属在加热段和预热段的加热时间（双面加热），根据金属在每段内的热焓增量（Δi）及传向金属的平均热流（$q_{均}$），按式（3-70）计算确定。

欲求得金属在各段的热焓增量与平均热流，须先确定每段始端和末端的炉气温度及金属温度。

炉气温度：

（1）预热段始端的炉气温度已知（加热工艺给出的 $t_{g废膛}$）；

（2）对于二段连续加热炉理想温度制度来说，加热段炉气温度 $t_{g加}$ 沿加热段长度方向上应保持不变，可根据金属加热终了时工艺要求的最大断面温度差 $\Delta t_{终}$ 计算确定。

金属温度：

（1）预热段始端的金属温度已知（加热工艺给出的金属入炉温度 $\Delta t_{始}$）；

（2）预热段和加热段交界处的金属温度，可根据炉子总热平衡与区段热平衡之间的相互关系计算确定。

（3）金属由加热段双面加热向加热段实底床单面加热过渡处的温度，可根据金属在实底床上的加热时间与金属加热终了时的表面温度 $t_{表终}$（由加热工艺给出）计算确定。

已知各段始、末端的炉气温度和金属表面温度，则各段始、末端的热流密度可按式（3-15b）计算。

根据各段始、末端的热流密度，由式（3-72）、式（3-73）可分别求出预热段和加热段炉气传向金属的平均热流 $q_{预均}$ 和 $q_{加均}$，即可求出各段的加热时间，进而求出总加热时间。

详细计算过程如下：

首先将二段连续加热炉用四个界面分成三个区段，即：金属入炉处（炉尾）为 0 界面，预热段终了、加热段开始处为 1 界面，加热段双面加热终了向实底床（单面加热）过渡处为 2 界面，加热终了金属出炉处（侧出料炉门中心线处或端出料下滑坡与炉内滑道交点处）为 3 界面。则：0~1 为预热段，1~2 为加热段双面加热部分，2~3 为加热段实底床（单面加热）部分，计算顺序为界面3、2、1、0。

8.3.3.1 计算3界面处金属加热有关参数

已知金属表面温度和最大断面温差，求算加热段炉气温度。计算依据（由加热工艺给出）：

金属表面温度：$t_{表终}=1200℃$；

金属最大断面温差：$\Delta t_{终}=50℃$。

（1）计算金属断面平均温度。因为该处为单面加热，所以金属断面平均温度是指上、下表面之间的平均值。可按双面对称加热近似计算，按式（3-65）可得：

$$t_{3均}=t_{表终}-0.7\Delta t_{终}=1200-0.7\times50=1165℃$$

（2）计算金属上表面热流，按式（3-80）计算：

$$q_{表3}=\frac{2\lambda_3\cdot\Delta t_{终}}{2S}$$

式中，$\lambda_3=29.4\times3.6=106\text{kJ/(m}^2\cdot\text{h}\cdot℃)$（查表3-12得20号钢平均温度1165℃时的导热系数，注意单位换算）；$\Delta t_{终}=50℃$（见设计任务书）；$2S=0.14\text{m}$（见设计任务书）；

所以：$q_{表3}=\dfrac{2\times106\times50}{0.14}=75714\text{kJ/(m}^2\cdot\text{h)}$

（3）计算加热段炉气温度，由式（3-69）可得：

$$\begin{aligned}t_{g3}&=100\times\sqrt[4]{\frac{q_{表3}}{C_{gKM加}}+\left(\frac{t_{表终}+273}{100}\right)^4}-273\\&=100\times\sqrt[4]{\frac{75714}{10.18}+\left(\frac{1200+273}{100}\right)^4}-273\\&=1255℃\end{aligned}$$

注：计算结果与假设加热段炉气温度相等，所以不必重新设定和计算，故取$t_{g3}=1255℃$。

8.3.3.2 计算2界面处金属加热有关参数

设该处炉气温度$t_{g2}=t_{g3}=1255℃$，求算金属表面温度$t_{表2}$、断面温差Δt_2和表面热流q_2。

A 计算该处金属表面温度$t_{表2}$

按式（3-79）计算：

$$t_{表2}=t_{g2}-\frac{t_{g2}-t_{表终}}{\phi\left(\dfrac{a\tau}{S^2},\dfrac{\alpha S}{\lambda}\right)}$$

式中，t_{g2}和$t_{表终}$已知，只要求出函数值$\phi\left(\dfrac{a\tau}{S^2},\dfrac{\alpha S}{\lambda}\right)$，即可求出$t_{表2}$。

a 计算傅里叶准数$Fo=\dfrac{a\tau}{S^2}$

按经验取实底床长度$L_{床}=4.0\text{m}$，查表3-16得20℃时20号钢的密度$\rho=7858\text{kg/m}^3$。由式（3-81）可知，金属在实底床上的加热时间：

$$\tau_{床} = \frac{L_{床} \cdot 2S \cdot l \cdot \rho \cdot n}{P} = \frac{4.0 \times 0.14 \times 2.5 \times 7858 \times 1}{40000} = 0.275\text{h}$$

根据金属在实底段上加热终了出炉时的平均温度 $t_{3均}=1165℃$，查表 3-18 得 20 号钢的导温系数 $a=0.021\text{m}^2/\text{h}$。

透热深度（双面加热）$S=0.14/2=0.07\text{m}$，则：

$$Fo = \frac{a\tau}{S^2} = \frac{0.021 \times 0.275}{0.07^2} = 1.18$$

b 计算毕渥准数 $Bi = \dfrac{\alpha S}{\lambda}$

由式（3-82）得给热系数：

$$\alpha = \frac{q_{表3}}{t_{g2} - t_{表终}} = \frac{75714}{1255 - 1200} = 1377\text{kJ/（m}^2 \cdot \text{h} \cdot ℃\text{）}$$

则：
$$Bi = \frac{\alpha S}{\lambda} = \frac{1377 \times 0.07}{106} = 0.91$$

c 计算函数值 $\phi\left(\dfrac{a\tau}{S^2}, \dfrac{\alpha S}{\lambda}\right)$

根据 $\dfrac{a\tau}{S^2} = 1.18$，$\dfrac{\alpha S}{\lambda} = 0.91$，查表 3-22 得：

$$\phi\left(\frac{a\tau}{S^2}, \frac{\alpha S}{\lambda}\right) = 0.552$$

所以：
$$t_{表2} = 1255 - \frac{1255 - 1200}{0.552} = 1155℃$$

B 计算金属表面热流 $q_{表2}$

由式（3-15b）得：

$$q_{表2} = C_{gKM加}\left[\left(\frac{t_{g2} + 273}{100}\right)^4 - \left(\frac{t_{表2} + 273}{100}\right)^4\right]$$

$$= 10.18 \times \left[\left(\frac{1255 + 273}{100}\right)^4 - \left(\frac{1155 + 273}{100}\right)^4\right]$$

$$= 131622\text{kJ/(m}^2 \cdot \text{h)}$$

C 计算金属断面温差

按式（3-64）计算：

$$\Delta t_2 = \frac{q_{表2} S}{2\lambda_2} \quad （℃）$$

式中 λ_2——金属在 $t_{2均}$ 温度下的导热系数，但 $t_{2均}$ 未知。

设 $t_{2均}=1120℃$，查表 3-12 得：$\lambda_2=28.8\ \text{W/(m} \cdot \text{K)}=104\ \text{kJ/(m}^2 \cdot \text{h} \cdot ℃\text{)}$

所以：
$$\Delta t_2 = \frac{131622 \times 0.07}{2 \times 104} = 44.3℃$$

D 计算金属中心温度和平均温度

由式（3-65）、式（3-76）得：

$$t_{中2}=t_{表2}-\Delta t_2=1155-44.3=1110.7℃$$

$$t_{2均}=t_{表2}-0.7\Delta t_2=1155-0.7\times 44.3=1124℃$$

注：$t_{2均}$计算值与设定值相差很小（1124−1120=4℃），可不必重新设定和计算，故取$t_{2均}$=1124℃。

E　计算金属热焓值$i_{加}$

根据$t_{2均}$=1124℃，查表3-14得c_p=0.6908kJ/(kg·℃)。

则：
$$i_{加}=1124\times 0.6908=776\text{kJ/kg}$$

8.3.3.3　计算1界面处金属加热有关参数

A　计算炉膛热量利用系数

按式（3-128）计算：

$$\eta_4=\frac{Q_{烧}+Q_{预}-Q_{废膛}}{Q_{烧}+Q_{预}}$$

本设计中$Q_{预}$只预热助燃空气，所以式（3-128）可写为：

$$\eta_4=\frac{Q_{低}+L_n c_{空}t_{空}-V_n c_{废膛}t_{废膛}}{Q_{低}+L_n c_{空}t_{空}}$$

查表3-4，当$t_{空}$=350℃时，$c_{空}$=1.296 kJ/(m^3·℃)(标态)；当$t_{废膛}$=800℃时，混合煤气燃烧产物比热容$c_{废膛}$=1.505×0.21+1.547×0.79=1.538kJ/(m^3·℃)(标态)。

$Q_{低}$=10500kJ/m^3（标态），L_n=2.82m^3/m^3（标态），V_n=3.772m^3/m^3（标态），则

$$\eta_4=\frac{Q_{低}+L_n c_{空}t_{空}-V_n c_{废膛}t_{废膛}}{Q_{低}+L_n c_{空}t_{空}}=\frac{10500+2.82\times 1.296\times 350-3.772\times 1.538\times 800}{10500+2.82\times 1.296\times 350}$$
$$=0.606$$

B　计算加热段热量利用系数

按式（3-130）计算：

$$\eta_{4加}=\frac{Q_{烧}+Q_{预}-Q_{废加}}{Q_{烧}+Q_{预}}=\frac{Q_{低}+L_n c_{空}t_{空}-V_n c_{g2}t_{g2}}{Q_{低}+L_n c_{空}t_{空}}$$

式中，设加热段流入预热段的炉气温度t_{g1}=1255℃（t_{g1}可取≤t_{g2}），查表3-4得t_{g2}温度下的炉气比热容c_{g2}=1.588×0.21+1.63×0.79=1.621 kJ/(m^3·℃)(标态)。

所以：
$$\eta_{4加}=\frac{10500+2.82\times 1.296\times 350-3.772\times 1.621\times 1255}{10500+2.82\times 1.296\times 350}=0.35$$

C　计算金属在预热段的热焓增量

按式（3-136）计算：

$$\Delta i_{预}=\Delta i_{总}\left(1-\frac{\eta_{4加}}{\eta_4}\right)+\frac{Q_{辐}}{P}$$

式中，$\Delta i_{总}$为金属在炉膛中的总热焓增量，查表3-14，可得：

$$\Delta i_{总}=i_{终}-i_{始}=t_{3均}c_p-i_{始}=1165\times 0.6894-20\times 0.4857=793\text{kJ/kg}$$

加热段向预热段的辐射热量：　$Q_{辐}=q_{辐}F$

根据经验，取$q_{辐}=50\times 10^4\text{kJ/(m}^2\cdot\text{h)}$，$F\approx B(H_{预上}-2S)=2.9\times(0.9-0.14)=2.2\text{m}^2$

则：
$$Q_{辐} = 50 \times 10^4 \times 2.2 = 110 \times 10^4 \text{kJ/h}$$

所以：
$$\Delta i_{预} = 793 \times \left(1 - \frac{0.35}{0.606}\right) + \frac{110 \times 10^4}{40000} = 358 \text{kJ/kg}$$

D 计算金属平均温度 $t_{1均}$

设 $t_{1均} = 617$℃，查表 3-14 并计算得 $c_p = 0.596$kJ/(kg·℃)，则：

$$t_{1均} = \frac{\Delta i_{预} + i_{始}}{c_p} = \frac{358 + 20 \times 0.4857}{0.596} = 617℃$$

注：计算值与设定值相差为零，因此不必重新设定和计算，故取 $t_{1均} = 617$℃。

E 计算金属表面热流 $q_{表1}$

$$q_{表1} = C_{gKM加预均}\left[\left(\frac{t_{g1} + 273}{100}\right)^4 - \left(\frac{(t_{1均} + 273) + \dfrac{q_{表1}S}{3\lambda_1}}{100}\right)^4\right] \quad (\text{kJ/(m}^2\cdot\text{h)}) \tag{8-5}$$

式中，加热段和预热段平均导来辐射系数：$C_{gKM加预均} = 9.48$kJ/(m²·h·K⁴)；加热段炉气温度：$t_{g1} = t_{g2} = t_{g3} = 1255$℃；加热段始端金属平均温度：$t_{1均} = 617$℃；透热深度：$S = 0.07$m。

查表 3-12 得 $t_{1均} = 617$℃温度下的导热系数：$\lambda_1 = 35.06$W/(m·K) = 126.2kJ/(m·h·℃)

所以：
$$q_{表1} = 9.48 \times \left[\left(\frac{1255 + 273}{100}\right)^4 - \left(\frac{(617 + 273) + \dfrac{0.07q_{表1}}{3 \times 126.2}}{100}\right)^4\right]$$

对上式采用顺序渐近法求解：

首先令 $\dfrac{0.07q_{表1}}{3 \times 126.2} = 0$，得：

$$q_{表1\text{-}1} = 9.48 \times \left[\left(\frac{1255 + 273}{100}\right)^4 - \left(\frac{617 + 273}{100}\right)^4\right] = 457296 \text{kJ/(m}^2\cdot\text{h)}$$

则：
$$\frac{0.07q_{表1-1}}{3 \times 126.2} = \frac{0.07 \times 457296}{3 \times 126.2} = 84.6$$

代回上式重新计算得：

$$q_{表1\text{-}2} = 9.48 \times \left[\left(\frac{1255 + 273}{100}\right)^4 - \left(\frac{617 + 273 + 84.6}{100}\right)^4\right] = 431246 \text{kJ/(m}^2\cdot\text{h)}$$

不断重复上述步骤，得如下结果：

$$\frac{0.07q_{表}}{3 \times 126.2} = \frac{0.07 \times 432850}{3 \times 126.2} = 80$$

$$q_{表1\text{-}3} = 9.48 \times \left[\left(\frac{1255 + 273}{100}\right)^4 - \left(\frac{617 + 273 + 80}{100}\right)^4\right] = 432850 \text{kJ/(m}^2\cdot\text{h)}$$

$$\frac{0.07q_{表1-3}}{3 \times 126.2} = \frac{0.07 \times 432850}{3 \times 126.2} = 80$$

因为 $\dfrac{0.07q_{表}}{3 \times 126.2} = \dfrac{0.07q_{表1-3}}{3 \times 126.2} = 80$，故不必再计算。

所以取：$q_{表1} = 432850\text{kJ/(m}^2\cdot\text{h)}$

F 计算金属表面温度 $t_{表1}$

$$t_{表1} = t_{1均} + \frac{q_{表1}S}{3\lambda_1} = 617 + \frac{432850 \times 0.07}{3 \times 126.2} = 697℃$$

G 计算金属断面温差 Δt_1

$$\Delta t_1 = \frac{q_{表1}S}{2\lambda_1} = \frac{432850 \times 0.07}{2 \times 126.2} = 120℃$$

H 计算金属中心温度 $t_{中1}$

$$t_{中1} = t_{表1} - \Delta t_1 = 697 - 120 = 577℃$$

I 计算金属热焓值 $i_{预}$

根据 $t_{1均}$=617℃，查表 3-14 并计算得 $c_p = 0.596\text{kJ/(kg}\cdot℃)$，则：

$$i_{预} = 0.596 \times 617 = 367.7\text{kJ/kg}$$

注：本例题中，$t_{始均}$=20℃，$\Delta i_{预} = i_{预} - i_{始} = 367.7 - 20\times0.4857 = 358\text{kJ/kg}$，计算正确，不必重新计算。

8.3.3.4 计算 0 界面处金属加热有关参数

已知 $t_{废膛}$=800℃，$t_{表0} = t_{中0} = t_{始}$=20℃，则金属表面热流：

$$q_{表0} = C_{gKM预}\left[\left(\frac{t_{g废膛}+273}{100}\right)^4 - \left(\frac{t_{表0}+273}{100}\right)^4\right] = 8.78 \times \left[\left(\frac{800+273}{100}\right)^4 - \left(\frac{20+273}{100}\right)^4\right]$$
$$= 115737\text{kJ/(m}^2\cdot\text{h)}$$

8.3.3.5 计算各段平均热流

(1)预热段平均热流,按式(3-72)得：

$$q_{预均} = \sqrt{q_{表0}q_{表1}} = \sqrt{115737 \times 432850} = 223823\text{kJ/(m}^2\cdot\text{h)}$$

(2) 双面加热段平均热流，按式（3-73）得：

$$q_{加均} = \frac{q_{表1} - q_{表2}}{\ln\dfrac{q_{表1}}{q_{表2}}} = \frac{432850 - 131622}{\ln\dfrac{432850}{131622}} = 253036\text{kJ/(m}^2\cdot\text{h)}$$

8.3.3.6 计算各段金属加热时间

(1) 预热段金属加热时间、密度按金属在预热段的平均温度 $t = \dfrac{617+20}{2} = 318.5℃$ 查取。

$$\tau_{预} = \frac{\Delta i_{预}\,S\rho}{K_1 q_{预均}} = \frac{358 \times 0.07 \times 7763}{1 \times 223823} = 0.869\text{h}$$

(2) 加热段（双面加热段）金属加热时间，金属在双面加热段的热焓增量：

$$\Delta i_{加} = i_{加} - i_{预} = 793 - 358 = 435\text{kJ/kg}$$

则

$$\tau_{加} = \frac{\Delta i_{加}\,S\rho}{K_1 q_{加均}} = \frac{435 \times 0.07 \times 7610}{1 \times 253036} = 0.916\text{h}$$

（3）加热段实底床上金属加热时间，前面已计算得：

$$\tau_{床}=0.275\text{h}$$

（4）总加热时间：

$$\tau_{总}=\tau_{预}+\tau_{加}+\tau_{床}=0.869+0.916+0.275=2.06\text{h}$$

（5）单位加热时间：

$$c_{\tau}=\frac{\tau_{总}}{100\delta}=\frac{2.06}{100\times 0.14}=0.147\text{h/cm}=8.83\text{min/cm}$$

因此，符合一般低碳钢的单位加热时间要求。

8.3.4 炉子主要尺寸确定

8.3.4.1 炉子长度计算

（1）有效长度，按式（8-2）得：

$$L_{效}=\frac{40000\times 2.06\times 140}{1\times(7858\times 0.14\times 0.14\times 2.5)}=29960\text{mm}$$

（2）预热段长度：

$$L_{预}=L_{效}\frac{\tau_{预}}{\tau_{总}}=29960\times\frac{0.869}{2.06}=12638\text{mm}$$

（3）加热段双面加热部分长度：

$$L_{加双}=L_{效}\frac{\tau_{加}}{\tau_{总}}=29960\times\frac{0.916}{2.06}=13322\text{mm}$$

（4）加热段单面加热部分（实底床）长度：

$$L_{床}=L_{效}\frac{\tau_{床}}{\tau_{总}}=29960\times\frac{0.275}{2.06}=4000\text{mm}$$

（5）炉子总长，按式（8-3），取 $A=1600\text{mm}$，则：

$$L_{总}=29960+1600=31560\text{mm}$$

注：若炉体采用砌砖结构，为了施工方便，上述尺寸必须满足砖尺寸的倍数关系，为此可作适当调整。若采用整体浇注结构或耐火纤维结构，可不受此限制。

8.3.4.2 炉门数量和尺寸的确定

连续加热炉炉门有进料炉门、出料炉门、操作炉门、窥视炉门、人孔等。这些炉门的数量和尺寸确定总的原则是：在满足操作要求前提下，炉门数量越少、开门尺寸越小越好，可减少经炉门的散热损失，提高炉子热效率。下面介绍主要炉门确定方法。

A 进料炉门

炉门宽度 $B_{进}$：对连续加热炉通常采用端进料方式，所以其宽度等于炉膛内宽 B，即等于 2900mm；

炉门高度 $H_{进}$：是指推钢滑道上表面或步进炉固定梁（或底）上表面至炉门上沿下表面之间的距离。为了防止推钢炉在炉门处发生拱钢事故而撞坏炉门上沿，一般来说，对于方坯取 2~3 倍料坯厚度；对于板坯要大于板坯宽度；对于步进炉可取大于料坯（方坯或板坯）厚度与步进高度之和。本设计为推钢式炉，进料炉门高度 $H_{进}$ 取 350mm（$H_{进}=140\times$

2.5＝350mm）。

进料炉门数量：1个（炉尾端部）。

B 出料炉门

连续加热炉出料炉门有端出炉门或侧出炉门，端出炉门尺寸基本同进料炉门，本题出料炉门确定为侧出炉门。

炉门宽度$B_{出}$：为了减少推钢机的启动次数，出料炉门宽度应是4~6倍料坯（方坯）宽度，炉门宽度一般在348~696mm范围（116mm的n倍）。为此，本例定为580mm（摆放4块料坯），见图8-2中B值。

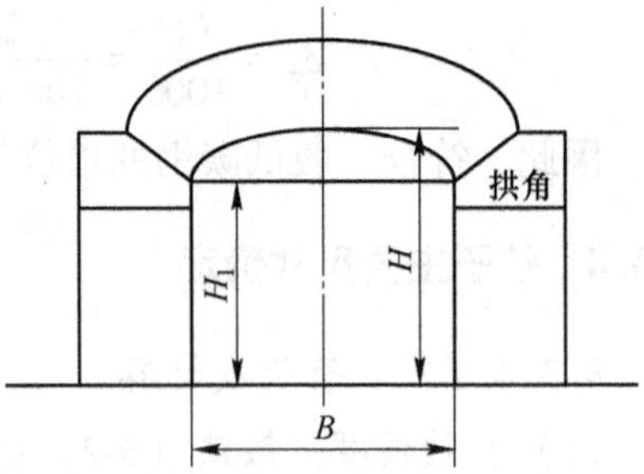

图8-2 炉门简图

炉门高度$H_{出}$：侧出料炉门通常为60°拱顶结构，炉门高度是指最大尺寸，见图8-2中的H值。为了避免出料时碰撞拱顶砖，H_1的高度应大于2~3倍料坯厚度。H值等于H_1加拱顶高，所以H值通常为3~4倍料坯厚度。为此，本例定为450mm（3倍料坯厚度）。

出料炉门数量：2个（两侧各一个，对开门）。

注：为了出料方便，出料炉门坎标高要低于实底床合金耐热钢滑轨标高60~80mm。

C 操作炉门

用作操作之用，如进出返回钢坯、清除氧化铁皮等。二段连续加热炉通常设在加热段实底床两侧（三段连续加热炉一般设在均热段和加热段），每侧开设2~3个操作炉门，其结构一般也为60°拱顶结构，炉门开孔尺寸以操作方便为准，通常为（464~580）mm（宽）×(400~500)mm（高）。本例设4个操作炉门（实底床长度设为4000mm），两侧各2个，具体尺寸为464mm（宽）×450mm（高），操作炉门坎标高一般同料坯滑轨标高。

D 人孔

供操作人员检修炉内设备时进出之用，开设位置通常在加热段（双面加热）。人孔下沿为车间地平面以上100~150mm，其结构一般为180°拱顶，尺寸一般为580mm（宽）×(800~1000)（高）mm。

人孔与其他炉门不同，当炉子正常工作时，用耐火砖砌堵封严，只有停炉检修时才拆开。

8.3.4.3 炉膛各部分用耐火材料及尺寸的确定

本例选用砌砖结构，下面介绍具体方法。

炉顶（60°拱顶）：

加热段：一级硅砖348mm+硅藻土砖114mm；

预热段：一级黏土砖348mm+硅藻土砖65mm。

炉墙：

加热段：一级黏土砖348mm+硅藻土砖114mm；

预热段：一级黏土砖348mm+硅藻土砖114mm。

8.3.4.4 炉底水管布置及规格的确定

关于炉底水管布置及规格的计算确定方法详见4.6节。

A 纵水管

中心距 a：按式（4-69）计算得纵水管最大中心距 $a_{max} = 5000\sqrt{0.14} = 1870mm$，取 $a_{实} = 1600mm$。

根数 n：按式（4-70）计算得纵水管根数 $n = 2500/1600 = 1.56$，取 $n = 2$ 根。

规格 $\phi\times\delta$：按4.6.3节计算结果或按同类型炉子经验选取，纵水管规格取 $\phi121mm\times20mm$（横水管中心距 $b = 2320mm$ 条件下）。

B 支撑水管（确定方法见4.6.1节）

中心距 b：为了减少水冷热损失，加热段（双面加热）支撑水管中心距 b 取2320mm（预热段用基墙支撑）。

根数 m：根据计算的该炉加热段长度 $L_{加} = 13322mm$，那么支撑水管根数 $m = 13322/2320 = 5.74$ 根，取 $m = 6$ 根。

结构：单根横水管中间加一根水管立柱结构。

规格：按同类型炉子经验选取横水管规格为 $\phi127mm\times20mm$，立柱水管规格为 $\phi121mm\times20mm$。

8.3.4.5 绘制炉体结构轮廓图

按计算尺寸，绘制的炉体结构轮廓图如图8-3所示。

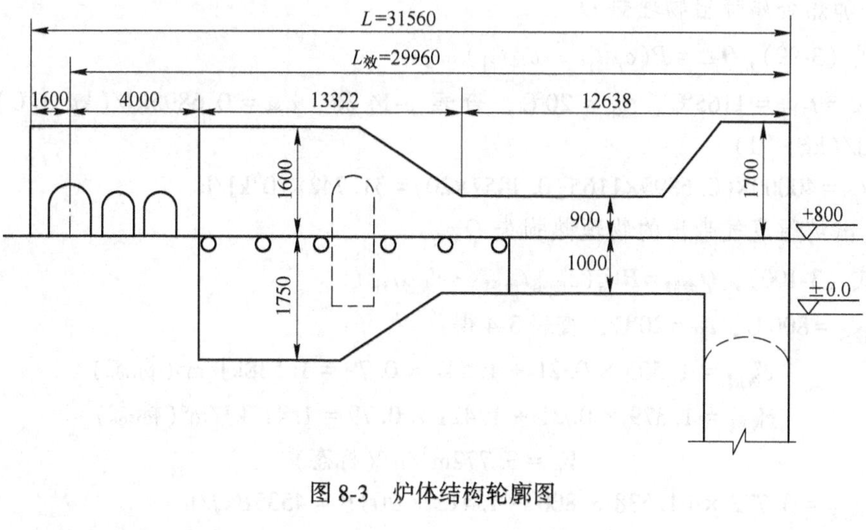

图8-3 炉体结构轮廓图

8.3.4.6 炉子结构和操作参数

（1）有效炉底面积：$F_{效} = L_{效}\cdot B = 29960\times2900 = 86.88m^2$；

（2）钢压炉底面积：$F_{钢} = L_{效}\cdot L_M = 29960\times2500 = 74.9m^2$；

（3）炉底利用系数：$\varepsilon = \dfrac{F_{钢}}{F_{效}} = \dfrac{74.9}{86.88} = 0.86$；

(4) 有效炉底强度：$H_{效} = \dfrac{P}{F_{效}} = \dfrac{40000}{86.88} = 460\text{kg}/(\text{m}^2 \cdot \text{h})$；

(5) 钢压炉底强度：$H_{钢} = \dfrac{P}{F_{钢}} = \dfrac{40000}{74.9} = 534\text{kg}/(\text{m}^2 \cdot \text{h})$。

8.3.5 炉膛热平衡与燃料消耗量计算

基准温度取车间内环境平均温度，设 $t_{环} = 20℃$。

8.3.5.1 炉膛热收入 $Q_{入}$

(1) 燃料燃烧化学热 $Q_{烧}$。按式 (3-95)，设炉膛燃料消耗量（标态）为 $B(\text{m}^3/\text{h})$，则：

$$Q_{烧} = BQ_{低} = 10500B\ \text{kJ/h}$$

(2) 预热空气进入炉膛物理热 $Q_{空}$。按式 (3-96)，查表 3-4，$c_{空} = c_{环} = 1.296\text{kJ/m}^3$（标态），则：

$$Q_{空} = BL_n(c_{空}t_{空} - c_{环}t_{环}) = 2.82 \times 1.296 \times (350 - 20)B = 1206B\ \text{kJ/h}$$

(3) 金属氧化放热 $Q_{放}$。按式 (3-98)，取 $a_l = 0.015$，则

$$Q_{放} = 5588P \cdot a_l = 5588 \times 40000 \times 0.015 = 3.353 \times 10^6\text{kJ/h}$$

所以，$Q_{入} = Q_{烧} + Q_{空} + Q_{放}$

$$= 10500B + 1206B + 3.353 \times 10^6 = 3.353 \times 10^6 + 11706B\text{kJ/h}$$

8.3.5.2 炉膛热支出 $Q_{出}$

A 加热金属带出物理热 $Q_{产}$

按式 (3-99)，$Q_{产} = P(c_{产}t_{产} - c_{料}t_{料})$

式中，$t_{产} = t_{3均} = 1165℃$，$t_{料} = 20℃$，查表 3-14 得，$c_{产} = 0.6895\text{kJ}/(\text{kg} \cdot ℃)$，$c_{料} = 0.4857\text{kJ}/(\text{kg} \cdot ℃)$

所以：$Q_{产} = 40000 \times (0.6895 \times 1165 - 0.4857 \times 20) = 31.742 \times 10^6\text{kJ/h}$

B 出炉膛废气带出的物理热损失 $Q_{废膛}$

按式 (3-100)，$Q_{废膛} = BV_n(c''_{废膛}t_{废膛} - c'_{废膛}t_{环})$

式中，$t_{废膛} = 800℃$，$t_{环} = 20℃$，查表 3-4 得：

$$c''_{废膛} = 1.505 \times 0.21 + 1.547 \times 0.79 = 1.538\text{kJ/m}^3(\text{标态})$$

$$c'_{废膛} = 1.379 \times 0.21 + 1.421 \times 0.79 = 1.412\text{kJ/m}^3(\text{标态})$$

$$V_n = 3.772\text{m}^3/\text{m}^3(\text{标态})$$

所以：$Q_{废膛} = 3.772 \times (1.538 \times 800 - 1.412 \times 20)B = 4535B\text{kJ/h}$

C 炉底水管冷却水带出的物理热损失 $Q_{水}$

$$Q_{水} = Q_{水纵} + Q_{水支}$$

计算 $Q_{水}$ 可采用理论计算法，也可采用经验公式计算法。本节采用理论计算法，$Q_{水纵}$ 和 $Q_{水支}$ 计算公式均按式 (3-101) 计算，即 $Q_{水} = k_wF\Delta t$。

设纵水管和支撑水管冷却水入口温度均为 $t_{水入} = 40℃$，出口温度 $t_{水出} = 60℃$，管壁平均温度 $t_{平均} = (40 + 60)/2 + 50 = 100℃$。

$$Q_{水纵} = k_{w纵} F_{纵} \Delta t_{纵}$$

式中，$k_{w纵}$按式（3-104）计算，其中炉气对水管的导来辐射系数计算过程可参考前述炉气对金属的导来辐射系数计算过程，辐射角系数按照水管的相应尺寸来确定，可得：

$$C_{纵} = C_{gKM} = 9.035\text{kJ}/(\text{m}^2 \cdot \text{h} \cdot \text{K}^4)$$

$$\overline{T}_g = (1255 + 800)/2 + 273 = 1300\text{K}$$

$$T_{壁均} = 100 + 273 = 373\text{K}$$

$$k_{w纵} = 9.305 \frac{\left(\frac{1300}{100}\right)^4 - \left(\frac{373}{100}\right)^4}{1300 - 373} = 285\text{kJ}/(\text{m}^2 \cdot \text{h} \cdot ℃)$$

式中，$F_{纵} = \pi dL = 0.121 \times 3.14 \times (12.63 + 13.314) \times 2 = 19.71\text{m}^2$

$\Delta t_{纵}$ 按式（3-102）计算：

$$\Delta t_{纵} = \frac{(1255 - 60) - (800 - 40)}{\ln \frac{1255 - 60}{800 - 40}} = 961℃$$

所以：$Q_{水纵} = 285 \times 19.71 \times 961 = 5.40 \times 10^6\text{kJ/h}$

$$Q_{水支} = k_{w支} F_{支} \Delta t_{支}$$

式中，$k_{w支}$按式（3-104）计算：

$$C_{支} = C_{gKM加} = 10.01\text{kJ}/(\text{m}^2 \cdot \text{h} \cdot \text{K}^4)$$

$$T_{g加} = 1255 + 273 = 1528\text{K}$$

$$T_{壁均} = 373\text{K}$$

$$k_{w支} = 10.01 \times \frac{\left(\frac{1528}{100}\right)^4 - \left(\frac{373}{100}\right)^4}{1528 - 373} = 471\text{kJ}/(\text{m}^2 \cdot \text{h} \cdot ℃)$$

式中，$F_{支} = (0.127 \times 3.14 \times 2.9 + 0.121 \times 3.14 \times 1.75) \times 6 = 10.93\text{m}^2$

$\Delta t_{支}$ 按式（3-103）计算得：$\Delta t_{支} = 1255 - (40 + 60)/2 = 1205℃$

所以，$Q_{水支} = 471 \times 10.93 \times 1205 = 6.20 \times 10^6\text{kJ/h}$

故：$Q_{水} = Q_{水纵} + Q_{水支} = 5.40 \times 10^6 + 6.20 \times 10^6 = 11.60 \times 10^6\text{kJ/h}$

D 炉壁导热损失

按式（3-108），则有：

$$Q_{壁} = \frac{t_{壁表均} - t_{环}}{\sum \frac{S}{\lambda} + 0.014} F_{壁} \quad (\text{kJ/h})$$

a 炉壁内表面平均温度 $t_{壁表均}$ 的计算

按式（3-51）计算，下面介绍具体计算方法。

（1）加热段（含实底床）。已知：$T_{g加} = 1255+273 = 1528\text{K}$，$T_{表加} = (t_{表终} + t_{表1})/2 + 273 = (1200 + 697)/2 + 273 = 1221\text{K}$，$\varphi_{KM加} = 0.458$，$\varepsilon_{g加} = 0.252$，$\varepsilon_{M加} = 0.8$，则：

$$t_{壁表加均} = \sqrt[4]{1221^4 + \frac{1}{1 + \frac{0.458 \times 0.8(1 - 0.252)}{0.252[1 + 0.458 \times (1 - 0.252)(1 - 0.8)]}} \times (1528^4 - 1221^4)} - 273$$

$=1398-273=1125℃$

(2) 预热段。已知：$T_{g预}=(1255+800)/2+273=1300K$，$T_{表预}=(20+697)/2+273=631K$，$\varphi_{KM预}=0.615$，$\varepsilon_{g预}=0.230$，$\varepsilon_{M预}=0.8$，则：

$$t_{壁表预均}=\sqrt[4]{631^4+\frac{1}{1+\frac{0.615\times0.8(1-0.230)}{0.230[1+0.615\times(1-0.230)(1-0.8)]}}\times(1300^4-631^4)}-273$$

$=1054-273=781℃$

b 环境平均温度

环境平均温度：$t_{环均}=20℃$。

c 炉壁导热损失的计算

(1) 加热段炉顶（含双面加热部分、实底床部分和 A 长度部分）。已知：$t_{壁表加均}=1125℃$，$t_{环均}=20℃$；60°拱顶，$F_{壁加顶}=1.78B\cdot L=1.78\times2.9\times(1.6+3.997+13.314)=97.6m^2$；$S_{硅}=0.348m$，$S_{藻}=0.114m$；查表4-2可得，$\lambda_{硅}=0.93+0.698\times10^{-3}t$，$\lambda_{硅藻}=0.105+0.233\times10^{-3}t$。

设硅砖与硅藻土砖交界面处温度 $t_{加顶交}=829℃$，硅藻土砖外表温度 $t_{加顶外}=101℃$，则：

硅砖的平均温度：$t_{硅均}=(1125+829)/2=977℃$

硅藻土砖平均温度：$t_{藻均}=(101+829)/2=465℃$

那么：$\lambda_{硅}=0.93+0.698\times10^{-3}\times977=1.612W/(m\cdot℃)=5.803kJ/(m\cdot h\cdot℃)$

$\lambda_{硅藻}=0.105+0.233\times10^{-3}\times465=0.213W/(m\cdot℃)=0.767kJ/(m\cdot h\cdot℃)$

所以：
$$Q_{加顶}=\frac{1125-20}{\frac{0.348}{5.803}+\frac{0.114}{0.767}+0.014}\times97.6=484932kJ/h$$

验算假设砌体平均温度的正确性：

$$t_{硅均}=t_{壁表加}-\frac{Q_{加顶}}{2F_{壁加顶}}\times\frac{S_{硅}}{\lambda_{硅}}$$

$$=1125-\frac{484932}{2\times97.6}\times\frac{0.348}{5.803}=976℃$$

$$t_{藻均}=t_{壁表加}-\frac{Q_{加顶}}{2F_{壁加顶}}\times\left(\frac{2S_{硅}}{\lambda_{硅}}+\frac{S_{藻}}{\lambda_{藻}}\right)$$

$$=1125-\frac{484932}{2\times97.6}\times\left(\frac{2\times0.348}{5.803}+\frac{0.114}{0.767}\right)=458℃$$

可见，计算结果与假设相差较大，必须重新计算。

设：$t_{硅均}=977℃$，$t_{藻均}=459℃$，则：

$\lambda_{硅}=0.93+0.698\times10^{-3}\times977=1.612W/(m\cdot℃)=5.803kJ/(m\cdot h\cdot℃)$

$\lambda_{硅藻}=0.105+0.233\times10^{-3}\times459=0.212W/(m\cdot℃)=0.763kJ/(m\cdot h\cdot℃)$

所以：
$$Q_{加顶}=\frac{1125-20}{\frac{0.348}{5.803}+\frac{0.114}{0.763}+0.014}\times97.6=482806kJ/h$$

再验算：

$$t_{硅均} = 1125 - \frac{482806}{2 \times 97.6} \times \frac{0.348}{5.803} = 977℃$$

$$t_{藻均} = 1125 - \frac{482806}{2 \times 97.6} \times \left(\frac{2 \times 0.348}{5.803} + \frac{0.114}{0.763}\right) = 459℃$$

重算结果与重设数据相差很小（<0.5%），不必再重算。
那么，加热段炉顶硅砖与硅藻土砖交界处实际温度：

$$t_{加顶交} = 2t_{硅均} - t_{壁表加}$$
$$= 2 \times 977 - 1125 = 828℃$$

加热段炉顶外表温度：

$$t_{加顶外} = 2t_{藻均} - t_{加顶交}$$
$$= 2 \times 459 - 828 = 90℃$$

由工业炉炉体外表面温度标准（见表 8-5）可知，耐火材料厚度合理，散热损失在允许范围内。

表 8-5　工业炉炉体外表面温度标准　（℃）

炉内温度	侧墙	炉顶	炉内温度	侧墙	炉顶
700	65	80	1300	105	120
900	80	90	1500	120	140
1100	95	105			

（2）同理可计算出其他部位炉壁导热损失，计算结果见表 8-6。

表 8-6　炉壁导热损失

炉壁部位	炉壁内表面积/m²	导热损失/kJ · h⁻¹	炉壁外表温度/℃
加热段炉顶	97.6	482806	90
加热段炉墙	107.1	509826	87
预热段炉顶	65.2	246823	73
预热段炉墙	48	134631	59
合　计	317.9	1.374×10^6	77.3（平均值）

炉底散热损失按（3-110）估算：

$$Q_{底} = (2000 \sim 3000)F_{底} = 2500 \times 2.9 \times (1.6 + 3.997 + 13.314 + 12.63) = 228672 \text{ kJ/h}$$

炉体总散热损失约为：

$$Q_{散失} = 1.603 \times 10^6 \text{kJ/h}$$

E　经炉门的散热损失 $Q_{门}$

$$Q_{门} = Q_{辐} + Q_{溢}$$

（1）经炉门的辐射热损失 $Q_{辐}$。按式（3-111），有：

$$Q_{辐} = 20.43\left(\frac{T_g}{100}\right)^4 F\phi\varphi \quad (\text{kJ/h})$$

1）经出料炉门的辐射热损失 $Q_{辐出料}$ 的计算。

加热段炉气温度：　$T_{g加} = 1255 + 273 = 1528K$

炉门开启面积：　$F = 0.58 \times 0.3 \times 2 = 0.348m^2$

取单位开启时间 $\varphi = 1$，遮蔽系数 $\phi = 0.6$，则：

$$Q_{辐出料} = 20.43 \times \left(\frac{1528}{100}\right)^4 \times 0.348 \times 1 \times 0.6 = 232537 kJ/h$$

2）经进料炉门的辐射热损失 $Q_{辐进料}$。根据出炉膛废气温度，可得：

$$Q_{辐进料} = 20.43 \times \left(\frac{800 + 273}{100}\right)^4 \times (2.9 \times 0.2) \times 1 \times 0.8 = 125657 kJ/h$$

所以：$Q_{辐} = Q_{辐出料} + Q_{辐进料} = 232537 + 125657 = 358194 kJ/h \approx 0.358 \times 10^6 kJ/h$

（2）经炉门的溢气损失 $Q_{溢}$，按式（3-112）计算。

因此设计实例为侧出料，出料炉门开启面积较小，且操作炉门关闭，故溢气量较少，可忽略。

F　其他热损失 $Q_{他}$

这些热损失包括炉底导热热损失、操作炉门散热热损失等，这里按经验选取：

$$Q_{他} = 0.03Q_{入} = 0.03 \times (3.353 \times 10^6 + 11706B) = 0.101 \times 10^6 + 351B$$

因此：$Q_{出} = Q_{产} + Q_{废膛} + Q_{水} + Q_{壁} + Q_{门} + Q_{他}$

$= 31.742\times10^6 + 4535B + 11.60\times10^6 + 1.603\times10^6 + 0.358\times10^6 + 0.101\times10^6 + 351B$

$= 45.404\times10^6 + 4886B (kJ/h)$

8.3.5.3　炉膛热平衡式与燃料消耗量

（1）炉膛热平衡式为：

$$Q_{入} = Q_{出}$$

即：

$$3.353 \times 10^6 + 11706B = 45.404 \times 10^6 + 4886B$$

$$6820B = 42.051 \times 10^6$$

（2）燃料消耗量。由炉膛热平衡式可得燃料消耗量（标态）：

$$B = 42.051 \times 10^6/6820 = 6166 m^3/h$$

8.3.5.4　炉膛热平衡表

表 8-7 为炉膛热平衡表。

表 8-7　炉膛热平衡表

炉膛热收入				炉膛热支出			
序号	项目	热量/kJ·h⁻¹	占比/%	序号	项目	热量/kJ·h⁻¹	占比/%
1	燃料燃烧化学热	64.743×10^6	85.72	1	加热金属物理热	31.742×10^6	42.02
2	预热空气带入物理热	7.436×10^6	9.84	2	出炉膛废气物理热	27.963×10^6	37.02
3	金属氧化放热	3.353×10^6	4.44	3	冷却水带出物理热	11.60×10^6	15.36
4				4	炉壁导热损失	1.603×10^6	2.12
5				5	经炉门热损失	0.358×10^6	0.47
6				6	其他	2.266×10^6	3.01
合　计		75.532	100			75.532	100

8.3.5.5 炉子工作指标

（1）单位（吨钢）燃耗（标态）：$b_{燃} = \dfrac{6166}{40} = 154\text{m}^3/\text{t}$

（2）单位（吨钢）热耗：$b_{热} = \dfrac{10500 \times 6166}{40} = 161.9 \times 10^4\text{kJ/t}$

（3）炉膛热效率：$\eta_{膛} = \dfrac{31.742 \times 10^6}{75.532 \times 10^6} \times 100\% = 42.02\%$

（4）炉子热效率：$\eta_{炉} = \dfrac{31.742 \times 10^6}{64.743 \times 10^6} \times 100\% = 49.03\%$

注意：为了给炉子提高生产率留有余量，在选择烧嘴数量及燃烧能力时，炉子实际燃料消耗量（标态）可为计算值的 1.1 倍确定，$B_{实} = 1.1B_{计} = 1.1 \times 6166 = 6783\text{m}^3/\text{h}$。

8.3.6 煤气烧嘴的选用

（1）选择依据如下：

1）燃料种类：混合煤气；

2）煤气低发热值（标态）：10500kJ/m³；

3）炉子最大燃料消耗量（标态）：$B_{实} = 6783\text{m}^3/\text{h}$；

4）炉子最大湿空气需要量（标态）：$V_{空} = 2.89 \times 6783 = 19603\text{m}^3/\text{h}$；

5）预热空气温度：$t_{空} = 350℃$；

6）供热量分配：上加热 40%，下加热 60%。

（2）烧嘴类型。连续加热炉炉温高（加热段炉温为 1300℃），炉温均匀性好，因此烧嘴燃烧火焰要有一定的长度和铺展面。根据各种煤气烧嘴的特性，决定选用低压涡流式烧嘴，即 DW-Ⅰ型煤气烧嘴（见表 4-15）。

（3）烧嘴布置和烧嘴选型。该炉炉宽 2900mm，侧出料方式，可以采用端侧结合供热，以端供热为主。

1）上加热采用端供热的计算。

供热量（标态）：$6783 \times 0.4 = 2713\text{m}^3/\text{h}$

这种供热方式需要火焰有较长的长度，所以选用 DW-Ⅰ-9 型煤气烧嘴。由表 4-15 可知，该型号烧嘴最大燃烧能力（标态）为 480m³/h，则：

需要烧嘴数量：2713÷480=5.7 个，取 6 个。

烧嘴安装间距：$2900 \div (6 + 1) \approx 414\text{mm}$，满足烧嘴最小安装中心距的要求。

2）下加热采用端侧结合供热的计算。

下端供热与上端供热相同，安装 6 个 DW-Ⅰ-9 型煤气烧嘴。

下侧供热的两侧供热量必须相同。根据侧烧嘴安装原则（见第 4 章），采取交错安装方式，每侧 2 个，共 4 个，则每个烧嘴的燃烧能力（标态）为：

$$(6783 \times 0.6 - 480 \times 6) \div 4 = 298\text{m}^3/\text{h}$$

查表 4-15，可选用 DW-Ⅰ-8 型煤气烧嘴。

注：通过供气压力来调整与表 4-15 中不一致的参数。

8.3.7　空气换热器设计计算

8.3.7.1　已知数据

（1）出炉膛烟气温度（由工艺给出）：$t_{废膛}=800℃$；

（2）出炉膛烟气流量（标态，按设计生产时燃料消耗量计算）：$V_{废膛}=3.772\times6166=23258m^3/h$；

（3）进换热器空气温度：$t_{空入}=20℃$；

（4）烧嘴前要求空气预热温度：$t_{空}=350℃$；

（5）预热空气流量（标态，按设计燃料消耗量 B 计算）：$V_{空}=2.89\times6166=17820m^3/h$。

8.3.7.2　设计数据

设计数据按 4.4 节说明确定。

（1）进换热器烟气温度（考虑烟道降温损失）：$t_{烟入}=750℃$；

（2）进换热器烟气流量（标态，考虑炉尾溢气损失）取：$V_{烟入}=20000m^3/h$；

（3）进换热器空气温度（地区大气温度平均值）：$t_{空入}=20℃$；

（4）出换热器空气温度（考虑热网管道降温损失）：$t_{空出}=380℃$；

（5）预热空气流量（标态，考虑生产率提高 10%的可能性）取：$V_{空}=19600m^3/h$。

8.3.7.3　设计方案

（1）换热器种类：金属换热器；

（2）换热器结构：平滑直管金属换热器（带"一"字形纽带插入件）；

（3）换热管规格：无缝管 $\phi57mm\times3.5mm$；

（4）换热管布置：顺（直）排。换热管中心距 $\dfrac{x_1}{d_外}=\dfrac{x_2}{d_外}=2$，$x_1=x_2=0.114m$；

（5）换热器气流方向及流速：逆叉流。管外流烟气，设 $W_烟=3m/s$（标态）；管内流空气，设 $W_空=8m/s$（标态）。

8.3.7.4　设计计算

（1）计算换热器烟气温度 $t_{烟出}$，由式（4-23）得：

$$t_{烟出}=\frac{V_烟\,c_{烟入}t_{烟入}\eta-V_空(c_{空出}t_{空出}-c_{空入}t_{空入})}{V_烟\,c_{烟出}\eta}$$

式中　η——换热器热利用系数，取 $\eta=0.9$；

$c_{烟入}$，$c_{烟出}$，$c_{空入}$，$c_{空出}$——烟气和空气的平均比热容，查表 3-4。

所以：$t_{烟出}=\dfrac{20000\times1.538\times750\times0.9-19600(380\times1.296-20\times1.296)}{20000\times1.496\times0.9}=442℃$

（2）计算换热器换热面积。

1）计算预热空气在换热器中获得的热量 $Q_空$，按式（4-25）计算：

$$\begin{aligned}Q_空&=V_空(c_{空出}t_{空出}-c_{空入}t_{空入})\\&=19600(380\times1.296-20\times1.296)=914.5\times10^4kJ/h\end{aligned}$$

2）计算换热器中烟气与空气的平均温压 $\overline{\Delta t}$。由计算方案知，换热器中烟气与空气的流向采用逆叉流，所以平均温压 $\overline{\Delta t}$ 按式（4-27）计算。

① 计算 $\overline{\Delta t}_{逆}$，按式（4-26）计算：

$$\overline{\Delta t}_{逆} = \frac{(750-380)-(442-20)}{\ln\dfrac{750-380}{442-20}} \times 1 = 395℃$$

② 计算逆叉流修正系数 $\varepsilon_{\Delta t}$，按式（4-28）计算：

$$P = \frac{380-20}{750-20} = 0.493$$

$$R = \frac{750-442}{380-20} = 0.856$$

查图 4-39（j）得：$\varepsilon_{\Delta t} = 0.98$

所以：平均温压 $\overline{\Delta t} = \overline{\Delta t}_{逆}\ \varepsilon_{\Delta t} = 395 \times 0.98 = 387℃$

（3）计算传热系数 k_p，按式（4-30）计算：

$$k_p = \frac{1}{\dfrac{1}{\alpha_1}+\dfrac{1}{\alpha_2}} = \frac{\alpha_1\alpha_2}{\alpha_1+\alpha_2}$$

1）计算管外烟气侧给热系数 α_1，按式（4-31）计算：

$$\alpha_1 = \alpha_{1辐} + \alpha_{1对}$$

先计算辐射给热系数 $\alpha_{1辐}$，按式（4-33）计算：

$$\alpha_{1辐} = f(S_p, t_{烟均})$$

其中，$S_p = \left(1.87\dfrac{x_1+x_2}{d_外} - 4.1\right)d_外 = \left(1.87 \times \dfrac{0.114+0.114}{0.057} - 4.1\right) \times 0.057 = 0.193\text{m}$；

$t_{烟均} = (t_{烟出} + t_{烟入})/2 = (750+442)/2 = 596℃$。

根据 $S_p = 0.193\text{m}$，$t_{烟均} = 596℃$，查表 4-25 得：$\alpha_{1辐} \approx 26\text{kJ/(m}^2\cdot\text{h}\cdot℃)$

再计算对流给热系数 $\alpha_{1对}$，按式（4-36）计算：

$$\alpha_{1对} = (17.64 + 0.02362t_{烟均})\xi u_{烟}^{0.65}/d_外^{0.35} \quad (\text{kJ/(m}^2\cdot\text{h}\cdot℃))$$

其中，$t_{烟均} = 596℃$，$\xi = 1 + 0.1 \times \dfrac{0.114}{0.057} = 1.2$，$u_0 = 3\text{m/s}$（标态），$d_外 = 0.057\text{m}$，则：

$$\alpha_{1对} = (17.64 + 0.02362 \times 596) \times 1.2 \times 3^{0.65}/0.057^{0.35} = 212\text{kJ/(m}^2\cdot\text{h}\cdot℃)$$

故：
$$\alpha_1 = \alpha_{1辐} + \alpha_{1对} = 26 + 212 = 238\text{kJ/(m}^2\cdot\text{h}\cdot℃)$$

2）计算管内空气侧给热系数 α_2，按式（4-38）计算：

$$\alpha_{2对} = (12.624 + 0.006688t_{空均})u_{空}^{0.8}/d_内^{0.2} \quad (\text{kJ/(m}^2\cdot\text{h}\cdot℃))$$

其中，$t_{空均} = (380+20)/2 = 200℃$，$u_0 = 8\text{m/s}$（标态），$d_内 = 0.05\text{m}$，则：

$$\alpha_{2对} = (12.624 + 0.006688 \times 200) \times 8^{0.8}/0.05^{0.2} = 134\text{kJ/(m}^2\cdot\text{h}\cdot℃)$$

由表 4-24 可见，由于管内插入“一”字形纽带插入件，对流给热系数是光管的 1.81 倍，故：$\alpha_2 = 1.81 \times \alpha_{2对} = 1.81 \times 134 = 243\text{kJ/(m}^2\cdot\text{h}\cdot℃)$

所以：传热系数 $k_p = \dfrac{238 \times 243}{238 + 243} = 120\text{kJ/(m}^2 \cdot \text{h} \cdot ℃)$

由于换热器使用中可能产生积灰等现象，导致换热系数降低，影响空气预热温度，所以实际传热系数用计算出的 K 值乘以降低系数 η_p 加以修正。这里取 $\eta_p = 0.85$，则：

$$k_{p实} = \eta_p k_p = 0.85 \times 120 = 102\text{kJ/(m}^2 \cdot \text{h} \cdot ℃)$$

将 $Q_{空} = 914.5 \times 10^4\text{kJ/h}$，$\overline{\Delta t} = 387℃$，$k_{p实} = 102\text{kJ/(m}^2 \cdot \text{h} \cdot ℃)$，代入式（4-24）得换热器换热面积：

$$F_{实} = \frac{914.5 \times 10^4}{387 \times 102} = 232\text{m}^2$$

8.3.7.5　结构设计

A　确定换热管长度

由于该连续加热炉采用下排烟方式，换热器必须安装在地下烟道中，所以对于平滑直管换热器，换热管的长度取决于烟道的高度。下面首先确定烟道尺寸。

（1）计算烟道流通面积：

$$F_{烟} = \frac{V_{烟}}{3600 u_{烟}} \quad (\text{m}^2)$$

式中　$V_{烟}$——进入烟道烟气流量（标态），$V_{烟} = 20000\text{m}^3/\text{h}$；

$u_{烟}$——烟道中烟气流速（标态），查表 4-27，取 $u_{烟} = 2\text{m/s}$。

则：
$$F_{烟} = 20000/(3600 \times 2) = 2.78\text{m}^2$$

（2）确定烟道尺寸。根据 $F_{烟} = 2.78\text{m}^2$，查表 4-30（拱顶角 180°）得烟道尺寸：1624mm（宽）×1968mm（高）

（3）确定换热管长度。根据换热管长度≈烟道高度，故取换热管长度 $l_{管} = 2000\text{mm}$。

B　计算换热管根数

（1）计算单根换热管的换热面积。由设计方案确定换热管采用 ϕ57mm×3.5mm 钢管，则单根换热管换热面积，可按换热钢管管壁平均直径计算：

$$f = (0.057 + 0.05)/2 \times 3.14 \times 2 = 0.336\text{m}^2$$

（2）计算换热管根数：

$$n_{总} = F_{实}/f = 232/0.336 = 691 \text{ 根}$$

C　换热管布置

（1）计算垂直烟气流动方向断面上的换热管列数：

$$Z_1 = \frac{V_{烟}}{3600 u_{烟}(x_1 - d_{外}) l_{管}}$$

式中　$V_{烟}$——烟气流量，按 $V_{烟} = 20000\text{m}^3/\text{h}$；

$u_{烟}$——流经换热器的烟气流速，取 $u_{烟} = 3\text{m/s}$；

x_1——垂直烟气流动方向断面上的相邻换热管间距，$x_1 = 2d_{外}$；

$d_{外}$——换热管外径，$d_{外} = 0.057\text{m}$；

$l_{管}$——换热管长度，$l_{管} = 2\text{m}$。

故：
$$Z_1 = \frac{2000/(3600 \times 3)}{(0.114 - 0.057) \times 2} = 16.24 \text{ 根，取 17 根。}$$

（2）计算沿烟气流动方向上的换热管排数。

1）计算空气流通截面上的换热管排数：

$$n_{空} = \frac{V_{空}}{3600 u_{空} d_{内}^2 \frac{\pi}{4}}$$

式中 $V_{空}$——空气流量（标态），按设计数据 $V_{空} = 19600\text{m}^3/\text{h}$；

$u_{空}$——流经换热器的空气流速（标态），取 $u_{空} = 8\text{m/s}$；

$d_{内}$——换热管内径，$d_{内} = (0.057 - 0.0035 \times 2) = 0.05\text{m}$。

故：
$$n_{空} = \frac{19600}{3600 \times 8 \times 0.05^2 \times 3.14/4} = 346.8 \approx 347 \text{ 根}$$

2）计算沿烟气流动方向上的换热器排数：

$$Z_2 = \frac{n_{空}}{Z_1} = \frac{347}{17} = 20.41 \text{，取 21 根。}$$

（3）计算换热器行程数：

$$m = \frac{n_{总}}{Z_1 Z_2} = \frac{691}{17 \times 21} = 1.94 \text{，取 2。}$$

换热管计算根数 691 根，实际使用根数 17×21×2＝714 根。

换热器结构布置简图如图 8-4 所示。

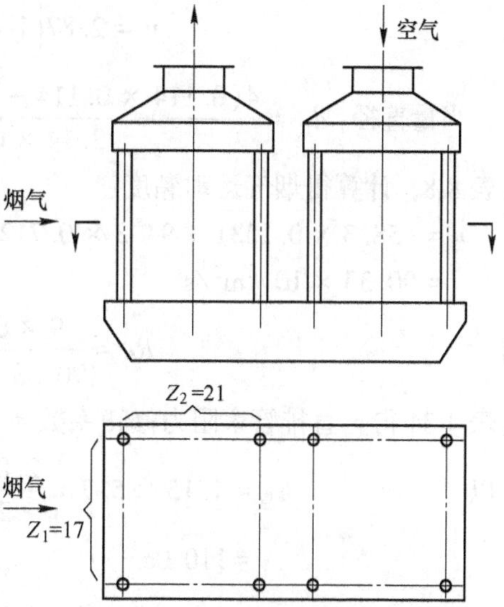

图 8-4 换热器结构布置简图

8.3.7.6 确定换热器材质

（1）计算换热器最高壁温。本换热器内气流为逆叉式，烟气入口处和空气出口处管壁温度最高，烟气出口处和空气入口处管壁温度最低，分别代入式（4-41）得：

$$t_{壁max} = \frac{750 + \frac{243}{238} \times 380}{1 + \frac{243}{238}} = 563℃$$

$$t_{壁min} = \frac{442 + \frac{243}{238} \times 20}{1 + \frac{243}{238}} = 229℃$$

$$t_{壁均} = (563 + 229)/2 = 396℃$$

（2）确定换热器材质。查表 4-26，换热管可采用两种材质，即表面渗铝碳钢管和碳素钢管。换热器烟气入口处 12～13 排换热管采用表面渗铝碳钢管，其余换热管采用碳素钢管。

8.3.7.7 计算换热器运行经济指标

A 热效率

由式（4-42）得：

$$\eta_{换热} = \frac{Q_{空}}{Q_{烟}} \times 100\% = \frac{19600 \times (380-20) \times 1.296}{20000 \times 750 \times 1.496} \times 100\% = 40.75\%$$

B 温度效率

由式（4-43）得：

$$\eta_{换热} = \frac{t_{空出}}{t_{烟入}} \times 100\% = \frac{380}{750} \times 100\% = 50.7\%$$

C 换热器烟气侧阻力损失

该换热器管子排列为直（顺）排，阻力损失按式（4-52）计算，即：

$$h_{直} = \phi\zeta \frac{u_0^2}{2}\rho_0(1+\beta t_{均})$$

其中，烟气流速（标态）：$u_0 = \frac{20000}{3600 \times (0.057 \times 2) \times 17} = 2.87\text{m/s}$；

烟气平均温度：$t_{均} = \frac{750+442}{2} = 596℃$；

由燃料燃烧计算得：$\rho_0 = 1.285\text{kg/m}^3$（标态）。

按式（4-53）得阻力系数 ζ：

$$\zeta = 42 \times \frac{0.114}{0.114} \times \left[0.028 \times \left(\frac{0.114}{0.114-0.057}\right)^2\right] + \left(\frac{0.114}{0.114-0.057} - 1\right)^2 = 5.7$$

且
$$u = 2.87\left(1 + \frac{1}{273} \times 596\right) = 9\text{m/s}$$

当量直径：$d_D = \frac{4(0.114 \times 0.114 - 0.785 \times 0.057^2)}{3.14 \times 0.057} = 0.233\text{m}$

查表 8-8，计算得烟气运动黏度：

$$\nu = (58.3 \times 0.1331 + 94.3 \times 0.7129 + 97.8 \times 0.0143 + 99.8 \times 0.1397) \times 10^{-6} = 90.33 \times 10^{-6}\text{m}^2/\text{s}$$

则
$$Re = \frac{9 \times 0.233}{90.33 \times 10^{-6}} = 23.2 \times 10^3$$

查表 4-34 得：直排管束阻力修正系数 $\phi = 1.15$

所以
$$h_{直} = 1.15 \times 5.7 \times \frac{2.87^2}{2} \times 1.285 \times \left(1 + \frac{1}{273} \times 596\right) = 110\ \text{Pa}$$

表 8-8 气体运动黏度（压力为 1 大气压（101325Pa）时）

温度 /℃	$\nu/\text{m}^2 \cdot \text{s}^{-1}$										
	空气	N_2	O_2	H_2	CO	CO_2	H_2O 汽	SO_2	CH_4	C_2H_6	C_3H_8
0	13.3×10^{-6}	13.3×10^{-6}	13.6×10^{-6}	93.0×10^{-6}	13.3×10^{-6}	7.09×10^{-6}	—	4.14×10^{-6}	14.5×10^{-6}	6.41×10^{-6}	3.81×10^{-6}
100	23.0×10^{-6}	22.5×10^{-6}	23.1×10^{-6}	157×10^{-6}	22.6×10^{-6}	12.6×10^{-6}	19.4×10^{-6}	7.51×10^{-6}	25.1×10^{-6}	11.6×10^{-6}	6.96×10^{-6}

续表 8-8

温度/℃	$\nu/m^2\cdot s^{-1}$										
	空气	N_2	O_2	H_2	CO	CO_2	H_2O 汽	SO_2	CH_4	C_2H_6	C_3H_8
200	24.8×10^{-6}	33.6×10^{-6}	34.6×10^{-6}	233×10^{-6}	33.9×10^{-6}	19.2×10^{-6}	30.6×10^{-6}	11.8×10^{-6}	38.2×10^{-6}	18.2×10^{-6}	10.9×10^{-6}
300	48.2×10^{-6}	46.4×10^{-6}	47.8×10^{-6}	323×10^{-6}	47.0×10^{-6}	27.3×10^{-6}	44.3×10^{-6}	17.1×10^{-6}	53.5×10^{-6}	26.2×10^{-6}	15.8×10^{-6}
400	63.0×10^{-6}	60.9×10^{-6}	62.8×10^{-6}	423×10^{-6}	61.8×10^{-6}	36.7×10^{-6}	60.5×10^{-6}	23.3×10^{-6}	71.0×10^{-6}	35.6×10^{-6}	21.6×10^{-6}
500	79.3×10^{-6}	76.9×10^{-6}	79.6×10^{-6}	534×10^{-6}	78.0×10^{-6}	47.2×10^{-6}	78.8×10^{-6}	30.4×10^{-6}	90.8×10^{-6}	46.4×10^{-6}	28.2×10^{-6}
600	96.8×10^{-6}	94.3×10^{-6}	97.8×10^{-6}	656×10^{-6}	96.0×10^{-6}	58.3×10^{-6}	99.8×10^{-6}	38.3×10^{-6}	113×10^{-6}	58.5×10^{-6}	35.6×10^{-6}
700	115×10^{-6}	133×10^{-6}	117×10^{-6}	785×10^{-6}	115×10^{-6}	71.4×10^{-6}	122×10^{-6}	46.8×10^{-6}			
800	135×10^{-6}	133×10^{-6}	138×10^{-6}	924×10^{-6}	135×10^{-6}	85.3×10^{-6}	147×10^{-6}	56.5×10^{-6}			
900	155×10^{-6}	154×10^{-6}	161×10^{-6}	1070×10^{-6}	157×10^{-6}	100×10^{-6}	174×10^{-6}	66.8×10^{-6}			
1000	178×10^{-6}	177×10^{-6}	184×10^{-6}	1230×10^{-6}	180×10^{-6}	116×10^{-6}	204×10^{-6}	78.3×10^{-6}			

D 换热器空气侧阻力损失

a 局部阻力损失

（1）空气入口扩张局部损失。冷空气入口管道断面积：

$$f=\frac{0.908^2}{4}\times 3.14=0.65m^2$$

注：换热器入口空气管道直径参见下面“8.3.8 空气管路阻力损失计算及鼓风机选择”相关计算。

冷空气入口风箱断面积：$F=0.057^2\times(21+1)\times(17+1)=1.29m^2$

根据空气流量与管径，可得冷空气入口气体流速（标态）：$u_0=8.86m/s$

面积比：$f/F=0.65/1.29=0.50$

查表 4-33，$\zeta_{13}=0.25$，按式（4-50）得：

$$h_\lambda=\zeta\frac{u_0^2}{2}\rho_0(1+\beta t)$$

$$=0.25\times\frac{8.86^2}{2}\times 1.293\times\left(1+\frac{20}{273}\right)=14Pa$$

（2）预热空气由风箱进出换热管局部损失。由图 8-4 可见，预热空气由风箱进、出换热管共有 4 次，可近似认为阻力损失相等。

换热管中空气流速（标态）：

$$u_0 = \frac{\dfrac{20632 + 19600}{3600 \times 2}}{\dfrac{0.05^2}{4} \times 3.14 \times 21 \times 17} = 7.98\text{m/s}$$

换热管中空气平均温度：$t_{均} = \dfrac{20 + 380}{2} = 200℃$

查表 4-33，$\zeta_3 = 2.5$，则：

$$h_{进出} = 2.5 \times \frac{7.98^2}{2} \times 1.293 \times \left(1 + \frac{200}{273}\right) \times 4 = 714\text{Pa}$$

（3）预热空气在下风箱 90°拐弯阻力损失的计算。

下风箱流动断面积： $F = 1.29\text{m}^2$

下风箱空气流动速度（标态）：$u_0 = \dfrac{20632 + 19600}{3600 \times 2 \times 1.29} = 4.33\text{m/s}$

下风箱空气平均温度： $t_{均} = 200℃$

根据换热管的排布，查表 4-33，$\zeta_{8b} = 2.2$，则：

$$h_{90} = 2.2 \times \frac{4.33^2}{2} \times 1.293 \times \left(1 + \frac{200}{273}\right) = 46\text{Pa}$$

（4）预热空气出口收缩局部损失的计算。

出口管断面积（见 8.3.8 节）：$f = \dfrac{1.108^2}{4} \times 3.14 = 0.96\text{m}^2$

预热空气温度：$t = 380℃$

预热空气出口流速（标态）：$u_0 = 5.65\text{m/s}$

热空气出口风箱断面积：$F = 1.29\text{m}^2$

面积比：$f/F = 0.96/1.29 = 0.74$

查表 4-33，$\zeta_{14} = 0.16$，则：

$$h_{出} = 0.16 \times \frac{5.65^2}{2} \times 1.293 \times \left(1 + \frac{380}{273}\right) = 8\text{Pa}$$

b 摩擦阻力损失

查表 4-32，$\lambda = 0.04$，$L = 2 \times 2 = 4\text{m}$，$d_{内} = 0.05\text{m}$，$u_0 = 7.98\text{m/s}$（标态），则：

$$t_{均} = \frac{20 + 380}{2} = 200℃$$

按式（4-49）得：

$$h_{摩} = 0.04 \times \frac{4}{0.05} \times \frac{7.98^2}{2} \times \left(1 + \frac{200}{273}\right) = 177\text{Pa}$$

由表 4-24 可见，由于管内插入“一”字纽带插入件，管内空气流动阻力损失是光管的 3.19 倍，故：$h_{摩} = 177 \times 3.19 = 565\text{Pa}$

所以 $h_{总} = 14 + 714 + 46 + 8 + 565 = 1347\text{Pa}$

8.3.8 空气管路阻力损失计算及鼓风机选择

8.3.8.1 计算条件

(1) 进换热器空气流量（标态，鼓风量）：$V_{空入}=20632m^3/h$；

(2) 出换热器空气流量（标态，考虑换热器漏风损失 5%）：$V_{空出}=19600m^3/h$；

(3) 进换热器空气温度（当地平均大气温度）：$t_{空入}=20℃$；

(4) 出换热器空气预热温度：$t_{空出}=380℃$；

(5) 换热器前空气管道中空气流速（标态，取值见表 4-27）：$u_{前空}=10m/s$；

(6) 换热器换热管中空气流速（标态，换热器设计值）：$u_{空}=8m/s$；

(7) 换热器后空气管道中空气流速（标态，取值见表 4-27）：$u_{后空}=6m/s$；

(8) 空气量分配：上加热端烧嘴 40%，下加热端烧嘴 40%，下加热侧烧嘴 20%（每侧各 10%）。

8.3.8.2 绘制空气管路系统图

绘制的空气管路系统图，如图 8-5 所示。

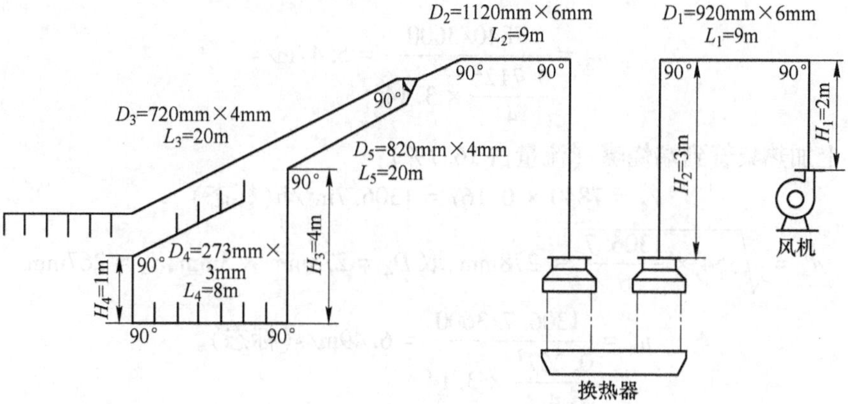

图 8-5 空气管路系统布置示意图

8.3.8.3 管路分段

根据管路分段原则（见 4.5 节），将图 8-5 所示空气管路系统分段如下：

(1) 风机出口到换热器入口；

(2) 换热器；

(3) 换热器出口到总管分岔处；

(4) 总风管分岔处到上加热端烧嘴供风集管；

(5) 总风管分岔处到下加热集管；

(6) 下加热集管到侧烧嘴。

8.3.8.4 计算各区段空气流量、管道内径、规格及空气流速

(1) 风机出口到换热器入口：

$$V_1 = 20632m^3/h(标态)$$

$$d_1' = \sqrt{354 \times \frac{20632}{10}} = 855\text{mm}，取 D_1 = 920\text{mm} \times 6\text{mm}, d_1 = 908\text{mm}$$

$$u_1 = \frac{20632/3600}{\frac{0.908^2}{4} \times 3.14} = 8.86\text{m/s}$$

（2）换热器出口到总管分岔处：

$$V_2 = 19600\text{m}^3/\text{h}(标态)$$

$$d_2' = \sqrt{354 \times \frac{19600}{6}} = 1075\text{mm}，取 D_2 = 1120\text{mm} \times 6\text{mm}，d_2 = 1108\text{mm}$$

$$u_2 = \frac{19600/3600}{\frac{1.108^2}{4} \times 3.14} = 5.65\text{m/s}$$

（3）总风管分岔处到上加热端烧嘴供风集管（流量占 40%）：

$$V_3 = 19600 \times 0.4 = 7840\text{m}^3/\text{h}(标态)$$

$$d_3' = \sqrt{354 \times \frac{7840}{6}} = 680\text{mm}，取 D_3 = 720\text{mm} \times 4\text{mm}，d_3 = 712\text{mm}$$

$$u_3 = \frac{7840/3600}{\frac{0.712^2}{4} \times 3.14} = 5.47\text{m/s}$$

（4）上加热集管到端烧嘴（流量占 16.7%）：

$$V_4 = 7840 \times 0.167 = 1306.7\text{m}^3/\text{h}(标态)$$

$$d_4' = \sqrt{354 \times \frac{1306.7}{6}} \approx 278\text{mm}，取 D_4 = 273\text{mm} \times 3\text{mm}, d_4 = 267\text{mm}$$

$$u_4 = \frac{1306.7/3600}{\frac{0.267^2}{4} \times 3.14} = 6.49\text{m/s}(标态)$$

（5）总风管分岔处到下加热管集（流量占 60%）：

$$V_5 = 19600 \times 0.6 = 11760\text{m}^3/\text{h}(标态)$$

$$d_5' = \sqrt{354 \times \frac{11760}{6}} = 833\text{mm}，取 D_5 = 820\text{mm} \times 4\text{mm}, d_5 = 812\text{mm}$$

$$u_5 = \frac{11760/3600}{\frac{0.812^2}{4} \times 3.14} = 6.31\text{m/s}$$

（6）下加热集管到端烧嘴（流量占 10%）：

$$V_6 = 11760 \times 0.1 = 1176\text{m}^3/\text{h}(标态)$$

$$d_6' = \sqrt{354 \times \frac{1176}{6}} \approx 263\text{mm}，取 D_6 = 273\text{mm} \times 3\text{mm}，d_6 = 267\text{mm}$$

$$u_6 = \frac{1176/3600}{\frac{0.267^2}{4} \times 3.14} = 5.84\text{m/s}(标态)$$

8.3.8.5 确定计算阻力损失的管路系统

根据阻力损失计算原则（见4.5.1.1节），确定按照下部侧烧嘴管路系统进行阻力计算（该管路系统阻力最大）。该供风管路系统由下列区段组成：

Ⅰ段——鼓风机出口到换热器入口；

Ⅱ段——换热器；

Ⅲ段——换热器出口到总管分岔处；

Ⅳ段——总管分岔处到下加热集管；

Ⅴ段——下加热集管到侧烧嘴。

8.3.8.6 计算阻力损失

采用表格化计算方法，计算并填入表8-9中。

表 8-9 空气流路阻力损失计算表

		分段号	1	Ⅰ	Ⅱ	Ⅲ	Ⅳ	Ⅴ
		分段名称	2	风机出口到换热器	换热器	换热器出口到总管分岔处	总管分岔处到下加热集管	下加热集管到侧烧嘴
通道尺寸		分段长度 L/m	3	9		9	20	8
		管道规格（外径×壁厚）/mm×mm	4	920×6		1120×6	820×4	273×3
		管道内径（当量直径）d/m	5	0.908		1.108	0.812	0.267
		气体流通横截面积 F/m^2	6	0.647		0.964	0.518	0.056
		垂直管高度 H/m	7	5		+3	−4	+1
气体参数		种类	8	冷空气		热空气	热空气	热空气
		密度（标态）$\rho_0/kg \cdot m^{-3}$	9	1.293		1.293	1.293	1.293
		流量（标态）$V_0/m^3 \cdot h^{-1}$	10	20632		19600	11760	1176
		流速（标态）$u_0/m \cdot s^{-1}$	11	8.86	另行计算见本章换热器设计计算	5.65	5.47	5.84
		平均温度 $t_{均}$/℃	12	20		376	361	343
通道阻力损失/Pa	摩擦损失	摩擦阻力系数 λ	13	0.04		0.04	0.04	0.04
		$h_{动} = \frac{u_0^2}{2}\rho_0(1+\beta t_{均})$	14	54.5		49.1	45.0	49.8
		$h_{摩} = \lambda \frac{L}{d} h_{动}$	15	21.6		16.0	44.3	59.7
	局部损失	阻力简图（略） 阻力系数 $\zeta_i = n \times j$ 式中 i——来源； n——个数； j——数值	16	$\zeta_{17}=0.4$ $\zeta_{4b}=2\times0.7$		$\zeta_{4b}=2\times0.7$	$\zeta_{10}=1.0$ $\zeta_7=0.3$ $\zeta_4=2\times0.7$	$\zeta_{14}=0.4$ $\zeta_4=2\times0.7$
		$\sum\zeta$	17	1.8		1.4	2.7	1.8
		$h_{局} = \sum\zeta \cdot h_{动}$	18	98.1		68.7	121.5	89.6

续表 8-9

分段号			1	Ⅰ	Ⅱ	Ⅲ	Ⅳ	Ⅴ
道阻力损失/Pa	几何压头	地区大气最高温度 $t_{大气}$/℃	19	—	另行计算见本章换热器设计计算	39	39	39
		大气密度 ($\rho_D = 1.293/(1+\beta t_{大气})$) /kg·m^{-3}	20	—		1.131	1.131	1.131
		气体密度 ($\rho_g = \rho_0/(1+\beta t_{均})$) /kg·m^{-3}	21	—		0.544	0.557	0.573
		$h_{几} = \pm 9.81H(\rho_D - \rho_g)$	22	—		−17.3	+22.5	−5.6
分段阻力损失		$h_{段} = \sum(h_{摩} + h_{局} + h_{几})$	23	119.7	1347	67.4	188.3	143.7
管道总阻力损失/Pa		$h_{总} = \sum h_{段}$	24	119.7+1347+67.4+188.3+143.7=1866				

注：局部阻力系数 ζ 的下标为表 4-33 中序号；换热器设计计算见本章。

（1）换热器出口后的风路，采用管外包扎（预热温度小于 400℃）。包扎后的热风管路散热降温可查表 4-31。

（2）第 3 栏和第 7 栏是按管路布置图 8-5 预先估计的。“+”表示气流上升，“−”表示气流下降。

（3）第 4 栏和第 5 栏中的管道规格和内径，由上述计算查表 4-28 得到。

（4）第 6 栏气体流动截面积由第 5 栏管道内径求得。

（5）第 9 栏 0℃时的密度根据气体种类查阅有关图表。

（6）第 10 栏 0℃时的流量根据上述空气流量分配求得。

（7）第 11 栏 0℃时的流速按第 10 栏和第 6 栏数据求得。

（8）第 12 栏为各段气体的平均温度，对管道绝热包扎的降温按 1℃/m 计算。

第Ⅲ段的平均温度：$t_{3均} = 380 - 0.5(1.0 \times 9) = 376℃$

末端温度：$t_{3末} = 380 - 1.0 \times 9 = 371℃$

第Ⅳ段的平均温度：$t_{4均} = 371 - 0.5(1.0 \times 20) = 361℃$

末端温度：$t_{4末} = 371 - 1.0 \times 20 = 351℃$

第Ⅴ段的平均温度：$t_{5均} = 351 - 0.5(1.0 \times 8) = 347℃$

末端温度：$t_{5末} = 351 - 1.0 \times 8 = 343℃$

（9）第 13 栏 λ 值查表 4-32。

（10）第 14 栏速度头 $h_{动}$ 由第 9、11、12 栏中数据求得。

（11）第 3、12、14 栏数据相乘，再除以第 5 栏数据，结果填入第 15 栏。

（12）第 16 栏局部阻力系数查表 4-33。画出局部阻力简图，标明局部阻力系数，相同系数合并相加。

（13）将以上同一分段中的局部阻力系数总和填入第 17 栏。

（14）将第 14 栏与第 17 栏数据乘积填入第 18 栏。

（15）第 19 栏地区年最高大气温度查当地有关数据。

（16）按第 20 栏公式计算大气密度。

（17）第21栏由第9、12栏数据代入求得。

（18）第22栏由第7、20、21栏数据代入求得。气流向上流动用“-”表示，向下流动用“+”表示。

（19）将分段的第15、18、22栏相加填入第23栏。

（20）换热器空气侧阻力损失见第5章计算数据，填入第23栏换热器分段中。

（21）把各分段压力损失相加得到总阻力损失，填入第24栏。

8.3.8.7　鼓风机选择

鼓风机主要是额定压力和额定流量的选择。鼓风机工作时，额定压力主要用来克服下列阻力损失：

（1）空气管路压力损失。由表8-9知$h_{管}=1872\text{Pa}$。

（2）流量孔板压力损失。因自动化部分还未计算，在这里取$h_{孔板}=1000\text{Pa}$。

（3）流量调节蝶阀压力损失。因自动化部分还未计算，在这里取$h_{阀}=600\text{Pa}$。

（4）煤气烧嘴用空气压力损失。本设计选用DW-Ⅰ型低压涡流式烧嘴，表4-15中给出的数值是该烧嘴在$p_{煤气}=800\text{Pa}$，$p_{空气}=2000\text{Pa}$，且空、煤气均不预热条件下的燃烧能力。而现在空气预热到350℃，煤气低发热值（标态）为10500kJ/m³（比8400kJ/m³高25%），所以，为了不降低烧嘴燃烧能力，必须提高空气压力。此时空气压力可按式（4-18）、式（4-20）计算，即：

$$h_{嘴}=2000\times\left(1+\frac{350}{273}\right)\times\left(\frac{10500}{8400}\right)^2=7137\text{Pa}$$

总压力损失：$h_{总}=h_{管}+h_{孔板}+h_{阀}+h_{嘴}=1872+1000+600+7137=10609\text{Pa}$

总流量（标态）：$V_{空湿}\approx 20632\text{m}^3/\text{h}$

查表4-36，选用9－19No.14D－2号，$p=11874\text{Pa}$，$V=21793\text{m}^3/\text{h}$（标态），功率132kW。

8.3.9　煤气管路阻力损失计算

煤气管路阻力损失计算方法和步骤同空气管路，计算目的见4.5.1.5节。

8.3.10　烟道阻力损失及烟囱计算（引风机选择）

8.3.10.1　计算条件

（1）进烟道烟气量（标态）：$V_{烟}=20000\text{m}^3/\text{h}$；

（2）进烟道烟气温度：$t_{烟入}=800℃$；

（3）烟气密度（标态，见本章燃烧计算）：$\rho_0=1.285\text{kg/m}^3$。

8.3.10.2　绘制排烟系统图

绘制的排烟系统图，如图8-6所示。

8.3.10.3　分段

Ⅰ段——炉尾竖烟道；

Ⅱ段——竖烟道到换热器入口；

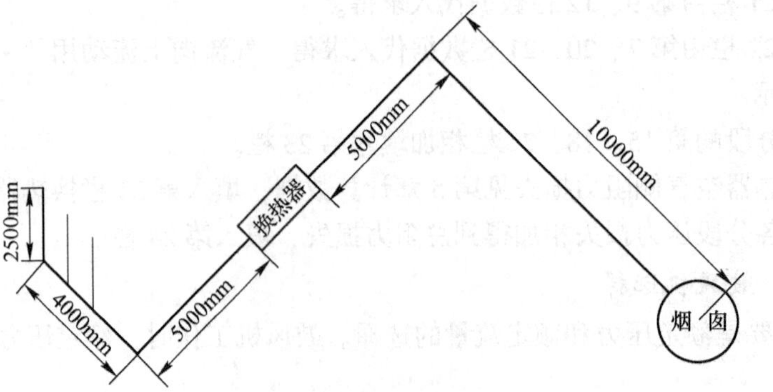

图 8-6 排烟系统简图

Ⅲ段——换热器；

Ⅳ段——换热器出口到烟囱（或引风机）入口。

8.3.10.4 各段烟道断面尺寸确定

首先预确定烟道中的烟气流速（标态），查表 4-27 取 $W_{烟} = 2\text{m/s}$。然后计算截面积，根据截面积确定烟道尺寸。

Ⅰ段：计算每条竖烟道的断面尺寸（共 3 条竖烟道）。

$$f = \frac{20000/3600}{2 \times 3} = 0.926\ \text{m}^2$$，选用断面尺寸为 1624mm×580mm。

故
$$f_1 = 1.624 \times 0.58 = 0.942\text{m}^2$$

$$d_1 = \frac{4f}{S} = \frac{4 \times 0.942}{2(1.624 + 0.58)} = 0.855\text{m}$$

Ⅱ段：$F = \frac{20000/3600}{2} = 2.778\text{m}^2$，选用 180°拱顶结构，查表 4-30 得烟道尺寸为 1624mm（宽）×1968mm（高）。

故 断面积：$F_2 = 2.913\text{m}^2$

当量直径：$d_2 = 1.796\text{m}$

Ⅳ段：烟道尺寸同Ⅱ段。

8.3.10.5 计算各段烟气温度

Ⅰ段：已知竖烟道入口烟气温度为 800℃，查表 4-31 取温降 6℃/m。

该段烟气平均温度：$t_{1均} = 800 - 0.5(6 \times 2.5) = 793℃$

末端温度：$t_{1末} = 800 - 6 \times 2.5 = 785℃$

Ⅱ段：查表 4-31 取温降 4℃/m。

该段烟气平均温度：$t_{2均} = 785 - 0.5(4 \times 9) = 767℃$

末端温度：$t_{2末} = 785 - 4 \times 9 = 749℃$

Ⅲ段：换热器另行计算（见本章），出换热器烟气温度为 433℃。

平均温度：$t_{3均} = (749 + 442)/2 = 595℃$

Ⅳ段：考虑到换热器漏风和烟道闸板处吸入冷空气等因素，需要增加烟气量并降低烟气温度。设进入烟气中的冷空气为原烟气流量的 10%，则烟气量（标态）由 20000m³/h

增加到 20000×1.1=22000m³/h。设比热容 c_p 不随烟气温度变化，那么

$$该段烟气平均温度：t_{4均} = \frac{20000 \times 442}{22000} - 0.5(4 \times 15) = 402 - 30 = 372℃$$

$$末端温度：t_{4末} = 402 - 4 \times 15 = 342℃$$

8.3.10.6 计算各段烟气流速

$$Ⅰ段：u_1 = \frac{20000}{3600 \times 3 \times 0.942} = 1.97\text{m/s}（标态）；$$

$$Ⅱ段：u_2 = \frac{20000}{3600 \times 2.913} = 1.91\text{m/s}（标态）；$$

Ⅲ段：u_3，换热器另行计算；

$$Ⅳ段：u_4 = \frac{22000}{3600 \times 2.913} = 2.10\text{m/s}（标态）。$$

8.3.10.7 阻力损失计算（表格化计算）

阻力损失计算见表 8-10，计算方法和步骤同表 8-9。

表 8-10 烟气流路阻力损失计算表

分段号			1	Ⅰ	Ⅱ	Ⅲ	Ⅳ
分段名称			2	炉尾竖烟道	竖烟道到换热器入口	换热器	换热器出口到烟囱或排烟风机入口
通道尺寸		分段长度 L/m	3	2.5	9	另行计算见本章换热器设计计算	15
		断面尺寸/mm×mm	4	1624×580	1624×1968		1624×1968
		断面积 F/m²	5	0.942	2.913		2.913
		当量直径 d/m	6	0.855	1.796		1.796
		垂直高度 H/m	7	−2.5	—		—
气体参数		种 类	8	燃烧烟气	燃烧烟气		燃烧烟气
		密度（标态）ρ_0/kg·m^{-3}	9	1.285	1.285		1.285
		流量（标态）V_0/m³·h^{-1}	10	6667	20000		22000
		流速（标态）u_0/m·s^{-1}	11	1.97	1.91		2.10
		平均温度 $t_均$/℃	12	793	767		372
通道阻力损失/Pa	摩擦损失	摩擦阻力系数 λ	13	0.05	0.05		0.05
		$h_动 = \frac{u_0^2}{2}\rho_0(1+\beta t_均)$	14	9.74	8.93		6.69
		$h_摩 = \lambda \frac{L}{d} h_动$	15	1.42	2.24		2.79
	局部损失	阻力简图（略） 阻力系数 $\zeta_i = n \times j$ 式中 i——来源，见表 4-33； n——个数； j——数值	16	$\zeta_{2b}=0.5$	$\zeta_{12a}=1.5$ $\zeta_5=1.1$		$\zeta_5=1.1$ $\zeta_{5c}=1.0$ $\zeta_{19}=4$
		$\sum\zeta$	17	0.5	2.6		6.1
		$h_局 = \sum\zeta \cdot h_动$	18	4.9	23.2		40.8

续表 8-10

分段号			1	Ⅰ	Ⅱ	Ⅲ	Ⅳ
通道阻力损失/Pa	几何压头	地区大气最高温度 $t_{大气}$/℃	19	39	39	另行计算见本章换热器设计计算	39
		大气密度（$\rho_D = 1.293/(1+\beta t_{大气})$）/kg·m^{-3}	20	1.131	1.131		1.131
		气体密度（$\rho_g = \rho_0/(1+\beta t_{均})$）/kg·m^{-3}	21	0.33	0.33		0.33
		$h_{几} = \pm 9.81H(\rho_D - \rho_g)$	22	+19.64	—		—
分段阻力损失/Pa		$h_{段} = \sum(h_{摩} + h_{局} + h_{几})$	23	26	25.4	110	43.6
烟道总阻力损失/Pa		$h_{总} = \sum h_{段}$	24	26+25.4+110+43.6=205			

注：局部阻力系数 ζ 的下标为表 4-33 中序号。换热器设计计算见本章，闸板开度以 50%确定局部阻力系数。

8.3.10.8　烟囱计算

（1）计算烟囱出口直径。按式（4-57），取烟囱出口流速（标态）$u_{囱出}$=3m/s，则：

$$F_{囱出} = \frac{22000}{3600 \times 3} = 2.037\text{m}^2$$

$$D_{囱出} = \sqrt{\frac{4 \times 2.037}{3.14}} = 1.61\text{m}$$

（2）确定烟囱平均直径。按式（4-59）计算得：

$$D_{囱均} = 1.25 \times 1.61 = 2.01\text{m}$$

（3）计算烟囱中烟气平均温度。$t_{烟入}$=342℃（见上述烟道计算），预设烟囱高度 $H_{预}$=35m，烟囱温降 3℃/m（砌砖结构），则：

$$t_{烟均} = 342 - 0.5(3 \times 35) = 290℃$$

$$t_{烟出} = 342 - (3 \times 35) = 272℃$$

（4）确定烟气在烟囱中的摩擦阻力损失系数。查表 4-32，取 λ=0.05。

（5）确定大气最高温度。假设某地区大气最高温度 $t_{大气}$=39℃。

（6）确定烟气密度。根据燃烧计算可知，$\rho_{烟}$=1.285kg/m^3（标态）。

（7）计算烟囱中烟气平均流速。已知：$D_{烟出}$=1.61m，$D_{烟均}$=2.01m，$u_{烟出}$=3m/s（标态）

则可得：

$$u_{烟均} = \frac{1.61^2 \times 3}{2.01^2} = 1.92\text{m/s}$$

或

$$u_{烟均} = \frac{3}{1.25^2} = 1.92\text{m/s}$$

（8）计算烟囱高度。将上述已知数据代入式（4-65），得：

$$H_{计} = \frac{2 \times 205 + 3^2 \times 1.285 \times \left(1 + \frac{1}{273} \times 272\right)}{\frac{25.37}{1 + \frac{1}{273} \times 39} - \frac{19.62}{1 + \frac{1}{273} \times 290} - \frac{0.05}{2.01} \times 1.92^2 \times \left(1 + \frac{1}{273} \times 290\right)}$$

$$= \frac{410 + 23.09}{22.20 - 9.51 - 0.189} = 34.6\text{m}$$

因烟囱计算高度与预设值相差很小（34.6−35=−0.4m），所以不必重算。

（9）确定烟囱实际高度，按式（4-66），得：

$$H_{实} = 1.25H_{计} = 1.25 \times 34.6 = 43.3\text{m}$$

8.3.10.9 排烟风机选择

（1）计算排烟温度下的烟气流量。由烟囱阻力损失计算中可知，进入烟囱底部的烟气温度 $t_{烟入}=342℃$，高于一般排烟机的排烟温度（最高为 250℃）。所以，必须采取掺大气方法降温。

设掺大气后混合烟气温度 $t_{混}=250℃$，大气温度 $t_{大气}=39℃$，按式（4-68）得掺大气后烟气实际流量：

$$V_{t混} = \left(\frac{22000 \times (342 - 250)}{250 - 39} + 22000\right) \times \left(1 + \frac{250}{273}\right) = 60523\ \text{m}^3/\text{h}$$

（2）排烟风机选择。根据 $V_{t混}=60523\text{m}^3/\text{h}$，$h_{总}=205\text{Pa}$，从排烟风机手册里查取相应的型号。

8.4 推钢式三段连续加热炉热工计算

设计计算技术数据见 8.1 节。

推钢式三段连续加热炉设计计算内容、方法和步骤大部分同推钢式二段连续加热炉，主要不同点是炉膛热交换计算和炉内金属加热计算。故本例只作这两部分计算，其他部分的计算参见 8.3 节。在设计计算中，有些计算参数值直接取自 8.3 节。

8.4.1 炉膛热交换计算

（1）预确定炉膛主要计算用尺寸。

1）炉膛宽度，$B=2900\text{mm}$。

2）炉膛各段高度。查表 3-11，对燃气中型加热炉，取 $H_{均上}=1300\text{mm}$，$H_{加上}=1600\text{mm}$，$H_{预上}=1000\text{mm}$。

3）炉膛各段长度，设均热段（均热床）长度为 $L_{均}$、加热段长度为 $L_{加}$、预热段长度为 $L_{预}$。

4）炉顶结构。这里，炉顶确定采用平顶结构。

（2）计算各段平均有效射线行程。

1）计算各段充满炉气的炉膛体积，按式（3-24）得：

$$V_{均} = H_{均上}BL_{均} = 1.3 \times 2.9L_{均} = 3.77L_{均}\ \text{m}^3$$

$$V_{加} = H_{加上}BL_{加} = 1.6 \times 2.9L_{加} = 4.64L_{加}\ \text{m}^3$$

$$V_{预} = H_{预上}BL_{预} = 1.0 \times 2.9L_{预} = 2.90L_{预}\ \text{m}^3$$

2）计算各段包围炉气的炉壁内表面积，按式（3-25）得：

$$F_{K均} = 2(H_{均上} + B)L_{均} = 2 \times (1.3 + 2.9)L_{均} = 8.4L_{均}\ \text{m}^2$$

$$F_{K加} = 2(H_{加上} + B)L_{加} = 2 \times (1.6 + 2.9)L_{加} = 9.0L_{加}\ m^2$$

$$F_{K预} = 2(H_{预上} + B)L_{预} = 2 \times (1.0 + 2.9)L_{预} = 7.8L_{预}\ m^2$$

所以，各段平均有效射线行程，由式（3-23）得：

$$S_{L均} = \eta \frac{4V_{均}}{F_{K均}} = 0.9 \times \frac{4 \times 3.77L_{均}}{8.4L_{均}} = 1.62m$$

$$S_{L加} = \eta \frac{4V_{加}}{F_{K加}} = 0.9 \times \frac{4 \times 4.64L_{加}}{9.0L_{加}} = 1.86m$$

$$S_{L预} = \eta \frac{4V_{预}}{F_{K预}} = 0.9 \times \frac{4 \times 2.90L_{预}}{7.8L_{预}} = 1.34m$$

（3）计算炉气中 CO_2 和 H_2O（汽）分压，见 8.3 节。

1）$p_{CO_2} = 13.31/100 = 0.1331$ 大气压[1]；

2）$p_{H_2O} = 13.97/100 = 0.1397$ 大气压。

（4）计算确定各段炉气温度。

1）设均热段炉气温度比金属加热终了时其表面温度高 60℃，即：

$$t_{g均} = t_{表终} + 60 = 1200 + 60 = 1260℃$$

2）设加热段炉气温度比金属加热终了时其表面温度高 140℃，即：

$$t_{g加} = t_{表终} + 140 = 1200 + 140 = 1340℃$$

3）设预热段炉气温度呈近似线性变化，则预热段炉气平均温度：

$$t_{g预} = (t_{g加} + t_{废})/2 = (1340 + 800)/2 = 1070℃$$

（5）计算各段炉气黑度。由式（3-20）~式（3-22）得：

$$\varepsilon_{g均} = 0.71 \times (0.1331 \times 1.62)^{\frac{1}{3}} \times \left(\frac{1260 + 273}{100}\right)^{-0.5} + 7.1 \times 0.1397^{0.8} \times 1.62^{0.6} \times \left(\frac{1260 + 273}{100}\right)^{-1}$$

$$= 0.71 \times 0.60 \times 0.255 + 7.1 \times 0.207 \times 1.336 \times 0.065$$

$$= 0.236$$

$$\varepsilon_{g加} = 0.71 \times (0.1331 \times 1.86)^{\frac{1}{3}} \times \left(\frac{1340 + 273}{100}\right)^{-0.5} + 7.1 \times 0.1397^{0.8} \times 1.86^{0.6} \times \left(\frac{1340 + 273}{100}\right)^{-1}$$

$$= 0.71 \times 0.628 \times 0.249 + 7.1 \times 0.207 \times 1.451 \times 0.062$$

$$= 0.243$$

$$\varepsilon_{g预} = 0.71 \times (0.1331 \times 1.34)^{\frac{1}{3}} \times \left(\frac{1070 + 273}{100}\right)^{-0.5} + 7.1 \times 0.1397^{0.8} \times 1.34^{0.6} \times \left(\frac{1070 + 273}{100}\right)^{-1}$$

[1] 1 大气压 = 101325Pa。

$= 0.71 \times 0.563 \times 0.273 + 7.1 \times 0.207 \times 1.192 \times 0.074$

$= 0.239$

（6）计算各段炉墙和炉顶对金属的辐射角度系数，由式（3-35）得：

1）$\varphi_{KM均} = \dfrac{1 \times 2.5}{2 \times 1.3 + 2.9} = 0.455$；

2）$\varphi_{KM加} = \dfrac{1 \times 2.5}{2 \times 1.6 + 2.9} = 0.410$；

3）$\varphi_{KM预} = \dfrac{1 \times 2.5}{2 \times 1.0 + 2.9} = 0.510$。

（7）计算各段炉气经炉壁对金属的导来辐射系数。取 $\varepsilon_n = 0.8$（见表 3-7），按由式（3-18）得（注意单位换算）：

1）均热段导来辐射系数：

$$C_{gKM均} = \frac{20.43 \times 0.236 \times 0.8 \times [1 + 0.455 \times (1 - 0.236)]}{0.236 + 0.455 \times (1 - 0.236) \times [0.8 + 0.236 \times (1 - 0.8)]}$$
$$= 9.80\text{kJ/(m}^2 \cdot \text{h} \cdot \text{K}^4)$$

2）加热段导来辐射系数：

$$C_{gKM加} = \frac{20.43 \times 0.243 \times 0.8 \times [1 + 0.410 \times (1 - 0.243)]}{0.243 + 0.410 \times (1 - 0.243) \times [0.8 + 0.243(1 - 0.8)]}$$
$$= 10.28\text{kJ/(m}^2 \cdot \text{h} \cdot \text{K}^4)$$

3）预热段导来辐射系数：

$$C_{gKM预} = \frac{20.43 \times 0.239 \times 0.8 \times [1 + 0.510 \times (1 - 0.239)]}{0.239 + 0.510 \times (1 - 0.239) \times [0.8 + 0.239 \times (1 - 0.8)]}$$
$$= 9.55\text{kJ/(m}^2 \cdot \text{h} \cdot \text{K}^4)$$

4）均热段与加热段界面处导来辐射系数：

$$C_{gKM均加} = (C_{gKM均} + C_{gKM加})/2 = (9.80 + 10.28)/2 = 10.04\text{kJ/(m}^2 \cdot \text{h} \cdot \text{K}^4)$$

5）加热段与预热段界面处导来辐射系数：

$$C_{gKM加预} = (C_{gKM加} + C_{gKM预})/2 = (9.55 + 10.28)/2 = 9.915\text{kJ/(m}^2 \cdot \text{h} \cdot \text{K}^4)$$

8.4.2 炉内金属加热计算

推钢式三段连续加热炉内金属加热计算，按均热段、加热段和预热段分别进行计算。具体计算方法是：把这三段分成 4 个界面，预热段开始（金属入炉处（炉尾））为 0 界面，预热段终了（加热段开始）处为 1 界面，加热段终了（均热段处开始）处为 2 界面，均热段终了金属出炉处（侧出料炉门中心线出）为 3 界面，则 0~1 为预热段，1~2 为加热段、2~3 为均热段。首先按 3、2、1、0 顺序分别计算各界面处金属加热有关参数值，然后计算各段金属加热有关参数，最后计算各段金属加热时间和总加热时间。

8.4.2.1 计算 3 界面处金属加热有关参数

（1）金属表面温度：

$$t_{终} = 1200℃ \text{（见 8.1 节）}$$

（2）金属断面最大温差：

$$\Delta t_{终} = 50℃ \text{（见8.1节）}$$

（3）金属断面平均温度，按式（3-65）得：

$$t_{终均} = 1200 - 0.7 \times 50 = 1165℃$$

（4）金属在炉内总热焓增量：

$$\Delta i_{总} = i_{终} - i_{始} = t_{终均} c_{p_{终}} - t_{始均} c_{p_{始}}$$

式中，$t_{终均} = 1165℃$；$t_{始均} = 20℃$；查表 3-14 得 20 号钢在 1165℃ 时平均比热容 $c_{p终} = 0.6894\text{kJ/(kg·℃)}$，则：

$$\Delta i_{总} = 1165 \times 0.6894 - 20 \times 0.4857 = 793\text{kJ/kg}$$

（5）炉气向金属表面传热热流，按式（3-80）计算：

$$q_{终} = \frac{2\lambda_{终}\Delta t_{终}}{2S}$$

式中，$\Delta t_{终} = 50℃$，$S = 0.07\text{m}$，查表（3－12）得 20 号钢在 $t_{终均} = 1165℃$ 时的导热系数 $\lambda_{终} = 29.4\text{W/(m·K)} = 106\text{kJ/(m·h·℃)}$，则：

$$q_{表终} = \frac{2 \times 106 \times 50}{2 \times 0.07} = 75714\text{kJ/(m}^2\text{·h)}$$

（6）均热段炉气温度，由式（3-69）得：

$$t_{g均} = 100\sqrt[4]{\frac{75714}{9.80} + \left(\frac{1200 + 273}{100}\right)^4} - 273 = 1257℃$$

均热段炉气温度计算后与设定值相差很小（1257－1260＝－3℃），小于 0.3%，不必重新设定和计算，故取 $t_{g均} = 1257℃$。

8.4.2.2 计算 2 界面处金属加热有关参数

（1）炉气温度：

$$t_{g2} = 1340℃ \text{（见炉膛热交换计算部分）}$$

（2）金属表面温度。对于理想三段连续加热炉温热制度，均热段对金属只起均热作用，金属由加热段过渡到均热段时的表面温度已达到金属加热终了出炉温度，即：$t_{表2} = t_{表终} = 1200℃$。

（3）炉气向金属表面传热热流，按式（3-15b）得：

$$q_{表2} = C_{gKM均加}\left[\left(\frac{t_{g2} + 273}{100}\right)^4 - \left(\frac{t_{表2} + 273}{100}\right)^4\right]$$

$$= 10.04 \times \left[\left(\frac{1340 + 273}{100}\right)^4 - \left(\frac{1200 + 273}{100}\right)^4\right]$$

$$= 206972\text{kJ/(m}^2\text{·h)}$$

（4）金属断面温差，按式（3-64）计算：

$$\Delta t_2 = \frac{q_{表2}S}{2\lambda_2}$$

式中，$q_{表2}$ = 206972kJ/(m^2·h)，S = 0.07m；设 $t_{2均}$ = 1150℃，查表 3-12 得 λ_2 = 29.3W/(m·K) = 105kJ/(m·h·℃)

则：
$$\Delta t_2 = \frac{206972 \times 0.07}{2 \times 105} = 69℃$$

（5）金属中心温度，按式（3-65）得：$t_{中2}$ = 1200 − 69 = 1131℃。

（6）金属断面平均温度：$t_{2均}$ = 1200 − 0.7 × 69 = 1152℃。

金属断面平均温度的计算值与设定值相差很小（1152−1150=2℃），小于 0.3%，不必重新设定和计算，故取 $t_{2均}$ = 1152℃。

（7）金属在预热段和加热段的热焓增量。

根据 $t_{2均}$ = 1152℃，查表 3-14 得：c_{p2} = 0.6908kJ/(kg·℃)

则：
$$\Delta i_{加预} = 1152 \times 0.6908 - 20 \times 0.4857 = 786\text{kJ/kg}$$

8.4.2.3 计算 1 界面处金属加热有关参数

（1）炉膛热量利用系数：

$$\eta_4 = 0.60(\text{见 8.3 节计算值})$$

（2）加热段热量利用系数。按式（3-130）计算，其中加热段流入预热段炉气温度取 t_{g1} = 1340℃；助燃空气入炉温度 $t_{空}$ = 350℃。查表 3-4 得：

炉气平均比热容（标态）：

$$c_{g加} = 1.588 \times 0.21 + 1.63 \times 0.79 = 1.621\text{kJ/(m}^3\cdot℃)$$

空气平均比热容（标态）：$c_{空}$ = 1.296kJ/(m^3·℃)

实际空气消耗量（标态）：L_n = 2.82m^3/m^3（见 8.3 节计算值）

空际烟气生成量（标态）：V_n = 3.772m^3/m^3（见 8.3 节计算值）

则：
$$\eta_{4加} = \frac{10500 + 2.82 \times 1.296 \times 350 - 3.772 \times 1.621 \times 1340}{10500 + 2.82 \times 1.296 \times 350} = 0.303$$

（3）金属在预热段的热焓增量，按式（3-136）计算：

$$\Delta i_{预} = \Delta i_{加预}\left(1 - \frac{\eta_{4加}}{\eta_4}\right) + \frac{Q_{辐}}{P}$$

$$Q_{辐} = q_{辐} F_{辐}$$

式中 $q_{辐}$——加热段向预热段的辐射热流密度，按经验取 50×10^{4}kJ/(m^2·h)；

$F_{辐}$——加热段向预热段的辐射面积，等于 2.9×(1.0−0.14) = 2.494m^2；

P——炉子生产率，取 40000kg/h。

则：
$$\Delta i_{预} = 786 \times \left(1 - \frac{0.303}{0.60}\right) + \frac{50 \times 10^4 \times 2.494}{40000} = 420\text{kJ/kg}$$

(4) 金属平均温度。根据 $\Delta i_{预} = 420\text{kJ/kg}$，设 $t_{1均} = 678℃$，查表 3-14 得 $c_p = 0.619\text{kJ/(kg}\cdot℃)$。

则：

$$t_{1均} = \frac{\Delta i_{预}}{c_p} = \frac{420}{0.619} = 678.7℃$$

$t_{1均}$ 计算值与设定值相差很小（678.7−678=0.7），小于 0.3%，不必重新设定和计算，故取 $t_{1均} = 678℃$ 。

(5) 炉气向金属表面传热热流的计算。

$$C_{gKM加预} = 9.915\text{kJ/(m}^2\cdot\text{h}\cdot\text{K}^4)$$

已知：$t_{g1} = 1340℃$，$S = 0.07\text{m}$，$\lambda_1 = 32.824\text{W/(m}\cdot\text{K)} = 118.2\text{kJ/(m}\cdot\text{h}\cdot℃)$（根据 $t_{1均} = 678℃$ 查表 3-12），

则：

$$q_{表1} = 9.915 \times \left[\left(\frac{1340 + 273}{100}\right)^4 - \left(\frac{678 + 273 + \dfrac{0.07q_{表1}}{3 \times 118.2}}{100}\right)^4\right]$$

采用顺序渐进法求解，计算过程见 8.3 节，最后得：

$$q_{表1} = 546517\text{kJ/(m}^2\cdot\text{h)}$$

(6) 金属表面温度：

$$t_{表1} = t_{1均} + \frac{q_{表1}S}{3\lambda_1}$$

$$= 678 + \frac{546517 \times 0.07}{3 \times 118.2} = 786℃$$

(7) 金属断面温差，按式（3-64）得：

$$\Delta t_1 = \frac{546517 \times 0.07}{2 \times 118.2} = 162℃$$

(8) 金属中心温度，按式（3-65）得：$t_{中1} = 786 - 162 = 624℃$

(9) 金属热焓值：

$$i_{预} = 678 \times 0.619 + 20 \times 0.4857 = 429\text{kJ/kg}$$

8.4.2.4 计算 0 界面处金属加热有关参数

炉气出炉温度：$t_{废膛} = 800℃$（见 8.1 节）

金属温度：$t_{表0} = t_{中0} = t_{始均} = 20℃$（见 8.1 节）

则：炉气向金属表面传热热流由式（3-15b）得：

$$q_{表0} = 9.55\left[\left(\frac{800 + 273}{100}\right)^4 - \left(\frac{20 + 273}{100}\right)^4\right] = 125887\text{kJ/(m}^2 \cdot \text{h)}$$

8.4.2.5 计算各段炉气向金属表面传热平均热流

（1）预热段平均热流，由式（3-72）得：

$$q_{表预} = \sqrt{125887 \times 546517} = 262296\text{kJ/(m}^2 \cdot \text{h)}$$

（2）加热段平均热流，由式（3-73）得：

$$q_{表加} = \frac{546517 - 206972}{\ln\dfrac{546517}{206972}} = 349692\text{kJ/(m}^2 \cdot \text{h)}$$

8.4.2.6 计算炉内金属加热时间

按式（3-70）计算，下面介绍具体方法。

（1）预热段金属加热时间：

$$\tau_{预} = \frac{0.07 \times 7753 \times 420}{1 \times 262296} = 0.87\text{h}$$

（2）加热段金属加热时间：

$$\tau_{加} = \frac{0.07 \times 7579 \times (786 - 420)}{1 \times 349692} = 0.56\text{h}$$

（3）均热床金属均热时间的计算。

温度均匀度：
$$\frac{\Delta t_{均终}}{\Delta t_{加终}} = \frac{50}{69} = 0.72$$

根据 $\dfrac{\Delta t_{均终}}{\Delta t_{加终}} = 0.72$，查表 3-23，并插值得：

$$\frac{a\tau_{均}}{S^2} = 0.3$$

则：
$$\tau_{均} = 0.3\frac{S^2}{a}$$

式中，$S = 0.14\text{m}$（均热床为单面均热，透热深度为料坯厚度），$a = 0.021\text{m}^2/\text{h}$（按 $\tau_{终均} = 1165℃$ 查表 3-18），所以：

$$\tau_{均} = 0.3 \times \frac{0.14^2}{0.021} = 0.28\text{h}$$

（4）炉内金属总加热时间：

$$\tau_{总} = \tau_{预} + \tau_{加} + \tau_{均} = 0.87 + 0.56 + 0.28 = 1.71\text{h}$$

（5）单位加热时间：

$$c_\tau = \frac{\tau_{总}}{100\delta} = \frac{1.71}{100 \times 0.14} = 0.122\text{h/cm} = 7.33\text{min/cm}$$

8.4.2.7 计算炉子长度

（1）炉子有效长度，由式（8-2）得：

$$L_{效} = \frac{40000 \times 1.71 \times 140}{1 \times (7659 \times 0.14 \times 0.14 \times 2.5)} = 25516\text{mm}$$

（2）预热段长度：

$$l_{预} = 25516 \times \frac{0.87}{1.71} = 12982\text{mm}$$

（3）加热段长度：

$$l_{加} = 25516 \times \frac{0.56}{1.71} = 8356\text{mm}$$

（4）均热段长度：

$$l_{均} = 25516 \times \frac{0.28}{1.71} = 4178\text{mm}$$

8.4.2.8 炉子结构和操作参数

（1）有效炉底面积：$F_{效} = L_{效} \cdot B = 25.516 \times 2.900 = 74\text{m}^2$；

（2）钢压炉底面积：$F_{钢} = L_{效} \cdot L_{m} = 25.516 \times 2.500 = 64\text{m}^2$；

（3）炉底利用率：$\varepsilon = \frac{F_{钢}}{F_{效}} = \frac{64}{74} = 0.86$；

（4）有效炉底强度：$H_{效} = \frac{P}{F_{效}} = \frac{40000}{74.0} = 541\text{kg/m}^2$；

（5）钢压炉底强度：$H_{钢} = \frac{P}{F_{钢}} = \frac{40000}{64} = 625\text{kg/m}^2$。

[说明]：

本节热工计算与 8.3 节所采用的计算数据相同。采用推钢式二段连续加热炉加热，总加热时间为 2.06h，炉子有效长度为 29960mm；采用推钢式三段连续加热炉加热，总加热时间只需 1.71h，炉子有效长度则为 25516mm，缩短了 29960−25516＝4444mm。这表明，在同样的加热温度和断面温差条件下，由于三段式连续加热炉加热段炉温较高，达到了强化加热的结果；同理，炉长相等，加热质量相同，三段式连续加热炉可得到较高的生产率。

8.5 附 图

推钢式二段连续加热炉炉体图如图 8-7 所示。

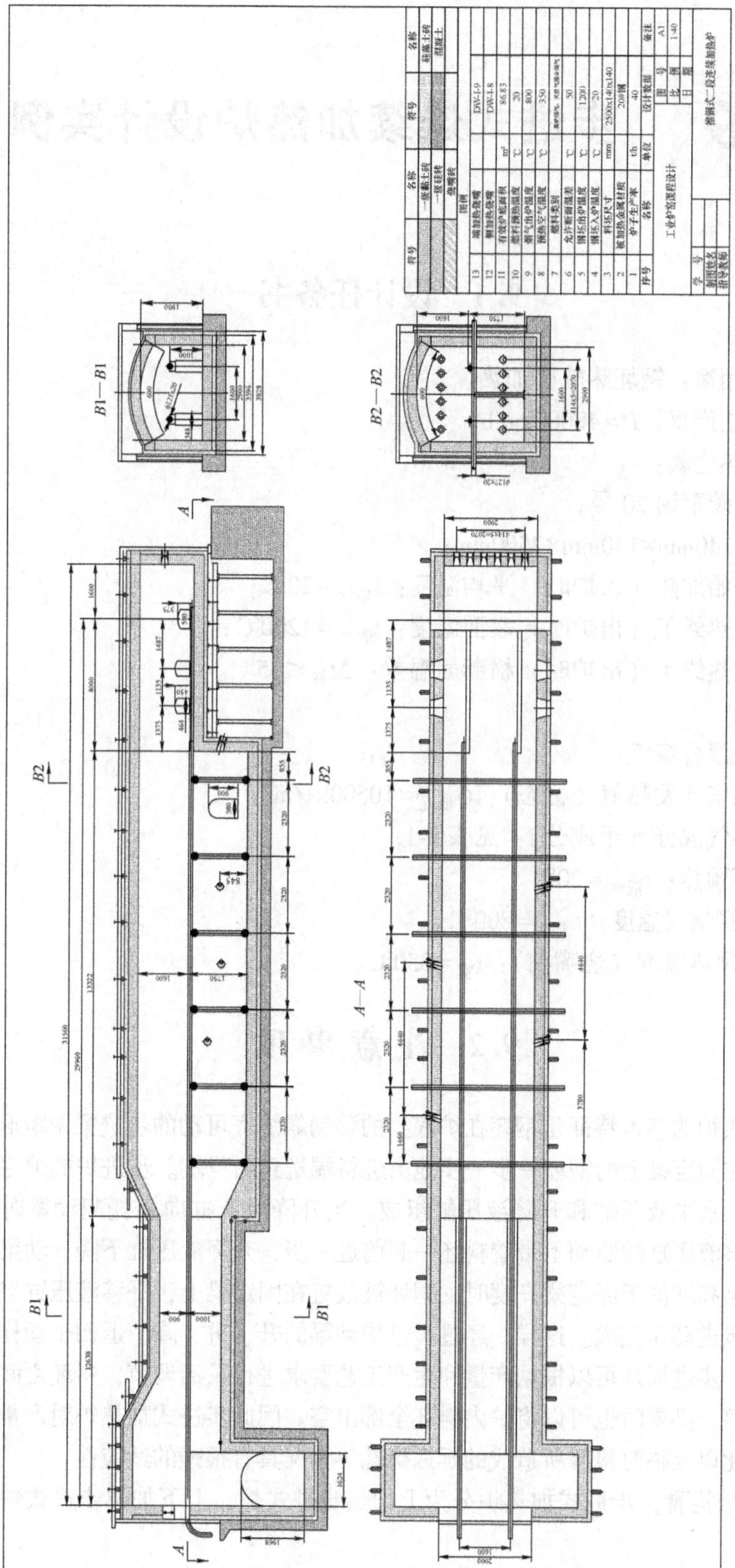

图8-7 推钢式二段连续加热炉炉体图

9 步进式连续加热炉设计实例

9.1 设计任务书

（1）炉子用途：钢坯热轧前加热。

（2）炉子生产率：$P=40000\text{kg/h}$。

（3）被加热金属：

1）种类：碳素钢20号；

2）尺寸：140mm×140mm×2500mm；

3）金属开始加热（入炉时）平均温度：$t_{始均}=20℃$；

4）金属加热终了（出炉时）表面温度：$t_{表终}=1200℃$；

5）金属加热终了（出炉时）横断面温差：$\Delta t_{终}\leqslant 35℃$。

（4）燃料：

1）种类：混合煤气；

2）混合煤气低发热值（标态）：$Q_{低混}=10500\text{kJ/m}^3$；

3）两种煤气成分（干成分）：见表8-1；

4）煤气不预热：$t_{混气}=20℃$。

（5）出炉膛烟气温度：$t_{废膛}=800℃$。

（6）空气预热温度（烧嘴前）：$t_{空}=350℃$。

9.2 注 意 事 项

步进式加热炉的基本特征是钢坯在炉底上的移动靠炉底可动的步进梁做矩形轨迹的往复运动，把放置在固定梁上的钢坯一步一步地由进料端送到出料端。步进炉的炉底机械主要由动梁、固定梁、水平液压缸和升降液压缸组成。当升降液压缸向上托起动梁时，钢坯被举起，接着在平移液压缸的驱动下带着料坯一起前进一步，升降液压缸下降，动梁带着料坯随之下降；当动梁高度低于固定梁高度时，钢坯被放置在固定梁上，平移液压缸退回至步进前的位置，一个步进动作完成。这样，经过步进炉动梁的升、进、降、退四个动作，料坯就前进了一个行程。步进周期可以根据产量和生产工艺要求进行灵活调节，料坯之间的间隔可在上料时进行调整，必要时也可以将炉内料坯全部出空。因此步进式加热炉对产量波动、料坯品种规格的变化以及临时检修所造成的延迟待轧等情况具有很强的适应性。

从炉子的结构看，步进式加热炉分为上加热步进式炉、上下加热步进式炉、双步进梁步进式炉。

上加热步进式炉也称为步进底式炉，步进梁是由耐热金属制作的，固定炉底是耐火材料砌筑的。这种炉子基本没有水冷构件，热耗较低。但其只能单面加热，一般用于中小型钢坯的加热。

上下加热步进式炉相当于把推钢式加热炉的炉底水管改成了固定梁和步进梁。固定梁和步进梁均是由水冷立管支撑的，梁也是由水冷管构成，外面用耐火可塑料包扎，上面有耐热合金的鞍座式滑轨，类似推钢式加热炉的炉底纵水管。炉底是架空的，可以实现双面加热。双面加热可增大金属受热面积，提高炉子的生产率。但当料坯太短时，因支撑困难，不易采用下加热。

双步进梁步进式炉主要用于厚板的热处理，这种炉子没有固定梁，而有两组独立的步进梁。当第一组步进梁上升前进期间，第二组步进梁就开始上升，接过钢坯，继续前进。因此，两组梁交替使钢坯前进。

料坯在炉内排数大多数情况下是单排或双排的，很少采用三排以上的。在设计时如何选择排数，要根据料坯长度、炉子生产能力、炉子的计算长度等具体条件来决定。

钢坯的出料方式一般有端出料与侧出料两种，端出料的方式使得车间布置较为方便。如果从料坯尺寸上考虑，因板坯较宽，故多用端出料；若采用侧出料时，则需要很大炉门，且容易卡钢，在结构和操作上都很困难。但在热工上，端出料使得由端出料斜坡处吸冷风的情况较为严重。

从热工观点看，步进式加热炉的炉型与推钢式加热炉相似，金属和燃烧产物主要是做逆流运动。沿炉长方向上，一般可分为预热段、加热段和均热段三段。根据强化加热的需求，又可以把加热段分为第一加热段、第二加热段等多段进行热量分配的控制。三段式炉均热段炉温一般比金属加热最终温度高30~50℃，加热段温度可比金属温度高出150~200℃；高温烟气在均热段和加热段将一部分热量传递给料坯后进入预热段，用来将刚入炉的冷钢坯进行预热，烟气出炉温度与预热段长度和余热利用水平有关，一般在800~1000℃。

在编制步进式加热炉的计算方案时，要拟定金属在步进式加热炉里的摆放方式。对于断面为长方形的扁坯或板坯，钢坯间隙增大，加热时间缩短不明显，生产率降低比较明显，且钢坯的宽厚比越大，间隙作用越小。因此，可认为钢坯是相互紧靠着放在炉子里，这种金属的加热就和在推钢式加热炉中一样。对于截面形状为方形截面的钢坯料，为了改善其加热条件，装料时钢料间留出一定的间隙；在这种情况下，钢坯的侧面也能受热，即可认为在步进底式炉内的金属是三面加热，而在步进梁式炉内时则是四面加热。钢坯之间间隙大，加热时间缩短，同时炉内摆放的钢坯数量也会减小，如图9-1所示。因此，为得到最大生产率，钢坯之间间隙的大小存在最佳值。如果钢坯为按一定间隙放置的圆形坯料，可以认为圆形坯料的加热是圆柱体的整个圆柱面在受热。

在加热条件一定时，取决于相对料坯宽度（宽厚比）b/δ（δ为料坯厚度，b为料坯宽度）和相对间隙a/δ（a为料坯摆放间距）这两种影响因素。

步进式连续加热炉炉内料坯摆放间隙的大小随工艺要求不同而变化，无一定规定值。料坯之间的间隙大小对料坯加热时间的影响，可以用“当量透热深度S”描述。对推钢式连续加热炉来讲，料坯之间无间隙；在单面加热（上加热）的推钢式加热炉上，当量透热深度$S=\delta$（δ为料坯厚度）；在双面加热（上下对称加热）的推钢式炉上，$S=\frac{1}{2}\delta$。为

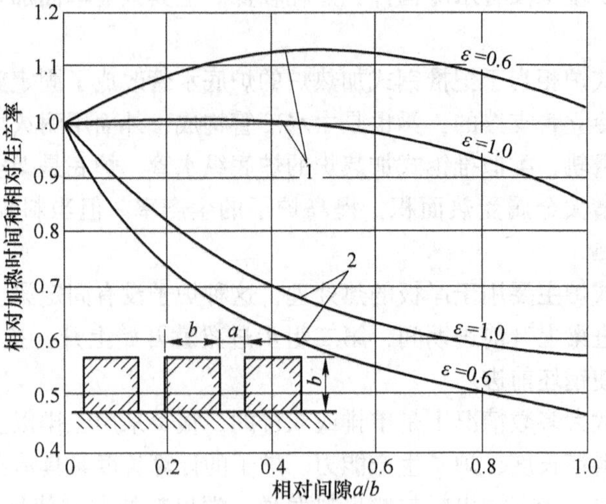

图 9-1 相对间隙对加热时间和生产率的影响

1—相对生产率；2—相对加热时间

此，采用一般的加热时间计算方法（式（3-63），即 $\tau=\dfrac{S\rho\Delta i}{k_1 q}$）来计算料坯的加热时间。对步进式连续加热炉来讲，如果料坯加热过程能用一合适的当量透热深度 S 来描述，那么也可用上述常规的加热时间计算方法来计算料坯的加热时间。

对于矩形料坯而言，料坯在步进底式连续加热炉内加热时，由于料坯之间存在间隙，因此不仅加热上表面，同时也对两侧面进行加热。如果：（1）把两侧面得到的热量折算到上表面的热流中，即上表面的热流 q 增加，由式（3-63）可见，料坯加热时间 τ 缩短。（2）同理，若把两侧面得到的热量折算成透热深度，即透热深度 S 减小，由式（3-63）可见，料坯加热时间 τ 也缩短。经研究，采用（2）方法有可比性。

步进底式连续加热炉加热方坯和扁坯（平放）时，相对料坯宽度 b/δ（b 为料坯宽度）和相对间距 a/δ（a 为料坯摆放间距）与相对透热深度 S/δ 的关系见表 9-1。

表 9-1 料坯在炉底上摆放加热时相对宽度、相对间距与相对透热深度的关系

相对宽度（b/δ）	相对间距（a/δ）							
	（双面加热）	自由放量						单面加热
		>0.6）	0.6	0.5	0.4	0.3	0.2	0.1	
	相对透热深度（S/δ）								
1.0（方坯）	0.5	0.600	0.700	0.740	0.780	0.836	0.891	0.936	1.0
1.5	0.5	0.718	0.782	0.814	0.845	0.882	0.918	0.955	1.0
2.0	0.5	0.791	0.836	0.855	0.873	0.900	0.927	0.964	1.0
2.5	0.5	0.809	0.886	0.900	0.909	0.927	0.945	0.973	1.0
3.0	0.5	0.909	0.927	0.936	0.945	0.955	0.972	0.991	1.0
4.0	0.5	0.946	0.973	0.977	0.987	0.986	0.993	0.998	1.0

注：b 为料坯宽度，mm；δ 为料坯厚度，mm；a 为料坯间距（等于料坯中心距 $c-b$）；S 为料坯透热厚度，mm。

对于圆柱料坯而言，圆柱料坯在步进底式加热炉中加热时，其透热深度即为圆柱坯横

断面半径 R。由于圆柱体周边受热，加热时间缩短，包含在式（3-70）形状系数 k_1 中。

9.3 步进梁式加热炉热工计算

9.3.1 燃料燃烧计算

见8.3节。

9.3.2 炉膛热交换计算

9.3.2.1 预确定炉膛主要计算尺寸

（1）炉膛宽度：这里拟采用单排布料，根据式（8-4），炉宽设为：

$$B = 2500 + 2 \times 200 = 2900\text{mm} = 2.9\text{m}$$

（2）炉膛各段高度：拟采用三段式温度制度，查表3-11，对燃气中型加热炉，取 $H_{均上} = 1300\text{mm}$，$H_{加上} = 1600\text{mm}$，$H_{预上} = 1000\text{mm}$。

（3）炉膛各段长度：设均热段长度为 $L_均$，加热段长度为 $L_加$，预热段长度为 $L_预$。

（4）炉顶结构：上加热拟采用侧供热与顶供热结合的方式，为了便于烧嘴安装，炉顶采用浇筑平顶结构。

（5）出料方式：侧出料。

9.3.2.2 计算各段平均有效射线行程

（1）计算各段充满炉气的炉膛体积，按式（3-24）得：

$$V_均 = H_{均上}BL_均 = 1.3 \times 2.9L_均 = 3.77L_均\text{m}^3$$

$$V_加 = H_{加上}BL_加 = 1.6 \times 2.9L_加 = 4.64L_加\text{m}^3$$

$$V_预 = H_{预上}BL_预 = 1.0 \times 2.9L_预 = 2.90L_预\text{m}^3$$

（2）计算各段包围炉气的炉壁内表面积，按式（3-25）得：

$$F_{K均} = 2(H_{均上} + B)L_均 = 2 \times (1.3 + 2.9)L_均 = 8.4L_均\text{m}^2$$

$$F_{K加} = 2(H_{加上} + B)L_加 = 2 \times (1.6 + 2.9)L_加 = 9.0L_加\text{m}^2$$

$$F_{K预} = 2(H_{预上} + B)L_预 = 2 \times (1.0 + 2.9)L_预 = 7.8L_预\text{m}^2$$

所以，各段平均有效射线行程，由式（3-23）得：

$$S_{L均} = \eta\frac{4V_均}{F_{K均}} = 0.9 \times \frac{4 \times 3.77L_均}{8.4L_均} = 1.62\text{m}$$

$$S_{L加} = \eta\frac{4V_加}{F_{K加}} = 0.9 \times \frac{4 \times 4.64L_加}{9.0L_加} = 1.86\text{m}$$

$$S_{L预} = \eta\frac{4V_预}{F_{K预}} = 0.9 \times \frac{4 \times 2.90L_预}{7.8L_预} = 1.34\text{m}$$

9.3.2.3 计算炉气中 CO_2 和 H_2O（汽）分压（见8.3节）

（1）$p_{CO_2} = 13.31/100 = 0.1331$ 大气压[1]

[1] 1大气压=101325Pa。

(2) $p_{H_2O} = 13.97/100 = 0.1397$ 大气压

9.3.2.4 计算确定各段炉气温度

(1) 设均热段炉气温度比金属加热终了时其表面温度高60℃，即：

$$t_{g均} = t_{表终} + 60 = 1200 + 60 = 1260℃$$

(2) 设加热段炉气温度比金属加热终了时其表面温度高140℃，即：

$$t_{g加} = t_{表终} + 140 = 1200 + 140 = 1340℃$$

(3) 设预热段炉气温度呈近似线性变化，则预热段炉气平均温度：

$$t_{g预} = (t_{g加} + t_{废})/2 = (1340 + 800)/2 = 1070℃$$

9.3.2.5 计算各段炉气黑度

由式 (3-20) ~式 (3-22) 得：

$$\varepsilon_{g均} = 0.71 \times (0.1331 \times 1.62)^{\frac{1}{3}} \times \left(\frac{1260 + 273}{100}\right)^{-0.5} + 7.1 \times 0.1397^{0.8} \times 1.62^{0.6} \times \left(\frac{1260 + 273}{100}\right)^{-1}$$

$$= 0.71 \times 0.60 \times 0.255 + 7.1 \times 0.207 \times 1.336 \times 0.065$$

$$= 0.236$$

$$\varepsilon_{g加} = 0.71 \times (0.1331 \times 1.86)^{\frac{1}{3}} \times \left(\frac{1340 + 273}{100}\right)^{-0.5} + 7.1 \times 0.1397^{0.8} \times 1.86^{0.6} \times \left(\frac{1340 + 273}{100}\right)^{-1}$$

$$= 0.71 \times 0.628 \times 0.249 + 7.1 \times 0.207 \times 1.451 \times 0.062$$

$$= 0.243$$

$$\varepsilon_{g预} = 0.71 \times (0.1331 \times 1.34)^{\frac{1}{3}} \times \left(\frac{1070 + 273}{100}\right)^{-0.5} + 7.1 \times 0.1397^{0.8} \times 1.34^{0.6} \times \left(\frac{1070 + 273}{100}\right)^{-1}$$

$$= 0.71 \times 0.563 \times 0.273 + 7.1 \times 0.207 \times 1.192 \times 0.074$$

$$= 0.239$$

9.3.2.6 计算各段炉墙和炉顶对金属的辐射角度系数

设摆料中心距 $c = 200\text{mm}$ (见图3-2b)，由式 (3-44) 得：

(1) $\varphi_{KM均} = \dfrac{2 \times 0.14 \times 2.5}{0.2 \times (2 \times 1.3 + 2.9) + 2 \times 0.14 \times 2.5} = 0.389$

(2) $\varphi_{KM加} = \dfrac{2 \times 0.14 \times 2.5}{0.2 \times (2 \times 1.6 + 2.9) + 2 \times 0.14 \times 2.5} = 0.365$

(3) $\varphi_{KM预} = \dfrac{2 \times 0.14 \times 2.5}{0.2 \times (2 \times 1.0 + 2.9) + 2 \times 0.14 \times 2.5} = 0.417$

9.3.2.7 计算各段炉气经炉壁对金属的导来辐射系数

取 $\varepsilon_n = 0.8$ (见表3-7)，由式 (3-19) 计算各段炉气经炉壁对金属的导来辐射系数。

(1) 均热段导来辐射系数：

$$C_{gKM均} = \frac{20.43 \times 0.236 \times 0.8}{0.236 + 0.389 \times 0.8 \times (1 - 0.236)} = 8.14kJ/(m^2 \cdot h \cdot K^4)$$

（2）加热段导来辐射系数：

$$C_{gKM加} = \frac{20.43 \times 0.243 \times 0.8}{0.243 + 0.365 \times 0.8 \times (1 - 0.243)} = 8.56kJ/(m^2 \cdot h \cdot K^4)$$

（3）预热段导来辐射系数：

$$C_{gKM预} = \frac{20.43 \times 0.239 \times 0.8}{0.239 + 0.417 \times 0.8 \times (1 - 0.239)} = 7.93kJ/(m^2 \cdot h \cdot K^4)$$

（4）均热段与加热段界面处的导来辐射系数：

$$C_{gKM均加} = (C_{gKM均} + C_{gKM加})/2 = (8.14 + 8.56)/2 = 8.35kJ/(m^2 \cdot h \cdot K^4)$$

（5）加热段与预热段界面处的导来辐射系数：

$$C_{gKM加预} = (C_{gKM加} + C_{gKM预})/2 = (8.56 + 7.93)/2 = 8.245kJ/(m^2 \cdot h \cdot K^4)$$

9.3.3 金属加热计算

计算界面划分：把加热段和预热段划分为 3 个界面，即：预热段开始金属入炉处（炉尾）为 0 界面，预热段终了（加热段开始）处为 1 界面，加热段终了金属出炉处（下滑坡拐点处）为 2 界面，则 0~1 为预热段、1~2 为加热段。首先按 2、1、0 顺序分别计算出各界面处金属加热有关参数，然后计算出各段金属加热有关系数，最后计算各段金属加热时间和总加热时间。

9.3.3.1 计算 2 界面处金属加热有关参数

（1）金属表面温度：

$$t_{终} = 1200℃$$

（2）金属横断面最大温差（上下表面温差）：

$$\Delta t_{终} = 35℃$$

（3）金属横断面平均温度，由式（3-65）得：

$$t_{终均} = 1200 - 0.7 \times 35 = 1176℃$$

（4）金属在炉内总热焓增量：

$$\Delta i_{总} = i_{终} - i_{始} = t_{终均} c_{p终} - t_{始均} c_{p始}$$

式中，$t_{终均} = 1176℃$；$t_{始均} = 20℃$；查表 3-14 得 20 号钢在 1176℃ 时平均比热容 $c_{p终} = 0.6886kJ/(kg \cdot ℃)$。

则：
$$\Delta i_{总} = 1176 \times 0.6886 - 20 \times 0.4857 = 800kJ/kg$$

（5）炉气表面金属热流，按式（3-80）计算，式中，$\Delta t_{终} = 35℃$，$2S = 0.108m$（料坯间距 $a = c - b = 0.2 - 0.14 = 0.06m$，根据 $b/\delta = 0.14/0.14 = 1$，$a/\delta = 0.06/0.14 = 0.43$，查表 9-1 而得）。查表（3-12）得 20 号钢在 $t_{终均} = 1176℃$ 时的导热系数 $\lambda_{终} = 29.56W/(m \cdot K) = 106.4kJ/(m \cdot h \cdot ℃)$，则：

$$q_{表终} = \frac{2 \times 106.4 \times 35}{0.108} = 68963kJ/(m^2 \cdot h)$$

（6）炉气温度，由式（3-69）得：

$$t_{g均} = 100\sqrt[4]{\frac{68963}{8.14} + \left(\frac{1200 + 273}{100}\right)^4} - 273 = 1262℃$$

均热段炉气温度计算后与设定值相差很小（1262−1260=2℃），小于 0.3%，不必重新设定和计算，故取 $t_{g均} = 1262℃$。

9.3.3.2 计算 2 界面处金属加热有关参数

（1）炉气温度：

$$t_{g2} = 1340℃$$

（2）金属表面温度。对于理想三段连续加热炉温热制度，均热段对金属只起均热作用，金属由加热段过渡到均热段时的表面温度已达到金属加热终了出炉温度，即：$t_{表2} = t_{表终} = 1200℃$。

（3）炉气向金属表面传热热流，按式（3-15b）得：

$$\begin{aligned} q_{表2} &= C_{gKM均加}\left[\left(\frac{t_{g2} + 273}{100}\right)^4 - \left(\frac{t_{表2} + 273}{100}\right)^4\right] \\ &= 8.35 \times \left[\left(\frac{1340 + 273}{100}\right)^4 - \left(\frac{1200 + 273}{100}\right)^4\right] \\ &= 172133\text{kJ}/(\text{m}^2 \cdot \text{h}) \end{aligned}$$

（4）金属断面温差，按式（3-64）计算：

$$\Delta t_2 = \frac{q_{表2}S}{2\lambda_2}$$

式中，$q_{表2} = 172133\text{kJ}/(\text{m}^2 \cdot \text{h})$；$S = 0.054\text{m}$；设 $t_{2均} = 1170℃$，查表 3-12 得 $\lambda_2 = 29.5\text{W}/(\text{m} \cdot \text{K}) = 106.2\text{kJ}/(\text{m} \cdot \text{h} \cdot ℃)$，则：

$$\Delta t_2 = \frac{172133 \times 0.054}{2 \times 106.2} = 44℃$$

（5）金属中心温度，按式（3-65）得：

$$t_{中2} = 1200 - 44 = 1156℃$$

（6）金属断面平均温度：

$$t_{2均} = 1200 - 0.7 \times 44 = 1169℃$$

金属断面平均温度的计算值与设定值相差很小（1169−1170=−1℃），小于 0.3%，不必重新设定和计算，故取 $t_{2均} = 1169℃$。

（7）金属在预热段和加热段的热焓增量。根据 $t_{2均} = 1169℃$，查表 3-14 得：$c_{p2} = 0.6892\text{kJ}/(\text{kg} \cdot ℃)$，则：

$$\Delta i_{加预} = 1169 \times 0.6892 - 20 \times 0.4857 = 796\text{kJ/kg}$$

9.3.3.3 计算 1 界面处金属加热有关参数

（1）炉膛热量利用系数：

$$\eta_4 = 0.60\ (\text{见 8.3 节计算值})$$

（2）加热段热量利用系数：

$$\eta_{4加} = 0.303\ (\text{见 8.4 节计算值})$$

（3）金属在预热段的热焓增量，按式（3-136）计算：

$$\Delta i_{预} = \Delta i_{加预}\left(1 - \frac{\eta_{4加}}{\eta_4}\right) + \frac{Q_{辐}}{P}$$

$$Q_{辐} = q_{辐} F_{辐}$$

式中 $q_{辐}$——加热段向预热段的辐射热流密度，按经验取 50×10^4kJ/(m^2·h)；

$F_{辐}$——加热段向预热段的辐射面积，等于 2.9×(1.0−0.14)= 2.494m^2；

P——炉子生产率，取 40000kg/h。

则：
$$\Delta i_{预} = 796 \times \left(1 - \frac{0.303}{0.60}\right) + \frac{50 \times 10^4 \times 2.494}{40000} = 425\text{kJ/kg}$$

（4）金属平均温度。根据 $\Delta i_{预}$ = 425kJ/kg，设 $t_{1均}$ = 685℃，查表 3-14 得 c_p = 0.6196kJ/(kg·℃)，则：

$$t_{1均} = \frac{\Delta i_{预}}{c_p} = \frac{425}{0.6196} = 686℃$$

$t_{1均}$ 计算值与设定值相差很小（686−685=1℃），不必重新设定和计算，故取 $t_{1均}$ = 686℃。

（5）炉气向金属表面传热热流。

已知：$C_{gKM加预}$=8.245kJ/(m^2·h·K^4)，t_{g1}=1340℃，S=0.054m，λ_1=32.488W/(m·K)= 117kJ/(m·h·℃)（根据 $t_{1均}$=686℃查表 3-12)，则：

$$q_{表1} = 8.245 \times \left[\left(\frac{1340 + 273}{100}\right)^4 - \left(\frac{686 + 273 + \frac{0.054q_{表1}}{3 \times 117}}{100}\right)^4\right]$$

采用顺序渐进法求解，计算过程见 8.3 节，最后得：

$$q_{表1} = 465122\text{kJ/(m}^2\cdot\text{h)}$$

（6）金属表面温度：

$$t_{表1} = t_{1均} + \frac{q_{表1}S}{3\lambda_1} = 686 + \frac{465122 \times 0.054}{3 \times 117} = 758℃$$

（7）金属断面温差，按式（3-64）得：

$$\Delta t_1 = \frac{465122 \times 0.054}{2 \times 117} = 107℃$$

（8）金属中心温度，按式（3-65）得：

$$t_{中1} = 758 - 107 = 651℃$$

（9）金属热焓值：

$$i_{预} = 686 \times 0.6196 + 20 \times 0.4857 = 435\text{kJ/kg}$$

9.3.3.4 计算 0 界面处金属加热有关系数

（1）$t_{废膛}$ = 800℃。

（2）金属温度：$t_{表0} = t_{中0} = t_{始}$ = 20℃。

（3）炉气向金属表面传热热流，炉气向金属表面传热热流由式（3-15b）得：

$$q_{表0} = 7.93\left[\left(\frac{800+273}{100}\right)^4 - \left(\frac{20+273}{100}\right)^4\right] = 104532\text{kJ/(m}^2\cdot\text{h)}$$

9.3.3.5 计算各段炉气向金属表面传热平均热流

(1) 预热段平均热流，由式(3-72)得：

$$q_{表预} = \sqrt{104532\times465122} = 220500\text{kJ/(m}^2\cdot\text{h)}$$

(2) 加热段平均热流，由式(3-73)得：

$$q_{表加} = \frac{465122-172133}{\ln\dfrac{465122}{172133}} = 294748\text{kJ/(m}^2\cdot\text{h)}$$

9.3.3.6 计算炉内金属加热时间，按式(3-70)计算。

(1) 预热段金属加热时间：

$$\tau_{预} = \frac{0.054\times7753\times425}{1\times220500} = 0.81\text{h}$$

(2) 加热段金属加热时间：

$$\tau_{加} = \frac{0.054\times7584\times(800-425)}{1\times294748} = 0.52\text{h}$$

(3) 均热段金属均热时间：

温度均匀度：$\dfrac{\Delta t_{均终}}{\Delta t_{加终}} = \dfrac{35}{44} = 0.80$

根据 $\dfrac{\Delta t_{均终}}{\Delta t_{加终}} = 0.80$ 查表3-23，并回归插值得：

$$\frac{a\tau_{均}}{S^2} = 0.23$$

则：
$$\tau_{均} = 0.23\frac{S^2}{a}$$

式中，$S = 0.054\text{m}$（均热段为单面均热，透热深度见上述计算），$a = 0.021\text{m}^2/\text{h}$（按 $\tau_{终均} = 1169℃$，查表3-18）。

所以：$\tau_{均} = 0.23\times\dfrac{0.108^2}{0.021} = 0.13\text{h}$

(4) 炉内金属总加热时间：

$$\tau_{总} = \tau_{预} + \tau_{加} + \tau_{均} = 0.81 + 0.52 + 0.13 = 1.46\text{h}$$

(5) 单位加热时间：

$$c_{\tau} = \frac{\tau_{总}}{100\delta} = \frac{1.46}{100\times0.14} = 0.104\text{h/cm} = 6.26\text{min/cm}$$

9.3.4 炉子主要尺寸确定

9.3.4.1 炉子长度计算

(1) 炉子有效长度，由式(8-2)得：

$$L_{效} = \frac{40000 \times 1.46 \times 140}{1 \times (7659 \times 0.14 \times 0.14 \times 2.5)} \times \frac{200}{140} = 31123\text{mm}$$

（2）预热段长度：

$$l_{预} = 31123 \times \frac{0.81}{1.46} = 17267\text{mm}$$

（3）加热段长度：

$$l_{加} = 31123 \times \frac{0.52}{1.46} = 11085\text{mm}$$

（4）均热段长度：

$$l_{均} = 31123 \times \frac{0.13}{1.46} = 2771\text{mm}$$

（5）炉子总长，按式（8-3），取 $A = 1600$mm，则：

$$L_{总} = 31123 + 1600 = 32723\text{mm}$$

9.3.4.2 炉门数量和尺寸的确定

步进梁式加热炉的进料炉门、出料炉门、操作炉门、窥视炉门、人孔等部件的数量和尺寸的确定与推钢式加热炉类似，下面介绍主要炉门确定方法。

（1）进料炉门：用端进料方式，所以其宽度等于炉膛内宽 B，即等于 2900mm。炉门高度 $H_{进}$：对于步进炉可取大于料坯（方坯或板坯）厚度与步进高度之和。本案例步进梁升降行程设为 200mm，因此进料炉门高度 $H_{进}$ 取 400mm（$H_{进} > 140 + 200 = 340$mm）；进料炉门数量：1 个（位于炉尾端部）。

（2）出料炉门：采用侧出炉门，炉门宽度 $B_{出}$，出料炉门宽度应是 4~6 倍料坯（方坯），为此本案例定为 580mm（摆放 4 块料坯）。H 值通常为 3~4 倍料坯厚度，为此本案例定为 450mm（3 倍料坯厚度）；出料炉门数量：2 个（两侧各一个，对开门）。

（3）人孔：供操作人员检修炉内设备时进出之用，结构采用平顶，尺寸设为 580mm（宽）×1000mm（高）。

9.3.4.3 炉膛各部分用耐火材料及尺寸的确定

本例选用浇注平顶结构。

炉顶（平顶）：耐火浇注料 230mm+轻质浇注料 120mm

炉墙：耐火浇注料 250mm+轻质浇注料 240mm

9.3.4.4 炉底水管布置及规格的确定

关于炉底水管布置及规格的计算确定方法详见 4.6 节。

A 纵水管

钢坯长度为 2500mm，采用 2 根步进梁、2 根固定梁。由于炉子较窄，选择固定梁与步进梁立柱在同一轴线上的布置形式，步进梁做成“门形”结构。

根据式（4-71），步（固）进梁最大中心距为：$a_{max} = 8400\sqrt{0.14} = 3143$mm，钢坯端头距梁中心的间距应小于$a_{max}/2$，这里取 $a_{实} = 2000$mm。料坯端头距固定梁中心线的距离 $l_1 = 250$mm，料坯端头距步进梁中心线的距离$l_2 = 600$mm。

规格 $\phi \times \delta$：按 4.6.3 节计算结果或按同类型炉子经验选取，纵水管规格取 ϕ121mm×

20mm（支撑水管中心距 $b=2320$mm 条件下）。

B 支撑水管（确定方法见 4.6.2 节）

中心距 b：支撑水管中心距 b 取 2320mm。

根数 m：根据计算该炉长度 $L=32723$mm，那么支撑水管根数 $m=32723/2320=14.1$ 根，取步进梁立柱根数 $m=14$ 根，考虑到端墙的支撑作用，固定梁取 13 根。

规格：立柱水管的管径为梁管径的 1.4~1.6 倍，按 4.6.3 节计算结果或按同类型炉子经验选取，立柱水管规格为 $\phi168$mm×25mm。

9.3.4.5 绘制炉体结构轮廓图

按计算尺寸，绘制的炉体结构轮廓图如图 9-2 所示。

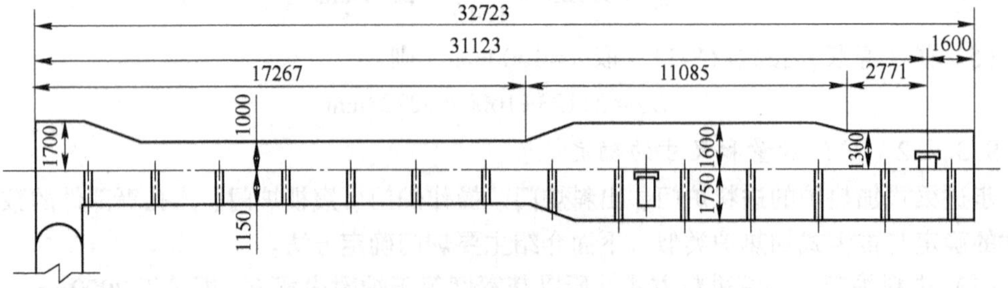

图 9-2 炉体结构轮廓图

9.3.4.6 炉子结构和操作参数

（1）有效炉底面积：$F_{效}=L_{效}\cdot B=31.123\times2.900=90\text{m}^2$

（2）钢压炉底面积：$F_{钢}=L_{效}\cdot L_{m}=31.123\times2.500=78\text{m}^2$

（3）炉底利用率：$\varepsilon=\dfrac{F_{钢}}{F_{效}}=\dfrac{78}{90}=0.87$

（4）有效炉底强度：$H_{效}=\dfrac{P}{F_{效}}=\dfrac{40000}{90}=444\text{kg/m}^2$

（5）钢压炉底强度：$H_{钢}=\dfrac{P}{F_{钢}}=\dfrac{40000}{78}=513\text{kg/m}^2$

9.3.5 炉膛热平衡与燃料消耗量计算

基准温度取车间内环境平均温度，设 $t_{环}=20$℃。

9.3.5.1 炉膛热收入 $Q_{入}$

（1）燃料燃烧化学热 $Q_{烧}$。按式（3-95），设炉膛燃料消耗量（标态）为 B(m³/h)，则：

$$Q_{烧}=BQ_{低}=10500B\ \text{kJ/h}$$

（2）预热空气进入炉膛物理热 $Q_{空}$。按式（3-96），查表 3-4，$c_{空}=c_{环}=1.296\text{kJ/m}^3$（标态），则：

$$Q_{空}=BL_{n}(c_{空}t_{空}-c_{环}t_{环})=2.82\times1.296\times(350-20)B=1206B\ \text{kJ/h}$$

（3）金属氧化放热 $Q_{放}$。按式（3-98），取 $a_l=0.015$，则：

$$Q_{放} = 5588P \cdot a_l = 5588 \times 40000 \times 0.015 = 3.353 \times 10^6 \text{kJ/h}$$

所以，$Q_{入} = Q_{烧} + Q_{空} + Q_{放}$

$$= 10500B+1206B+3.353\times10^6 = 3.353\times10^6+11706B \text{ (kJ/h)}$$

9.3.5.2 炉膛热支出 $Q_{出}$

A 加热金属带出物理热 $Q_{产}$

按式（3-99）计算：

$$Q_{产} = P(c_{产}t_{产} - c_{料}t_{料})$$

式中，$t_{产}=t_{3均}=1169℃$，$t_{料}=20℃$，查表3-14，$c_{产}=0.6892\text{kJ/(kg·℃)}$，$c_{料}=0.4857\text{kJ/(kg·℃)}$。

所以：$Q_{产}=40000\times(0.6892\times1169-0.4857\times20)=31.838\times10^6\text{kJ/h}$。

B 出炉膛废气带出的物理热损失 $Q_{废膛}$

按式（3-100）计算：

$$Q_{废膛} = BV_n(c''_{废膛}t_{废膛} - c'_{废膛}t_{环})$$

式中，$t_{废膛}=800℃$，$t_{环}=20℃$，查表3-4得：

$$c''_{废膛} = 1.505\times0.21+1.547\times0.79=1.538\text{kJ/m}^3 \text{（标态）}$$

$$c'_{废膛} = 1.379\times0.21+1.421\times0.79=1.412\text{kJ/m}^3 \text{（标态）}$$

$$V_n = 3.772\text{m}^3/\text{m}^3\text{(标态)}$$

所以：$Q_{废膛} = 3.772 \times (1.538 \times 800 - 1.412 \times 20)B = 4535B \text{ kJ/h}$。

C 炉底水管冷却水带出的物理热损失 $Q_{水}$

$$Q_{水} = Q_{水纵} + Q_{水支}$$

计算 $Q_{水}$ 可采用理论计算法，也可采用经验公式计算法。本节采用经验公式计算法（与8.3节理论计算法进行对比）。

绝热管： $Q_{水} = 4.18 \times (0.027 \sim 0.030) \times F \times 10^6\text{kJ/h}$

未绝热管： $Q_{水} = 4.18 \times (0.1 \sim 0.14) \times F \times 10^6\text{kJ/h}$

故：$Q_{水} = Q_{水纵} + Q_{水支}$

$$=4.18\times0.030\times10^6\times(\pi\times0.121\times32.723+\pi\times0.168\times7\times1.15+\pi\times0.168\times7\times1.75)\times4$$

$$=11.61\times10^6\text{kJ/h}$$

D 炉壁导热损失

按式（3-108）计算：

$$Q_{壁} = \frac{t_{壁表均} - t_{环}}{\sum \frac{S}{\lambda} + 0.014} F_{壁} \quad \text{(kJ/h)}$$

a 炉壁内表面平均温度 $t_{壁表均}$ 的计算

按式（3-51）计算：

$$t_k = \sqrt[4]{T_M^4 + \frac{\varepsilon_g}{\varepsilon_g + \varphi_{KM}\varepsilon_M(1-\varepsilon_g)}(T_g^4 - T_M^4)} - 273$$

（1）均热段。已知：$T_{g均} = 1262+273 = 1535\text{K}$，$T_{表均} = 1200+273 = 1473\text{K}$，$\varphi_{KM均} =$

0.389，$\varepsilon_{g均}=0.236$，$\varepsilon_{M均}=0.8$，

所以：

$$t_{壁表均}=\sqrt[4]{1473^4+\frac{0.236}{0.236+0.389\times0.8\times(1-0.236)}(1535^4-1473^4)}-273=1232℃$$

（2）加热段。已知：$T_{g加}=1340+273=1613\text{K}$，$T_{表加}=(t_{表终}+t_{表1})/2+273=(1200+758)/2+273=1252\text{K}$，$\varphi_{KM加}=0.365$，$\varepsilon_{g加}=0.243$，$\varepsilon_{M加}=0.8$，

所以：

$$t_{壁表加}=\sqrt[4]{1252^4+\frac{0.243}{0.243+0.365\times0.8\times(1-0.243)}(1613^4-1252^4)}-273=1201℃$$

（3）预热段。已知：$T_{g预}=(1340+800)/2+273=1343\text{K}$，$T_{表预}=(20+758)/2+273=662\text{K}$，$\varphi_{KM预}=0.417$，$\varepsilon_{g预}=0.239$，$\varepsilon_{M预}=0.8$，

所以：

$$t_{壁表预}=\sqrt[4]{662^4+\frac{0.239}{0.239+0.417\times0.8\times(1-0.239)}(1343^4-662^4)}-273=865℃$$

b　环境平均温度

环境平均温度：$t_{环均}=20℃$

c　炉壁导热损失的计算

（1）均热段炉顶（含 *A* 长度部分）。已知：$t_{壁表均}=1232℃$，$t_{环均}=20℃$；平顶，$F_{壁均顶}=B\cdot L=2.9\times(1.6+2.771)=12.7\text{m}^2$；$S_{耐}=0.23\text{m}$，$S_{轻}=0.12\text{m}$；浇筑料的材质、骨料配比等不同，导热系数有很大的差别，一般可与耐火厂家交流后获得相应的参数，这里取 $\lambda_{耐}=0.8\text{W}/(\text{m}\cdot\text{K})$，$\lambda_{轻}=0.26\text{W}/(\text{m}\cdot\text{K})$。

可得：

$$Q_{均顶}=\frac{1232-20}{\dfrac{0.23}{0.8\times3.6}+\dfrac{0.12}{0.26\times3.6}+0.014}\times12.7=69314\text{kJ/h}$$

均热段炉顶外表温度：

$$t_{均顶外}=1232-\frac{Q_{均顶}}{12.7}\times\left(\frac{0.23}{0.8\times3.6}+\frac{0.12}{0.26\times3.6}\right)=96℃$$

因此，满足要求。

（2）同理可计算出其他部位炉壁导热损失，计算结果列于表 9-2。

表 9-2　炉壁导热损失

炉壁部位	炉壁内表面积/m^2	导热损失/$\text{kJ}\cdot\text{h}^{-1}$	炉壁外表温度/℃
均热段炉顶	12.7	69314	96
均热段炉墙	26.7	90591	68
加热段炉顶	32.1	170715	94
加热段炉墙	74.3	245645	66
预热段炉顶	50.1	190639	73
预热段炉墙	74.2	175521	53
合　计	270.1	0.942×10^6	75（平均值）

炉底散热损失按（3-110）估算：

$$Q_{底} = (2000 \sim 3000)F_{底} = 2500 \times 2.9 \times 32.723 = 237242\text{kJ/h}$$

炉体总散热损失约为：

$$Q_{散失} = 1.179 \times 10^6\text{kJ/h}$$

E　经炉门的散热损失 $Q_{门}$：

$$Q_{门} = Q_{辐} + Q_{溢}$$

a　经炉门的辐射热损失 $Q_{辐}$

按式（3-111）计算：

$$Q_{辐} = 20.43\left(\frac{T_g}{100}\right)^4 F\phi\varphi \quad (\text{kJ/h})$$

（1）经出料炉门的辐射热损失 $Q_{辐出料}$ 的计算。

均热段炉气温度：$T_{g加} = 1262+273 = 1535\text{K}$

炉门开启面积：$F = 0.58\times0.3\times2 = 0.348\text{m}^2$

单位时间开启时间取 $\varphi=1$，遮蔽系数 $\phi=0.6$，则：

$$Q_{辐出料} = 20.43 \times \left(\frac{1535}{100}\right)^4 \times 0.522 \times 1 \times 0.6 = 236828\text{kJ/h}$$

（2）经进料炉门的辐射热损失 $Q_{辐进料}$，根据出炉膛废气温度，可得：

$$Q_{辐进料} = 20.43 \times \left(\frac{800+273}{100}\right)^4 \times (2.9 \times 0.2) \times 1 \times 0.8 = 125657\text{kJ/h}$$

所以：$Q_{辐} = Q_{辐出料} + Q_{辐进料} = 236828 + 125657 = 362485\text{kJ/h} \approx 0.362 \times 10^6\text{kJ/h}$

b　经炉门的溢气损失 $Q_{溢}$

经炉门的溢气损失 $Q_{溢}$ 按式（3-112）计算。因此例为侧出料，出料炉门开启面积较小，且操作炉门关闭，故溢气量较少，可忽略。

F　其他热损失 $Q_{他}$

其他热损失包括炉底导热热损失、操作炉门散热热损失等，这里按经验选取：

$$Q_{他} = 0.03Q_{入} = 0.03 \times (3.353 \times 10^6 + 11706B) = 0.101 \times 10^6 + 351B$$

因此：

$$\begin{aligned} Q_{出} &= Q_{产} + Q_{废膛} + Q_{水} + Q_{壁} + Q_{门} + Q_{他} \\ &= 31.838 \times 10^6 + 4535B + 11.61 \times 10^6 + 1.179 \times 10^6 + 0.362 \times \\ &\quad 10^6 + 0.101 \times 10^6 + 351B \\ &= 45.09 \times 10^6 + 4886B \quad (\text{kJ/h}) \end{aligned}$$

9.3.5.3　炉膛热平衡式与燃料消耗量

（1）炉膛热平衡式：

$$Q_{入} = Q_{出}$$

即：
$$3.353\times10^6+11706B=45.09\times10^6+4886B$$
$$6820B=41.737\times10^6$$

（2）燃料消耗量。由炉膛热平衡式可得燃料消耗量（标态）：$B=41.737\times10^6/6820=6120\text{m}^3/\text{h}$。

9.3.5.4 炉膛热平衡表

表 9-3 为炉膛热平衡表。

表 9-3 炉膛热平衡表

炉膛热收入				炉膛热支出			
序号	项目	热量/kJ·h^{-1}	占比/%	序号	项目	热量/kJ·h^{-1}	占比/%
1	燃料燃烧化学热	64.26×10^6	85.69	1	加热金属物理热	31.838×10^6	42.45
2	预热空气带入物理热	7.38×10^6	9.84	2	出炉膛废气物理热	27.754×10^6	37.01
3	金属氧化放热	3.353×10^6	4.47	3	冷却水带出物理热	11.61×10^6	15.48
4				4	炉壁导热损失	1.179×10^6	1.57
5				5	经炉门热损失	0.362×10^6	0.48
6				6	其他	2.25×10^6	3.01
合　计		74.993×10^6	100	合　计		74.993×10^6	100

9.3.5.5 炉子工作指标

（1）单位（吨钢）燃耗（标态）：$b_{燃} = \dfrac{6120}{40} = 153\text{m}^3/\text{t}$

（2）单位（吨钢）热耗：$b_{热} = \dfrac{10500 \times 6120}{40} = 160.7 \times 10^4\text{kJ/t}$

（3）炉膛热效率：$\eta_{膛} = \dfrac{31.838 \times 10^6}{74.993 \times 10^6} \times 100\% = 42.45\%$

（4）炉子热效率：$\eta_{炉} = \dfrac{31.838 \times 10^6}{64.26 \times 10^6} \times 100\% = 49.55\%$

为了给炉子提高生产率留有余量，在选择烧嘴数量及燃烧能力时，炉子实际燃料消耗量（标态）可为计算值的 1.1 倍确定，即：$B_{实}=1.1B_{计}=1.1\times6120=6732\text{m}^3/\text{h}$。

9.3.6 煤气烧嘴的选用

（1）选择依据如下：

1）燃料种类：混合煤气；

2）煤气低发热值（标态）：10500kJ/m^3；

3）炉子最大燃料消耗量（标态）：$B_{实}=6732m^3/h$；

4）炉子最大湿空气需要量（标态）：$V_{空}=2.89\times6732=19455m^3/h$；

5）预热空气温度：$t_{空}=350℃$；

6）供热量分配：上加热40%，下加热60%。

（2）烧嘴类型。连续加热炉炉温高（加热段炉温为1340℃），炉温均匀性好，因此烧嘴燃烧火焰要有一定的长度和铺展面。根据各种煤气烧嘴的特性，决定选用低压涡流式烧嘴，即DW-Ⅰ型煤气烧嘴（见表4-15）。

（3）烧嘴布置和烧嘴选型如下：

该炉炉宽2900mm，侧出料方式，采用侧供热方式。

1）上加热供热量（标态）：$6732\times0.4=2693m^3/h$

这种供热方式需要火焰有较长的长度，所以选用DW-Ⅰ-8型煤气烧嘴。由表4-15可知，该型号烧嘴最大燃烧能力（标态）为$350m^3/h$，则：

需要烧嘴数量：2693÷350=7.7个，取8个。

2）下加热供热量（标态）：$6732\times0.6=4039m^3/h$

选用DW-Ⅰ-9型煤气烧嘴。由表4-15可知，该型号烧嘴最大燃烧能力（标态）为$480m^3/h$，则：

需要烧嘴数量：4039÷480=8.4个，取8个。

烧嘴安装间距：2900÷(6+1)≈414mm，满足烧嘴最小安装中心距的要求。

烧嘴在均热段和加热段均匀布置，相邻烧嘴安装间距：(11085+2771)÷(8+1)≈1540mm。

注：通过供气压力来调整与表4-15中不一致的参数。

9.3.7 空气换热器设计计算

参考8.3节的内容进行计算，注意燃料消耗量不同引起的助燃空气量的变化。

9.3.8 空气管路阻力损失计算及鼓风机选择

参考8.3节的内容进行计算，注意助燃空气量不同引起的阻力损失的变化。

9.3.9 煤气管路阻力损失计算

参考8.3节的内容进行计算，注意燃料消耗量不同引起的阻力损失的变化。

9.3.10 烟道阻力损失及烟囱计算

参考8.3节的内容进行计算，注意排烟量不同引起的阻力损失的变化。

9.4 附 图

步进梁式连续加热炉炉体图如图9-3所示。

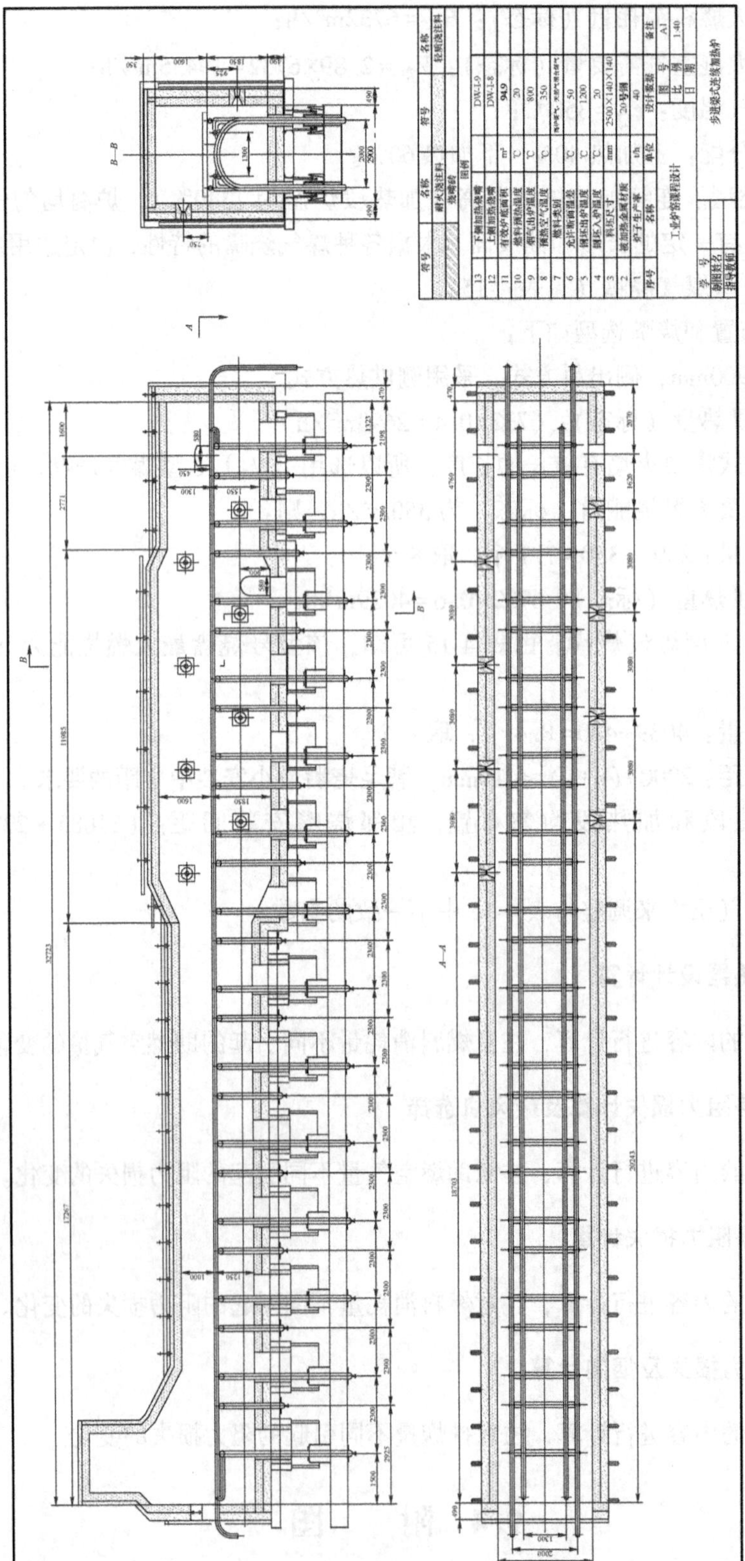

图9-3　步进梁式连续加热炉炉体图

10 台车式火焰热处理炉设计实例

10.1 设计任务书

(1) 炉子用途：钢坯热处理。

(2) 最大装炉量：60t/炉。

(3) 被加热金属：

1) 种类：合金钢 30Cr；

2) 尺寸：ϕ1200mm×6800mm；

3) 钢坯单重：约 60t/件；

4) 金属开始加热（入炉时）平均温度：$t_{始均}=20℃$；

5) 热处理制度：

①钢坯装入冷炉以 10~15℃/h 的速度加热到 280℃；

②在 280℃保温 4h；

③钢坯在炉内从 280℃以 15~20℃/h 的速度加热到 750℃；

④在 750℃保温 4h；

⑤钢坯在炉中从 750℃以 20~25℃/h 的速度加热到 1000℃；

⑥在 1000℃保温 8h；

⑦钢坯在炉中从 1000℃以 35~40℃/h 的速度冷却到 300℃；

⑧在 300℃保温 5h，然后出炉空冷。

(4) 燃料：

1) 种类：混合煤气；

2) 混合煤气低发热值（标态）：$Q_{低混}=10500kJ/m^3$；

3) 两种煤气成分（干成分）：见表 8-1；

4) 煤气不预热：$t_{混气}=20℃$。

(5) 空气预热温度（烧嘴前）：$t_{空}=350℃$。

10.2 注 意 事 项

周期式炉为间歇操作的炉子。在周期式炉内，被加热的钢坯静止不动，而炉子的热工制度和温度制度则随时间而变化。周期式炉的炉型和种类很多，常用的有台车式炉、室状炉等。

周期式炉一般为上加热，可以用于料坯加热，也可用于料坯热处理。

周期式炉可以采用上排烟或下排烟。采用上排烟时，烟气可以从炉子顶部或侧面经金属烟道（内衬隔热材料）由烟囱排出。

台车式炉是周期式炉最常见的一种，通常用于重量较大的料坯加热，各种型材或铸件热处理。摆料时，把车体（台车）拉出，根据工艺要求把料坯摆放在台车的垫铁上，再由牵引机械拉入炉内，关门封闭，即可点火加热。

台车式炉可以用煤、油或煤气作燃料，也可采用电热。作为热处理用炉，最好使用煤气作燃料，可直接加热。

台车式炉结构设计有以下注意事项。

（1）炉型尺寸：

1）炉膛高度：炉膛高度可按装料高度加 400~700mm，无上排烧嘴时可取下限，有上排烧嘴时可取上限；

2）炉膛宽度：宽度可按装料的宽度再加 696~928mm（每侧加 348~464mm）；

3）炉膛长度：炉膛长度按台车有效长度确定，一般为最长工件加 300~500mm。

（2）炉底密封：

1）台车与侧墙的密封：常用的方式是采用沙封，也可采用软密封；

2）台车与端墙的密封：可采用耐热钢管活动密封；

3）炉门密封：

① 升降式炉门，可以采用气动、机械式或自重式压紧密封，如图 10-1 所示；

② 平行式炉门，可以采用子母槽密封。

为了减少炉膛对炉门的热辐射，延长其使用寿命，可在台车上加设固定副炉门。

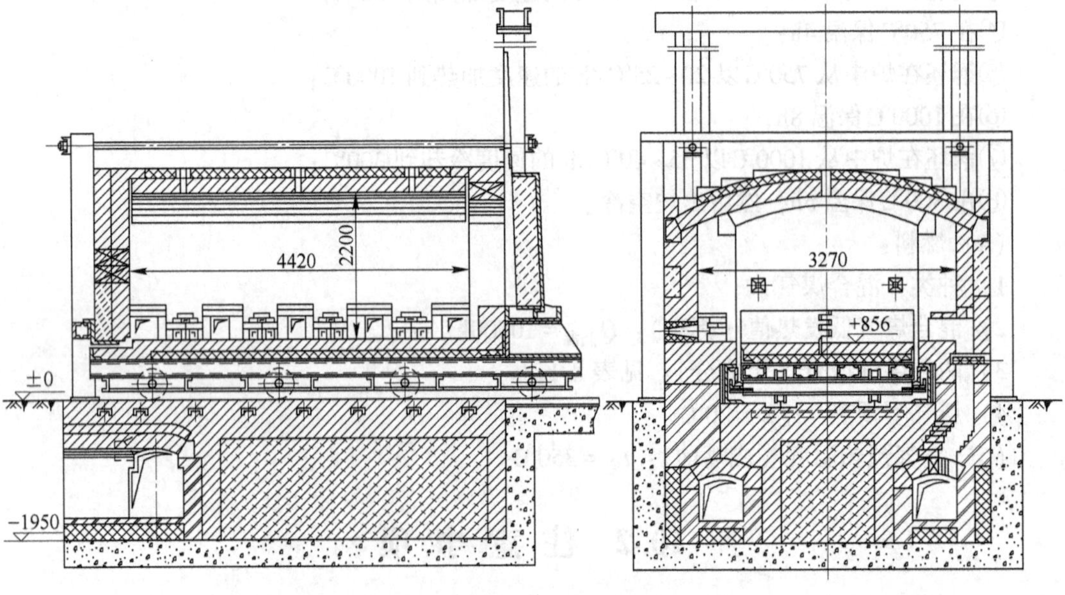

图 10-1 燃气台车式处理简图

（3）烧嘴布置：

1）下排两侧供热：烧嘴中心位于炉底垫铁中心位置，两侧各装相同数量的烧嘴，交错布置。

2）上下两排供热：

① 两侧炉墙均上下两排。在炉膛较高的大型炉子上，为了便于调节上下温度的均匀性，每侧炉墙可设上下两排烧嘴。一般热处理炉的上排烧嘴向上倾斜 10°~15°。

② 两侧炉墙上下两排交替供热。为了炉内温度的均匀性，一侧炉墙安装下烧嘴，一侧炉墙安装上烧嘴。这样由于烧嘴的喷射作用，可在炉子横断面上形成旋转气流，加强炉气的搅拌作用，提高温度的均匀性。

10.3　台车式热处理炉热工计算

10.3.1　燃料燃烧计算

见 8.3 节。

10.3.2　加热期炉膛热交换计算

10.3.2.1　预确定炉膛主要计算尺寸

（1）炉膛宽度。钢坯直径 1200mm，台车面宽取砖的整数倍：116×12＝1392mm。另外，取台车与炉体之间的间隙为 0.05m，侧墙和间隙距离取 464mm，则炉膛的宽度，W＝1392+50×2+464×2＝2420mm。

（2）炉膛高度 H。台车式热处理炉的炉膛高度和诸多因素有关，包括料坯尺寸与形状、垫铁高度、装料情况、热处理制度等。台车式热处理炉的炉膛高度可参照同类炉型按经验取值，这里取垫高 $H_{垫}=300$mm，且已知料坯直径 $D=1200$mm，参照同类炉型可选取炉膛高度 $H=2500$mm。

（3）炉膛长度 L。钢坯长 6800mm，取富余量 400mm，则炉膛长度 $L=6800+400=7200$mm。

（4）炉顶结构。为减少蓄热损失，本热处理炉炉顶与炉墙采用纤维结构，炉顶为平顶。

10.3.2.2　计算炉内平均有效射线行程

（1）炉底面积：$F_{底}=W\times L=2.42\times 7.2=17.424\text{m}^2$；

（2）炉墙内表面积：$F_{墙内表}=2\times L\times H+2\times W\times H=2\times 7.2\times 2.5+2\times 2.42\times 2.5=48.1\text{m}^2$；

（3）炉顶内表面积：$F_{顶内表}=F_{底}=17.424\text{m}^2$；

（4）包围炉气的内表面积：$F_{围}=F_{底}+F_{墙内表}+F_{顶内表}=17.424+48.1+17.424=82.948\text{m}^2$；

（5）充满炉气的空腔体积：$V=B\times L\times H=2.42\times 7.2\times 2.5=43.56\text{m}^3$。

因此，根据式（3-23），炉内平均有效射线行程为：

$$S_L=3.6V/F_{围}=3.6\times 43.56/82.948=1.89\text{m}$$

10.3.2.3　计算炉气中 CO_2 和 H_2O（汽）分压（见 8.3 节）

（1）$p_{CO_2}=13.31/100=0.1331$ 大气压[1]；

[1] 1 大气压＝101325Pa。

(2) $p_{H_2O} = 13.97/100 = 0.1397$ 大气压。

10.3.2.4　计算升温过程各阶段炉气、炉墙和圆钢温度

根据热处理工艺，将升温过程分为以下 8 段：

第Ⅰ段：圆钢在 20~280℃加热；

第Ⅱ段：圆钢在 280℃保温 4h；

第Ⅲ段：圆钢在 280~500℃加热；

第Ⅳ段：圆钢在 500~750℃加热；

第Ⅴ段：圆钢在 750℃保温 4h；

第Ⅵ段：圆钢在 750~900℃加热；

第Ⅶ段：圆钢在 900~1000℃加热；

第Ⅷ段：圆钢在 1000℃保温 8h。

下面计算以上分段内的炉气温度 t_g，在计算之前，认为在各分段内炉气温度的变化规律近似为线性，且设保温段炉气比保温时钢锭表面温度 t_M 高 50~100℃，下面分段进行计算。

(1) 第Ⅰ段：参比同类炉型，设 $t_{g始} = 300℃$，加热到 280℃开始保温时，设 t_g 比 t_M 高 50℃，则：

圆钢：$t_{MⅠ均} = \dfrac{20 + 280}{2} = 150℃$

燃烧产物：$t_{gⅠ终} = t_{MⅠ} + 50 = 280 + 50 = 330℃$；　$t_{gⅠ均} = \dfrac{300 + 330}{2} = 315℃$

炉墙：设 $t_{KⅠ始} = 100℃$，　$t_{KⅠ终} = t_{gⅠ终} = 330℃$；　则 $t_{KⅠ均} = \dfrac{100 + 330}{2} = 215℃$

(2) 第Ⅱ段：该段为保温段，有：

圆钢：$t_{MⅡ均} = 280℃$

燃烧产物：$t_{gⅡ均} = t_{gⅡ} = t_{gⅠ终} = 330℃$

炉墙：$t_{KⅡ均} = t_{gⅡ均} = 330℃$

计算中，工件温度取上段加热终了温度与本段加热终了温度的算术平均值，燃烧产物温度取本段加热开始时的温度和本段假定温度的算术平均值，炉墙温度取本段加热开始时燃烧产物的温度和本段燃烧产物平均温度的算术平均值。以下类同。

(3) 第Ⅲ段：

圆钢：$t_{MⅢ均} = \dfrac{280 + 500}{2} = 390℃$

燃烧产物：$t_{gⅢ始} = t_{gⅡ均} = 330℃$，取 $t_{gⅢ终} = 700℃$；

$$t_{gⅢ均} = \frac{330 + 700}{2} = 515℃$$

炉墙：$t_{KⅢ均} = \dfrac{330 + 515}{2} = 422.5℃$

(4) 第Ⅳ段：该段为钢锭在 500~750℃时加热，有：

圆钢：$t_{MⅣ均} = (500 + 750)/2 = 625℃$

燃烧产物：$t_{g\text{Ⅳ始}} = t_{g\text{Ⅲ终}} = 700℃$，取 $t_{g\text{Ⅳ终}} = 850℃$；

$t_{g\text{Ⅳ均}} = (700 + 850)/2 = 775℃$

炉墙：$t_{K\text{Ⅳ均}} = (700 + 775)/2 = 737.5℃$

(5) 第Ⅴ段：圆钢在750℃时保温4h，有：

圆钢：$t_{M\text{Ⅴ均}} = 750℃$

燃烧产物：$t_{g\text{Ⅴ均}} = t_{g\text{Ⅴ始}} = t_{g\text{Ⅳ终}} = 850℃$

炉墙：$t_{K\text{Ⅴ均}} = 850℃$

(6) 第Ⅵ段：圆钢在750~900℃时加热，有：

圆钢：$t_{M\text{Ⅵ均}} = (750 + 900)/2 = 825℃$

燃烧产物：$t_{g\text{Ⅵ始}} = t_{g\text{Ⅴ终}} = 850℃$，取 $t_{g\text{Ⅵ终}} = 960℃$；

$t_{g\text{Ⅵ均}} = (850 + 960)/2 = 905℃$

炉墙：$t_{K\text{Ⅵ均}} = (850 + 905)/2 = 877.5℃$

(7) 第Ⅶ段：圆钢在900~1000℃加热时，有：

圆钢：$t_{M\text{Ⅶ均}} = (900 + 1000) = 950℃$

燃烧产物：$t_{g\text{Ⅶ始}} = t_{g\text{Ⅵ终}} = 960℃$，取 $t_{g\text{Ⅶ终}} = 1050℃$；

$t_{g\text{Ⅶ均}} = (1050 + 960)/2 = 1005℃$

炉墙：$t_{K\text{Ⅶ均}} = (960 + 1005)/2 = 982.5℃$

(8) 第Ⅷ段：

圆钢在1000℃时保温8h，有：

圆钢：$t_{M\text{Ⅷ均}} = 1000℃$

燃烧产物：$t_{g\text{Ⅷ均}} = t_{g\text{Ⅷ始}} = t_{g\text{Ⅶ终}} = 1050℃$

炉墙：$t_{K\text{Ⅷ均}} = 1050℃$

10.3.2.5　计算各段炉气黑度

由式（3-20）~式（3-22）计算得出。

(1) 第Ⅰ段：

$$\varepsilon_{g\text{Ⅰ}} = 0.71 \times (0.1331 \times 1.62)^{\frac{1}{3}} \times \left(\frac{315 + 273}{100}\right)^{-0.5} + 7.1 \times 0.1397^{0.8} \times 1.62^{0.6} \times \left(\frac{315 + 273}{100}\right)^{-1}$$

$$= 0.71 \times 0.60 \times 0.412 + 7.1 \times 0.207 \times 1.336 \times 0.17 = 0.510$$

(2) 第Ⅱ段：

$$\varepsilon_{g\text{Ⅱ}} = 0.71 \times (0.1331 \times 1.62)^{\frac{1}{3}} \times \left(\frac{330 + 273}{100}\right)^{-0.5} + 7.1 \times 0.1397^{0.8} \times 1.62^{0.6} \times \left(\frac{330 + 273}{100}\right)^{-1} = 0.499$$

(3) 第Ⅲ段：

$$\varepsilon_{g\text{Ⅲ}} = 0.71 \times (0.1331 \times 1.62)^{\frac{1}{3}} \times \left(\frac{515 + 273}{100}\right)^{-0.5} + 7.1 \times 0.1397^{0.8} \times 1.62^{0.6} \times \left(\frac{515 + 273}{100}\right)^{-1} = 0.401$$

（4）第Ⅳ段：

$$\varepsilon_{g\text{Ⅳ}} = 0.71 \times (0.1331 \times 1.62)^{\frac{1}{3}} \times \left(\frac{775 + 273}{100}\right)^{-0.5} + 7.1 \times 0.1397^{0.8} \times 1.62^{0.6} \times \left(\frac{775 + 273}{100}\right)^{-1} = 0.319$$

（5）第Ⅴ段：

$$\varepsilon_{g\text{Ⅴ}} = 0.71 \times (0.1331 \times 1.62)^{\frac{1}{3}} \times \left(\frac{850 + 273}{100}\right)^{-0.5} + 7.1 \times 0.1397^{0.8} \times 1.62^{0.6} \times \left(\frac{850 + 273}{100}\right)^{-1} = 0.302$$

（6）第Ⅵ段：

$$\varepsilon_{g\text{Ⅵ}} = 0.71 \times (0.1331 \times 1.62)^{\frac{1}{3}} \times \left(\frac{905 + 273}{100}\right)^{-0.5} + 7.1 \times 0.1397^{0.8} \times 1.62^{0.6} \times \left(\frac{905 + 273}{100}\right)^{-1} = 0.291$$

（7）第Ⅶ段：

$$\varepsilon_{g\text{Ⅶ}} = 0.71 \times (0.1331 \times 1.62)^{\frac{1}{3}} \times \frac{1005 + 273}{100}\Big)^{-0.5} + 7.1 \times 0.1397^{0.8} \times 1.62^{0.6} \times \left(\frac{1005 + 273}{100}\right)^{-1} = 0.273$$

（8）第Ⅷ段：

$$\varepsilon_{g\text{Ⅷ}} = 0.71 \times (0.1331 \times 1.62)^{\frac{1}{3}} \times \left(\frac{1050 + 273}{100}\right)^{-0.5} + 7.1 \times 0.1397^{0.8} \times 1.62^{0.6} \times \left(\frac{1050 + 273}{100}\right)^{-1} = 0.265$$

10.3.2.6　计算炉衬对金属的角度系数

根据式（3-50），可得：

$$\varphi_{KM} = \frac{3.14 \times 1.2 \times 6.8}{2 \times [(2.42 + 7.2) \times 2.5 + 2.42 \times 7.2] + 3.14 \times 1.2 \times 6.8} = \frac{25.6224}{108.5704} = 0.236$$

则炉衬相互间的辐射角度系数为：$\varphi_{KK} = 1 - 0.236 = 0.764$。

10.3.2.7　计算系数 C' 和 C''

取 $\varepsilon_M = \varepsilon_K = 0.8$（见表3-7），由式（3-54）、式（3-55）计算得出。

（1）第Ⅰ段：

$$C'_{\text{I}} = \frac{0.510 \times 0.8[1 + (1 - 0.510)(1 - 0.8) \times 0.236]}{1 - (1 - 0.510)(1 - 0.8)(1 - 0.236) - (1 - 0.510)^2(1 - 0.8)(1 - 0.8) \times 0.236} = 0.452$$

$$C''_{\text{I}} = \frac{0.510 \times 0.8 \times (1 - 0.510)}{1 - (1 - 0.510)(1 - 0.8)(1 - 0.236) - (1 - 0.510)^2(1 - 0.8)(1 - 0.8) \times 0.236} = 0.217$$

（2）第Ⅱ段：

$$C'_{\mathrm{II}}=\frac{0.499\times 0.8[1+(1-0.499)(1-0.8)\times 0.236]}{1-(1-0.499)(1-0.8)(1-0.236)-(1-0.499)^2(1-0.8)(1-0.8)\times 0.236}=0.444$$

$$C''_{\mathrm{II}}=\frac{0.499\times 0.8\times(1-0.499)}{1-(1-0.499)(1-0.8)(1-0.236)-(1-0.499)^2(1-0.8)(1-0.8)\times 0.236}=0.217$$

（3）第Ⅲ段：

$$C'_{\mathrm{III}}=\frac{0.401\times 0.8[1+(1-0.401)(1-0.8)\times 0.236]}{1-(1-0.401)(1-0.8)(1-0.236)-(1-0.401)^2(1-0.8)(1-0.8)\times 0.236}=0.364$$

$$C''_{\mathrm{III}}=\frac{0.401\times 0.8\times(1-0.509)}{1-(1-0.401)(1-0.8)(1-0.236)-(1-0.401)^2(1-0.8)(1-0.8)\times 0.236}=0.212$$

（4）第Ⅳ段：

$$C'_{\mathrm{IV}}=\frac{0.319\times 0.8[1+(1-0.319)(1-0.8)\times 0.236]}{1-(1-0.319)(1-0.8)(1-0.236)-(1-0.319)^2(1-0.8)(1-0.8)\times 0.236}=0.295$$

$$C''_{\mathrm{IV}}=\frac{0.319\times 0.8\times(1-0.319)}{1-(1-0.319)(1-0.8)(1-0.236)-(1-0.319)^2(1-0.8)(1-0.8)\times 0.236}=0.195$$

（5）第Ⅴ段：

$$C'_{\mathrm{V}}=\frac{0.302\times 0.8[1+(1-0.302)(1-0.8)\times 0.236]}{1-(1-0.302)(1-0.8)(1-0.236)-(1-0.302)^2(1-0.8)(1-0.8)\times 0.236}=0.281$$

$$C''_{\mathrm{V}}=\frac{0.302\times 0.8\times(1-0.313)}{1-(1-0.302)(1-0.8)(1-0.236)-(1-0.302)^2(1-0.8)(1-0.8)\times 0.236}=0.190$$

（6）第Ⅵ段：

$$C'_{\mathrm{VI}}=\frac{0.291\times 0.8[1+(1-0.291)(1-0.8)\times 0.236]}{1-(1-0.291)(1-0.8)(1-0.236)-(1-0.291)^2(1-0.8)(1-0.8)\times 0.236}=0.271$$

$$C''_{\mathrm{VI}}=\frac{0.291\times 0.8\times(1-0.291)}{1-(1-0.291)(1-0.8)(1-0.236)-(1-0.291)^2(1-0.8)(1-0.8)\times 0.236}=0.186$$

（7）第Ⅶ段：

$$C'_{\mathrm{VII}}=\frac{0.273\times 0.8[1+(1-0.273)(1-0.8)\times 0.236]}{1-(1-0.273)(1-0.8)(1-0.236)-(1-0.273)^2(1-0.8)(1-0.8)\times 0.236}=0.255$$

$$C''_{\text{Ⅶ}}=\frac{0.273\times0.8\times(1-0.273)}{1-(1-0.273)(1-0.8)(1-0.236)-(1-0.273)^2(1-0.8)(1-0.8)\times0.236}$$
$=0.180$

（8）第Ⅷ段：

$$C'_{\text{Ⅷ}}=\frac{0.265\times0.8[1+(1-0.265)(1-0.8)\times0.236]}{1-(1-0.265)(1-0.8)(1-0.236)-(1-0.265)^2(1-0.8)(1-0.8)\times0.236}$$
$=0.249$

$$C''_{\text{Ⅷ}}=\frac{0.265\times0.8\times(1-0.265)}{1-(1-0.265)(1-0.8)(1-0.236)-(1-0.265)^2(1-0.8)(1-0.8)\times0.236}$$
$=0.177$

10.3.2.8 计算燃烧产物和炉衬向圆钢辐射的单位总热量

由（式3-53）可得：

$$q_{表\text{Ⅰ}}=5.67\times0.452\left[\left(\frac{315+273}{100}\right)^4-\left(\frac{150+273}{100}\right)^4\right]+5.67\times0.217\left[\left(\frac{215+273}{100}\right)^4-\left(\frac{150+273}{100}\right)^4\right]=2546\text{W/m}^2$$

$$q_{表\text{Ⅱ}}=5.67\times0.444\left[\left(\frac{330+273}{100}\right)^4-\left(\frac{280+273}{100}\right)^4\right]+5.67\times0.217\left[\left(\frac{330+273}{100}\right)^4-\left(\frac{280+273}{100}\right)^4\right]=1450\text{W/m}^2$$

$$q_{表\text{Ⅲ}}=5.67\times0.364\left[\left(\frac{515+273}{100}\right)^4-\left(\frac{390+273}{100}\right)^4\right]+5.67\times0.212\left[\left(\frac{422.5+273}{100}\right)^4-\left(\frac{390+273}{100}\right)^4\right]=4465\text{W/m}^2$$

$$q_{表\text{Ⅳ}}=5.67\times0.295\left[\left(\frac{775+273}{100}\right)^4-\left(\frac{625+273}{100}\right)^4\right]+5.67\times0.195\left[\left(\frac{737.5+273}{100}\right)^4-\left(\frac{625+273}{100}\right)^4\right]=13647\text{W/m}^2$$

$$q_{表\text{Ⅴ}}=5.67\times0.281\left[\left(\frac{850+273}{100}\right)^4-\left(\frac{750+273}{100}\right)^4\right]+5.67\times0.190\left[\left(\frac{850+273}{100}\right)^4-\left(\frac{750+273}{100}\right)^4\right]=13210\text{W/m}^2$$

$$q_{表\text{Ⅵ}}=5.67\times0.271\left[\left(\frac{905+273}{100}\right)^4-\left(\frac{825+273}{100}\right)^4\right]+5.67\times0.186\left[\left(\frac{877.5+273}{100}\right)^4-\left(\frac{825+273}{100}\right)^4\right]=10406\text{W/m}^2$$

$$q_{表\text{Ⅶ}}=5.67\times0.255\left[\left(\frac{1005+273}{100}\right)^4-\left(\frac{950+273}{100}\right)^4\right]+5.67\times0.180\left[\left(\frac{982.5+273}{100}\right)^4-\left(\frac{950+273}{100}\right)^4\right]=8751\text{W/m}^2$$

$$q_{表Ⅷ} = 5.67 \times 0.249\left[\left(\frac{1050+273}{100}\right)^4 - \left(\frac{1000+273}{100}\right)^4\right] + 5.67 \times 0.177\left[\left(\frac{1050+273}{100}\right)^4 - \left(\frac{1000+273}{100}\right)^4\right] = 10561\text{W/m}^2$$

10.3.2.9 计算各区段给热系数

给热系数包括辐射给热系数和对流给热系数，其中，对流给热系数可以按根据经验选用，辐射给热系数可以按下式进行计算：

$$\alpha_{rn} = \frac{q_{表n}}{t_{gn} - t_{Mn}} \quad (\text{W/(m}^2 \cdot \text{K)}) \tag{10-1}$$

式中 α_{rn}——第 n 区段内的辐射给热系数，W/(m² · K)；

$q_{表n}$——第 n 区段内燃烧产物和炉墙向钢坯辐射的单位总热量，W/m²；

t_{gn}，t_{Mn}——第 n 区段燃烧产物的平均温度和钢坯的平均温度。

于是根据以上计算得到的各区段的单位总热量，可以计算各区段内燃烧产物的辐射给热系数：

$$\alpha_{rⅠ} = \frac{q_{表Ⅰ}}{t_{gⅠ均} - t_{MⅠ均}} = \frac{2546}{315-150} = 15.43\text{W/(m}^2 \cdot \text{K)}$$

$$\alpha_{rⅡ} = \frac{q_{表Ⅱ}}{t_{gⅡ均} - t_{MⅡ均}} = \frac{1450}{330-280} = 29\text{W/(m}^2 \cdot \text{K)}$$

$$\alpha_{rⅢ} = \frac{q_{表Ⅲ}}{t_{gⅢ均} - t_{MⅢ均}} = \frac{4465}{515-390} = 35.72\text{W/(m}^2 \cdot \text{K)}$$

$$\alpha_{rⅣ} = \frac{q_{表Ⅳ}}{t_{gⅣ均} - t_{MⅣ均}} = \frac{13647}{775-625} = 90.98\text{W/(m}^2 \cdot \text{K)}$$

$$\alpha_{rⅤ} = \frac{q_{表Ⅴ}}{t_{gⅤ均} - t_{MⅤ均}} = \frac{13210}{850-750} = 132.1\text{W/(m}^2 \cdot \text{K)}$$

$$\alpha_{rⅥ} = \frac{q_{表Ⅵ}}{t_{gⅥ均} - t_{MⅥ均}} = \frac{10406}{905-825} = 130.08\text{W/(m}^2 \cdot \text{K)}$$

$$\alpha_{rⅦ} = \frac{q_{表Ⅶ}}{t_{gⅦ均} - t_{MⅦ均}} = \frac{8751}{1005-950} = 159.1\text{W/(m}^2 \cdot \text{K)}$$

$$\alpha_{rⅧ} = \frac{q_{表Ⅷ}}{t_{gⅧ均} - t_{MⅧ均}} = \frac{10561}{1050-1000} = 211.23\text{W/(m}^2 \cdot \text{K)}$$

10.3.2.10 计算折算导来辐射系数

利用公式（10-2），可以由 10.3.2.9 节计算的辐射给热系数来折算各阶段的导来辐射系数，即：

$$C_{rn} = \frac{\alpha_{rn}(t_{gn均} - t_{Mn均})}{(\theta_{gn均} - \theta_{Mn均})} \quad (\text{W/(m}^2 \cdot \text{K}^4)) \tag{10-2}$$

可得：

$$C_{rⅠ} = \frac{\alpha_{rⅠ}(t_{gⅠ均} - t_{MⅠ均})}{(\theta_{gⅠ均} - \theta_{MⅠ均})} = \frac{15.43 \times (315-150)}{\left(\frac{315+273}{100}\right)^4 - \left(\frac{150+273}{100}\right)^4} = 2.91\text{W/(m}^2 \cdot \text{K}^4)$$

$$C_{r\text{Ⅱ}}=\frac{\alpha_{r\text{Ⅱ}}(t_{g\text{Ⅱ}均}-t_{M\text{Ⅱ}均})}{(\theta_{g\text{Ⅱ}均}-\theta_{M\text{Ⅱ}均})}=\frac{29\times(330-280)}{\left(\frac{330+273}{100}\right)^4-\left(\frac{280+273}{100}\right)^4}=3.75\text{W}/(\text{m}^2\cdot\text{K}^4)$$

$$C_{r\text{Ⅲ}}=\frac{\alpha_{r\text{Ⅲ}}(t_{g\text{Ⅲ}均}-t_{M\text{Ⅲ}均})}{(\theta_{g\text{Ⅲ}均}-\theta_{M\text{Ⅲ}均})}=\frac{35.72\times(515-390)}{\left(\frac{515+273}{100}\right)^4-\left(\frac{390+273}{100}\right)^4}=2.32\text{W}/(\text{m}^2\cdot\text{K}^4)$$

$$C_{r\text{Ⅳ}}=\frac{\alpha_{r\text{Ⅳ}}(t_{g\text{Ⅳ}均}-t_{M\text{Ⅳ}均})}{(\theta_{g\text{Ⅳ}均}-\theta_{M\text{Ⅳ}均})}=\frac{90.98\times(775-625)}{\left(\frac{775+273}{100}\right)^4-\left(\frac{625+273}{100}\right)^4}=2.45\text{W}/(\text{m}^2\cdot\text{K}^4)$$

$$C_{r\text{Ⅴ}}=\frac{\alpha_{r\text{Ⅴ}}(t_{g\text{Ⅴ}均}-t_{M\text{Ⅴ}均})}{(\theta_{g\text{Ⅴ}均}-\theta_{M\text{Ⅴ}均})}=\frac{132.1\times(850-750)}{\left(\frac{850+273}{100}\right)^4-\left(\frac{750+273}{100}\right)^4}=2.67\text{W}/(\text{m}^2\cdot\text{K}^4)$$

$$C_{r\text{Ⅵ}}=\frac{\alpha_{r\text{Ⅵ}}(t_{g\text{Ⅵ}均}-t_{M\text{Ⅵ}均})}{(\theta_{g\text{Ⅵ}均}-\theta_{M\text{Ⅵ}均})}=\frac{130.08\times(905-825)}{\left(\frac{905+273}{100}\right)^4-\left(\frac{825+273}{100}\right)^4}=2.20\text{W}/(\text{m}^2\cdot\text{K}^4)$$

$$C_{r\text{Ⅶ}}=\frac{\alpha_{r\text{Ⅶ}}(t_{g\text{Ⅶ}均}-t_{M\text{Ⅶ}均})}{(\theta_{g\text{Ⅶ}均}-\theta_{M\text{Ⅶ}均})}=\frac{159.1\times(1005-950)}{\left(\frac{1005+273}{100}\right)^4-\left(\frac{950+273}{100}\right)^4}=2.03\text{W}/(\text{m}^2\cdot\text{K}^4)$$

$$C_{r\text{Ⅷ}}=\frac{\alpha_{r\text{Ⅷ}}(t_{g\text{Ⅷ}均}-t_{M\text{Ⅷ}均})}{(\theta_{g\text{Ⅷ}均}-\theta_{M\text{Ⅷ}均})}=\frac{211.23\times(1050-1000)}{\left(\frac{1050+273}{100}\right)^4-\left(\frac{1000+273}{100}\right)^4}=2.41\text{W}/(\text{m}^2\cdot\text{K}^4)$$

10.3.3　金属加热计算

10.3.3.1　加热厚度的计算

钢坯放在台车的垫铁之上，钢坯底部有燃烧产物流过，因此钢坯是双面加热，加热厚度为钢坯直径的一半，即：

$$S=\frac{1.2}{2}=0.6\text{m}$$

10.3.3.2　各区段中金属的平均热导率的计算

金属在各区段的平均温度已知，查表3-13，可得：

$\lambda_{\text{Ⅰ}}=45.45\text{W}/(\text{m}\cdot\text{K})$；$\lambda_{\text{Ⅱ}}=42.72\text{W}/(\text{m}\cdot\text{K})$；$\lambda_{\text{Ⅲ}}=38.88\text{W}/(\text{m}\cdot\text{K})$；

$\lambda_{\text{Ⅳ}}=31.125\text{W}/(\text{m}\cdot\text{K})$；$\lambda_{\text{Ⅴ}}=27.45\text{W}/(\text{m}\cdot\text{K})$；$\lambda_{\text{Ⅵ}}=26.25\text{W}/(\text{m}\cdot\text{K})$；

$\lambda_{\text{Ⅶ}}=27.35\text{W}/(\text{m}\cdot\text{K})$；$\lambda_{\text{Ⅷ}}=28\text{W}/(\text{m}\cdot\text{K})$。

10.3.3.3　斯塔尔克准数的计算

按照（式3-57），计算各区段以辐射传热为主的斯塔尔克准数，可得：

$$Sk_{\text{Ⅰ}}=\frac{C_{r\text{Ⅰ}}}{100}\left(\frac{T_{g\text{Ⅰ}}}{100}\right)^3\frac{S}{\lambda_{\text{Ⅰ}}}=\frac{2.91}{100}\times\left(\frac{315+273}{100}\right)^3\times\frac{0.6}{45.45}=0.078$$

$$Sk_{\text{II}} = \frac{C_{r\text{II}}}{100}\left(\frac{T_{g\text{II}}}{100}\right)^3 \frac{S}{\lambda_{\text{II}}} = \frac{3.75}{100} \times \left(\frac{330+273}{100}\right)^3 \times \frac{0.6}{42.72} = 0.115$$

$$Sk_{\text{III}} = \frac{C_{r\text{III}}}{100}\left(\frac{T_{g\text{III}}}{100}\right)^3 \frac{S}{\lambda_{\text{III}}} = \frac{2.32}{100} \times \left(\frac{515+273}{100}\right)^3 \times \frac{0.6}{38.88} = 0.175$$

$$Sk_{\text{IV}} = \frac{C_{r\text{IV}}}{100}\left(\frac{T_{g\text{IV}}}{100}\right)^3 \frac{S}{\lambda_{\text{IV}}} = \frac{2.45}{100} \times \left(\frac{775+273}{100}\right)^3 \times \frac{0.6}{31.125} = 0.545$$

$$Sk_{\text{V}} = \frac{C_{r\text{V}}}{100}\left(\frac{T_{g\text{V}}}{100}\right)^3 \frac{S}{\lambda_{\text{V}}} = \frac{2.67}{100} \times \left(\frac{850+273}{100}\right)^3 \times \frac{0.6}{27.45} = 0.826$$

$$Sk_{\text{VI}} = \frac{C_{r\text{VI}}}{100}\left(\frac{T_{g\text{VI}}}{100}\right)^3 \frac{S}{\lambda_{\text{VI}}} = \frac{2.20}{100} \times \left(\frac{905+273}{100}\right)^3 \times \frac{0.6}{26.25} = 0.823$$

$$Sk_{\text{VII}} = \frac{C_{r\text{VII}}}{100}\left(\frac{T_{g\text{VII}}}{100}\right)^3 \frac{S}{\lambda_{\text{VII}}} = \frac{1.60}{100} \times \left(\frac{1005+273}{100}\right)^3 \times \frac{0.6}{27.35} = 0.931$$

$$Sk_{\text{VIII}} = \frac{C_{r\text{VIII}}}{100}\left(\frac{T_{g\text{VIII}}}{100}\right)^3 \frac{S}{\lambda_{\text{VIII}}} = \frac{2.42}{100} \times \left(\frac{1050+273}{100}\right)^3 \times \frac{0.6}{28} = 1.20$$

10.3.3.4 计算毕渥准数

按照式（3-56），计算各区段以对流传热为主的毕渥准数：

$$Bi = \frac{\alpha S}{\lambda}$$

其中，α 为平均对流给热系数，按同类型炉子的经验取：

$$\alpha_{c\text{I}} = \alpha_{c\text{II}} = \alpha_{c\text{III}} = \alpha_{c\text{IV}} = \alpha_{c\text{V}} = \alpha_{c\text{VI}} = \alpha_{c\text{VII}} = \alpha_{c\text{VIII}} = 16\text{W}/(\text{m}^2 \cdot \text{K})$$

注意：$\alpha_{r\text{I}}$ 与 $\alpha_{c\text{I}}$ 相差不大，对流传热在低温段不能忽略，在第Ⅰ段必须同时考虑辐射与对流。

则各区段的毕渥准数分别计算如下：

$$Bi_{\text{I}} = \frac{16 \times 0.6}{45.45} = 0.211; \quad Bi_{\text{II}} = \frac{16 \times 0.6}{42.72} = 0.225;$$

$$Bi_{\text{III}} = \frac{16 \times 0.6}{38.88} = 0.247; \quad Bi_{\text{IV}} = \frac{16 \times 0.6}{31.125} = 0.308;$$

$$Bi_{\text{V}} = \frac{16 \times 0.6}{27.45} = 0.350; \quad Bi_{\text{VI}} = \frac{16 \times 0.6}{26.25} = 0.366;$$

$$Bi_{\text{VII}} = \frac{16 \times 0.6}{27.35} = 0.351; \quad Bi_{\text{VIII}} = \frac{16 \times 0.6}{28} = 0.343。$$

10.3.3.5 划分加热阶段钢坯“薄、厚”属性

钢坯在炉内加热时，同时具有辐射和对流两种传热方式。薄料和厚料的划分方法如下：

当 $Bi<0.25$ 时，或 $\frac{Sk}{0.15}+\frac{Bi}{0.5}<1.0$ 时，认为物料为“薄料”；

当 $Bi>0.5$ 时，或 $\frac{Sk}{0.15}+\frac{Bi}{0.5}>1.0$ 时，认为物料为“厚料”。

当 $Bi=0.25\sim0.5$ 时，认为物料为过渡范围。

按区段进行判定，可得：

第Ⅰ段：$\dfrac{0.078}{0.15}+\dfrac{0.211}{0.5}=0.942<1.0$

第Ⅱ段：$\dfrac{0.115}{0.15}+\dfrac{0.225}{0.5}=1.217>1.0$

第Ⅲ段：$\dfrac{0.175}{0.15}+\dfrac{0.247}{0.5}=1.661>1.0$

第Ⅳ段：$\dfrac{0.545}{0.15}+\dfrac{0.308}{0.5}=4.249>1.0$

第Ⅴ段：$\dfrac{0.826}{0.15}+\dfrac{0.350}{0.5}=6.207>1.0$

第Ⅵ段：$\dfrac{0.823}{0.15}+\dfrac{0.366}{0.5}=6.219>1.0$

第Ⅶ段：$\dfrac{0.931}{0.15}+\dfrac{0.351}{0.5}=6.909>1.0$

第Ⅷ段：$\dfrac{1.20}{0.15}+\dfrac{0.343}{0.5}=8.686>1.0$

10.3.3.6 加热时间的计算

在加热过程中，不必计算保温区段金属的保温时间，保温时间由工艺要求给出。由前面的判定，将第Ⅰ区段圆钢视为薄料，按辐射和对流分别计算。在其他加热计算区段都将圆钢视为厚料，计算按照辐射定律进行。

A 第Ⅰ段

在这一区段内，圆钢为薄料，可按照辐射和对流分别计算，采用公式（3-89）进行计算：

$$\tau=\frac{S\cdot\rho\cdot c_p}{k_1C_{\mathrm{gKM}}}\times\frac{100}{\left(\dfrac{T_{\mathrm{g均}}}{100}\right)^3}\times\left[\Phi_{\mathrm{K}}\left(\frac{T_{表终}}{T_{\mathrm{g终}}}\right)-\Phi_{\mathrm{H}}\left(\frac{T_{表始}}{T_{\mathrm{g始}}}\right)\right]$$

第Ⅰ段内，开始 θ_{H} 和终了 θ_{K} 时的相对温度：

$$\theta_{\mathrm{H}}=\frac{T_{\mathrm{M}}}{T_{\mathrm{g}}}=\frac{t_{\mathrm{M}}+273}{t_{\mathrm{g}}+273}=\frac{20+273}{300+273}=0.51\qquad\theta_{\mathrm{K}}=\frac{T_{\mathrm{M}}}{T_{\mathrm{g}}}=\frac{t_{\mathrm{M}}+273}{t_{\mathrm{g}}+273}=\frac{280+273}{330+273}=0.92$$

第Ⅰ段内，开始和终了时的 Bi/Sk 比值：

$$开始时：\frac{Bi}{Sk}=\frac{\dfrac{\alpha S}{\lambda}}{\dfrac{C_{\mathrm{r\,I}}}{100}\left(\dfrac{T_{\mathrm{g\,I始}}}{100}\right)^3\dfrac{S}{\lambda}}=\frac{16}{\dfrac{2.91}{100}\times\left(\dfrac{300+273}{100}\right)^3}=2.9$$

$$终了时：\frac{Bi}{Sk}=\frac{\dfrac{\alpha S}{\lambda}}{\dfrac{C_{\mathrm{r\,I}}}{100}\left(\dfrac{T_{\mathrm{g\,I终}}}{100}\right)^3\dfrac{S}{\lambda}}=\frac{16}{\dfrac{2.91}{100}\times\left(\dfrac{330+273}{100}\right)^3}=2.5$$

查图 3-7，可以确定开始和终了时的温度因素值，它们分别为：开始时 $\Phi_H = 0.15$、终了时 $\Phi_K = 0.52$。

查表 3-15 和表 3-17 可以确定该段内钢坯的密度和该温度区段的平均比热容：$\rho = 7802.5\text{kg/m}^3$；$c_p = 0.5003\text{kJ/(kg·K)}$。

则第Ⅰ区段的加热时间为：

$$\tau_{\text{I}} = \frac{S\rho c_p}{k_1 \frac{3.6C_{\text{r I}}}{100} \times \left(\frac{T_{\text{g I 均}}}{100}\right)^3}(\Phi_K - \Phi_H)$$

$$= \frac{0.6 \times 7802.5 \times 0.5003}{3.6 \times 2 \times \frac{2.91}{100} \times \left(\frac{315 + 273}{100}\right)^3} \times (0.52 - 0.15) = 20.3\text{h}$$

B 第Ⅱ段

根据热处理工艺，此段为保温段，时间为 4h。

C 第Ⅲ段

在这一区段内圆钢被视为厚料，且在这一区段内认为热流密度是不变化的。在这种情况下，台车式炉加热时间可以按照参考文献[4]中公式（4-23）进行计算，计算公式如下：

$$\tau = \frac{0.278\Delta i S\rho}{k_1 q} \quad (\text{h})$$

式中，$\Delta i = t_{终} \times c_{p终} - t_{始} \times c_{p始}$ 为物料热焓增量，kJ/kg；k_1 为透热系数，对于平板 $k_1 = 1$，对于圆柱体 $k_1 = 2$；其余符号意义同前。

查表 3-15 和表 3-17，查取开始和终了时钢坯的密度和比热容，有：

$$t_{\text{MⅢ始}} = 280℃，\quad c_{p280} = 0.52\text{kJ/(kg·℃)}，\quad \rho_{280} = 7760\text{kg/m}^3；$$

$$t_{\text{MⅢ终}} = 500℃，\quad c_{p500} = 0.5652\text{kJ/(kg·℃)}，\quad \rho_{500} = 7681\text{kg/m}^3；$$

则：

$$\rho_p = \frac{7760 + 7681}{2} = 7720.5\text{kg/m}^3，$$

$$\Delta i = 500 \times 0.5652 - 280 \times 0.52 = 137\text{kJ/kg}；$$

则第Ⅲ区段的加热时间为：

$$\tau_{\text{Ⅲ}} = \frac{0.278 \times 137 \times 7720.5 \times 0.6}{2 \times 4465} = 19.76\text{h}$$

D 第Ⅳ段

和第Ⅲ区段计算方法一样，则：

$t_{\text{MⅣ始}} = 500℃$，$c_{p500} = 0.5652\text{kJ/(kg·℃)}$，$\rho_{500} = 7681\text{kg/m}^3$；

$t_{\text{MⅣ终}} = 750℃$，$c_{p750} = 0.6636\text{kJ/(kg·℃)}$，$\rho_{750} = 7611\text{kg/m}^3$；

$$\rho_p = \frac{\rho_{500} + \rho_{750}}{2} = \frac{7681 + 7611}{2} = 7646\text{kg/m}^3，$$

$\Delta i = 750 \times 0.6636 - 500 \times 0.5652 = 215.1\text{kJ/kg}$；

则第Ⅳ区段的加热时间为：

$$\tau_{\text{Ⅳ}} = \frac{0.278 \times 215.1 \times 7646 \times 0.6}{2 \times 13647} = 10.05\text{h}$$

E　第Ⅴ段

根据热处理工艺，此段为保温段，时间为4h。

F　第Ⅵ段

和第Ⅲ区段计算方法一样，则：

$t_{\text{MⅥ始}} = 750℃$，$c_{p750} = 0.6636\text{kJ/(kg·℃)}$，$\rho_{750} = 7611\text{kg/m}^3$；

$t_{\text{MⅥ终}} = 900℃$，$c_{p900} = 0.6866\text{kJ/(kg·℃)}$，$\rho_{900} = 7579\text{kg/m}^3$；

$$\rho_p = \frac{\rho_{900} + \rho_{750}}{2} = \frac{7579 + 7611}{2} = 7595\text{kg/m}^3,$$

$\Delta i = 900 \times 0.6866 - 750 \times 0.6636 = 120.24\text{kJ/kg}$；

则第Ⅵ区段的加热时间为：

$$\tau_{\text{Ⅵ}} = \frac{0.278 \times 120.24 \times 7595 \times 0.6}{2 \times 10406} = 7.32\text{h}$$

G　第Ⅶ段

和第Ⅲ区段计算方法一样，则：

$t_{\text{MⅦ始}} = 900℃$，$c_{p900} = 0.6866\text{kJ/(kg·℃)}$，$\rho_{900} = 7579\text{kg/m}^3$；

$t_{\text{MⅦ终}} = 1000℃$，$c_{p1000} = 0.6783\text{kJ/(kg·℃)}$，$\rho_{1000} = 7525\text{kg/m}^3$；

$$\rho_p = \frac{\rho_{900} + \rho_{1000}}{2} = \frac{7579 + 7525}{2} = 7552\text{kg/m}^3,$$

$\Delta i = 1000 \times 0.6783 - 900 \times 0.6866 = 60.36\text{kJ/kg}$；

则第Ⅶ区段的加热时间为：

$$\tau_{\text{Ⅶ}} = \frac{0.278 \times 60.36 \times 7552 \times 0.6}{2 \times 8751} = 4.34\text{h}$$

H　第Ⅷ段

根据热处理工艺，此段为保温段，时间为8h。

10.3.3.7　验算加热时间

（1）按各计算区段，则如前计算为：

第Ⅰ段：$\tau_{\text{Ⅰ}} = 20.3\text{h}$；　　第Ⅱ段：$\tau_{\text{Ⅱ}} = 4\text{h}$；

第Ⅲ段：$\tau_{\text{Ⅲ}} = 19.76\text{h}$；　　第Ⅳ段：$\tau_{\text{Ⅳ}} = 10.05\text{h}$；

第Ⅴ段：$\tau_{\text{Ⅴ}} = 4\text{h}$；　　第Ⅵ段：$\tau_{\text{Ⅵ}} = 7.32\text{h}$；

第Ⅶ段：$\tau_{\text{Ⅶ}} = 4.34\text{h}$；　　第Ⅷ段：$\tau_{\text{Ⅷ}} = 8\text{h}$。

（2）按全炉计算，总加热时间为：

$$\tau_{\text{加总}} = \tau_{\text{Ⅰ}} + \tau_{\text{Ⅲ}} + \tau_{\text{Ⅳ}} + \tau_{\text{Ⅵ}} + \tau_{\text{Ⅶ}} = 61.45\text{h}$$

（3）按各加热段计算平均加热速度。

1）20~280℃段：

即第Ⅰ区段，则：$v = \dfrac{280 - 20}{20.3} = 12.8℃/\text{h}$

由此可见，符合工艺要求 10~15℃/h 的升温速度，可见确定的第Ⅰ区段热处理炉温制度是合理的。

2）280~750℃段：该加热段包括了第Ⅲ计算区段和第Ⅳ计算区段，加热时间为这两个区段的时间总和，即：

$$\tau = \tau_{\text{Ⅲ}} + \tau_{\text{Ⅳ}} = 19.76 + 10.05 = 29.81\text{h}$$

则这一段的加热速度为：$v = \dfrac{750 - 280}{29.81} = 15.77℃/\text{h}$

可见，这一区段平均升温速度符合热处理工艺要求 15~20℃/h 的升温速度，所以假定的热处理炉温制度是合理的。

3）750~1050℃段：该加热段包括了第Ⅵ计算区段和第Ⅶ计算区段，加热时间为这两个区段的时间总和，即：$\tau = \tau_{\text{Ⅵ}} + \tau_{\text{Ⅶ}} = 7.32 + 4.34 = 11.66\text{h}$

则这一段的加热速度为：$v = \dfrac{1000 - 750}{11.66} = 21.44℃/\text{h}$

可见，这一区段平均升温速度符合热处理工艺要求 20~25℃/h 的升温速度，所以假定的热处理炉温制度也是合理的。

10.3.4　冷却期炉膛热交换计算

冷却期间热处理炉的冷却方式采用冷空气喷吹法。冷空气由烧嘴喷入炉内，烧嘴处于不点火状态，煤气管路关闭，仅开启空气管路。

10.3.4.1　计算冷却过程各阶段炉墙和圆钢温度

为保证计算精度，将冷却过程分为以下 3 段：

第Ⅰ段：圆钢从 1000℃冷却到 800℃；

第Ⅱ段：圆钢从 800℃冷却到 550℃；

第Ⅲ段：圆钢从 800℃冷却到 300℃；

第Ⅳ段：圆钢在 500℃段保温 5h；

第Ⅴ段：取出空冷。

在此基础上，分段设定各段的砌体温度 t_K，冷却期间选择砌体平均温度比金属平均温度低 50℃。

（1）第Ⅰ段：

圆钢：$t_{\text{cMⅠ始}} = 1000℃$，$t_{\text{cMⅠ末}} = 800℃$，$t_{\text{cMⅠ均}} = \dfrac{t_{\text{cMⅠ始}} + t_{\text{cMⅠ终}}}{2} = 900℃$

炉墙：$t_{\text{cKⅠ均}} = t_{\text{cMⅠ均}} - 50 = 850℃$

（2）第Ⅱ段：

圆钢：$t_{\text{cMⅡ始}} = 800℃$，$t_{\text{cMⅡ末}} = 550℃$，$t_{\text{cMⅡ均}} = \dfrac{t_{\text{cMⅡ始}} + t_{\text{cMⅡ终}}}{2} = 675℃$

炉墙：$t_{\text{cKⅡ均}} = t_{\text{cMⅡ均}} - 50 = 625℃$

（3）第Ⅲ段：

圆钢：$t_{\text{cMⅢ始}} = 550℃$，$t_{\text{cMⅢ末}} = 300℃$，$t_{\text{cMⅢ均}} = \dfrac{t_{\text{cMⅢ始}} + t_{\text{cMⅢ终}}}{2} = 425℃$

炉墙：$t_{cK\text{Ⅲ始}} = 500℃$，$t_{cK\text{Ⅲ末}} = 250℃$，$t_{cK\text{Ⅲ均}} = 375℃$

10.3.4.2　计算金属对砌体辐射的单位总热量

冷却期间，炉内介质为空气，可认为其为透明介质不参与辐射换热，辐射换热主要在金属与砌体之间进行。金属与砌体表面构成一个封闭的系统，二者间的辐射换热量计算式为：

$$q_{MK} = \frac{E_{bM} - E_{bK}}{\dfrac{1-\varepsilon_M}{\varepsilon_M} + \dfrac{1}{\varphi_{MK}} + \dfrac{A_M}{A_K}\left(\dfrac{1}{\varepsilon_K} - 1\right)}$$

取 $\varepsilon_M = \varepsilon_K = 0.8$（见表3-7），金属的外表面积与炉膛内表面积分别为：

$$A_M = 3.14 \times 1.2 \times 6.8 + 2 \times 3.14 \times \left(\frac{1.2}{2}\right)^2 = 27.883\text{m}^2,\ A_K = 82.948\text{m}^2$$

又由于圆钢对自身不可见，$\varphi_{MK} = 1$，可得以下数据。

（1）第Ⅰ段：

$$q_{MK\text{Ⅰ}} = \frac{5.67 \times \left[\left(\dfrac{900+273}{100}\right)^4 - \left(\dfrac{850+273}{100}\right)^4\right]}{\dfrac{1-0.8}{0.8} + \dfrac{1}{1} + \dfrac{27.883}{82.948} \times \left(\dfrac{1}{0.8} - 1\right)} = 12870\text{W/m}^2$$

（2）第Ⅱ段：

$$q_{MK\text{Ⅱ}} = \frac{5.67 \times \left[\left(\dfrac{675+273}{100}\right)^4 - \left(\dfrac{625+273}{100}\right)^4\right]}{\dfrac{1-0.8}{0.8} + \dfrac{1}{1} + \dfrac{27.883}{82.948} \times \left(\dfrac{1}{0.8} - 1\right)} = 6690\text{W/m}^2$$

（3）第Ⅲ段：

$$q_{MK\text{Ⅲ}} = \frac{5.67 \times \left[\left(\dfrac{425+273}{100}\right)^4 - \left(\dfrac{375+273}{100}\right)^4\right]}{\dfrac{1-0.8}{0.8} + \dfrac{1}{1} + \dfrac{27.883}{82.948} \times \left(\dfrac{1}{0.8} - 1\right)} = 2595\text{W/m}^2$$

10.3.4.3　计算各区段金属对砌体的辐射给热系数

由式（10-1）可得：

$$\alpha_{MK\text{Ⅰ}} = \frac{q_{MK\text{Ⅰ}}}{t_{cM\text{Ⅰ均}} - t_{cK\text{Ⅰ均}}} = \frac{12870}{900-850} = 257.4\text{W/(m}^2\cdot\text{K)}$$

$$\alpha_{MK\text{Ⅱ}} = \frac{q_{MK\text{Ⅱ}}}{t_{cM\text{Ⅱ均}} - t_{cK\text{Ⅱ均}}} = \frac{6690}{675-625} = 133.8\text{W/(m}^2\cdot\text{K)}$$

$$\alpha_{MK\text{Ⅲ}} = \frac{q_{MK\text{Ⅲ}}}{t_{cM\text{Ⅲ均}} - t_{cK\text{Ⅲ均}}} = \frac{2595}{425-375} = 51.9\text{W/(m}^2\cdot\text{K)}$$

10.3.4.4　计算折算金属对砌体的导来辐射系数

由式（10-2）可得：

$$C_{MK\text{Ⅰ}} = \frac{\alpha_{MK\text{Ⅰ}}(t_{cM\text{Ⅰ均}} - t_{cK\text{Ⅰ均}})}{(\theta_{cM\text{Ⅰ均}} - \theta_{cK\text{Ⅰ均}})} = \frac{257.4 \times (900-850)}{\left(\dfrac{900+273}{100}\right)^4 - \left(\dfrac{850+273}{100}\right)^4} = 4.25\text{W/(m}^2\cdot\text{K}^4)$$

同理可得：$C_{MK\text{Ⅱ}} = C_{MK\text{Ⅲ}} = 4.25W/(m^2 \cdot K^4)$

10.3.4.5　计算冷空气对金属的对流给热系数

假设冷空气横掠金属的速度为5m/s，传热学中流体横掠圆柱的准则数方程为：$Nu = C_m Re^n Pr^{1/3}$，特征长度为圆柱外径，特征温度为膜温度（$t_w + t_f$）/2。

设冷空气温度为20℃，可得以下数据。

（1）第Ⅰ段：

膜温度 $t_{m\text{Ⅰ}} = \dfrac{900+20}{2} = 460℃$，可查得：

$$\nu = 72.864 \times 10^{-6} m^2/s,\ \lambda = 5.528 \times 10^{-2} W/(m \cdot K),\ Pr = 0.6834$$

$$Re = \frac{ud}{\nu} = \frac{5 \times 1.2}{72.864 \times 10^{-6}} = 8.23 \times 10^4,\ \text{则}\ C_m = 0.0266,\ n = 0.805$$

有：$Nu_{\text{Ⅰ}} = C_m Re^n Pr^{1/3} = 0.0266 \times (8.23 \times 10^4)^{0.805} \times 0.6834^{1/3} = 212.2$

可得对流给热系数：$a_{\text{Ⅰ}} = Nu \cdot \dfrac{\lambda}{d} = 212.2 \times 5.528 \times 10^{-2}/1.2 = 9.78W/(m^2 \cdot K)$

（2）第Ⅱ段：

$$t_{m\text{Ⅱ}} = \frac{675+20}{2} = 347.5℃$$

$$\nu = 55.104 \times 10^{-6} m^2/s,\quad \lambda = 4.833 \times 10^{-2} W/(m \cdot K),\quad Pr = 0.676$$

$$Re = \frac{ud}{\nu} = \frac{5 \times 1.2}{55.104 \times 10^{-6}} = 1.09 \times 10^5,\ \text{则}\ C = 0.0266,\quad n = 0.805$$

有：$Nu_{\text{Ⅱ}} = C\,Re^n\,Pr^{1/3} = 0.0266 \times (1.09 \times 10^5)^{0.805} \times 0.676^{1/3} = 265$

可得：$a_{\text{Ⅱ}} = Nu_{\text{Ⅱ}} \cdot \dfrac{\lambda}{d} = 265 \times 4.833 \times 10^{-2}/1.2 = 10.67W/(m^2 \cdot K)$

（3）第Ⅲ段：

$$t_{m\text{Ⅲ}} = \frac{425+20}{2} = 222.5℃$$

$$\nu = 37.442 \times 10^{-6} m^2/s,\quad \lambda = 4.083 \times 10^{-2} W/(m \cdot K),\quad Pr = 0.679$$

$$Re = \frac{ud}{\nu} = \frac{5 \times 1.2}{37.442 \times 10^{-6}} = 1.60 \times 10^5,\quad \text{则}\ C = 0.0266,\quad n = 0.805$$

有：$Nu_{\text{Ⅲ}} = C\,Re^n\,Pr^{1/3} = 0.0266 \times (1.60 \times 10^5)^{0.805} \times 0.679^{1/3} = 361.5$

可得：$a_{\text{Ⅲ}} = Nu_{\text{Ⅲ}} \cdot \dfrac{\lambda}{d} = 361.5 \times 4.083 \times 10^{-2}/1.2 = 12.30W/(m^2 \cdot K)$

10.3.4.6　计算折算冷空气对金属的辐射给热系数

由式（10-2）可得：

$$C_{cMK\text{Ⅰ}} = \frac{\alpha_{\text{Ⅰ}}(t_{cM\text{Ⅰ}均} - t_{cK\text{Ⅰ}均})}{(\theta_{cM\text{Ⅰ}均} - \theta_{cK\text{Ⅰ}均})} = \frac{9.78 \times (900-850)}{\left(\dfrac{900+273}{100}\right)^4 - \left(\dfrac{850+273}{100}\right)^4} = 0.162W/(m^2 \cdot K^4)$$

同理可得：

$$C_{cMK\text{Ⅱ}} = 0.339W/(m^2 \cdot K^4),\quad C_{cMK\text{Ⅲ}} = 1.01W/(m^2 \cdot K^4)$$

对比各段 C_{cMK} 与 C_{MK}，可知在第Ⅰ段、第Ⅱ段炉内以辐射换热为主，在第Ⅲ段炉内辐射与对流换热同时进行。

10.3.5 金属冷却计算

金属在各区段的平均温度已知，查表3-13，可得：

$\lambda_{cM\,I} = 26.7\text{W/(m·K)}$，$\lambda_{cM\,II} = 29.575\text{W/(m·K)}$，

$\lambda_{cM\,III} = 37.775\text{W/(m·K)}$，$\lambda_{cM\,IV} = 42.3\text{W/(m·K)}$

10.3.5.1 斯塔尔克准数的计算

炉气温度介于砌体和冷却空气之间，各冷却段炉气温度恒定，设各段炉气温度值为：

$T_{cg\,I} = 775℃$，$T_{cg\,II} = 525℃$，$T_{cg\,III} = 200℃$

按照式（3-54），计算各区段以辐射传热为主的斯塔尔克准数，可得：

$$Sk_{c\,I} = \frac{C_{MK\,I}}{100}\left(\frac{T_{cg\,I}}{100}\right)^3 \frac{S}{\lambda_{cM\,I}} = \frac{4.25}{100} \times \left(\frac{775 + 273}{100}\right)^3 \times \frac{0.6}{26.7} = 1.10$$

$$Sk_{c\,II} = \frac{C_{MK\,II}}{100}\left(\frac{T_{cg\,II}}{100}\right)^3 \frac{S}{\lambda_{cM\,II}} = \frac{4.25}{100} \times \left(\frac{525 + 273}{100}\right)^3 \times \frac{0.6}{29.575} = 0.438$$

$$Sk_{c\,III} = \frac{C_{MK\,III}}{100}\left(\frac{T_{cg\,III}}{100}\right)^3 \frac{S}{\lambda_{cM\,III}} = \frac{4.25}{100} \times \left(\frac{197.5 + 273}{100}\right)^3 \times \frac{0.6}{37.775} = 0.071$$

10.3.5.2 计算毕渥准数

按照式（3-57），计算各区段以对流传热为主的毕渥准数。各区段的毕渥准数分别计算如下：

$$Bi_{c\,I} = \frac{a_{I} S}{\lambda_{cM\,I}} = \frac{9.78 \times 0.6}{26.7} = 0.220$$

$$Bi_{c\,II} = \frac{a_{II} S}{\lambda_{cM\,II}} = \frac{10.67 \times 0.6}{29.575} = 0.216$$

$$Bi_{c\,III} = \frac{a_{III\,I} S}{\lambda_{cM\,III}} = \frac{12.3 \times 0.6}{37.775} = 0.195$$

10.3.5.3 划分冷却阶段钢坯“薄、厚”属性

按区段进行判定，可得：

第Ⅰ段：$\dfrac{Sk_{c\,I}}{0.15} + \dfrac{Bi_{c\,I}}{0.5} = \dfrac{1.10}{0.15} + \dfrac{0.220}{0.5} = 7.77 > 1$

第Ⅱ段：$\dfrac{Sk_{c\,II}}{0.15} + \dfrac{Bi_{c\,II}}{0.5} = \dfrac{0.438}{0.15} + \dfrac{0.216}{0.5} = 3.35 > 1$

第Ⅲ段：$\dfrac{Sk_{c\,III}}{0.15} + \dfrac{Bi_{c\,III}}{0.5} = \dfrac{0.071}{0.15} + \dfrac{0.195}{0.5} = 0.87 < 1$

10.3.5.4 冷却时间的计算

在冷却过程中，不必计算保温区段金属的保温时间，保温时间由工艺要求给出。假定冷却是在恒定的温度介质中进行的，由前面的判定，第Ⅰ区段和第Ⅱ区段将圆钢视为厚料，计算按照辐射定律进行；将第Ⅲ区段圆钢视为薄料，计算按辐射和对流分别计算。

（1）第Ⅰ段：在这一区段内，圆钢为厚料，按照辐射定律进行计算，介质温度恒定。对于周期式炉，采用参考文献［4］中公式（4-21）进行计算，计算公式如下：

$$\tau=\frac{0.278Gc_p}{a_{\Sigma}A\varphi_m}\ln\left(\frac{t_g-t_s}{t_g-t_z}\right)\quad(\mathrm{h})$$

式中 G——钢材质量，kg；

c_p——钢材平均比热容，kJ/(kg℃)；

A——钢材受热面积，m^2；

φ_m——迟缓加热系数，查参考文献［4］中的图4-7；

t_g——炉气温度，℃；

t_s，t_z——加热开始和加热终了时的钢材温度，℃。

根据表3-15和表3-17，查取钢坯的平均比热容和平均密度，有：

$t_{cM\,\mathrm{I}}=900℃$， $c_{p900}=0.6866\mathrm{kJ/(kg\cdot ℃)}$， $\rho_{900}=7579\mathrm{kg/m^3}$

钢材的体积和受热面积分别为：

$$V=\frac{\pi}{4}D^2L=\frac{\pi}{4}\times1.2^2\times6.8=7.687\mathrm{m^3},\ A=2\times\frac{\pi}{4}D^2+\pi DL=27.883\mathrm{m^2}$$

可得：

$$\tau_{c\,\mathrm{I}}=\frac{0.278Gc_p}{a_{\Sigma}A\varphi_m}\ln\left(\frac{t_g-t_s}{t_g-t_z}\right)=\frac{0.278\times7579\times7.687\times0.6866}{267.18\times27.883\times0.98}\times\ln\left(\frac{775-1000}{775-800}\right)=3.35\mathrm{h}$$

（2）第Ⅱ段：和第Ⅰ区段计算方法一样，则：

$t_{cM\,\mathrm{II}}=675℃$， $c_{p675}=0.6144\mathrm{kJ/(kg\cdot ℃)}$， $\rho_{675}=7613\mathrm{kg/m^3}$

$$\tau_{c\,\mathrm{II}}=\frac{0.278Gc_p}{a_{\Sigma}A\varphi_m}\ln\left(\frac{t_g-t_s}{t_g-t_z}\right)=\frac{0.278\times7613\times7.687\times0.6144}{144.47\times27.883\times0.98}\times\ln\left(\frac{525-800}{525-550}\right)=6.07\mathrm{h}$$

（3）第Ⅲ段：在这一区段内，圆钢为薄料，可按照辐射和对流分别计算，其计算冷却时间的公式为式（3-89）。

第Ⅲ段内，开始 θ_H 和终了 θ_K 时的相对温度：

$$\theta_H=\frac{T_M}{T_g}=\frac{t_M+273}{t_g+273}=\frac{550+273}{200+273}=1.74$$

$$\theta_K=\frac{T_M}{T_g}=\frac{t_M+273}{t_g+273}=\frac{300+273}{200+273}=1.21$$

第Ⅲ段内，冷却为恒定炉气温度下进行，开始和终了时的 Bi/Sk 比值相同，为：

$$\frac{Bi}{Sk}=\frac{0.195}{0.070}=2.8$$

查图3-7，可以确定开始和终了时的温度因素值，它们分别为：开始时 $\Phi_H=0.06$、样终了时 $\Phi_K=0.165$。

查表3-15和表3-17可以确定该段内钢坯的密度和该温度区段的平均比热容：

$t_{cM\,\mathrm{I}}=425℃$， $c_{p425}=0.5432\mathrm{kJ/(kg\cdot ℃)}$， $\rho_{425}=7709\mathrm{kg/m^3}$

则第Ⅲ区段的加热时间为：

$$\tau_{c\mathrm{III}} = \frac{S\rho c_p}{3.6k_1 \frac{C_{\mathrm{MKIII}}}{100} \cdot \left(\frac{T_{g\mathrm{III}均}}{100}\right)^3}(\Phi_K - \Phi_H)$$

$$= \frac{0.6 \times 7709 \times 0.5432}{3.6 \times 2 \times \frac{4.25}{100} \times \left(\frac{200 + 273}{100}\right)^3}(0.165 - 0.06) = 8.15\text{h}$$

10.3.5.5　验算冷却时间

（1）按各计算区段，则如前计算为：

第Ⅰ段：$\tau_{\mathrm{I}} = 3.35\text{h}$；　　第Ⅱ段：$\tau_{\mathrm{II}} = 6.07\text{h}$；

第Ⅲ段：$\tau_{\mathrm{III}} = 8.15\text{h}$；　　第Ⅳ段：$\tau_{\mathrm{IV}} = 5\text{h}$。

（2）按全炉计算，总冷却时间为：

$$\tau_{总} = \tau_{\mathrm{I}} + \tau_{\mathrm{II}} + \tau_{\mathrm{III}} = 17.57\text{h}$$

（3）计算平均冷却速度：

$$v = \frac{1000 - 300}{17.57} = 39.8℃/\text{h}$$

由此可见，符合工艺要求35～40℃/h的冷却速度，可见假定的热处理炉温制度是合理的。

10.3.6　加热周期炉膛热平衡与燃料消耗量计算

基准温度为车间内环境平均温度，设 $t_{环} = 20℃$。

10.3.6.1　炉膛热收入

（1）燃料燃烧化学热 $Q_{烧}$：

$$Q_{烧} = Q_{低} \cdot B = 10500B\text{kJ/h}$$

（2）预热空气进入炉膛内的物理热 $Q_{空}$。查表3-4得，$c_{空} = c_{环} = 1.296\text{kJ/m}^3$（标志），则：

$$Q_{空} = BL_n(c_{空}t_{空} - c_{环}t_{环}) = 2.82 \times 1.296 \times (350 - 20)B = 1206B\text{kJ/h}$$

（3）金属氧化放热 $Q_{放}$。取金属氧化率 $\alpha_l = 0.0035$，按式（3-98）可得：

$$Q_{放} = \frac{5588P \cdot a_l}{\tau_{加总}} = \frac{5588 \times 60000 \times 0.0035}{61.45} = 0.191 \times 10^5\text{kJ/h}$$

所以有：$Q_{入} = Q_{烧} + Q_{空} + Q_{放} = 10500B + 1206B + 0.191 \times 10^5 = 11706B + 0.191 \times 10^5(\text{kJ/h})$

10.3.6.2　炉膛热支出

A　加热金属物理热 $Q_{产}$

$$Q_{产} = P(c_{产}t_{产} - c_{料}t_{料})/\tau_{加总}$$

由表3-15查得：

$t_M = 1000℃$ 时，$c_{产} = 0.6783\text{kJ/(kg}\cdot℃)$；$t_{料} = 20℃$ 时，$c_{产} = 0.4940\text{kJ/(kg}\cdot℃)$；则代入上式得：

$$Q_{产} = \frac{60000 \times (0.6783 \times 1000 - 0.4940 \times 20)}{61.45} = \frac{60000 \times 668.42}{61.45} = 6.526 \times 10^5\text{kJ/h}$$

B 燃烧产物带走的物理热损失 $Q_{废膛}$

选取平均离开炉子的烟气温度为 $t_{废膛}=800℃$，$t_{环}=20℃$，查表 3-4 得燃烧产物的比热容：

$$c''_{废膛}=1.505\times0.21+1.547\times0.79=1.538\text{kJ/m}^3(\text{标态})$$
$$c'_{废膛}=1.379\times0.21+1.421\times0.79=1.412\text{kJ/m}^3(\text{标态})$$
$$V_n=3.772\text{m}^3/\text{m}^3(\text{标态})$$

所以：$Q_{废膛}=3.772\times(1.538\times800-1.412\times20)B=4535B$ kJ/h。

C 炉体散热损失

a 炉顶导热损失 $Q_{顶失}$

(1) 炉顶用耐火纤维的选择。炉顶采用两种耐火纤维毯层铺，分别为：

内层：高纯高铝耐火纤维毯，$\rho=128\text{kg/m}^3$，厚 200mm，使用温度 1200℃，导热系数 0.176W/(m·K)；

外层：普通硅酸铝耐火纤维毯，$\rho=128\text{kg/m}^3$，厚 150mm，使用温度 1000℃，导热系数 0.16W/(m·K)。

(2) 计算炉顶导热损失。取加热周期炉顶内表面平均温度为 900℃，按式（3-108）计算可得：

$$Q_{顶失}=\frac{900-20}{\frac{0.2}{0.176}+\frac{0.1}{0.16}+0.014}\times[(2.42+0.30\times2)\times(7.2+0.30\times2)]\times3.6$$
$$=42062\text{kJ/h}$$

根据散热损失验算炉顶外壁面温度：

$$t_{K顶}=900-\frac{Q_{顶失}}{A_{顶}}\left(\frac{0.2}{0.176}+\frac{0.1}{0.16}\right)=26.5℃$$

经验证，符合工业炉炉体外表面温度标准（见表 8-5）要求，耐火材料厚度合理。

由以上计算，参考产品厚度规格，决定各层设计厚度如下：

高纯高铝耐火纤维毯：50mm 厚耐火纤维毡 4 层；

普通硅酸铝耐火纤维毯：50mm 厚耐火纤维毡 2 层。

b 炉墙导热热损失的计算 $Q_{墙失}$

(1) 炉墙用耐火纤维的选择：材料同炉顶。

(2) 计算炉墙导热损失：这里所指炉墙热损失包括炉门、后墙及侧墙的热损失。取加热周期炉墙内表面平均温度为 900℃，按式（3-108）计算可得：

$$Q_{墙失}=\frac{900-20}{\frac{0.2}{0.176}+\frac{0.1}{0.16}+0.014}\times A\times3.6=119596\text{kJ/h}$$

其中，$A_{墙}=[(2.5+0.30\times2)\times(7.2+0.30\times2)+(2.5+0.30\times2)\times(2.42+0.3\times2)]\times2=67\text{m}^2$。

根据散热损失验算炉顶外壁面温度，经验证符合工业炉炉体外表面温度标准（见表 8-5）要求，耐火材料厚度合理。

由以上计算，参考产品厚度规格，决定各层设计厚度如下：

高纯高铝耐火纤维毯：50mm 厚耐火纤维毡 4 层；

普通硅酸铝耐火纤维毯：50mm 厚耐火纤维毡 2 层。

c　台车导热热损失

（1）台车用耐火材料的选择。台车面采用三种耐火材料层铺的方式，根据同类型的炉子选择耐火材料，其中的物性参数根据表 4-2 查取。

工作面层：高铝砖，厚 232mm，$\rho = 2300\ \mathrm{kg/m^3}$，$\lambda = 2.09 + 1.861 \times 10^{-3} t$（W/(m·K)）；

保温层：轻质耐火黏土砖，厚 116mm，$\rho = 2100\mathrm{kg/m^3}$，$\lambda = 0.84 + 0.58 \times 10^{-3} t$（W/(m·K)）；

隔热层：石棉板，厚 50mm，$\rho = 1000\ \mathrm{kg/m^3}$，$\lambda = 0.12 + 0.24 \times 10^{-3} t$（W/(m·K)）。

（2）计算台车底砖砌部分热损失及外表面和分界面温度。假定外表面温度 $t_w = 49℃$，分界面温度 $t_{铝黏交} = 770℃$，$t_{黏棉交} = 575℃$，且已知内表面平均温度为 900℃，则：

1）高铝砖：

平均温度为：
$$t_{铝均} = \frac{900 + 770}{2} = 835℃$$

平均导热系数为：$\lambda_{高铝} = 2.09 + 1.861 \times 10^{-3} \times 835 = 3.644\mathrm{W/(m \cdot ℃)}$

2）轻质耐火黏土砖：

平均温度为：
$$t_{黏均} = \frac{770 + 575}{2} = 672.5℃$$

平均导热系数为：$\lambda_{黏土} = 0.84 + 0.58 \times 10^{-3} \times 672.5 = 1.230\mathrm{W/(m \cdot ℃)}$

3）石棉板的平均温度：

平均温度为：
$$t_{棉均} = \frac{575 + 49}{2} = 312℃$$

平均导热系数为：$\lambda_{石棉} = 0.12 + 0.24 \times 10^{-3} \times 312 = 0.195\mathrm{W/(m \cdot ℃)}$

由式（3-108）计算可得：

$$q_{底失} = \frac{900 - 20}{\dfrac{0.232}{3.644} + \dfrac{0.116}{1.230} + \dfrac{0.05}{0.195} + 0.014} = 2053\mathrm{W/m^2}$$

验算假设的界面温度的正确性：

$$t_{铝黏交} = 900 - q_{底失}\frac{\delta_{高铝}}{\lambda_{高铝}} = 900 - 2053 \times \frac{0.232}{3.644} = 769℃$$

$$t_{黏棉交} = 900 - q_{底失}\left(\frac{\delta_{高铝}}{\lambda_{高铝}} + \frac{\delta_{黏土}}{\lambda_{黏土}}\right) = 900 - 2053 \times \left(\frac{0.230}{3.644} + \frac{0.116}{1.230}\right) = 575.6℃$$

$$t_w = 900 - q_{底失}\left(\frac{\delta_{高铝}}{\lambda_{高铝}} + \frac{\delta_{黏土}}{\lambda_{黏土}} + \frac{\delta_{石棉}}{\lambda_{石棉}}\right) = 900 - 2053 \times \left(\frac{0.232}{3.644} + \frac{0.116}{1.230} + \frac{0.05}{0.195}\right) = 48.7℃$$

所算得结果与原来假设交界面温度误差均小于 5%，故认为假设是合理的。

炉底面积为：

$$A_{底} = (2.42 + 0.3 \times 2) \times (7.2 + 0.3 \times 2) = 23.556\mathrm{m^2}$$

则台车底热损失为：

$$Q_{底失} = q_{底失}A_{底} = 2053 \times 23.556 \times 3.6 = 174098\text{kJ/h}$$

由以上计算得台车总的散热损失为：

$$Q_{散失总} = Q_{顶失} + Q_{墙失} + Q_{底失} = 42062 + 119596 + 174098 = 335756\text{kJ/h}$$

D 加热耐热钢纤维耐火浇注料块的热损失

钢纤维浇注料块用于支撑圆钢，选择两块600mm×600mm×800mm（圆钢两端）及一块600mm×600mm×300mm（圆钢中部）两头支撑圆钢，钢纤维浇注料密度 $\rho = 2.3\text{t/m}^3$，比热容 $c_p = 1.013 + 0.075 \times 10^{-6} t^2$（kJ/(kg·℃)）。

浇注料块平均温度为：

$$t_{垫均} = \frac{1050 + 20}{2} = 535℃$$

浇注料的平均比热容为：

$$c_p = 1.013 + 0.075 \times 10^{-6} \times 535^2 = 1.013 + 0.021 = 1.034\text{kJ/(kg·℃)}$$

浇注料的质量：

$$M = 2.3 \times (2 \times 0.6 \times 0.6 \times 0.8 + 0.6 \times 0.6 \times 0.3) = 2.3 \times (0.576 + 0.108) = 1.57\text{t}$$

则加热耐热钢纤维耐火浇注料块的热损失为：

$$Q_{垫失} = \frac{Mc_p(1000 - 20)}{\tau_{加总}} = \frac{1.57 \times 1000 \times 1.034 \times (1050 - 20)}{61.45} = 27210\text{kJ/h}$$

E 炉子砌体蓄热热损失 $Q_{砌蓄失}$

砌体的蓄热量等于砌体上次加热后经冷却而释放的热量。为此，必须知道上次加热后热面和冷面的最终温度、冷却时间的长短和冷却介质的温度、砌体的导热系数及其热物理性能。

（1）根据加热制度可知，炉体内表面最终温度 $t_{K内终}$ 为：

$$t_{炉墙} = t_{炉顶} = t_{炉底} = 1050℃$$

（2）根据散热损失计算，炉体外表面最终温度 $t_{K外终}$ 为：

$$t_{炉顶} = 30℃,\ t_{炉墙} = 30℃,\ t_{炉底} = 50℃$$

（3）炉体在加热结束后的平均温度：

$$t_{炉顶均} = \frac{1050 + 30}{2} = 540℃,\ t_{炉墙均} = \frac{1050 + 30}{2} = 540℃,\ t_{炉底均} = \frac{1050 + 50}{2} = 550℃。$$

（4）炉体内表面向炉气的对流给热系数。假设冷空气在炉内流动速度为5m/s，根据表10-1经验公式选取砌体内表面向冷却介质的总给热系数，炉墙、炉顶和炉底均取同一值 $\alpha_{总给} = 16.0\text{W/(m}^2\text{·℃)}$。

表10-1 气流沿平板流动对流换热系数计算公式 W/(m²·℃)

表面状态	$v_0 < 4.65\text{m/s}$	$v_0 > 4.65\text{m/s}$
光滑表面	$\alpha = 5.58 + 4.25v_0$	$\alpha = 7.51v_0^{0.78}$
轧制表面	$\alpha = 6.81 + 4.25v_0$	$\alpha = 7.53v_0^{0.78}$
粗糙表面	$\alpha = 6.16 + 4.49v_0$	$\alpha = 7.94v_0^{0.78}$

注：表中 v_0 为标准状态下的气流速度，若气流温度为 t 时的实际流速为 v_t，则用下式换算：

$$v_0 = v_t \frac{273}{273 + t}$$

(5) 炉体各部分砌体总厚度：

炉顶：$\delta=0.30$m，炉墙：$\delta=0.30$m，炉底：$\delta=0.398$m。

(6) 炉体平均热导率：

炉顶：$\lambda_1 = 0.176$W/(m·K) ——高纯高铝耐火纤维毯

$\lambda_2 = 0.16$W/(m·K) ——普通硅酸铝耐火纤维毯

炉墙：同炉顶。

炉底：$\lambda_1 = 3.114$W/(m·K) ——高铝砖

$\lambda_2 = 1.159$W/(m·K) ——轻质耐火黏土砖

$\lambda_3 = 0.252$W/(m·K) ——石棉板

(7) 炉体当量热导率的计算公式如下：

$$\lambda = \frac{\delta}{\sum_1^n \frac{\delta_i}{\lambda_i}} \quad (\mathrm{W/(m \cdot K)})$$

炉顶：$$\lambda_{顶} = \frac{\delta}{\sum_1^n \frac{\delta_i}{\lambda_i}} = \frac{0.30}{\frac{0.20}{0.176} + \frac{0.10}{0.16}} = 0.170\mathrm{W/(m \cdot K)}$$

炉墙：$$\lambda_{墙} = \frac{\delta}{\sum_1^n \frac{\delta_i}{\lambda_i}} = \lambda_{顶} = 0.170\mathrm{W/(m \cdot K)}$$

炉底：$$\lambda_{底} = \frac{\delta}{\sum_1^n \frac{\delta_i}{\lambda_i}} = \frac{0.398}{\frac{0.232}{3.114} + \frac{0.116}{1.159} + \frac{0.05}{0.252}} = 1.02\mathrm{W/(m \cdot K)}$$

(8) 炉体内表面毕渥准数：

炉顶：$$Bi = \frac{\alpha_{总给} \cdot \delta}{\lambda} = \frac{16 \times 0.30}{0.170} = 28.2$$

炉墙：$$Bi = \frac{\alpha_{总给} \cdot \delta}{\lambda} = \frac{16 \times 0.3}{0.170} = 28.2$$

炉底：$$Bi = \frac{\alpha_{总给} \cdot \delta}{\lambda} = \frac{16 \times 0.398}{1.02} = 6.24$$

(9) 砌体的等效密度按下式计算：

$$\rho_{等效} = \sum_{i=1}^n \frac{\delta_i \rho_i}{\delta}$$

炉顶：$$\rho_{等效顶} = \sum_{i=1}^n \frac{\delta_i \rho_i}{\delta} = \frac{0.20 \times 128 + 0.10 \times 128}{0.3} = 128\mathrm{kg/m^3}$$

炉墙（同炉顶）：$$\rho_{等效墙} = \sum_{i=1}^n \frac{\delta_i \rho_i}{\delta} = \frac{0.20 \times 128 + 0.10 \times 128}{0.3} = 128\mathrm{kg/m^3}$$

炉底：

$$\rho_{等效底} = \sum_{i=1}^{n} \frac{\delta_i \rho_i}{\delta} = \frac{0.232 \times 2300 + 0.116 \times 2100 + 0.05 \times 1000}{0.398} = 2078.4\text{kg/m}^3$$

（10）砌体的等效比热容按下式计算：

$$c_{p等效} = \sum_{i=1}^{n} \frac{\delta_i \rho_i c_{pi}}{\delta \rho_{等效}}$$

根据产品手册进行查取，有：

炉顶：$c_{p1} = 0.836\text{kJ/(kg·K)}$ ——高纯高铝耐火纤维毯

$c_{p2} = 1.18\text{kJ/(kg·K)}$ ——普通硅酸铝耐火纤维毯

$$c_{p等效顶} = \frac{0.2 \times 128 \times 0.836 + 0.1 \times 128 \times 1.18}{0.3 \times 128} = 0.951\text{kJ/(kg·K)}$$

炉墙（同炉顶）：$c_{p等效墙} = 0.951\text{kJ/(kg·K)}$

炉底：

$c_{p1} = 0.92 + 0.25 \times 10^{-3} t = 0.92 + 0.25 \times 10^{-3} \times 550 = 1.0575\text{kJ/(kg·K)}$ ——高铝砖

$c_{p2} = 0.879 + 0.23 \times 10^{-3} t = 0.879 + 0.23 \times 10^{-3} \times 550 = 1.0055\text{kJ/(kg·K)}$ ——轻质耐火黏土砖

$c_{p3} = 0.195\text{kJ/(kg·K)}$ ——石棉板

$$c_{p等效底} = \frac{0.232 \times 2300 \times 1.0575 + 0.116 \times 2100 \times 1.0055 + 0.05 \times 1000 \times 0.195}{0.398 \times 2078.4} = 0.99\text{kJ/(kg·K)}$$

（11）计算等效热扩散系数：

热扩散率按下式计算：

$$a = 3.6 \frac{\lambda}{\rho c_p} \quad (\text{m}^2/\text{h})$$

等效热扩散率按下式计算：

$$a_{等效} = \frac{\delta}{\sum_{i=1}^{n} \frac{\delta_i}{a_i}}$$

高纯高铝耐火纤维毯：$a = \dfrac{3.6 \times 0.176}{0.836 \times 128} = 0.0059\text{m}^2/\text{h}$

普通硅酸铝耐火毯：$a = \dfrac{3.6 \times 0.16}{1.18 \times 128} = 0.0038\text{m}^2/\text{h}$

高铝砖：$a = \dfrac{3.6 \times 3.114}{1.0575 \times 2300} = 0.0046\text{m}^2/\text{h}$

轻质耐火黏土砖：$a = \dfrac{3.6 \times 1.159}{1.0055 \times 2100} = 0.0020\text{m}^2/\text{h}$

石棉板：$a = \dfrac{3.6 \times 0.252}{0.195 \times 1000} = 0.0047\text{m}^2/\text{h}$

炉顶：$a_{等效顶} = \dfrac{\delta}{\sum_{i=1}^{M} \frac{\delta_i}{a_i}} = \dfrac{0.3}{\frac{0.2}{0.0059} + \frac{0.1}{0.0038}} = 0.0050\text{m}^2/\text{h}$

炉墙（同炉顶）：$a_{等效墙}=\dfrac{\delta}{\sum_{i=1}^{M}\dfrac{\delta_i}{a_i}}=\dfrac{0.3}{\dfrac{0.2}{0.0059}+\dfrac{0.1}{0.0038}}=0.0050\text{m}^2/\text{h}$

炉底：$a_{等效底}=\dfrac{\delta}{\sum_{i=1}^{M}\dfrac{\delta_i}{a_i}}=\dfrac{0.398}{\dfrac{0.232}{0.0046}+\dfrac{0.116}{0.0020}+\dfrac{0.05}{0.0047}}=0.0033\text{m}^2/\text{h}$

（12）炉体冷却总时间：

间歇式炉的生产周期按下式计算：

$$\tau_{总}=\tau_{工艺}+\tau_{装出料}+\tau_{准备}\quad(\text{h})$$

对于冷却阶段，冷却总时间为：

$$\tau_{总}=\tau_{冷}+\tau_{冷保}+\tau_{装出料}=17.57+5+0.5=23.07\quad(\text{h})$$

（13）计算砌体傅里叶数：

$$Fo=\frac{a\cdot\tau}{\delta^2}$$

炉顶：$Fo=\dfrac{0.0050\times 23.07}{0.30^2}=1.282$

炉墙：$Fo=\dfrac{0.0050\times 23.07}{0.30^2}=1.282$

炉底：$Fo=\dfrac{0.0033\times 23.07}{0.398^2}=0.481$

（14）查取函数 Φ 与 Φ'：

根据计算所得的毕渥数和傅里叶数，查图 3-8，以确定函数 Φ 与 Φ' 的值。

炉顶：$\Phi_1=0.0$，　炉墙：$\Phi_2=0.0$，　炉底：　$\Phi_3=0.022$

炉顶：$\Phi_1'=0.5$，　炉墙：$\Phi_2'=0.5$，　炉底：　$\Phi_3'=0.44$

（15）砌体层体积：

炉顶：高纯高铝耐火纤维毯：$3.02\times7.8\times0.2=4.7\text{m}^3$

普通硅酸铝耐火毯：$3.02\times7.8\times0.1=2.4\text{m}^3$

炉墙：高纯高铝耐火纤维毯：$67\times0.2=13.4\text{m}^3$

普通硅酸铝耐火毯：$67\times0.1=6.7\text{ m}^3$

炉底：高铝砖：$3.02\times7.8\times0.232=5.5\text{m}^3$

轻质耐火黏土砖：$3.02\times7.8\times0.116=2.7\text{m}^3$

石棉板：$3.02\times7.8\times0.05=1.2\text{m}^3$。

（16）砌层重量：

炉顶：$M=\sum_{i=1}^{n}\rho_iV_i=128\times4.7+128\times2.4=0.909\text{t}$

炉墙：$M=\sum_{i=1}^{n}\rho_iV_i=128\times13.4+128\times6.7=2.573\text{t}$

炉底：$M=\sum_{i=1}^{n}\rho_iV_i=2300\times5.5+2100\times2.7+1000\times1.2=19.52\text{t}$

（17）砌体变冷后的平均温度按式（3-111）计算：

$$t_{K冷均} = t_{环} + \Phi \times (t_{K内终} - t_{环}) + \Phi' \times (t_{介均} - t_{环})$$

式中 $t_{环}$——周围介质温度,℃；

$t_{K内终}$——上次加热终了砌体内表面温度,℃；

$t_{介均}$——在冷却期内砌体内表面冷却介质的温度,℃。

假设冷却终了时炉内介质的温度为250℃，则：$t_{介均} = \dfrac{250 + 1050}{2} = 650℃$

可得以下结果：

炉顶：$t_{K冷均} = 20 + 0.0 \times (1050 - 20) + 0.5 \times (650 - 20) = 335℃$

炉墙：$t_{K冷均} = 20 + 0.0 \times (1050 - 20) + 0.5 \times (650 - 20) = 335℃$

炉底：$t_{K冷均} = 20 + 0.022 \times (1050 - 20) + 0.44 \times (650 - 20) = 320℃$

（18）砌体的蓄热热损失 $Q_{蓄失}$。通常可认为面向车间的砌体外表面在冷却过程中温度变化不大，则砌体的蓄热量可按式（3-116）计算：

$$Q_{蓄} = \frac{Mc_p}{3.6\tau_{加总}}\left(\frac{t_{K内终} - t_{K外终}}{2} - t_{K冷均}\right)$$

其中，

炉顶：$Q_{顶蓄失} = \dfrac{0.909 \times 0.951}{3.6 \times 61.45} \times \left(\dfrac{1050 - 30}{2} - 335\right) = 0.684\text{kW}$

炉墙：$Q_{墙蓄失} = \dfrac{2.573 \times 0.951}{3.6 \times 61.45} \times \left(\dfrac{1050 - 30}{2} - 335\right) = 1.936\text{kW}$

炉底：$Q_{底蓄失} = \dfrac{19.52 \times 0.99}{3.6 \times 61.45} \times \left(\dfrac{1050 - 50}{2} - 320\right) = 15.724\text{kW}$

$$Q_{砌蓄失} = Q_{顶蓄失} + Q_{墙蓄失} + Q_{底蓄失} = 0.684 + 1.936 + 15.724 = 18.344\text{kW}$$

（19）炉子构件的蓄热损失 $Q_{件蓄失}$。按经验取炉子构件的蓄热损失为砌体蓄热的10%，于是有：

$$Q_{件蓄失} = 0.1Q_{砌蓄失} = 0.1 \times 18.344 = 1.8344\text{kW}$$

则炉子总蓄热热损失为：

$$Q_{蓄失} = Q_{砌蓄失} + Q_{件蓄失} = 18.344 + 1.8344 = 20.18\text{kW} = 72648\text{kJ/h}$$

F 其他热损失 $Q_{他}$

未估计到的热损失包括密封不严、散热损失等，这里按经验取 $Q_{他} = 0.03Q_{入}$，则：

$$Q_{他} = 0.03 \times (11706B + 0.191 \times 10^5) = 351B + 573(\text{kJ/h})$$

10.3.6.3 炉膛热平衡式与平均燃料消耗量

（1）炉膛热平衡方程式：

$$Q_{入} = Q_{出}$$

即：$11706B + 0.191 \times 10^5 = 6.526 \times 10^5 + 4535B + 335756 + 27210 + 72648 + 351B + 573$

整理得：

$$6820B = 10.70 \times 10^5\text{kJ/h}$$

（2）由炉膛热平衡方程式可得燃料消耗量（标态）：$B = 157\text{m}^3/\text{h}$。

10.3.6.4　炉膛热平衡表

表10-2为炉膛热平衡表。

表10-2　炉膛热平衡表

炉膛热收入				炉膛热支出			
序号	项目	热量/kJ·h⁻¹	占比/%	序号	项目	热量/kJ·h⁻¹	占比/%
1	燃料燃烧化学热	16.485×10^5	88.8	1	加热金属物理热	6.526×10^5	35.1
2	预热空气物理热	1.893×10^5	10.2	2	燃烧产物带走物理热	7.120×10^5	38.3
3	金属氧化放热	0.191×10^5	1.0	3	炉体散热损失	3.358×10^5	18.1
4	—	—	—	4	加热垫块热损失	0.272×10^5	1.5
5	—	—	—	5	炉体蓄热热损失	0.726×10^5	3.9
6	—	—	—	6	其他热损失	0.547×10^5	3.1
合　计		18.569×10^5	100			18.569×10^5	100

10.3.6.5　炉子工作指标

（1）加热期单位燃耗：$b_{燃} = \dfrac{157}{\dfrac{60}{61.45+16}} = 203\text{m}^3/\text{t}$

（2）单位热耗：$b_{热} = 10500 \times 203 = 2.13\text{MJ/t}$

（3）炉膛热效率：$\eta_{膛} = \dfrac{6.526\times10^5}{16.485\times10^5 + 1.893\times10^5} \times 100\% = 35.51\%$

（4）炉子热效率：$\eta_{炉} = \dfrac{6.526\times10^5}{16.485\times10^5} \times 100\% = 39.59\%$

（5）炉子结构和操作参数：

1）有效炉底面积：$F_{效} = 2.42 \times 7.2 = 17.424\text{m}^2$

2）钢压炉底面积：$F_{钢} = 1.20 \times 6.8 = 8.16\text{m}^2$

3）炉底利用系数：$\varepsilon = F_{钢}/F_{效} = 8.16/17.424 = 0.468$

4）有效炉底强度：$H_{效} = \dfrac{60/(61.45+16)}{17.424} \times 1000 = 44.46\text{kg}/(\text{m}^2\cdot\text{h})$

5）钢压炉底强度：$H_{钢} = \dfrac{60/(61.45+16)}{8.16} \times 1000 = 94.94\text{kg}/(\text{m}^2\cdot\text{h})$

10.3.7　保温期间热平衡

A　保温期间热收入

（1）燃料化学热（kJ/h）：$Q_{烧} = 10500B$

（2）预热空气进入炉膛内的物理热 $Q_{空}$。查表3-4得，$c_{空} = c_{环} = 1.296\text{kJ/m}^3$，则：

$Q_{空} = BL_n(c_{空}t_{空} - c_{环}t_{环}) = 2.82 \times 1.296 \times (350 - 20)B = 1206B\ \text{kJ/h}$

（3）金属氧化放热（kJ/h）：保温期间按经验取金属氧化率 $\alpha_l = 0.001$，则金属氧化热为：

$$Q_{放} = \frac{5588P \cdot \alpha_l}{\tau_{保总}} = \frac{5588 \times 60000 \times 0.001}{4 + 4 + 8} = \frac{335280}{16} = 20955\text{kJ/h}$$

所以有：$Q_{入} = Q_{烧} + Q_{空} + Q_{放} = 10500B + 1206B + 0.191 \times 105 = 11706B + 20955(\text{kJ/h})$

B 保温期间热量支出

（1）燃烧产物带走的物理热损失 $Q_{废膛}$。选取平均离开炉子的烟气温度为 $t_{废膛}$ = 800℃，$t_{环}$ = 20℃，查表 3-4 得燃烧产物的比热容：

$$c''_{废膛} = 1.505 \times 0.21 + 1.547 \times 0.79 = 1.538\text{kJ/m}^3(\text{标态})$$

$$c'_{废膛} = 1.379 \times 0.21 + 1.421 \times 0.79 = 1.412\text{kJ/m}^3(\text{标态})$$

$$V_n = 3.772\text{m}^3/\text{m}^3(\text{标态})$$

所以：$Q_{废膛} = 3.772 \times (1.538 \times 800 - 1.412 \times 20)B = 4535B\text{kJ/h}$

（2）炉体散热损失，由前面计算已得：

$$Q_{散失总} = Q_{顶失} + Q_{墙失} + Q_{底失} = 42062 + 119596 + 174098 = 335756\text{kJ/h}$$

（3）未估算到的热损失。在这里按经验取值，认为该项热损失是炉体散热损失的 10%，则：

$$Q_{他} = 0.1Q_{导失总} = 0.1 \times 335756 = 33576\text{kJ/h}$$

C 热平衡方程式：

$$Q_{入} = Q_{出}$$

即：$11706B + 20955 = 4535B + 335756 + 33576$

$$7171B = 348377，B = 48.6\text{m}^3/\text{h}（标态）$$

D 炉子煤气消耗量

由保温阶段热平衡方程式可得燃料消耗量（标态）：$B = 48.6\text{m}^3/\text{h}$。

E 保温期间热平衡表

表 10-3 为保温期间热平衡表。

表 10-3 保温期间热平衡表

炉膛热收入				炉膛热支出			
序号	项目	热量/kJ · h^{-1}	占比/%	序号	项目	热量/kJ · h^{-1}	占比/%
1	燃料燃烧化学热	5.103×10^5	86.5	1	燃烧产物带走物理热	2.204×10^5	37.4
2	预热空气物理热	0.586×10^5	9.9	2	炉体散热损失	3.358×10^5	56.9

续表 10-3

炉膛热收入				炉膛热支出			
序号	项目	热量/kJ · h^{-1}	占比/%	序号	项目	热量/kJ · h^{-1}	占比/%
3	金属氧化放热	0.210×10^5	3.6	3	其他热损失	0.337×10^5	5.7
合　计		5.899×10^5	100			5.899×10^5	100

10.3.8 炉子性能和计算数据表

表 10-4 为炉子性能和计算数据表。

表 10-4 炉子性能和计算数据表

序号	参　数	符号	计算数值	计算说明
1	炉子最大载荷/t	M_{max}	60	原始资料
3	炉子总的生产周期/h	$\tau_{总}$	61.45+16+17.57+5=100h	见金属加热、冷却和保温计算
4	炉子小时生产能力/t · h^{-1}	P	60/100=0.6	$P=M/\tau_{总}$
5	炉子数量	N	1	原始资料
6	加热期间炉子最大热强度/kJ · h^{-1}	$H_{热max}$	16.485×10^5	炉膛热平衡表
7	保温期间炉子最小热强度/kJ · h^{-1}	$H_{热min}$	5.103×10^5	保温期间热平衡表
8	调节比	K	$16.485/5.103\approx3$	$K=H_{热max}/H_{热min}$
9	单位热耗量/kJ · kg^{-1}	q	$(16.485\times10^5\times61.45+5.103\times10^5\times16)/60000=1824$	

需要指出的是，经计算得出的数据是加热期间平均燃料消耗量，在某一时间内燃料消耗量会发生急剧变化，一般在加热初期的燃料消耗量比较大。因此，为了精确地确定炉子最大热强度，需要编制每个加热段的热平衡表，并确定其燃料消耗量，编制方法与计算加热期间平均燃料消耗量类同。

10.3.9 煤气烧嘴及炉子部件的选用

根据计算得出的炉子最大燃料消耗量确定烧嘴数量及燃烧能力。对于热处理炉，平均燃料消耗量为最大燃料消耗量的 0.7 倍，烧嘴总能力为最大燃料消耗量的 1.1～1.2 倍，则 $B_{实}=1.2\cdot B_{max}=1.2\times B_{max}\div0.7=270m^3/h$（标态）。

（1）选用依据：

1）燃料种类：高焦混合煤气；

2）煤气低发热值（标态）：10500kJ/m^3；

3）最大燃料消耗量（标态）：$B_{实}=270m^3/h$；

4）炉子最大湿空气需要量（标态）：$V_{空}=2.89\times270=780m^3/h$；

5）预热空气温度：$t_{空}=350℃$。

（2）烧嘴类型。为保证2.42m×7.2m台车式退火炉最高炉温达到1050℃，且具有良好的炉温均匀性，同时满足加热周期内燃料消耗量不断变化以及减少圆钢氧化烧损、提高工件热处理质量等，不仅要求烧嘴火焰具有较高温度和适当长度，还要具有较大调节比和较高速度，以利于加强炉内炉气循环。因此，决定选用基于低压涡流烧嘴构成的高速调温烧嘴，如图4-26所示。

（3）烧嘴布置和烧嘴选型。该炉两侧壁间距2420mm，其中台车采用两侧炉墙相对错开布置供热，为保证炉温均匀性，预选用10个烧嘴。

$$B_{单}=270/10=27m^3/(h\cdot台)$$

根据表4-15，选用DW-I-3烧嘴，单台烧嘴功率约为80kW。

（4）烧嘴数量和安装间距：

需要烧嘴数量：10个；

烧嘴安装间距：为加强炉内气体循环，烧嘴错开布置，高速烧嘴布置在台车面上300～500mm处，一般布置间距在928～1508mm之间。根据炉体长度，选取烧嘴间距为1300mm，满足烧嘴最小安装中心距的要求。

10.3.10 空气换热器设计计算

参考8.3节的内容进行计算，注意燃料消耗量不同引起的助燃空气量的变化。

10.3.11 空气管路阻力损失计算及鼓风机选择

参考8.3节的内容进行计算，注意助燃空气量不同引起的阻力损失的变化。

10.3.12 煤气管路阻力损失计算

参考8.3节的内容进行计算，注意燃料消耗量不同引起的阻力损失的变化。

10.3.13 烟道阻力损失及烟囱计算

参考8.3节的内容进行计算，注意排烟量不同引起的阻力损失的变化。排烟方式为侧排烟，烟气由后端墙排出。

10.4 附 图

台车式热处理炉炉体图如图10-2所示。

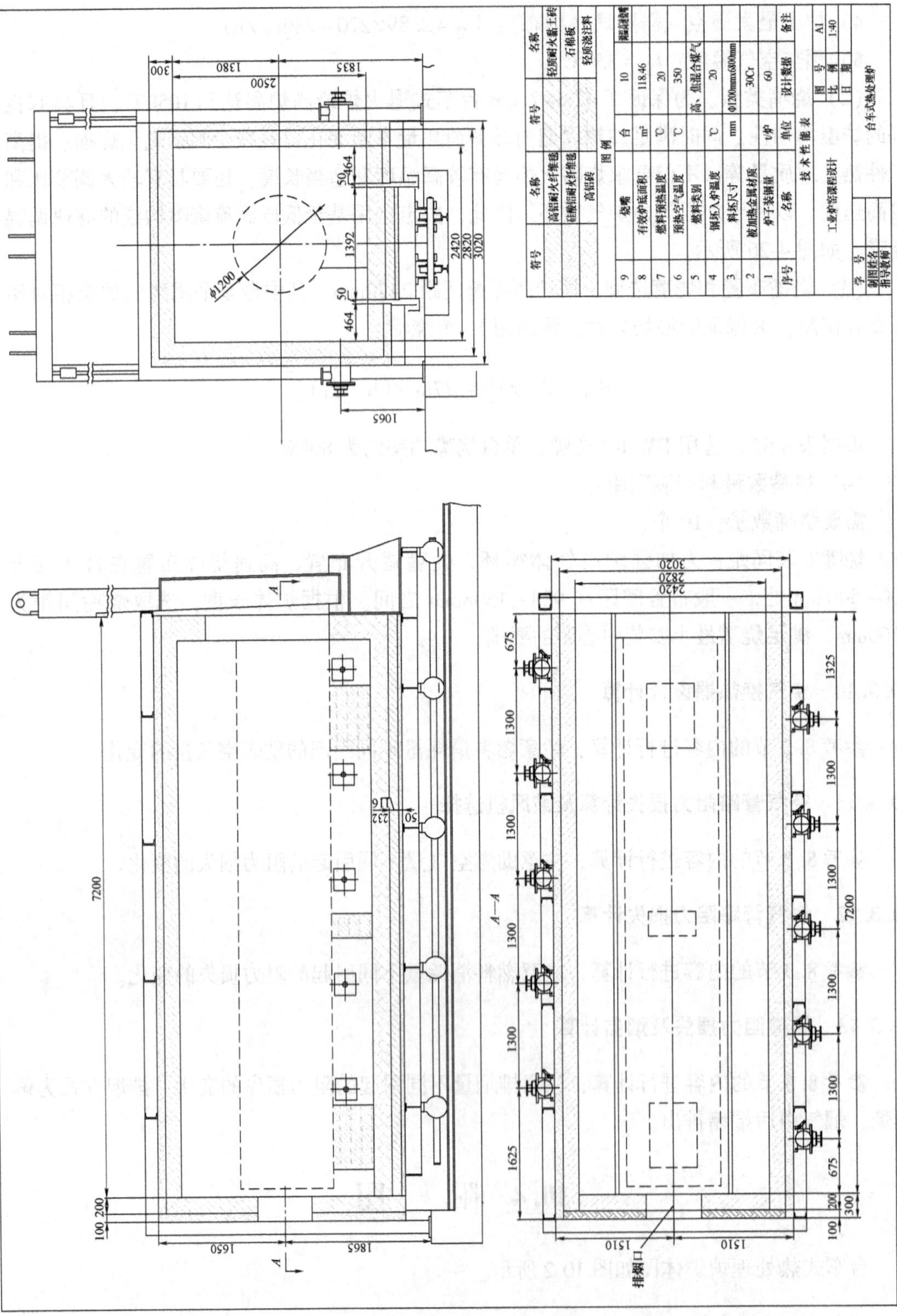

图 10-2　台车式热处理炉炉体图

参考文献

[1] 王华．加热炉［M］. 4 版．北京：冶金工业出版社，2015.
[2] 陆钟武．火焰炉［M］．北京：冶金工业出版社，1995.
[3] 武文斐．冶金加热炉设计与实例［M］．北京：化工工业出版社，2008.
[4] 王秉铨．工业炉设计手册［M］．2 版．北京：机械工业出版社，1996.
[5] B. M. 蒂姆恰克，等．加热炉与热处理炉计算手册［M］．北京：机械工业出版社，1983.
[6] 钢铁厂工业炉设计参考资料编写组．钢铁厂工业炉设计参考资料（上、下册）［M］．北京：冶金工业出版社，1977.
[7] 徐兆康．工业炉设计基础［M］．上海：上海交通大学出版社，2004.
[8] 罗国民．蓄热式高温空气燃烧技术［M］．北京：冶金工业出版社，2011.
[9] 吴建国，等．燃料热处理炉［M］．沈阳：辽宁科学技术出版社，2010.
[10] 王冠，等．工业炉窑节能减排技术［M］．北京：化学工业出版社，2015.
[11] 中国工程建设标准化协会工业炉砌筑专业委员会．筑炉工程手册［M］．北京：冶金工业出版社，2007.
[12] 臧尔寿．热处理炉［M］．北京：冶金工业出版社，1983.

冶金工业出版社部分图书推荐